"十三五"输电线路工程系列教材

U0204626

# 输电线路施工 与运行维护

倪良华　杨成顺　编
王璋奇　主审

中国电力出版社
CHINA ELECTRIC POWER PRESS

## 内 容 提 要

本书为"十三五"输电线路工程系列教材，是为适应我国电网建设对电力施工与运行管理人才的需求而编写的。

本书编写结合我国输电线路现行设计、施工、运行管理的规程、规范和相关标准以及编者多年实践经验。全书共分10章，较全面阐述了输电线路的施工以及运行管理与维护技术，主要内容包括输电线路杆塔基础施工、输电线路接地装置及其施工、输电线路杆塔组立施工、输电线路导地线架设施工、电力电缆线路敷设施工、输电线路运行与测试、输电线路检修、架空输电线路带电作业、架空输电线路的运行管理等。

本书理论与实际结合，案例分析图文并茂，具有内容新、资料全的特点，可作为高等院校电气工程及其自动化（输配电工程方向）的专业教材，也可作为从事输配电线路施工与检修技术人员和运行管理人员的参考书。

**图书在版编目（CIP）数据**

输电线路施工与运行维护/倪良华，杨成顺编 . —北京：中国电力出版社，2018.8（2021.8 重印）

"十三五"普通高等教育本科规划教材. 输电线路工程系列教材

ISBN 978-7-5198-1947-7

Ⅰ．①输… Ⅱ．①倪… ②杨… Ⅲ．①输电线路-工程施工-高等学校-教材 ②输电线路-电力系统运行-高等学校-教材 ③输电线路-维护-高等学校-教材 Ⅳ．①TM726

中国版本图书馆 CIP 数据核字（2018）第 076741 号

出版发行：中国电力出版社
地　　址：北京市东城区北京站西街 19 号（邮政编码 100005）
网　　址：http：//www.cepp.sgcc.com.cn
责任编辑：牛梦洁
责任校对：常燕昆
装帧设计：张　娟
责任印制：吴　迪

印　　刷：北京雁林吉兆印刷有限公司
版　　次：2018 年 8 月第一版
印　　次：2021 年 8 月北京第四次印刷
开　　本：787 毫米×1092 毫米　16 开本
印　　张：19
字　　数：465 千字
定　　价：55.00 元

# 前　言

为了适应国民经济快速发展和日益增长的人民生活需求，我国电网正朝着特高压、智能化方向发展，作为电网建设运行管理工作的重要组成部分的输配电线路施工、运行维护与管理技术得到了不断进步和发展，先进的输电线路施工、维护技术以及科学的运行管理方法正与时俱进地应用其中。本书作为高等院校电气工程及其自动化（输配电工程方向）专业的教材在这样背景下应运而生。

全书共 10 章，内容包括输电线路杆塔基础施工、输电线路接地装置及其施工、输电线路杆塔组立施工、输电线路导地线架设施工、电力电缆线路敷设施工、输电线路运行与测试、输电线路检修、架空输电线路带电作业、架空输电线路的运行管理等。

本书简洁易懂、内容丰富，涵盖了输电线路前期施工及后期运行与维护方面的全面知识，便于读者对输电线路的知识形成一个系统的理解。本书在编写过程中基于以下几点考虑：

（1）为满足教学和自学要求，注重基本理论和计算方法阐述的简明性，注重案例描述的具体性，尽可能做到内容齐全，图文并茂，通俗易懂。

（2）为保证内容的先进性，除了介绍目前广泛应用的方法外，尽可能介绍国内外的先进技术。

（3）为保证内容的完整性，输电线路与配电线路施工技术、电缆线路敷设施工技术及线路的运行测试技术均有介绍，读者在学习过程中可根据具体需要进行选择。

本书第 3、6、8、9 章及第 10 章由南京工程学院杨成顺编写，其余章节由南京工程学院倪良华编写，全书由倪良华统稿，由华北电力大学王璋奇教授主审。在编写过程中，参阅了相关规程资料，以及部分业内专家编撰的专业文献，同时南京工程学院黄宵宁教授提出了诸多宝贵意见，在读硕士研究生肖李俊为本书出版做了大量工作，在此一并表示衷心的感谢！

由于编者水平所限，时间仓促，书中难免出现不妥与疏漏之处，敬请各位专家和读者对本书提出宝贵意见，使之不断完善。

作　者
2017 年 12 月

# 目　　录

# 第1章 概　　述

## 1.1　输电线路基本知识

### 1.1.1　电力系统与电网

发电厂、电网和用电设备连接起来组成了一个集成的整体，这个整体被称为电力系统。所有输变电设备连接起来构成输电网，所有配电设备和配电线路连接起来构成配电网。输电网和配电网统称为电网，其中输配电线路是电网的主要组成部分之一。图1-1为电力系统示意图。

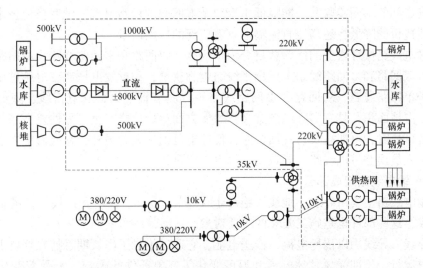

图1-1　电力系统示意图（虚框内为输电网）

### 1.1.2　输配电线路任务

输送电能的线路统称为电力线路。电力线路有输电线路和配电线路之分。由发电厂向电力负荷中心输送电能的线路以及电力系统之间的联络线路称为输电线路，由电力负荷中心向各个电力客户分配电能的线路称为配电线路。

输电线路的任务是将发电厂发出的电力输送到消费电能的地区（也称负荷中心），或进行相邻电网之间的电力互送，使其形成互联电网或统一电网，保持发电和用电或两电网之间供需平衡。

配电线路。其任务是在消费电能的地区接受输电网受端的电力，然后进行再分配，输送到城市、郊区、乡镇和农村，并进一步分配给工业、农业、商业、居民及特殊需要的用电部门。

### 1.1.3　输配电线路分类

电力线路按电压等级分为低压、高压、超高压和特高压线路。电压等级高低的划分并没有绝对的标准。通常电压等级在1kV以下的是低压线路，1kV及以上的是高压线路，330kV及以上的是超高压线路，交流1000kV、直流±800kV及以上的是特高压线路。一般地，输送电能容量越大，线路采用的电压等级就越高。目前我国配电线路（交流）的电压等级有 10、35、110kV；输电线路（交流）的电压等级有 35、（60）、110、（154）、220、330、500、750、1000kV，其中 60kV 和 154kV 在新建线路中不再使用。采用超高压输电，可有效地减少线路电能损耗，降低线路单位造价，少占耕地，使线路走廊得到充分利用。

输配电线路按结构特点分为架空线路和电缆线路。架空线路由于结构简单、施工简便、建设费用低、施工周期短、检修维护方便、技术要求较低等优点，得到了广泛的使用。电缆线路受外界环境因素影响小，但费用高，施工及运行检修的技术要求高，目前仅用于城市居民稠密区和跨海输电等特殊情况。

输配电线路按电流的性质分为交流和直流线路。最常见的是三相交流线路。与交流线路相比，在输送相同功率的情况下，直流线路需要的投资较少，主要材料消耗低，线路的走廊宽度较小；作为两个电网的联络线，改变传送方向迅速方便，可以实现相同频率甚至不同频率交流系统之间的不同步联系，能降低主干线及电网间的短路电流。随着换流技术的不断完善和换流站造价的降低，超高压直流输电有着广泛的应用前景。

架空输电线路按杆塔上的回路数目分为单回路、双回路和多回路线路。单回路线路是大量存在的，双回路和多回路线路主要用于线路走廊狭窄，靠近发电厂或变电站进出线拥挤地段。相较于单回路线路，双回路和多回路线路一方面节省了钢材和避雷线，降低了线路造价，减少了占地面积，具有实际经济意义；另一方面运行检修安全可靠性差，当其中一回线路发生雷击事故时，可能波及另一回线路，使停电范围扩大。另外，在检修中常会发生跑错间隔，操作人员误登带电线路，导致发生触电伤亡事故。

### 1.1.4　输电线路组成部分

架空输电线路主要由导线、地线、绝缘子（串）、金具、杆塔和拉线、杆塔基础及接地装置等组成，这些部件也是施工安装的主要对象。

（1）导线。导线用以传导电流、输送电能，它通过绝缘子串长期悬挂在杆塔上。导线常年在大气中运行，长期受风、冰、雪和温度变化等气象条件的影响，承受着变化拉力的作用，同时还受到空气中污物的侵蚀。因此，除应具有良好的导电性能外，导线还必须有足够的机械强度和防腐性能，并要质轻价廉。

（2）地线。地线又称架空地线、避雷线，悬挂于导线上方。由于架空地线对导线的屏蔽及导线、架空地线间的耦合作用，可减少雷电直接击于导线的机会。当雷击杆塔时，雷电流可通过架空地线分流一部分，从而降低塔顶电位，提高耐雷水平。架空地线常采用镀锌钢绞线，目前常采用钢芯铝绞线、铝包钢绞线等良导体，可降低不对称短路时的工频过电压，减少潜供电流。采用光缆复合架空地线还兼有通信功能。

（3）绝缘子。绝缘子用来支持或悬挂导线和地线，保证导线与杆塔间不发生闪络，保证地线与杆塔间的绝缘。绝缘子长期暴露在自然环境中，经受风雨冰霜及气温突变等恶劣气候的考验，有时还受到有害气体的污染，因此，绝缘子必须具有足够的电气绝缘强度和机械强度，并应定期检修。送电线路常用绝缘子有瓷质绝缘子、玻璃绝缘子、悬式复合绝缘子。

（4）金具。金具是输电线路所用金属部件的总称。金具种类繁多，常用的有线夹类金具、接续金具、连接金具、保护金具及拉线金具等。在设计线路时，应尽量选择标准金具，以保证其具有足够的机械强度。与导线相连的金具，还必须具有良好的电气性能。

（5）杆塔和拉线。杆塔用来支持导线、地线和其他附件，使相导线以及地线之间彼此保持一定的安全距离，并保证导线与地面、交叉跨越物或其他建筑物等之间具有足够的安全距离。

拉线用来平衡杆塔的横向荷载和导线张力，减少杆塔根部的弯矩。使用拉线可减少杆塔材料的消耗量，降低线路的造价。

（6）杆塔基础。杆塔基础的作用是支承杆塔，传递杆塔所受荷载至大地。杆塔基础的形式很多，应根据所用杆塔的形式、沿线地形、工程地质、水文和施工运输等条件综合考虑确定。

（7）接地装置。接地装置的作用是导泄雷电流入地，保证线路具有一定耐雷水平。根据土壤电阻率的大小，接地装置可采用杆塔自然接地或人工设置接地体。接地装置的设计应符合电气方面的有关规定。

## 1.2　输电线路施工技术特点及工艺流程

### 1.2.1　输电线路施工技术特点

进入 21 世纪以来电网建设得到加强，全国电网从省级电网发展到区域电网，并开启了大规模西电东送、南北互济、全国联网的新时代；主网架电压等级也从 220kV 提升到 500kV，基本形成较为完备的 330/500kV 主网架。

三峡工程的建设标志着中国水电工程技术和装备技术达到了国际领先水平。以三峡至常州±500kV 直流工程建设为标志，中国直流输电工程已经处于世界前列，基本掌握了工程设计、施工、调试技术。西北 750kV 电网示范工程的建成，为更高电压等级的电网建设奠定了基础。

**1. 基础施工**

输电线路杆塔有铁塔和钢筋混凝土电杆等常用结构，其基础则分别有大块混凝土和预制底、卡盘两种，基础的形状则普遍是上面小、下面大，以起稳定作用。因此，在基础施工中，习惯的做法是采用土石方的大开挖，基础施工后再回填。这种施工方法无形中增大了土石方，还破坏了地基的原状。对于淤泥、流沙等特殊地质条件下的基础施工，则更为困难。因此，输电线路基础施工技术的改进，集中在减少土石方量和保持原状土这两个方面。

通过 50 多年来的实践经验，一些线路工程的施工中，在岩石地区采用锚杆基础；在黏土质地基处采用掏挖式基础；在淤泥、流沙地区采用爆扩、爆沉桩基础或钻孔灌注桩基础。在实施上述施工工艺时，各施工单位制造出相应的专用工具或小型机械，并与科研单位合作将无损检测技术应用到跨越工程大直径、大深度灌注桩的桩体质量检测，以判别其施工质量。在基础施工方面，还采用了钻扩式原状土基础、旋锚桩基础、塑料薄膜养生和喷塑养生的工艺。

**2. 杆塔组立施工**

我国输电线路的杆塔吊装工艺不断革新。20 世纪 50 年代始创了倒落式抱杆整体组立法和外拉线抱杆分解组塔法；20 世纪 60 年代推广悬浮式抱杆（即内拉线抱杆）分解组塔法；20 世纪 70 年代又提出了倒装组立高塔工艺；20 世纪 80 年代采用液压提升装置组立高塔，尤其是高塔吊装还采用过旋转式多臂抱杆机内附式塔吊吊装特高塔。从吊装工艺，尤其是高塔吊装工艺的发展中，可以明显看出，我国的技术革新是从改革工艺入手，不断创新，围绕新工艺的要求，带动了轻型机具的发展，推动了杆塔吊装技术进步，并促使我国的杆塔施工设计理论不断丰富和深化。这是与国外采用大型机械吊装线路杆塔施工截然不同的，是我国独有的特色。

此外，根据具体的塔型和施工条件，我国还创造了许多特殊的施工工艺，如采用井架或滑模施工上百米高的烟囱式混凝土跨越塔，直升机吊装塔和大型吊车吊装等。所有的吊装工艺均能使施工质量、安全以及劳动条件得到显著改善，缩短施工工期，并取得较好的经济效益。

杆塔施工工艺与采用的杆塔结构型式和设置环境的变化有着密切的关系，随着工程具体的杆塔施工要求的不断提高，在现有各种杆塔施工工艺的基础上，通过工艺设计理论计算，一定会推出更安全、更可靠的新工艺。

3. 架线施工

架线施工的重点是导线展放，20 世纪 50 年代是采用人力或畜力地面拽引；20 世纪 60 年代开始试用汽车、拖拉机直接牵引，但均由于受农田影响和导线容易损伤等原因，无法在大范围内应用；20 世纪 70 年代开始，各施工单位开始使用绞磨或拖拉机绞磨作牵引力，通过事先展放的钢丝绳来牵引导线的放线工艺，从而提高了效率、降低了劳动强度和少毁农田。从"六五"开始，随着 500kV 线路的出现，引进推广了张力架线工艺，采用了"连续直通放线"、"直线塔紧线"、"耐张塔平衡挂线"三大工艺。随着科学技术的进步，有些施工单位开发应用了新型的施工机械，如飞艇放线技术、大吨位牵张设备、六线张力机、导线长度光电测量仪等，创造了许多先进施工工艺和施工技术，如导引绳张力展放"绕牵法"施工工艺、大截面导线的展放技术、遥控模型直升机放线方法等。

在架线过程中，往往由于被跨越的电力线路无法按要求停电，严重地影响放线进度。特别是张力放线时，一次停电时间长达 7～10 天，如遇有一些重要运行线路，会给工农业生产带来很大损失。对此，输变电施工企业从 20 世纪 50 年代末开始研究，创造了许多少停电或不停电搭设跨越架的方法，如不停电跨越架、悬吊式桥型跨越电力线路和不停电张力放线施工技术等。在导线连接施工方面，从过去采用钳压或液压工艺到发展使用爆压法连接。在用药和工艺操作方面也做了一系列改进，使爆压技术得以广泛使用。

4. 施工装备

现在全国一些主要输变电施工企业均配备了大型牵张放线机、大型运输车辆及起吊机械、全站仪、压接机、放线滑车、牵引绳及导引绳、带电跨越架等专业设备。由于机械化水平的提高，大大改善了输配电线路施工的劳动条件，在提高工程质量、工效和缩短工期等这些方面发挥了很大作用。

5. 环保施工

在输配电线路施工过程中，尤其是超高压线路工程建设中，提高人们的环保意识，改进施工方式方法，如何进行环保施工，如何使森林植被得到有效保护，如何将施工对环境的影响降到最低，如何更好地恢复森林植被，减少施工对环境的影响等，是施工中必须引起重视的课题。

（1）正确把握地形地貌，减少原始植被损坏。在复测分坑阶段，对塔位、塔坑位置复测，确认实际与设计的符合性，掌握边坡的稳定性及边坡保护范围内的植被状况。另外，针对现场实际情况，按照有效保护原始植被的原则，按照有关程序对基础进行了合理的调整。

（2）基坑开挖阶段，土壤分类存放。在可耕田地段施工时，将从坑中挖出的土分成两类：一类是"生土"，另一类是"熟土"。所谓"熟土"，即可耕农田表层以下 30～40cm，包含丰富有机肥料有利于农作物生长的土。"熟土"以外的土叫"生土"。关于生熟土的分类可以根据土壤的颜色深浅区分，这样可以真正做到因地制宜。基坑开挖阶段根据回填顺序分区堆放，并明确标识生熟土。

在高山大岭地段施工时，将从坑中挖出的土也分成两类：一类是"富养土"，另一类是"生土"。所谓"富养土"，即地表以下 40cm 左右，含有树叶草根等腐烂物质的土层（该土层含有草根、草种等杂质易于恢复植被）。其余的土即为生土。基坑开挖时，将从坑中挖出的土分成两类分类存放，并明确标识。

（3）严格控制施工过程，消除过程污染。

1）合理选择施工道路，减少植被损坏。在山区施工中的工地运输需要砍伐树木修建小运道路，首先尽可能利用原有山路进行拓宽改造，减少对成材树木的砍伐和植被的损坏，合理设置道路宽度，减少不必要的砍伐；根据地势情况，设置合理弯曲路径，避免顺坡度直上直下的道路，以防止形成泥石流冲刷。爱护施工经过的道路，严格做到工完料净场地清，确保施工完毕后的施工道路和施工现场无任何施工和运输废弃物，以便于今后道路上生态的自然恢复。

2）原材料与地面隔离。砂石料、水泥等原材料，从进入现场开始均采用彩条篷布下铺上盖，尤其对于小运倒运点，也应切实做到。这样可以做到既不污染土壤又不污染材料，避免材料中出现杂质。

3）合理布置浇制现场，杜绝环境污染。基础浇制过程中，使用彩条布隔离现场材料与地面的接触，同时隔离搅拌机、发电机等机械与地面的接触，使用木板和彩条布将运送熟料的小路与地面隔离，使用彩条布将熟料与坑壁隔离（施工中根据进度拆除）。通过以上有效措施避免了生熟料和机械对环境的污染。

另外在生料的搅拌过程中，改变了搅拌方式，采用先搅拌灰浆然后添加生料的方式，这样虽然增加了搅拌时间，但基本避免了搅拌过程中的尘土飞扬污染环境的现象。

4）工完料净场地清。浇制完毕的现场清理很重要，首先要将彩条布上的废弃的渣土清理到一起，对于大开挖基础则予以深埋处理，对于掏挖式基础则集中后予以外运处理。平原地带弃土予以外运，高山地带外运后覆以"富养土"处理。

对于弃土，可小运到不易冲刷的地方作为放置地，放置地的"富养土"也要及早取出，明确标识并单独存放。在弃土放置完毕后，按照临近山体的形状做成近似的坡形，在其表层培植"富养土"。

5）基坑回填先"生"后"熟"（"富养土"）。对于处于可耕田的基坑回填，首先回填生土并分层夯实，在回填到超出生熟土分界线 10cm 时即停止，然后回填熟土。这样基础周围基本可恢复原样，即使今后回填土有沉降，也可确保原样恢复。这样"富养土"基本和土壤紧密接触，确保几场雨后，附有养分的"富养土"中就会重新长出小草，植被就会逐渐得到恢复。

6）构建截水排水网，有效防止水土流失。在雨水充沛、森林茂盛的南方，排水系统是否有效，关系到如何更好地防止水土流失。有效的做法是：

a. 在基坑开挖过程中，不但对基坑及时用篷布进行覆盖，而且在基坑开挖之前即开挖截水沟和排水沟，解决临时排水问题，消除基坑积水问题。

　　b. 在基础施工结束，护坡、护面制作完成后，针对每基不同的地形，结合散水面、汇水面及设计要求，设计每基的排水系统，以保证基坑及护坡和边坡均得到保护，不受冲刷。

　　c. 排水沟和截水沟的挖掘也按"生土"和"富养土"分开的办法施工，以利于沟的形状的保持，真正长久地起到作用。

　　d. 基础护面按地形状况做成与地形相似的斜面，以保证基础上空的雨水及时排出，基础周围不积水。

　　(4) 加强环保教育，提高环保意识。关于环保施工，可以专门制订技术方案，技术交底时加以强调，技术培训和考试时也可列为一项重要内容。

　　(5) 合理砍伐树木，保护森林资源。线路走廊穿过森林的工程虽然采用高跨设计，但很多树木依然因技术的原因需要砍伐。组塔阶段可采用速度较慢的铝合金小抱杆组塔方案组塔，施工场地基本限制在基础周围，可以有效减少无谓的树木砍伐。架线阶段可采用以小引大的办法逐档牵引升空导引绳，尽量不砍伐通道。

　　线路架设完毕后，按照林业部门提供的各种树木的自然生长高度，按照运行规程高空逐相逐点测量计算净空距离，地面人员一一对应测量树木实际高度，然后现场确认所砍伐的树木，并明确标识一一记录。这样基本消除了以往运行单位要求"剃光头、铲树根"的现象。

### 1.2.2　输电线路施工的工艺流程

架空输电线路施工一般可分为准备工作、施工安装、启动验收三个阶段。

1. 准备工作

（1）现场调查。施工前对线路沿线进行现场调查非常重要。

1）沿线自然条件的调查：①沿线各桩位的地形、地貌、地质、地下水的调查，确定各桩位能否利用机械化施工，确定设计选定的杆位、塔位是否适合施工；②了解沿线气候情况，有无雨季积水、洪水和山洪等情况，对运输及施工有无影响。

2）沿线交叉跨越及障碍物的调查：①了解沿线被跨河流的情况；②了解沿线被跨公路、铁路的情况；③了解沿线被跨电力线、通信线的情况；④了解沿线被跨房屋、树木及其他障碍物的情况。

3）运输道路、桥梁情况的调查：①了解沿线各桩位运输道路、距离等情况；②了解沿线河流、桥梁、码头等情况。

　　此外，还需了解施工队驻地、职工生活设施、材料站、仓库、地方性材料、劳动力等情况。

（2）复测分坑。根据设计提供的杆塔明细表、线路平断面图，对设计终勘定线、转角、高差、杆位进行复测。在此基础上，按基础施工图进行分坑测量。分坑时要定出主桩、辅助桩，在地面上标出挖坑范围，并严格核对基础根开尺寸。

（3）备料加工。输电线路的设备主要有导线、避雷线、绝缘子和金具等，物资部门应根据技术部门编制的设备、材料清册进行订货，明确质量要求、交货期限和到货地点。

　　输电线路材料有部分要自行安排加工或委托地方加工的，如基础钢筋、地脚螺栓、铁塔、钢筋混凝土电杆及铁件（如横担、抱箍等），这个工作要根据工期提前进行，确保施工需要。

2. 施工安装

（1）基础施工及接地埋设。按设计提供的杆塔明细表、杆塔基础配制表、杆塔基础施工图，并按复测分坑放样的位置进行基坑开挖、基础施工，由于杆塔基础的形式很多，所以施工方法和顺序各不相同。但基础都是隐蔽工程，必须严格按质量标准进行验收，并做好记录。

接地装置一般随基础工程同时埋设，或基础工程结束后随即埋设接地装置。

（2）杆塔组立接地安装。杆塔工程一般包括立杆和立塔两部分。杆塔组立后就可将接地装置引出线与杆塔相连接。

（3）导地线架设及附件安装。架线包括导地线的展放、紧线、附件安装等内容。放线前要清理通道，处理交叉跨越等工作，放线时可采用拖地放线，也可采用张力放线，然后进行紧线、附件安装等作业。

3. 启动验收

（1）质量总检。质量总检是施工单位在完工后进行的一道严格的自我检查。工程处根据施工结尾和项目验收情况向公司申请竣工验收，同时提供全部质量检查记录，公司组织有关部门人员做统一的、全面的质量检查。

（2）启动试验。在质量总检中存在的问题全部处理后，进行绝缘测量和线路常数测试。在经批准的启动委员会领导下，进行试送电 72h。

（3）投产送电。线路经 72h 试运行良好就可以投产送电。投产前须移交全部工程记录和竣工图。

# 1.3　输电线路运行与检修概述

## 1.3.1　线路事故预防

由于架空线路分布很广，又长期露天运行，所以经常会受到周围环境和大自然变化的影响，从而使架空线路在运行中会发生各种各样的故障。据历年运行情况统计，在各种故障中多属于季节性故障。为了防止线路在不同季节发生故障，应有针对性采取相应的反事故措施，从而保证线路安全运行。

造成线路故障的主要原因包括：

（1）风力过大。风力超过杆塔的机械强度，就会使杆塔歪斜或损坏，并使导线产生振动、跳跃和碰线。

（2）雨量影响。毛毛细雨能使脏污绝缘子发生闪络，甚至损坏绝缘子。倾盆大雨久下不停时，会使河水暴涨或山洪暴发，造成倒杆事故。

（3）冰雪过多。当线路导线、避雷线上出现严重覆冰时。首先是加重导线和杆塔的机械荷载，使导线弧垂过分增大，从而造成混线或断线；当线路导线、避雷线上的覆冰脱落时，又会使导线、避雷线发生跳跃现象，因而引起混线事故。此外，由于绝缘子或横担上积聚冰雪过多，进而引起绝缘子的闪络事故。

（4）雷电的影响。雷电不仅会使绝缘子发生闪络或击穿，有时还会引起断线等事故。

（5）鸟害。鸟在杆塔上筑巢或杆塔上停落，有时大鸟穿越导线飞翔，均可能造成线路接地或短路等事故。

（6）环境污染。在工业区，特别是化工区或其他有污源地区，所产生的尘污或有害气体会使绝缘子的绝缘水平显著降低，以致发生闪络事故。有些氧化作用很强的气体，则会腐蚀金属杆塔、导线、避雷线和金具等。

（7）气温变化。空气温度变化时，导线的张力也变化。在炎热的夏天，由于导线的伸长，使弧垂变大，可能造成交叉跨越处放电事故；而在寒冷的冬天，由于导线收缩，弧垂变小，应力增加，又可能造成断线事故。

（8）其他外力影响。如在线路附近放风筝，在导线附近打鸟放枪，在杆塔基础旁边附近挖土以及线路附近有高大树木等。

严格执行线路各种运行、检修制度，切实做好维护和检修工作，认真执行各项反事故技术措施，上述各种事故是可以避免的，可以保证架空线路的安全运行。

### 1.3.2　线路运行标准

线路运行管理工作是依据 DL/T 741—2010《架空输电线路运行规程》对架空线路进行经常性地巡视和检查，对有关部件进行周期性的测试，以便发现缺陷和问题能及时进行检修和处理，确保线路的正常运行和不间断供电。架空输电线路在运行中应符合以下标准，如发现不符合标准要求时，应进行妥善处理。

1. 杆塔

（1）杆塔倾斜度、横担歪斜度不得超过表 1-1 的规定。

表 1-1　　　　　　　　　　**杆塔倾斜度、横担歪斜度允许范围**

| 类别 | 钢筋混凝土电杆塔 | 铁塔 |
| --- | --- | --- |
| 杆塔倾斜度（包括挠度） | $15/1000H$ | $5/1000H$（适用于 50m 及以上高度铁塔）<br>$10/1000H$（适用于 50m 以下高度铁塔） |
| 横担歪斜度 | $10/1000l$（含木杆） | $10/1000l$ |

**注**　表中 $H$ 为杆塔高度（m）；$l$ 为横担固定点间长度（m）。

（2）铁塔主材弯曲度不得超过节间长度的 $2/1000$。

（3）普通钢筋混凝土电杆的保护层不得腐蚀脱落、钢筋外露，裂纹宽度不得超过 $0.2mm$。预应力钢筋混凝土电杆不得有裂纹。

（4）铁塔斜材交叉处的空隙应装有相应厚度的垫圈，以防斜材的变形弯曲。

2. 导线及避雷线

（1）导线及避雷线处理标准。

1）导线及避雷线断股损伤减少截面的处理标准见表 1-2。

表 1-2　　　　　　　　　**导线、避雷线断股损伤减少截面的处理标准**

| 线别 | 处理方法 | | |
| --- | --- | --- | --- |
| | 缠绕 | 补修 | 切断重接 |
| （1）钢芯断股；<br>（2）损伤截面超过铝股总面积的 25% | 钢芯铝绞线 5%~7% | 损伤截面不超过铝股总面积 7%~25% | 损伤截面占铝股面积＞25% |
| 钢绞线 | 损伤截面不超过总面积 7% | 损伤截面占铝股总面积 7%~17% | 损伤截面超过铝股总面积的 17% |

续表

| 线别 | 处理方法 | | |
|---|---|---|---|
| | 缠绕 | 补修 | 切断重接 |
| 单金属铰线 | 损伤截面不超过铝股总面积 7% | 损伤截面占铝股总面积 7%～17% | 损伤截面超过总面积 17% |

2）钢质导线及避雷线由于腐蚀，其最大计算应力不得大于它的屈服强度。架空输电线路的运行标准除符合上述运行标准之外，还应满足有关规程、规范的要求。如 Q/GDW 1799.2—2013《电力安全工作规程线路部分》、Q/GDW 179—2008《110～750kV 架空输电线路设计技术规定》等。

（2）弧垂要求。

1）导线、避雷线的弧垂误差不得超过+6%或−2.5%。三相弧垂不平衡值在档距为 400m 及以下时，不得超过 0.2m；档距为 400m 以上时，不得超过 0.5m。

2）相分裂导线水平排列的弧垂不平衡值不宜超过 0.2m。垂直排列的间距误差不宜超过+20%或−10%。

3. 绝缘子运行标准

（1）单片绝缘子有下列情况之一者为不合格：①瓷裙裂纹、瓷釉烧坏、钢脚及钢帽有裂纹、弯曲、严重腐蚀和歪斜、浇装水混有裂纹；②瓷绝缘电阻小于 300MΩ；③分布电压低值或零值。

（2）污秽地区绝缘子串的单位泄漏比距（单位爬距）应满足污秽等级的要求。

直线杆塔上的悬垂绝缘子串顺线路方向偏斜角不得大于 15°。

4. 连接器

导线连接器有下列现象之一，即为不合格：

（1）导线连接器的电压降（或电阻值）与同样长度导线的电压降（或电阻）的比值大于 2.0，两半管的电压降或电阻大于 2.0。

（2）连接器过热。

（3）运行中探伤发现爆压管内钢芯烧伤、断股或爆压不实。

5. 接地装置

输电线路防雷的可靠性问题与接地装置的质量好坏、接地电阻的大小有密切关系，为此要求接地装置要有足够低的接地电阻和较强的防腐能力。杆塔与接地引下线与接地体之间连接要牢固可靠。

**1.3.3 线路检修工作分类**

输配电线路的检修是根据巡检报告及检查与测量结果，进行正规的预防性修理工作。其目的是为了消除在线路的巡检与检查中所发现的各种缺陷，以预防事故发生，确保安全供电。输配电线路的检修一般分为维修、大修、改进工程和事故抢修四类。

（1）维修。为了维护输配电线路及附件设备的安全运行和必须的供电可靠性而进行的检修工作称为维修，有时也称为小修。输配电线路的维修工作是指线路的一般维护和少量的检修。维修工作由运行人员或维护人员进行，也可根据工作量由检修工负责。

（2）大修。为了提高设备的健康水平，恢复输配电线路及附件设备至原设计的电气性能或机械性能而进行的检修称为大修。大修周期一般为一年一次。

（3）改进工程。改进工程指为提高输配电线路的供电能力，改善系统接线而进行的增建或撤除等改进工作。改进工程与大修工程的区别在于大修一般为处理缺陷，而不改变原设备的规格，不增加新设备；而改进工程则不限于处理缺陷，一般都改变了某些设备的规格或者增加新设备。

线路大修及改进工程主要包括以下几项内容：

1）根据防汛、防污等防事故措施的要求而调整线路的路径。

2）更换或补强线路杆塔及其部件。

3）更换或补修导线、避雷线并调整弧垂。

4）更换绝缘子或加强线路绝缘水平而增装绝缘子。

5）改装接地装置。

6）杆塔基础加固。

7）更换和增装防振装置。

8）杆塔金属部件的防锈刷漆。

9）处理不合理的交叉跨越。

（4）事故抢修。事故检修指由于自然灾害，如地震、洪水、冰雹、暴风及外力破坏等所造成的输配电线路的倒杆、杆塔倾斜、断线、金具或绝缘子脱落和混线（接地或相间短路）等停电事故，需要尽力迅速进行的抢修工作。

# 第2章 输电线路杆塔基础施工

## 2.1 杆塔基础类型

杆塔基础是指杆塔以下的部分结构，是用于稳定杆塔的装置。杆塔基础的作用是将杆塔、导地线荷载传到大地，并承受导地线、断线张力等所产生的上拔、下压或倾覆力。

### 2.1.1 杆塔基础分类

（1）按杆塔型式分类。高压架空输电线路的杆塔基础按杆塔型式分为三类：电杆（指钢筋混凝土电杆，下同）基础、铁塔基础、拉线钢杆（即轻型拉线铁塔）基础。

（2）按制作方法分类。杆塔基础按制作方法分为八类：预制钢筋混凝土构件基础、现场浇制的混凝土或钢筋混凝土基础、深桩基础（分为打入式和钻孔灌注混凝土桩两种）、预制金属基础、掏挖型基础、爆扩桩基础、沉井基础、岩石锚筋基础等。

（3）按受力状态分类。杆塔基础按受力状态分为四类：上拔基础，即基础仅受上拔力，如拉线基础；下压基础，即基础仅受下压力，如底盘基础；抗倾覆基础，即埋置于经夯实的回填土内的电杆基础或窄基铁塔基础；联合基础。

### 2.1.2 常见电杆基础

电杆基础又分为埋杆基础和三盘基础。

（1）电杆下段埋置于基坑内，利用置于基坑内的杆段承受下压力及倾覆力矩。10kV以下电力线及部分35kV电力线的电杆均采用此类基础，简称埋杆基础。根据不同的电杆高度规定有不同的埋深，见表2-1。

表 2-1         电杆埋设深度         单位：m

| 杆高 | 8.0 | 9.0 | 10.0 | 11.0 | 12.0 | 13.0 | 15.0 | 18.0 |
|------|-----|-----|------|------|------|------|------|------|
| 埋深 | 1.5 | 1.6 | 1.7 | 1.8 | 1.9 | 2.0 | 2.3 | 2.6~3.0 |

（2）以混凝土底盘、卡盘和拉线盘（简称三盘）为主要部件与埋置于地下的水泥杆杆段组成的基础称为三盘基础。拉线盘简称拉盘。三盘的结构示意图分别如图2-1、图2-2和图2-3所示。

三盘为预制的钢筋混凝土构件。在个别地质条件较差的桩位，也采用现场浇制的混凝土底、拉盘基础。

### 2.1.3 常见铁塔基础

铁塔基础主要有下列六种类型。

（1）现浇阶梯直柱混凝土基础。它是各种电压等级线路应用较广泛的一种基础型式，如图2-4所示，又分为钢筋混凝土直柱基础及素混凝土直柱基础两种。此类型基础与铁塔的连接均采用地脚螺栓。

（2）现浇阶梯斜柱混凝土基础。它是500kV线路应用较广泛的一种新型基础，如图2-5所示。由于斜柱断面的差别，又分为等截面斜柱混凝土基础、变截面斜柱混凝土基础及偏心

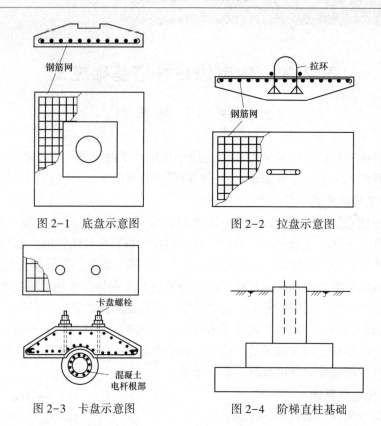

图 2-1　底盘示意图　　　　　　图 2-2　拉盘示意图

图 2-3　卡盘示意图　　　　　　图 2-4　阶梯直柱基础

斜柱混凝土基础。基础与铁塔的连接有两种方式：一种为地脚螺栓式，另一种为主角钢插入式，又称为主角钢插入式混凝土基础。

（3）装配式基础。根据基础使用主要材料的不同，装配式基础可分为金属装配式基础及钢筋混凝土构件装配式基础。

（4）桩式基础。桩式基础因用料的不同分为木桩、钢桩、钢筋混凝土桩基础等，在送电线路设计中应用较多的是钢筋混凝土桩式基础。它有两种型式：一种为预制桩，另一种是现浇灌注桩，如图 2-6 所示。在阶梯直柱混凝土基础的设计原则下，经过改进出现了扩底短桩基础，如图 2-7 所示。

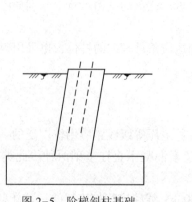

图 2-5　阶梯斜柱基础

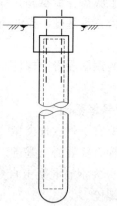

图 2-6　灌注桩基础

（5）岩石基础。利用岩石地基的自然条件设计的锚筋基础称为岩石基础，分为单锚岩石基础和群锚岩石基础两大类。

（6）复合沉井基础。它由沉井与现浇混凝土基础两部分组成。基础上部为现浇混凝土，下部为沉井。对于地下水位较高的地区，沉井既是基础的一部分，又可以用来抵抗坑壁的流沙和泥水，有利于基础施工。

### 2.1.4　拉线铁塔及钢管电杆基础

（1）拉线铁塔基础采用现浇阶梯直柱混凝土基础，铁塔与基础的连接为球铰连接，即基础顶面固定有钢板压制成的倒锅底形半球面，如图2-8所示。

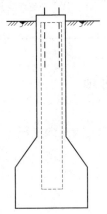 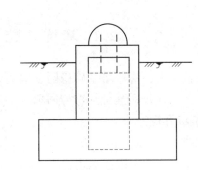

图2-7　扩底短桩基础　　　　图2-8　倒锅底形球铰式铁塔基础

（2）钢管电杆基础为直柱基础，与拉线铁塔基础相似。

### 2.1.5　常见杆塔基础类型及其适范围

常见杆塔基础类型及其适用范围见表2-2。

表2-2　　　　　　　　　　常见杆塔基础类型及其适用范围

| 名称 | | 常用基础型式 | 适用范围 | 备注 |
| --- | --- | --- | --- | --- |
| 预制基础 | 底盘 | 普通混凝土底盘、底座 | 广泛用于水泥电杆及钢杆基础 | 可集中进行工厂化生产，现场施工实现装配化，但运输困难，薄壳式较为轻便，故运输容易 |
| | | 薄壳式底盘、底座 | | |
| | 拉盘 | 普通混凝土拉盘 | 广泛用于水泥杆、钢杆及拉线塔的拉线基础 | |
| | | 薄壳式拉盘 | | |
| | 装配式基础 | 预制装配式基础 | 用于交通困难和缺水地区 | 不用现场浇制，可实现工厂化加工，运输较为困难 |
| | | 金属装配式基础 | | |
| | | 板条式装配基础 | | |
| 现场浇制基础 | | 普通混凝土基础 | 广泛用于铁塔基础及较大拉线的拉线基础 | 材料均为散料，搬运容易，但因分散施工，材料损失大，施工不易实现机械化，工期长，施工质量不易保证 |
| | | 钢筋混凝土基础 | | |
| 桩基础 | 爆扩桩基础 | 单桩 | 广泛用于铁塔基础及水泥电杆基础 | 大量减少土石方开挖量，节约混凝土，施工效率高 |
| | | 双桩 | | |
| | | 三桩 | | |
| | | 爆沉套筒 | | |
| | | 爆扩拉线桩 | | |

续表

| 名称 | | 常用基础型式 | 适用范围 | 备注 |
|---|---|---|---|---|
| 桩基础 | 打桩基础 | 桩台式 | 用于土质差的湖区及河流冲刷地区 | 可避免开挖困难，但因使用机械多，因此搬迁、安装耗工多 |
| | | 承台式 | | |
| | 灌注桩基础 | 等径灌注桩 | 用于地下水位高，开挖中易产生流砂的塔基处及河滩需防止冲刷及漂浮物影响的塔基处 | |
| | | 扩底短桩 | 用于土质较好，地下水位低的塔位 | |
| 岩石基础 | | 直锚式 | 用于山区硬质风化或软质中风化的岩基上 | 可以节省混凝土浇注量和岩石开挖量 |
| | | 承台式 | | |
| | | 嵌固式 | | |

## 2.2　基坑开挖与回填

架空输电线路施工中，将杆塔基础稳固于地基上的施工工序通常包括土石方工程和基础工程两部分。土石方工程包括基坑开挖与回填。

### 2.2.1　各类基坑开挖方法

**1. 普通土坑开挖**

普通土是指黏土类、砂土类、黄土类等土系。普通土坑的开挖，可以采取人工、小型机械及爆破等方法进行。由于这类土比较松软，又大多处于平原及丘陵地区，有条件的情况下应尽量采用机械化施工。

当交通不便时，应采用人工开挖。挖坑时，作业人员直接用铲分层分段平均往下挖掘。土方量少时，可直接抛掷土块，土方量较大时，则用三角架或置摇臂抱杆吊筐出土。开挖时，根据不同土质适当放边坡，防止坑壁坍塌。每挖 1m 左右即应检查边坡的斜度，进行修边，随时控制纠正偏差。开挖时，要做到坑底平整。基坑挖好后，为防止坑底扰动，应尽量减少暴露时间，及时进行下道工序的施工。如不能立即进行下道工序，则应预留 150～300mm 的土层，在铺石灌浆时或基础施工前开挖。

**2. 泥水坑开挖**

流动性淤泥土质开挖时，地下水位一般较高，所以要采取排水措施，并尽可能地避免雨季施工。

坑内抽水排水法采用挡土板、抽水泵明沟排水等手段直接排水，适用于地下水不大或渗透系数较小的土壤。坑外降水位法如图 2-9 所示，采用井点法等手段间接排水，适用于坑较深、地下水位较高、渗透系数大的土壤。

**3. 干沙坑开挖**

风积沙漠区的沙包、沙滩沙质中基本不含水分或仅含有微量水分，所以非常松散，流动量也很大，在这样的地区进行线路基础施工难度较大，基坑在开挖

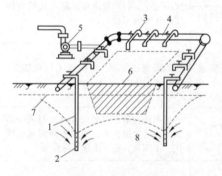

图 2-9　坑外降水位法
1—井点管；2—冒滤管；3—弯连接管；
4—集水总管；5—水泵；6—基坑；
7—原有地下水位线；8—降低后地下水位

过程中很容易塌方，有时是现挖现塌，有时是刚挖好稍待表层的微量水分一干、经风一吹或坑边稍振动就塌，对坑下的作业人员来说危险性较大。

110kV 线路施工中采用上圆下方的基坑开挖法进行沙漠地区钢筋混凝土电杆底盘、拉盘坑开挖。这种方法是在分好的坑位上先将最表层的风沙去掉 10～20cm 深，开始以圆形向下开挖，开挖时要求坑口略大些，不带坡度或带微小坡度均可，坑面一定要平滑。这是由于圆形基坑的稳固性较好，而且去土量较其他形状的基坑少。而要求表面平滑是因为基坑表面如有凹凸不平的地方或棱角，经风吹表面沙质逐渐干燥，很容易引起局部塌方，从而带动大面积塌方。当圆坑挖深 1～1.5m 左右时，按照实际需要在圆坑的中心开始开挖长方形或正方形的底拉盘坑，圆坑与方坑的交接处为自然过渡的台阶，形成一个阶梯形的基坑。在开挖下部的方形坑时应考虑少量的坡度，一般操作时坡宽每边取 0.1～0.2m 即可。当基坑挖好后，坑下作业人员应立即上来，但不能踏着或攀着坑壁上，而应由坑口人员在坑口横担一较长木杠，中间挂一索具，坑下人员攀索具至木杠而上。当基坑挖好后，应立即把底拉盘安放下去。

4. 冻土坑开挖

（1）切割开挖法。在冻土地区，首先用装有割盘的履带式拖拉机竖直切割出深约 1.8m 的地槽，地槽深度应超过冻土层厚度，将冻土切成小于 $2m^2$ 的块状。然后用一台施工用的专用吊车将切好的冻土块逐一吊离。需要时用履带拖拉机拉槽中插入的撬土钢棒，将冻土块撬离冻土层，然后挖掘坑内未冻土等。

（2）爆破开挖。冻土爆破施工即用炸药将冻土破碎，适用于开挖冻土层较深的坚硬土层和较大的面积施工。

（3）火烧融化冻土法。该法采用锯末、刨花、板皮、树枝或废机油之类物质作燃料，在冻土表面燃烧融化冻土。

（4）蒸汽针融化冻土法。它是用机械钻孔，钻孔直径 50～200mm，深度 1.5m 左右，将蒸汽管插入孔内融化冻土，然后开挖施工。

（5）电流融化冻土法。该法用直径 25～30mm，长 1.5～2.0m 的钢筋作电极，成梅花状排列，每两根间距 0.4～0.8m。该法只适用于有电源的基坑挖冻土。施工时电极随冻土融化分段打入，通常每隔 4～6h 加深 0.4～0.8m。当冻结深度为 1.5m、电压为 220V 时，解冻时间约为 16h。电流法耗电量大，且需特别注意用电安全。

5. 基坑爆破开挖

常用爆破方法有：

（1）石坑爆破。一般用人工或机械打眼两种方法，常用加强抛掷法。

（2）土坑爆破。用于土坑及冻土爆破，一般采用抛掷爆破，方法与岩石爆破基本相同。土坑采用爆破法比用挖掘法效率高，同时可减轻体力劳动。

（3）土坑压固爆破。主要用于黏土、水田及沼泽地带，可用延长药包炸成圆柱形腔，将电杆立于孔内。压固爆破采用延长药包时，其装药量与土质、炸药性能等因素有关。

## 2.2.2　基坑回填

回填是重要的工作，通常采用机械或人工方法进行回填、夯实，它直接影响杆塔基础上拔力或倾覆力的大小，应该引起重视。

1. 回填、夯实要求

按重要性不同，可将不同型式的基础分为三类：铁塔预制基础、拉线预制基础、铁塔金属基础及不带拉线的钢筋混凝土电杆基础属第一类；现场浇筑铁塔基础、现场浇筑拉线基础属第二类；重力式基础及带拉线的杆塔本体基础属第三类。

（1）第一类基础的基坑回填夯实必须满足下列要求：

1）对适于夯实的土质，每回填300mm厚度夯实一次，夯实程度应达到原状土密实度的80%及以上。

2）对不宜夯实的水饱和黏性土，回填时可不夯，但应分层填实，其回填土的密实度也应达到原状土的80%及以上。

3）对其他不宜夯实的大孔性土、砂、淤泥、冻土等，在工期允许的情况下可采取二次回填，但架线时其回填密实程度应符合上述规定。工期短又无法夯实达到规定要求的，应采取加设临时拉线或其他能使杆塔稳定的措施。

（2）第二类基础的基坑回填方法应符合第一类的要求，但回填土的密实度应达到原状土密度的70%及以上。

（3）第三类基础的基坑回填可不夯实，但应分层填实。

坑内有水时，回填时应先排出坑内积水。石坑回填应以石子与土按3∶1掺合后回填夯实。

对于杆塔及拉线基坑的回填，凡夯实达不到原状土密实度时，都必须在坑面上筑防沉层。防沉层的上部不得小于坑口，其高度视夯实程度确定，并宜为300～500mm。经过沉降后应及时补填夯实，在工程移交时坑口回填土不应低于地面。

接地沟的回填宜选取未掺有石块及其他杂物的好土，并应夯实。在回填后的沟面应筑有防沉层，其高度宜为100～300mm。工程移交时回填处不得低于地面。

2. 基坑开挖与回填的注意事项

（1）要注意熟悉被开挖基坑的桩位、杆塔型号、基础型式、土壤情况。根据设计要求的尺寸放样后再开挖。

（2）杆塔基础的坑深应以设计规定的施工基面为准，拉线坑的坑深以拉线坑中心的地面标高为基准。

（3）施工时应严格按设计要求的位置与深度开挖，坑深允许误差为-50～+100mm，坑底应平整，同基基坑在允许误差范围内按最深一坑操平。

（4）杆塔基坑，其深度误差超过100mm时可按下列规定处理：

1）对于铁塔基坑，其超深部分以铺石灌浆处理。对于钢筋混凝土电杆基础坑，超深在100～300mm之间时，其超深部分以填土夯实处理；超深300mm以上时，其超深部分以铺石灌浆处理。

2）对于不能以填土夯实处理的水坑、流砂坑、淤泥坑及石坑等，其超深部分按设计要求处理，如设计无具体要求时，以铺石灌浆处理。

3）对于个别杆塔基础坑，其深度虽已超过允许误差值100mm以上，但经验算无不良影响时，经设计同意，可不作处理，只做记录。

（5）杆塔基础超深而以填土夯实处理时，应用相同的土壤回填，每层填土厚度不宜超过100mm，并夯实至原状土相同的密度，若无法达到时，应将回填部分铲去，改以铺石灌浆处理。

## 2.3　现浇混凝土基础施工工艺

扫二维码获取 2.3 节内容。

# 第 3 章　输电线路接地装置及其施工

## 3.1　接地装置与接地电阻

### 3.1.1　线路防雷任务

输电线路的杆塔高出地面数十米，并暴露在旷野或高山，绵延数十或数百公里，所以受雷击的机会很多，一旦遭到雷击，往往会使送电中断，严重时导致设备损坏。

线路防雷的主要任务是防止直接雷击导线，防止发生反击，防止发生绕击。

输电线路为了防止直接雷击导线，沿线架设避雷线，并将其接地，引直接雷击的雷电流经避雷线入地。避雷线上落雷后，由于雷电流很大，接地电阻上的电压降数值很大，使避雷线的电位很高，导致导线、地线间绝缘被击穿，称为反击。有时雷电会绕过避雷线直接击中导线，称为绕击。

有些装设单避雷线的线路，避雷线的接地电阻又很难降低时，可在杆塔顶部再架一条避雷线，或不改变杆顶结构，而在导线下面再增加一条架空地线，称为耦合地线，它不能减少绕击率，但在雷击杆顶时能起分流作用和耦合作用，可使线路耐雷水平提高一倍。

### 3.1.2　线路接地装置

接地装置包括接地体和接地引下线。接地装置不仅需要可靠的机械强度，还要有足够截面积，以保证雷电流通过时的动稳定和热稳定。

接地引下线可以利用钢筋混凝土电杆的钢筋或铁塔主材，用单独的接地引下线一端与接地体连接，另一端用螺栓与钢筋或铁塔主材连接。接地引下线上焊有连接板，测量接地体接地电阻时要将连接板上螺栓松开。预应力电杆不允许以钢筋代替接地引下线。

接地体埋设于杆塔基础的四周，其型号很多，常见的有单一的垂直形、单一的水平放射形、水平环形接地体、水平环形和放射形组合型等。

### 3.1.3　接地电阻

输电线路接地装置通过故障电流时，从接地螺栓起其接地部分与大地零电位之间电位差，称为接地装置的电压。接地装置对地电压与通过接地体流入电流的比值称为接地电阻。它包括接地线的电阻、接地体的电阻、接地体与土壤间的接触电阻和地电阻四项。前两项电阻比后两项小得多，接地电阻主要取决于后两项。

过电压保护规程规定：有避雷线的架空电力线路，杆塔不连接避雷线时的工频接地电阻，在雷季干燥时，不宜超过表 3-1 所列数值。

表 3-1　　　　　　　　　有避雷线的架空电力线路杆塔的工频接地电阻

| 土壤电阻率（Ω·m） | 100 及以下 | 100~500 | 500~1000 | 1000~2000 | 2000 以上 |
|---|---|---|---|---|---|
| 工频接地电阻（Ω） | 10 | 15 | 20 | 25 | 30 |

注　如土壤电阻率很高，接地电阻很难降低到 30Ω 时，可采用 6~8 根总长度不超过 500m 的放射形接地体或连接伸长接地体，其接地电阻不受限制。

### 3.1.4　接地电阻与线路防雷关系

雷电压和雷电流幅值很大，波形很陡，衰减得很快，在输电线路中以波的形式传播。当雷电压直击于杆塔顶部或附近避雷线时，若接地电阻为零，则杆塔顶部电位也为零。实际上，接地电阻不可能为零，但只要接地电阻小于 $20\Omega$，其杆塔顶部电位也要比雷电压直击于无避雷线杆塔上的导线杆塔顶部电位降低 5 倍，若考虑避雷线的分流作用，这个电位将更低。

雷击塔顶时，接地电阻越大，塔顶电位越高，容易由塔顶对该相导线闪络反击，由于避雷线与下导线间耦合作用最小，所以一般来说，下导线最易反击闪络。

对于 110kV 以上的水泥杆或铁塔线路，避雷线和降低杆塔接地电阻配合是一种最有效的防雷措施，即可使雷击过电压降低到线路绝缘子串容许程度，而所增加的费用一般不超过线路总造价的 10%，但随着线路电压等级的降低，线路绝缘水平也降低，这时即使花很大投资架设避雷线和改善接地电阻，也不能将雷击引起的过电压降低到这些线路绝缘所能承受的水平。故对 35kV 以下的水泥杆或铁塔线路，一般不沿全线架设避雷线，但仍然需要逐基杆塔接地。因为这时若一相因雷击闪络接地，良好接地的杆塔实际上起到了避雷线的作用，这在一定程度上可以防止其他两相进一步发生闪络，而系统如果是经消弧线圈接地时，又可以有效地排除单相接地故障。

可见，无论在有避雷线或无避雷线的输电线路上，降低接地电阻是保障正常运行的重要防雷措施。但接地施工是隐蔽工程，处于工程收尾阶段，工艺又比较简单，往往不被重视，所以必须认识到接地装置对线路防雷的重要作用，按设计精心施工，不留隐患。

### 3.1.5　降低接地电阻的措施

降低接地装置的接地电阻是提高线路耐雷水平，防止反击，防止雷击闪络的有效措施。降低杆塔接地电阻的方法应经设计单位书面签证后方准实施。

1. 增加接地体长度

增加接地体长度是降低接地电阻的有效措施，但不是任意增加。对于高土壤电阻率的地区，一般均采用多根并联的水平接地体或水平接地体与垂直接地体相结合的方法。当采用 6~8 条总长不超过 500m 放射形接地体后，其工频接地电阻就不受限制。

2. 深埋接地小环与水平接地装置并联敷设

利用基坑深埋接地小环与水平接地装置并联使用已成为目前降低接地电阻的一种方法。利用基坑深埋接地小环，一般每个基坑埋 1~2 个小环。其材料与水平接地体材料相同，小环的尺寸依基坑大小而定，但小环距混凝土基础边缘应不小于 0.2m。若同一基坑有两个小环时，上、下小环间不应小于 1.5m。基坑内的上、下小环与水平接地装置应有良好的电气连接。

3. 引外接地

引外接地适用于杆塔附近有可以利用的低土壤电阻率的地方（如由岩石山上的塔位引至山下的耕地等）。引外接地即用较长的接地线由杆塔引至低电阻率的土壤中，再集中接地。采取这一措施时，必须控制引外接地线的最大长度。

4. 连续伸长接地

在高土壤电阻率（$\rho > 5000\Omega \cdot m$）的地区，由于普通型式的接地装置难以满足接地电阻不大于 $30\Omega$ 的要求，设计单位往往采用连续伸长接地的措施。

连续伸长接地的长度一般不宜小于 450m，杆塔数不应少于 2 基，采取沿线路方向敷设 1~2 条连续伸长接地体方式。连续伸长接地措施适用于地势较为平坦且杆塔位之间无地面障碍物的地区。

5. 降低土壤电阻率

降阻剂的降阻作用原理是由于降阻剂的电阻率远小于土壤电阻率，接地体周围的降阻剂相当于扩大了接地体的直径。降阻剂有很强的附着力，能有效地消除接地体与土壤的接触电阻，从而可增加降阻的作用。应按设计单位规定选用符合要求的降阻剂。

在选择降阻剂时应参照 QX/T 104—2009《接地降阻剂》，考虑三个方面的技术要求：

（1）降阻特性。室温为（25±15）℃，在工频小电流下，其电阻率应小于 $5\Omega \cdot m$，且比土壤电阻率小 20 倍以上。降阻剂粒度应能通过相应的标准目筛。

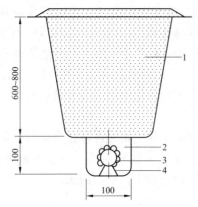

图 3-1　使用降阻剂的接地体敷设断面图
1—回填土；2—降阻剂；
3—接地体；4—接地体支架

（2）腐蚀性。表面腐蚀率应不大于 0.05mm/年，且 pH 值应为 8~12。降阻剂配料在 24h 内完全凝固。

（3）稳定性。经失水、冷热循环、水浸泡三项试验合格。

使用降阻剂的接地体敷设断面图如图 3-1 所示。为了确保接地体在降阻剂的包围之中，应每隔 1m 设一接地体支架（用 8 号铁丝制作）。降阻剂应均匀填充在接地体周围并进行压实。

我国主要的降阻剂有：①聚丙烯酰胺化学降阻剂。②富兰克林——民生 909 长效接地电阻降阻剂。③XJZ-2 型稀土化学降阻剂。④JFJ-1 型长效降阻剂。⑤海泡石粉末长效降阻剂。降阻剂的使用方法及用量可参阅产品说明书。

## 3.2　接地装置施工

### 3.2.1　接地装置的类型

接地装置由接地体和接地引下线组成。接地体是埋在地下与土壤接触的金属体，在输电线路工程中常用的接地体形式有垂直接地体和水平接地体，水平接地体又可分为放射型接地体、环形接地体和环形与放射型组合的接地体。送电线路杆塔的接地装置型式由设计单位根据土壤电阻率大小选择确定。

水平敷设的环形接地装置示意如图 3-2 所示，水平敷设的环形及放射状联合接地装置

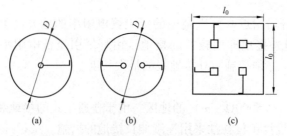

(a)　　　　　　(b)　　　　　　(c)

图 3-2　水平敷设的环形接地装置示意图
（a）单杆；（b）双杆；（c）铁塔

示意如图 3-3 所示，水平接地及垂直接地联合接地装置示意如图 3-4 所示，水平接地与深埋小环联合接地装置示意如图 3-5 所示。

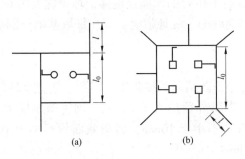 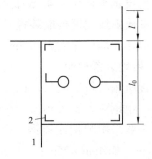

图 3-3　水平敷设的环形及放射状
联合接地装置示意图
（a）双杆；（b）铁塔

图 3-4　水平接地及垂直接地
联合接地装置示意图
1—水平接地体；2—角铁接地极

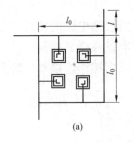 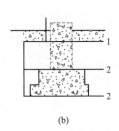

图 3-5　水平接地与埋深小环联合接地装置示意图
（a）平面布置；（b）单个基础的接地体竖向布置
1—水平接地体；2—埋深小环

有避雷线的架空输电线路的每座杆塔都应设接地装置，其接地体的形式由该塔位的土壤电阻率的大小决定。对于在山区岩石处的塔位土壤电阻率较大时，接地电阻达不到要求，可以加长接地体来减小接地电阻。根据实验，每根接地体的长度超过 60m 后，再增长接地线，接地电阻减小很微弱，因此每根接地线的长度以 60m 为限。

### 3.2.2　接地装置型式

为确保接地电阻符合要求，应采取在基础施工时同时进行接地施工的做法。这样既保证了接地质量，又减少了土石方开挖量，获得了良好的效果。现将结合基础施工进行接地施工采用的杆塔接地装置型式介绍如下。

（1）闭合环形深埋式人工接地装置。在位于土壤电阻率 $\rho \leqslant 100\Omega \cdot m$ 的居民区、潮湿淤泥土和水田土的接地体，可采用围绕杆塔基础底层敷设闭合环形深埋接地体的方式。

（2）闭合环形及垂直组合深埋式人工接地装置。在土壤电阻率 $100 < \rho \leqslant 500\Omega \cdot m$ 的黏土地区的接地体，可围绕杆塔基础底层敷设闭合环形深埋接地体，并在基础四角打入垂直体（钢管或圆钢）。

（3）闭合环形及水平放射形人工接地装置。在 $500 < \rho \leqslant 1000\Omega \cdot m$ 的山岳地区，可围绕杆塔基础底层敷设闭合环形深埋式接地体，并在基础四周敷设水平放射形接地体，其埋设深

度为 0.6m。

（4）水平环形及水平放射形组合接地装置。在 $1000<\rho\leqslant2000\Omega\cdot m$ 的山丘地带，宜在杆塔基础外围敷设水平环形及 4~6 根水平放射形组合的浅埋接地体，埋设深度为 0.5~0.6m。

（5）水平放射线浅埋接地装置。在 $\rho>2000\Omega\cdot m$ 地带时，宜在杆塔基础外围敷设水平放射线浅埋接地体，埋设深度为 0.5m。

### 3.2.3　接地装置材料

接地装置所用材料一般都是钢材，要考虑防腐及机械强度的需要。垂直接地体一般采用角钢或钢管。角钢应大于∠50mm×6mm，钢管外径应大于 25mm，钢管壁厚应大于 3.5mm。水平接地体一般采用圆钢或扁钢，圆钢直径不小于 10mm，扁钢截面积不小于 $100mm^2$，厚度不小于 4mm，如 4mm×25mm、4mm×40mm。

接地引下线一般采用圆钢，直径 12mm，如用镀锌钢绞线时，其截面积在地上部分应大于 $35mm^2$，在地下部分应大于 $50mm^2$。接地体埋入地下部分可不进行防腐，但引下线及地面下 300mm 部分需镀锌防腐处理。

### 3.2.4　接地装置安装

接地装置的安装应与基础工程同步进行，但接地电阻的测量可安排在架线之后。

接地装置安装前必须做好技术准备、材料准备及机具准备。

接地装置连接应可靠，除设计规定的断开点用螺栓连接外，应采用焊接或爆炸压接，连接前应清除连接部位的铁锈等附着物。

若采用搭接焊，对于其搭接长度，采用圆钢时其直径的 6 倍，并双面施焊；采用扁钢时为其宽度的 2 倍，并四面施焊。

若采用爆炸压接，外压管的壁厚不得小于 3mm，搭接爆压管的长度为圆钢直径的 10 倍，对接爆压管的长度为圆钢直径的 20 倍。

1. 垂直接地体

垂直接地体也称接地极，施工前应将接地极端部加工成锥状或斜面。施工时，用大锤将接地极垂直打入地下，以防止晃动。深度应符合设计要求，以保证接地极与土壤有良好的接触。

2. 水平接地体

（1）地槽开挖。

1）接地体槽位的选择应尽量避开道路地下管道及电缆管线等，并应防止接地体可能受到山洪的冲刷。

2）地槽应按设计要求开挖，一般槽深为 0.5~0.8m，可耕地应敷设在耕地深度以下，接地槽底面应平整，并应清除槽中一切影响接地体与土壤接触的杂物。

3）地槽如遇大石块等障碍物，可绕道避开，改变接地体形状。如原接地体环型，应仍保持环状，如为放射形，可不受限制，但也是应尽量避免放射型接地体弯曲。

（2）接地体敷设。

1）接地体敷设前需预矫正，不应有明显弯曲。接地体敷设于槽底。

2）在倾斜的地形上，宜沿等高线敷设，防止因接地沟被冲刷而造成接地体外露。

3）两接地体间的平行接地距离应不小于 5m。

4）不能按设计图形敷设接地体时，应根据实际施工情况在施工记录上绘制接地装置的敷设简图。

（3）地槽回填。

接地体敷设完后，应回填土，不得将石块、杂草等杂质埋入，岩石地区应换好土回填，回填土应每隔 200mm 夯实一次，回填土的夯实程度对接地电阻值有明显影响。

回填土应作为防沉层高出地面 200mm。

3. 接地引下线

接地引下线应沿电杆敷设引下，应尽可能短而直，以减少冲击阻抗，并用支持件固定在杆身上，支持件间距为 1~1.5m。

### 3.2.5  接地电阻测量

一般是接地体敷设一个月后或工程竣工移交前测量接地电阻。

1. ZC-8 型接地电阻测量仪测量接地电阻

送电线路杆塔接地装置的接地电阻测量广泛使用 ZC-8 型接地电阻，它与电流—电压法测量相比具有操作简单、携带方便等特点，比较适于测量单个接地体的接地电阻。

接地电阻是根据电位补偿原理，即电位差计的原理工作的。它由手摇发电机、电流互感器、可调电阻及检流计等组成。全部机构装于铝合金铸造的携带式盒子内，附件有接地探测针（即辅助电极）和连接导线等。其原理接线和外形如图 3-6 所示，它的外形和绝缘电阻表相似，所以又称接地电阻绝缘电阻表。

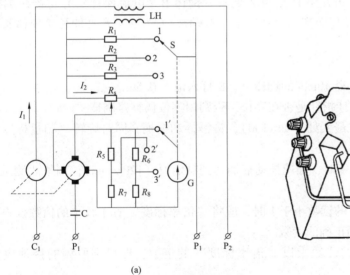

(a)                                         (b)

图 3-6  ZC-8 型接地电阻测量仪

（a）原理接线图；（b）外形（三端钮式）

ZC-8 型接地电阻测量仪有三端钮式和四端钮式两种。三端钮式测量仪 $P_2$ 和 $C_2$ 已在内部短接，只引出一个 E，如图 3-7 所示。测量接地电阻时，E 接在接地体上，$C_1$ 接电流辅助探针插入距接地体较远地中，$P_1$ 接电位辅助探针插入距接地体较近地中。手摇交流发电机发出 115Hz 的交流电，在 E 和 $C_1$ 间形成电流为 $I$ 的闭合回路，E 和 $P_1$ 间的压降为 $I_{Px}$，互感器二次侧电流为 $KI$，Rs 为可调电阻，调节阻的接线和布置 $KIRs$ 和 $I_{Rx}$ 相等时，检流器指针处于零位，则被测接地阻为：$R_X = KR_S$。

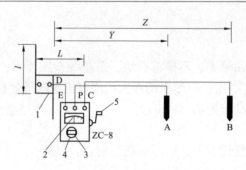

图 3-7　测量接地电阻的接线和布置
1—被测接地装置；2—检流计；3—倍率标度；4—测量标度盘；5—摇柄

由于采用磁电式检流计，故两侧压降经机械整流器或相敏感流器整流。S 是联动的两组三挡分流电阻 $R_1 \sim R_3$ 及 $R_5 \sim R_8$ 的转换开关，用以实现对电流互感器二次侧电流及检流计支路的分流。选择转换开关三个挡位，可以得到 $0 \sim 1\Omega$、$0 \sim 10\Omega$ 和 $0 \sim 100\Omega$ 三个量程。

四端钮式的接地电阻测量仪，可以测量接地电阻，也可以测量土壤电阻率。

（1）接地电阻测量。

测量接地电阻可按测量仪表的说明书布线，具体测量接线和布置如图 3-7 所示。测量时打开接地引下线，E 和引下线 D 连接，距接地装置被测点 D 为 Y 处打一钢棒 A（电位探针）并与接线端钮 $P_1$ 连接，再在距 D 点为 Z 处打一钢棒 B（电流探针）并与接线端钮 $C_1$ 连接。电位探针和电流探针布置距离为 $Y \leqslant 2.5L$，$Z \geqslant 4L$（L 为最长水平伸长接地体长度）。一般取 $Y = 80m$，$Z = 120m$。

测量步骤为：

1）按图 3-7 布置，将直径 10mm 的钢棒 A、B 打入地下 0.5m 左右。

2）接好连线，检查检流计指针是否在零位，否则用零位调整器调整。

3）将"倍率标度"放在最大处（如 ×100），慢慢摇动摇柄，同时旋转"测量标度盘"，使检流计指针指在零位。

4）当检流计指针接近平衡时，加速摇动摇柄达到额定值（120r/min），调整"测量标度盘"，使检流计指针指在零位。

5）如果"测量标度盘"的读数小于 1 时，应将"倍率标度"置于较小的倍数，再重新调整"测量标度盘"，以得到正确的读数。

6）用"测量标度盘"的读数乘以"倍率标度"的倍数，即得到所测的接地电阻的数值。

测量接地电阻时，应避免在雨雪天气测量，一般可在雨后三天进行测量。

所测的接地电阻值应根据当时土壤干燥、潮湿情况乘以季节系数，见表 3-2。

表 3-2　　　　　　　　　　　　防雷接地装置的季节系数

| 埋深（m） | 水平接地体 | 2~3m 的垂直接地体 |
| --- | --- | --- |
| 0.5 | 1.4~1.8 | 1.2~1.4 |
| 0.8~1.0 | 1.25~1.45 | 1.15~1.3 |
| 2.5~3.0 | 1.0~1.1 | 1.0~1.1 |

**注**　测量接地电阻时，如土壤比较干燥，则应采用表中较小值；如土壤比较潮湿，则应采用表中较大值。

（2）土壤电阻率的测量。单位立方体土壤的地面之间电阻称为土壤电阻率，单位为 $\Omega \cdot cm$ 或 $\Omega \cdot m$。

测量土壤电阻率用四端钮式 ZC-8 型接地电阻测量仪，其测量接线和布置如图 3-8 所示。将四个测量端钮接四根接地棒，成一直线打入土内，它们之间距离为 $a$ 时，棒的埋入深度不应小于 $a/20$，$a$ 可以取整数，以便于计算。

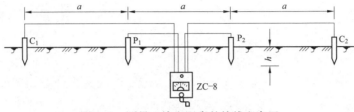

图 3-8　测量土壤电阻率的接线和布置

其测量步骤与测量接地电阻步骤相同。边摇动摇柄调节"倍率标度"和"测量标度盘"，指针平稳地处于零位时，可读得连接 $P_1$ 和 $P_2$ 的两棒间电阻，将测得电阻按式（3-1）计算，可得相当于 $a/20$ 深度处的近似平均土壤电阻率为

$$\rho = 2\pi aR \qquad\qquad (3-1)$$

式中：$\rho$ 为被测土壤电阻率，$\Omega \cdot m$；$R$ 为所测电阻值，$\Omega$；$a$ 为电极间距离，m，一般取值为 4~7m。

**2. 钩表式接地电阻计测量接地电阻**

钩表式接地电阻计（类似钳形电流表的外形），可以在无独立辅助电极下测量接地电阻，可应用于多处并联接地系统，而不需要切断地线。钩表式接地电阻计在测量接地电阻时，不得将接地引下线由杆塔上拆下，也无需辅助电极连线，操作简单方便。

（1）接地电阻的测量。

1）打开钩部，确认钩部保持干净，无杂质、异物时即可扣压扳机数次，让钩部接合面调整到最佳位置。

2）开机、旋盘开关切于 $\Omega$ 挡位。开机后，电阻计将自动校准，以获得较佳的准确度，校准时显示器将显示 CAL7、CAL6、…、CAL2、CAL1，需等待其自动校准完成。若电阻计发出哗的一声，表示校准完成，方可使用。

3）勾住待测的接地线，如图 3-9 所示。扣压钩部扳机数次，从显示器上可以读出接地电阻值 $R_g$。

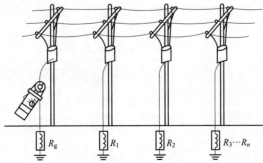

图 3-9　配电系统接地装置示意图

（2）注意事项。

1）电阻计在自动校准过程中，严禁勾住任何导体或开启钩部。

2）开机前，需扣压钩部扳机数次。开机时，不可勾住任何导体。勾住电极后，再扣压扳机数次，以达到最佳的测量效果。

# 第4章 输电线路杆塔组立施工

## 4.1 塔杆组立施工前准备工作

### 4.1.1 输电线路杆塔

1. 钢筋混凝土电杆性能与构造

（1）钢筋混凝土电杆性能。钢筋混凝土电杆充分发挥了混凝土的受压能力和钢筋的受拉能力，并保护钢筋不被锈蚀，所以在我国送电、配电线路中得到广泛应用。但在沿海和盐碱地区使用时，由于受海盐和盐碱的腐蚀会使钢筋锈蚀，混凝土会纵向开裂、爆皮、剥落，因而在使用上受到一定的限制。

钢筋混凝土电杆是长细薄壁杆件，比较重，在制造、运输和施工中都比较笨重，易在碰撞、外力冲击时产生裂缝。国家标准对裂缝有严格规定：预应力钢筋混凝土电杆不得有纵向和横向裂缝；普通钢筋混凝土电杆不得有纵向裂缝，横向裂缝宽度允许在出厂时为 0.05mm，运到杆位时为 0.1mm。因此，在运输、堆放、排焊、组立起吊各道工序中，应采取措施不能使电杆产生裂缝。钢筋混凝土电杆也不宜用于交通不便的山区。

钢筋混凝土电杆的寿命一般取决于钢筋的锈蚀情况。钢筋锈蚀后会膨胀，然后氧化层加厚，膨胀力使混凝土保护层形成裂纹。宽度为 0.2mm 以下裂缝虽不是钢筋锈蚀根源，但侵入裂缝的水所产生冻融作用，会使裂缝展宽，渐渐损坏电杆，故钢筋混凝土电杆在制造时不应有露筋、跑浆等使钢筋锈蚀的条件。制造和使用过程中，应尽量使钢筋混凝土电杆不产生裂缝。

（2）钢筋混凝土电杆构造。在送电、配电线路中，广泛采用环形断面、空心圆柱式钢筋混凝土电杆，并采用离心浇注，其环形断面结构和外形如图 4-1 所示。

1）钢筋混凝土电杆按结构外形分为等径杆和拔梢杆两种。等径杆的杆身直径相同，主要使用的规格有 $\phi300$ 和 $\phi400$ 两种。电杆定型分段制造成不同长度，使用时按需要长度连接，接头方式主要是焊接，也有用法兰盘接头及插入式接头。拔梢杆的两头直径不等，杆身的圆锥度为 1/75，一般使用梢径直径 $\phi190$ 或 $\phi230$ 的重型杆，单根电杆长度在 15m 及以下，18m 电杆可两节拔梢杆连接使用。连接使用的电杆下段根径应与上段电杆根径相等。

2）钢筋混凝土电杆按其主筋受力状态，又可分为普通钢筋混凝土电杆和预应力钢筋混凝土电杆两种。

普通钢筋混凝土电杆的钢筋在受拉时，混凝土与钢筋一起伸长，经测试当每米伸长 0.1~0.2mm 时，混凝土就出现裂缝，这时钢筋所受力大约为 2940N/cm² 左右，而 3 号钢的钢筋要承受 24510N/cm² 才

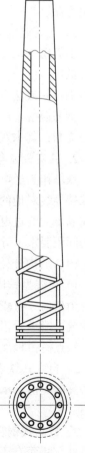

图 4-1 钢筋混凝土
电杆断面
结构和外形

能达到屈服极限，因此钢材的强度就得不到充分的利用。这是普通钢筋混凝土电杆的一个严重缺点。

预应力钢筋混凝土电杆是在钢筋混凝土电杆加工时采用钢筋预先张拉工艺，即在钢模两端进行锚固，再浇灌混凝土，开动离心机，待混凝土强度达到 70%时，放松钢筋，这时混凝土因钢筋的回缩，而受一个压应力，这种预先受力的钢筋混凝土电杆，就叫预应力钢筋混凝土电杆。

预应力钢筋混凝土电杆与普通钢筋混凝土电杆相比较有以下优点：

a. 抗裂性高。预应力钢筋混凝土电杆一般均能保证在使用条件下不出现裂缝，而普通钢筋混凝土电杆，一般在使用荷载的 30%~40%时即出现裂缝。

b. 刚度大。由于在使用条件下没有裂缝，因此刚度大，相应构件变形小。

c. 质量轻。因为使用高强度钢材，一般钢材直径比较小（冷拔 $\phi6~\phi8mm$），在满足保护层的条件下，环形截面的壁厚可减为 4.5cm，因而自重轻。

d. 节约材料。因能充分发挥高强度钢材的效用，故可比普通钢筋混凝土电杆少用钢材约 40%。电杆管壁减少 5mm，混凝土少，相应节约水泥。

e. 耐久性长。因在使用时不出现裂缝，避免了钢筋受外界侵蚀的危害，延长了构件的使用寿命。

3）钢筋混凝土电杆的钢筋分为主筋、箍筋和螺旋筋，分段式钢筋混凝土电杆还有辅助筋。主筋用来承受弯曲、中心受拉和偏心受拉时的拉应力；箍筋和螺旋筋保证主筋位置，受压时抵抗构件横向伸长，同时也支持主筋的部分应力及受扭时的扭力。辅助筋用来加强因主筋与钢板圈或法兰盘接头所造成的混凝土断面减弱。

钢筋混凝土电杆的混凝土标号不低于 C30，预应力杆不低于 C40。钢筋混凝土电杆采用离心浇制，其水灰比可从 0.47 降低至 0.35，所以能提高混凝土强度约 35%~50%。

2. 铁塔性能与构造

铁塔作为送电线路的主要支持物，在设计时其结构布置要求能满足在各种气象条件下都能保持导线对地的最小安全距离。铁塔头部的布置应能保证在各种运行状态下，导线与塔身之间满足大气过电压、内部过电压、正常工作电压相配合的间隙要求，同时还要满足带电作业的间距要求，导线与避雷线相对位置应符合防雷保护角的要求。

（1）结构分类。铁塔按结构型式分为如下三类：

1）拉线型铁塔。拉线型铁塔由塔头、主柱和拉线组成。塔头和主柱一般为角钢组成的空间桁架体，有较好的整体稳定性，能承受较大的轴向压力。铁塔的拉线一般用高强度钢绞线做成，能承受很大的拉力，因而使拉线型铁塔能充分利用材料的强度特性而减少钢材耗用量。缺点是占地面积较大。

2）自立式铁塔。自立式铁塔是指不带拉线的铁塔，有宽基和窄基两种。宽基塔的底宽与塔高的比值：承力型为 1/4~1/5，直线型为 1/6~1/8；窄基塔的宽高比的比值约为 1/12~1/13。

3）自立式钢管铁塔，也称钢管电杆。自立式钢管铁塔是近年来城市电网应用较多的一种塔型，断面有环形和多边形两种。

（2）铁塔结构。铁塔可分为塔头、塔身和塔腿三部分。导线按三角型排列的铁塔，下横担以上部分称为塔头；导线按水平排列的铁塔，颈部以上部分称为塔头。酒杯型和猫头型塔头，由平口到横担又称为塔颈，其两侧称为曲臂。

一般位于基础上面的第一段桁架称为塔腿，塔头与塔腿之间的各段桁架称为塔身。

铁塔的塔身为截锥形的立体桁架，桁架的横断面多呈正方形或矩形。立体桁架的每一侧面均为平面桁架，每一面平面桁架简称为一个塔片。立体桁架的四根主要杆件称为主材。相邻两主材之间用斜材（或称为腹杆）及水平材（或称为横材）连接，这些斜材、水平材统称为辅助材（或辅铁）。

斜材与主材的连接处或斜材与斜材的连接处称为节点。杆件纵向中心线的交点称为节点的中心。相邻两节点间的主材部分称为节间，两节点中心间的距离称为节间长度。

### 4.1.2　杆塔组立工艺概述

杆塔起立方法可分为整体起立和分解组装两类。钢筋混凝土电杆主要用整体起立法，铁塔较多采用分解组装法。

1. 钢筋混凝土电杆组立方法

钢筋混凝土电杆组立方法主要为整体组立，由于电杆使用趋少，分解组立方法极少采用。整体组立钢筋混凝土电杆的方法主要有三种：

（1）倒落式抱杆整体组立杆塔，这是目前送电线路电杆施工中使用最多的一种方法。

（2）直立式抱杆整体组立杆塔，适用于 10～35kV 线路的常见单柱电杆。

（3）机械化整立，即用汽车起重机或履带起重机整体起吊电杆，该法简便迅速，稳固可靠，适用于 10～110kV 线路的常见单柱电杆。但受道路、地形限制。

2. 铁塔组立方法

铁塔组立方法大致上分为两类，一类是整体组立，另一类是分解组立。

（1）整体组立铁塔的方法主要有下述几种：

1）倒落式抱杆整体立塔，该法适用于各种类型铁塔，尤其适用于带拉线的单柱型（拉锚）或双柱型（拉 V、拉门）铁塔、质量较轻的窄基铁塔。

2）座腿式人字抱杆整体立塔，该法仅适用于宽基的自立式铁塔。

3）机械化整体立塔，即采用大型吊车整体立塔。只要道路畅通，地形开阔平坦，各类质量较轻、高度适中的铁塔均可吊立。

4）直升机整体立塔，针对特殊地形条件，在技术经济比较后，确定是否采用这种方法。

（2）分解组立的方法，主要有下述几种：

1）外拉线抱杆分解组塔。外拉线即抱杆拉线落在塔身之外，也称为落地拉线。这种组塔方法的抱杆随塔段的组装而提升，其根部固定方式有两种：一种是悬浮式，也称外拉线悬浮抱杆组塔；另一种是固定式，即抱杆根部固定在某一主材上，故称为外拉线固定抱杆组塔。

外拉线抱杆组塔方法中，还有一种外拉线落地抱杆组塔，特点是利用一根落地的单抱杆置于塔位中心，吊装的塔片可以组装于任何方向，利用落地抱杆分别将相对的两塔片吊立，然后再进行整体拼装。此法适用于高度在 20m 以下的直线型铁塔。

2）内拉线抱杆分解组塔。内拉线即抱杆拉线的下端固定在塔身四根主材上，抱杆根部为悬浮式，靠四条承托绳固定在主材上。内拉线抱杆是在外拉线抱杆的基础上的一个新方法。

3）摇臂抱杆分解组塔。它的特点是在抱杆的上部对称布置四副可以上下升降的悬臂。摇臂抱杆又分两种：一种是落地式摇臂抱杆，即主抱杆坐落在地面，随塔段的升高，主抱杆随之接长；另一种是悬浮式摇臂抱杆，如同内拉线抱杆的悬浮式一样，抱杆根靠四条承托绳固定。

4）倒装组塔。上述三种分解组塔方法是由塔腿开始顺序向上组装。倒装组塔的施工次序恰好相反，是由塔头开始逐渐向下接装。倒装组塔分为全倒装及半倒装两种。

全倒装组塔是先利用倒装架作抱杆，将塔头段整立于塔位中心，然后以倒装架作倒装提升支承，其上端固定提升滑车组以提升塔头段，并由上而下地逐段接装塔身各段，最后接装塔腿，直至整个铁塔就位。

半倒装组塔是先利用抱杆或起重机组立塔腿段。再以塔腿段代替抱杆，将塔头段整立于塔位中心。然后以塔腿段作倒装提升支承，先提升塔头段，并由上而下逐段按顺序接装塔身各段，直至塔腿以上的整个塔身与塔腿段对接合拢就位。

5）无拉线小抱杆分件吊装组塔。该法是利用一根小抱杆以人力逐渐提吊塔材，进行高空拼装。适用于塔位地形险峻、无组装塔片的场地，以及运输条件困难、大型机具无法运达的现场。

6）混合组塔。这种方法也有两种方式：

a. 先将铁塔下部用抱杆整体组立，铁塔上部再利用分解组塔法继续组立，这个方法称为整立与分解混合组塔法。

b. 起重机与人力混合组塔。铁塔下部用起重机械整体或分片、分段吊装完成，铁塔上部再利用分解组塔法组立。

7）直升机分段组塔。即直升机逐次分段起吊、塔上安装。

### 4.1.3　杆塔组立方法选择的基本原则

（1）在地形条件许可时，应积极推广倒落式人字抱杆整体立杆的方法。

（2）对于杆高为18m及以下的单柱电杆，交通便利的地点应推广采用汽车起重机整体起吊电杆。

（3）凡是带拉线的铁塔，包括带拉线轻型单柱塔、拉门塔、拉猫塔、拉V塔等均应优先选用倒落式人字抱杆整体立塔。因为带拉线的铁塔在设计终勘定位时，基本上考虑了地形起伏不大的情况或虽起伏较大但塔身较轻的情况，这就为整体立塔创造了条件。

（4）地形平坦、连续使用同类型铁塔较多时也考虑优先选用整体立塔的方法。

（5）自立式铁塔以分解组塔的方法为主。分解组塔的方法较多，推荐使用内拉线或外拉线悬浮抱杆立塔，其他方法视具体情况选用。在220kV及以下的山区线路多选用无拉线小抱杆分解组塔。

（6）对于高度为80m以上的跨越铁塔应根据塔型结构、地形条件及机具条件等进行组立铁塔方法的比较，选择最优化的立塔方案。

### 4.1.4　施工前准备工作

1. 技术准备

杆塔组立工序之前，应准备并熟悉以下技术文件：

（1）杆塔明细表（设计单位提供）。

（2）杆塔施工图（设计单位提供）。

（3）杆塔组立施工工艺措施（简称组立措施）。

工程技术负责人应根据现场调查及杆塔施工图，确定本工程杆塔的组装方法及立杆塔方法。根据已确定的杆塔组立方法，对各种不同杆塔型式进行整立或分解组立的施工计算。在计算的基础上编写《组立措施》。其内容应包括本工程各种电杆型式的排杆、焊接及各种铁塔的组立方法等操作要求，各种杆塔的起吊现场布置，各索具的最大受力值，抱杆失效角，工器具汇总表，质量要求，安全措施等。

特殊地形及特高杆塔应编写专门的施工方案及工艺措施。

杆塔组立前，参加立杆塔工序的人员（含技工、临时工及特种工）均应参加技术交底。送电技工应经考试合格方准上岗。

每项工程组立的第一基杆塔及新组立方法的第一基杆塔均应组织试点。试点工作应做到：

（1）明确试点目的。检验《组立杆塔工艺》是否符合实际，实施有无困难，是否需要做局部修改。

（2）明确参加人员。除直接参与施工的人员外，施工队队长及技术员，工程处（或项目部）技术负责人必须参加。

（3）试点后应编写试点小结，提出对《组立杆塔工艺》的修正及补充意见。

杆塔组立前，必须对基础进行检查验收，合格后方准开始杆塔组立。现浇基础混凝土抗压强度达到设计强度的 100% 时方准整体组立，达到设计强度的 70% 时，方准分解组立。

2. 杆塔材料准备

（1）电杆及构件。经过运输的钢筋混凝土电杆及构件应在排杆前再做一次全面检查，检查内容有：

1）杆段配置是否符合图纸要求。

2）外观质量是否符合验收规范要求。

3）经工地大小运输后有无磨损或碰伤现象。

4）杆段上的钢管孔及螺母均应齐全，方位正确，堵孔物应清理干净。

5）组装铁件及螺栓数量应齐全，外观质量应符合设计图纸及有关技术要求。

拉线电杆的拉线必须在材料站配齐。用于拉线的钢绞线应镀锌完好，无金钩、变形、腐蚀等缺陷。焊接、组装、立杆需要的消耗性材料（如焊丝、油漆等）均应符合有关质量要求。

（2）铁塔塔料。组立铁塔前必须对运到现场的塔材清点数量和检验质量。质量不合格者不得使用。缺少主材及连接包钢者严禁组立铁塔。

组立铁塔的螺栓、垫圈、脚钉应齐全。螺栓由于强度不同分为 4.8 级、5.8 级及 6.8 级，不同等级的螺栓应分别堆放。

拉线铁塔的拉线必须在铁塔组立前制作好。

3. 工器具准备

组立杆塔需用的工器具有十多种，主要的工器具有：

（1）绳索和索具，包括钢丝绳、大绳等。

（2）滑车，包括单轮、双轮及多轮滑车。

（3）抱杆，分为木质、钢管、角钢组合抱杆等。

（4）锚固工具，包括深埋地锚、桩式地锚等。

（5）牵引动力装置，包括绞磨、绞车、电动卷扬机、拖拉机等。

（6）其他起重工具，如制动器、拉线调节器、紧线器等。

工器具选择主要由它承受的荷重性质和荷重大小而决定。同时需要考虑三个系数：受冲击振动影响的动荷系数（又称冲击系数、振动系数等），考虑不平衡分配影响的不平衡系数，受力裕度和疲劳补偿的安全系数。

在选择或校验设备及其强度时，应将设备实际受力连乘对应以上系数，作为该元件所承受的综合计算荷重，并要求综合计算荷重数值不大于该起重设备的最大容许荷重。则

$$F_{\max} \leqslant K_{\Sigma}[F] \quad 或 \quad [F] \geqslant F_{\max}/K_{\Sigma} \tag{4-1}$$
$$K_{\Sigma} = K_1 K_2 K$$

式中：$F_{\max}$ 为设备实际受力值，由受力分析计算得出；$[F]$ 为设备受力最大容许值，由产品参数给出；$K_{\Sigma}$ 为综合安全系数；$K$ 为安全系数（安全裕度系数），不同设备，不同工作条件下取值不同；$K_1$ 为动荷系数，只有受到受冲击振动影响时才考虑；$K_2$ 为不平衡系数，只有受到不平衡分配影响时才考虑。

根据确定的杆塔施工方法，应编制机具配置计划，清查施工队现有的工器具能否满足施工需要。工器具运送现场前必须进行检查、维修，确保合格的工器具进入现场。

（1）钢丝绳。钢丝绳简称钢绳，是线路施工中最常用的绳索。它柔性好，强度高，而且耐磨损，常作为固定、牵引、制动系统中的主要受力绳索。

钢丝绳的制造方法为先把单根的钢丝拧成股，然后由股拧成绳，实际上，这两道工序是合在一起进行的。

1）钢丝绳的分类。

a. 按制造过程中绕捻次数不同可分为：①单绕捻钢丝绳（螺旋绕捻）。它是直接由一层或几层钢丝，依次围绕一中心钢丝捻成绳，如线路上常用的钢绞线即这种结构。②双重绕捻（索式绕捻）钢丝绳。它是先由一层或几层钢丝绕成股，再由几股钢丝围绕绳芯绕捻成钢绳，这两个绕捻过程是同时进行的。绳芯一般由油浸的棉、麻等纤维组成，可油润钢丝，使钢绳比较柔软，容易弯曲。双重绕捻钢绳的绕性和耐磨性适中，故在线路施工中大都采用这类钢绳。③三重绕捻（缆式绕捻）钢丝绳。它是把双重绕捻钢绳作为股，几股再围绕绳芯绕成钢绳，绕性好，宜做捆绑用，但钢丝太细，工作中磨损太快，因此在起重中用的不多。

b. 按钢丝直径螺距可分为：①普通结构钢绳，即每根钢丝单丝直径相同，而相邻各层钢丝螺距不同。②复式结构钢丝绳，相邻各层钢绳直径不同而螺距相同的钢丝绳。

螺距（捻距）是指每一层股在钢丝绳上环绕一周的轴向距离。送电线路施工一般用普通结构钢绳。

c. 按绕捻方向可分为：①顺绕钢绳，即钢丝绕成股和股绕成绳方向一致的钢绳。这种钢绳捻性好，表面平滑一致，磨损少，耐用，但易扭转、松散，悬吊重物时易旋转，适用于拉线、制动绳。②交绕钢丝绳，钢丝绕成股和股绕成绳方向相反的钢绳。这种钢绳耐用程度差一些，但不易自行松散和扭转，使用较方便，应用最多。③混绕钢绳，相邻层股的钢丝绕捻方向是相反的，这种钢绳受力产生的扭转变形在方向上具有相抵消的作用，兼有前两种钢绳的优点。

常用普通结构钢丝绳规格如表 4-1 和表 4-2 所示。

表 4-1　　　　　　　　　　普通钢丝绳规格 [钢丝 6×19 (1+6+12)，纤维绳芯]

| 钢丝绳直径（mm） | 钢丝直径（mm） | 钢丝总面积（mm²） | 每百米质量（kg） | 破断拉力（kN） |
|---|---|---|---|---|
| 6.2 | 0.4 | 14.32 | 13.53 | 16.7 |
| 7.7 | 0.5 | 22.37 | 21.14 | 26.5 |
| 9.3 | 0.6 | 32.22 | 30.45 | 37.2 |
| 11.0 | 0.7 | 43.85 | 41.44 | 51.0 |
| 12.5 | 0.8 | 57.07 | 54.12 | 66.6 |
| 14.0 | 0.9 | 72.49 | 68.50 | 84.3 |
| 15.1 | 1.0 | 89.49 | 84.57 | 103.9 |
| 17.0 | 1.1 | 108.28 | 102.3 | 126.4 |
| 18.5 | 1.2 | 128.87 | 121.8 | 150.0 |
| 20.0 | 1.3 | 151.24 | 142.9 | 176.4 |

注　钢丝绳的公称抗拉强度按 1.372kN/mm² 考虑。

表 4-2　　　　　　　　　普通钢丝绳规格 [钢丝 6×37 (1+6+12+18)，纤维绳芯]

| 钢丝绳直径（mm） | 钢丝直径（mm） | 钢丝总面积（mm²） | 每百米质量（kg） | 破断拉力（kN） |
|---|---|---|---|---|
| 8.7 | 0.4 | 27.88 | 26.21 | 31.4 |
| 11.0 | 0.5 | 43.57 | 40.96 | 49.0 |
| 13.0 | 0.6 | 62.74 | 58.98 | 70.6 |
| 15.0 | 0.7 | 85.39 | 80.27 | 96.0 |
| 17.5 | 0.8 | 111.53 | 104.8 | 125.4 |
| 19.5 | 0.9 | 141.16 | 132.7 | 158.8 |
| 21.5 | 1.0 | 174.27 | 163.8 | 196.0 |

注　钢丝绳的公称抗拉强度按 1.372kN/mm² 考虑。

2）钢丝绳的选用。钢丝绳会承受荷重和绕过滑轮或卷筒时，同时受有拉伸、弯曲、挤压和扭转多种应力，其中主要是拉伸应力和弯曲应力。通常按容许应力计算选择钢绳时，仅按拉伸度力计算，而对于因弯曲引起的弯曲应力影响及材料疲劳影响时，则以耐久性的要求检验选用。

a. 按容许拉力计算为

$$[T] = T_b / (KK_1K_2) = T_b / K_\Sigma \tag{4-2}$$

式中：$[T]$ 为钢丝绳的容许拉力，N；$T_b$ 为钢丝绳有效破断力，N；$K$ 为钢丝绳安全系数；$K_1$ 为动荷系数；$K_2$ 为不平衡系数；$K_\Sigma$ 为综合安全系数。钢丝绳的安全系数见表 4-3。

b. 按耐久性要求检验，滑轮、卷筒最小直径 $D$ 可按式 (4-3) 计算

$$D = (e-1) d \tag{4-3}$$

式中：$e$ 为取决于起重牵引设备型式和工作条件系数。对起重滑车，$e$ 取 11~12，对于手推绞磨卷筒，$e$ 取 10~11；$d$ 为钢丝绳直径。

表 4-3　　　　　　　　　　　钢丝绳的安全系数

| 工作性质 | 工作条件 | $K$ | $K_1$ | $K_2$ | $K_\Sigma$ | |
|---|---|---|---|---|---|---|
| 起立杆塔或收紧导线、地线时的牵引绳，作其他起吊、牵引用的牵引绳 | 通过滑车组用人力绞磨 | 4 | 1.1 | 1 | 4.5 | |
| | 直接用人力绞磨 | 4 | 1.2 | 1 | 5 | |
| | 通过滑车组用机动绞车、电动绞车 | 4.5 | 1.2 | 1 | 5.5 | |
| | 直接用机动绞车、电动绞车、拖拉机或汽车 | 4.5 | 1.3 | 1 | 6 | |
| 起吊杆塔时的固定绳 | 单杆 | 4.5 | 1.2 | 1 | 5.5 | |
| | 双杆 | | | 1.2 | 6.5 | |
| 制动绳 | 通过滑车组用制动器制动 | 单杆 | 4 | 1.2 | 1 | 4.8 |
| | | 双杆 | | | 1.2 | 5.76 |
| | 直接用制动器制动 | 单杆 | 4 | 1.2 | 1 | 5 |
| | | 双杆 | | | 1.2 | 6 |
| 临时固定用拉绳 | 用手扳葫芦或人力绞车 | 3 | 1 | 1 | 3 | |

3）影响钢丝绳强度的因素。虽然钢丝绳本身强度高，耐磨损，但使用中影响钢丝绳强度的因素也是很多的，必须引起足够重视。

a. 钢丝绳产品手册提供的不同规格的钢丝绳破断力仅是钢丝绳能够达到的最大破断力，在现场使用钢丝绳的实际破断力往往小于最大破断拉力。

b. 钢丝绳使用时，端部常常要插绳套使用，钢绳破断力就要下降，如做成各种绳扣（绳结）连接，对破断拉力的影响就更大。

c. 弯曲对钢丝绳也会产生影响。钢丝绳使用时，经常要通过滑轮、滚筒，钢丝绳在弯曲情况下承受荷载，破断拉力明显下降，特别是滑轮或滚筒直径与钢丝绳直径之比小于 10 倍时，钢丝绳破断拉力明显下降。如果钢丝绳与角钢等接触而成直角弯曲时，影响更明显，必须采取措施，如衬入圆形物。

d. 钢丝绳会产生疲劳现象。钢丝绳反复通过滑轮会产生疲劳现象，导致断股。据试验，钢丝绳经滑轮超过 600 次后开始出现大量断钢丝的现象。

e. 钢丝绳在使用中会发生磨损。钢丝绳经常使用，表面必然会有磨损，如直接磨损达5%~7%时，即使是均匀磨损，钢丝绳的强度也将下降 14%~50%，如果是局部磨损，对钢丝绳强度的影响更大。

f. 滑轮槽形对钢丝绳也有影响。钢丝绳的直径与通过的滑轮槽型应相匹配，如不匹配，将影响到钢丝绳的强度。

g. 钢丝绳扭转对其强度也有影响。普通钢丝绳受张力后会在钢丝绳断面上产生扭力，从而使钢丝绳的节距发生变化，当节距变化量达到原节距的 15%时，钢绳破断拉力明显下降，如由扭转而引起劲钩，对钢绳强度影响更大。

此外，钢丝绳的锈蚀、外伤、摩擦、受到高温等因素均可能影响钢绳的强度，所以使用钢丝绳必须按有关规定选取合适的安全系数。

4）钢丝绳的使用和维护。

a. 钢丝绳使用中不许扭结，不许抛掷。

b. 钢丝绳使用中，如绳股间有大量的油挤出来，表明钢丝绳的荷载已很大，必须停止并进行荷检查。

c. 钢丝绳端头应编插连接或用低熔点金属焊牢。钢丝绳末端与其他物件永久连接时，应采用套环或鸡心环来保护其弯曲最严重的部分。

d. 为了减少钢丝绳的腐蚀和磨损，应该定期加润滑油（四个月加一次）。在加油前，先用煤油或柴油洗去油污，用钢丝刷去铁锈，然后用棉纱团把润滑油均匀地涂在钢丝绳上。新钢丝绳最好用热油浸，使油浸达麻心，再擦去多余油脂。

e. 存放仓库中的钢丝绳应成卷排列，避免重叠堆置，库中应保持干燥，防止生锈。

（2）白棕绳。根据麻股的数量和绞捻次数，麻绳可分为索式和缆式两种。送电线路施工一般采用索式白棕绳，索式白棕绳由三股麻股捻成，每股由很多麻丝捻成，两者捻向相反。根据抗潮措施的不同，麻绳又有浸油和不浸油之分。前者是用松脂浸透，抗潮和防腐能力较好，但机械强度比不浸松脂的约减少 10%；后者在干燥状态下强度和弹性均较好，但受潮后强度约减少 50%。根据所采用原料不同，麻绳还可分为白棕绳、混合绳和麻线绳三种。白棕绳以龙舌兰麻捻成，抗拉及抗扭力强，滤水性强且耐摩擦，在线路中可起吊重物，其他两种不宜作起重用。

（3）起重滑车。起重滑车也称为滑轮，是利用杠杆原理制成的一种简单机械，它能借起重绳索的作用而产生旋转运动，以改变作用力的方向或省力。仅仅能改变力的方向的滑车称为定滑车（或称导向滑车）；能起省力作用的滑车称为动滑车，动滑车本身随荷重的升降而升降。在实际应用中，为了扩大滑车的效用，往往把一定数量的动滑车和一定数量的定滑车组合起来，这便是滑车组，滑车组也有省力滑车组和省时滑车组之分，在起重机械和起重工作中采用的主要是省力滑车组。

滑车组有普通穿法和花穿法两种。普通穿法是将钢绳自第一轮起顺序地从各轮中穿过，牵引端从最后一个轮子穿出。在一般送电线路施工中，由于起重物体的质量相对比较小，所以一般都是采用普通穿法。由于滑轮中存在阻力的缘故，这种滑车组在起重时，各根钢丝绳会产生受力不均的现象，牵引端的拉力最大，固定端钢绳受力最小。因此，在使用走三走三或更多的滑车组时，将出现受力更不均匀的现象。花穿法将可避免上述这种现象，如图 4-2 所示。但如果遇到起吊物很重时，要用走三走三或更多的滑车组时，就宜采用花穿法。

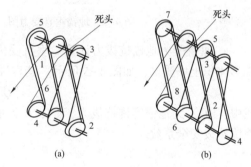

图 4-2　滑车组花穿法

（a）走三走三；（b）走四走四

滑车使用和保养注意事项如下：

1）使用前首先应检查滑车的铭牌所标起吊质量是否与所需相符，其大小应根据其标定的容许载荷量使用。

2）使用前应检查滑车轮槽、轮轴、护夹板和吊钩等各部分有无裂纹、损伤和转动不灵活等现象，有存在上述现象者不准使用。

3）滑车的轮槽直径不能太小，铁滑轮的直径应大于或等于钢丝绳直径的 10 倍。

4）滑车穿好后，先慢慢地加力，待各绳受力均匀后，再检查各部分是否良好，有无卡绳之处。如有不妥，应立即调整好之后才能牵引。

5）滑车吊钩中心与重物重心应在一条直线上，以免重物吊起后发生倾斜和扭转现象。

6）滑轮和轮轴要经常保持清洁，使用前后要刷洗干净，并要经常加油润滑。

为保证钢丝绳或麻绳的耐久性，使用钢丝绳的滑车，滑轮槽底直径和配合使用的钢丝绳直径之比应符合前述钢丝绳选用的规定。如果所选用的滑轮和钢丝绳不符合规定，则应选用大一号的滑车。

（4）地锚。在输电线路施工中，用来固定牵引绞磨，固定牵引复滑车、转向滑车及固定各种临时拉线等工具称为临时地锚。输电线路施工中常用的临时地锚有深埋式地锚、板桩式地锚和钻式地锚（地钻）。

1）深埋式地锚。地锚受力达到极限平衡状态时，在受力方向上，沿土壤抗拔角方向形成剪裂面，在地锚的极限抗拔计算中，土壤是按匀质体考虑的，即认为设置地锚过程中，扰动土经过回填夯实后，其特性已恢复到与附近的未扰动土接近一致。实际在送配电施工中所用的深埋式地锚很难满足上述条件，因此应将地锚的极限抗拔力除以安全系数 2~2.5 之后再作为地锚的允许抗拔力。

按受力方向来分，深埋式地锚有垂直受力地锚和斜向受力地锚，受力图如图 4-3、图 4-4 所示。

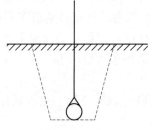 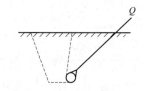

图 4-3　地锚垂直受力图　　　图 4-4　地锚斜向受力图

a. 垂直受力地锚抗拔力计算。垂直受力地锚的极限抗拔力为地锚带动一直立的截四棱锥形体积土块质量，如图 4-5 所示。其容许抗拔力的计算式为

$$[Q] = G/K \tag{4-4}$$

式中：$[Q]$ 为地锚容许抗拔力，kN；$G$ 为地锚带动的截四棱锥形体积土块质量，kN；$K$ 为地锚抗拔安全系数。

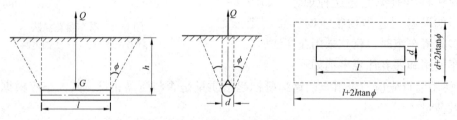

图 4-5　垂直受力地锚抗拔力图

截四棱锥形土地质量为

$$G = V\gamma = \left[ dlh + (d + l)h\tan^2\phi + \frac{4}{3}h^3\tan^2\phi \right]\gamma \tag{4-5}$$

式中：$V$ 为被拉出土壤体积，$m^3$；$\gamma$ 为土壤单位容重，$t/m^3$；$d$ 为地横木直径，m；$l$ 为地横木的长度，m；$h$ 为地横木距地面的距离，m；$\phi$ 为土壤计算抗拔角。

b. 斜向受力地锚抗拔力计算。斜向受力地锚的极限抗拔力为地锚受力方向上带动一截四棱锥形体积土块质量 $G$，在受力方向上的分力如图 4-6 所示，其容许抗拔力为

$$[Q] = G\sin\alpha/K \qquad (4\text{-}6)$$

式中：$\alpha$ 为地锚与地面的夹角。

$$[Q] = \frac{1}{K}\left[dlh + (d+l)\tan^2\phi + \frac{4}{3}h^3\tan^2\phi\right]\gamma\sin\alpha$$
$$(4\text{-}7)$$

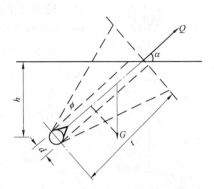

图 4-6　斜向受力地锚抗拉力

2）板桩式地锚。板桩式地锚简称桩锚。桩锚是以圆木、圆钢、钢管、角钢垂直或斜向（向受力反方向倾斜）打入土中，依靠土壤对桩体的嵌固和稳定作用，承受一定的拉力。板桩式地锚承载力比深埋式地锚小，但设置简便，省力省时，所以在输配电线路施工中，尤其是配电线路施工中得到广泛使用。

送电线路上用得最多是圆木和圆钢桩锚。圆木桩锚一般选用强度好，有韧性的杂木、檀木作桩体，直径 10~12cm，长 1.1~1.5m，桩体上端加套铁箍，以防桩体在打击下开裂，用于土质较软处。圆钢桩直径 4~6cm，长 1.1~1.5m，用于土质较硬处。

桩锚可垂直或斜向打入土中，无论哪种型式，其受力方向最好与锚桩垂直，且拉力的作用点最好靠近地面，这样受力较好。如在桩锚前适当位置加横木，抗拔力将更好。

桩锚可单个布置，也可采用两个或多个桩锚连用，如图 4-7 和图 4-8 所示。但须注意，桩与桩之间距离不应小于 0.8m，桩与桩间用白棕绳或钢绳连牢，使桩锚受力时各桩锚能同时受力，桩的入土深度不小于全长的 4/5。

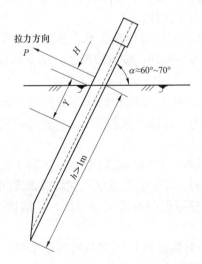

图 4-7　单根角铁桩入土示意图

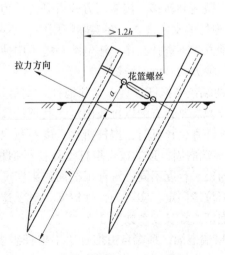

图 4-8　双联角铁桩安置图

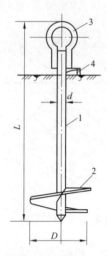

图 4-9　钻式地锚
1—钻杆；2—钻叶；
3—拉线孔；4—垫木

3）钻式地锚。钻式地锚一般称为地钻，如图 4-9 所示。地钻一般有钻杆、螺旋片、拉环三部分组成。根据需要可做成不同规格的地钻，较常见的地钻长 1.5~1.8m，螺旋片直径为 250~300mm，拉力有 1t、3t、5t 等。

地钻使用方便简单，只需在拉环内穿入木杠，推动旋转即可将地钻钻入地层内，且不破坏原状土。使用地钻时，须在受力侧加放横木，避免地钻受力后弯曲。当采用多个地钻组成地钻群使用时，地钻与地钻的连接应使用钢丝绳、圆钢拉棒或双钩，尽可能使地钻群中每个地钻的受力均匀，且地钻间应保持一定距离。

地钻适用于软土地带，对过硬土质和地下有较大粒径卵石时不宜使用。

（5）抱杆。抱杆是线路施工中起重吊装的主要工具之一，它可以在空间造成一个支点，绳索通过支点改变受力方向，吊装杆塔或装卸材料、设备。送电线路常用的起重抱杆，由于起吊质量和使用方式的不同，其形状也各有不同。因此市场上无统一的定型产品出售，一般都根据施工要求，由各单位自行设计和加工。如果利用原有的抱杆进行施工时，事先应进行抱杆强度和稳定性核算，确保施工的安全。

1）抱杆分类。按抱杆制作材料分为：①圆木抱杆，用径缩率较小的杉木或红松木材制成。但因木材的抗压强度低，抱杆的容许承载能力受限制，故目前在输电线路整体组立杆塔时已较少采用。②角钢抱杆，用角钢制作而成，为适应输电线路施工的特点，设计成分段式的桁架结构，以螺栓连接。③钢管抱杆，应用无缝钢管作为抱杆本体，往往设计成分段式的杆段，以内法兰连接。④薄壁钢板抱杆，用钢板经弯曲后焊成薄壁圆筒状或拔梢圆锥筒状，以作为抱杆本体而制成的，并设计成分段式的，以内法兰连接。⑤铝合金抱杆，铝合金的比重约为钢的 1/3，而其机械强度与钢近似，且温度适应范围大，因此输电线路施工上已采用其制作抱杆，并设计成分段式桁架结构，以螺栓连接。②~⑤形式抱杆在现场能组合和解体，便于搬运和转移。按使用方式可分为单抱杆和人字抱杆。

2）抱杆的支承方式。在实际使用中，不可能都是理想的杆端支承，多数只是在近似理想的支承方式下进行工作。输电线路施工中使用的各种抱杆，按近似理想杆端支承方式可分为以下三种方式：

a. 两端铰支抱杆。直立式独抱杆、倒落式抱杆、内拉线抱杆的根部有的直接着地，有的具备铰型支座，有的以拉线固定，其顶端以拉线固定或以牵引绳固定。这些抱杆可按两端铰支抱杆计算，计算时，抱杆折算长度系数取 1.0~1.1。

b. 根端嵌固，顶端铰支抱杆。外拉线抱杆组塔时，其根端以钢绳绑扎嵌固于塔身，根据绑扎的松紧程度不同，对杆根截面约束情况也不同，实际上为近似嵌固端或铰支端，其顶端以地面拉线固定，实际为弹性铰支。对于这种抱杆可近似地按根端嵌固，顶端铰支处理，计算时抱杆折算长度系数取 0.7~0.8。

c. 根端嵌固，顶端自由抱杆。小抱杆组塔时，其根部以钢绳绑扎嵌固于塔身，顶端不受任何支承作用。这种抱杆即倚靠其杆根的嵌固作用而维护其顶端承重，但实际其根端截面在极限状态下可转动，是不可能绝对嵌固的。对于这种抱杆，可近似地按根部嵌固，顶端自由处理，计算时抱杆折算长度系数取 2.0~2.2。

3）抱杆的稳定。抱杆按其长度与截面比属细长杆件，这种杆件的受压强度不仅由材料压应力决定，而且还受杆件抗弯曲能力而定，通常杆件细长程度用长细比来表示，即

$$\lambda = \mu L/i \tag{4-8}$$

式中：$\mu$ 为抱杆折算长度系数；$L$ 为抱杆长度，cm；$i$ 为抱杆截面回转半径，$i = \sqrt{\dfrac{J}{F}}$，cm；$F$ 为抱杆截面积，$cm^2$；$J$ 为抱杆的截面惯性矩。

对于圆木抱杆，抱杆截面回转半径等于抱杆中部直径的 1/4。

根据欧拉公式进行压杆稳定计算，则

$$[\delta]_{稳} = \varphi[\sigma] \tag{4-9}$$

式中：$\varphi$ 为折减系数，可按细长比查表 4-4 得出；$[\sigma]$ 为材料允许下压应力，$N/cm^2$。

表 4-4　　　　　　　　　　　　　　　折减系数 $\varphi$

| 细长比 | 60 | 70 | 80 | 90 | 100 | 110 | 120 | 130 | 140 | 150 | 160 | 170 | 180 | 190 | 200 |
|---|---|---|---|---|---|---|---|---|---|---|---|---|---|---|---|
| 3 号钢 | 0.86 | 0.81 | 0.75 | 0.69 | 0.60 | 0.52 | 0.45 | 0.40 | 0.36 | 0.32 | 0.29 | 0.26 | 0.23 | 0.21 | 0.19 |
| 锰钢 16 | 0.78 | 0.71 | 0.63 | 0.54 | 0.46 | 0.39 | 0.33 | 0.29 | 0.25 | 0.23 | 0.21 | 0.19 | 0.17 | 0.15 | 0.13 |
| 木材 | 0.71 | 0.60 | 0.48 | 0.38 | 0.31 | 0.26 | 0.22 | 0.18 | 0.16 | 0.14 | 0.12 | 0.11 | 0.10 | 0.09 | 0.08 |
| 硬铝 16 | 0.455 | 0.353 | 0.269 | 0.212 | 0.172 | 0.142 | 0.119 | 0.101 | 0.087 | 0.076 | | | | | |

在选择抱杆时，高度要适当，抱杆选得长，可使起吊工作改善，但 $\lambda$ 变大，$\varphi$ 变小，抱杆受力就要减小，抱杆的长度与受力是相互制约的关系。

4）抱杆的强度计算。

a. 单抱杆的强度计算式为

$$R \leqslant \varphi A[\sigma] - G_1 \tag{4-10}$$

式中：$R$ 为抱杆轴向压力，N；$\varphi$ 为折减系数；$A$ 为圆木抱杆中部截面面积，$cm^2$；$[\sigma]$ 为材料允许压应力，$N/cm^2$；$G_1$ 为圆木中部截面以上段自重力，N。

b. 人字抱杆。由图 4-10 可知，人字抱杆在垂直下压力 $N$ 作用下，每一根抱杆所分担压力 $R$ 为

$$R = N/\cos(\alpha/2) \tag{4-11}$$

式中：$\alpha$ 为人字抱杆的夹角。

5）设计或核算抱杆的步骤和要求。

a. 根据施工需要，确定抱杆的形状和有效高度。

b. 按照起吊质量计算出纵向最大压力和偏心弯矩。

c. 根据起吊方式计算抱杆折算长度，其中折算长度系数与抱杆两端支承方式有关，而折算长度修正系数则与抱杆两端收径长度有关。

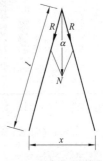

图 4-10　人字抱杆受力图

d. 一般都是偏心受压构件，故在设计或核算时，都应按整杆纵向稳定性的要求来计算抱杆危险面承受的应力。

e. 由于抱杆属于长细构件，设计或核算时，除计算出的危险断面上的最大应力不超过

允许应力外，还要计算临界压力与允许承受压力之比，即稳定安全系数不小于 2。

f. 选择抱杆断面尺寸时，由于应力折减系数与截面积这两个未知数是互为影响的，所以根据施工经验，在一定范围内选择不同的截面尺寸，利用逐次渐近的方法，确定抱杆所需的截面尺寸。

g. 角钢格构式抱杆，除保证其整杆稳定性外，还需保证各局部主材和辅助材的强度和稳定性。因此计算时，除按纵向稳定性要求计算危险断面上的应力外（两端铰支而对称的抱杆，危险断面在抱杆中央），还要计算最大弯矩处的主材应力和主材节点间的强度，以及辅助材的强度。

h. 利用金属材料制作长细比较大的抱杆时，虽然高强度钢材可提高允许应力，但在同样的长细比条件下，折减系数相应比较小，使之相互抵消，显示不出高强度材料的优越性。

i. 在 220kV 及以下工程中使用时，角钢格构式抱杆的正方形断面宽度一般为 350 ~ 450mm。断面宽度加大，可增加惯性矩，减小主材断面，但连接的辅助材增多，不一定会减少加工用料。

j. 设计或核算 220kV 及以下工程所用的抱杆，由于长度和断面尺寸相对比较小，计算时一般可不考虑因风压产生的弯矩和人字倒落式抱杆因自重产生的弯矩。但对大型抱杆应加以考虑。

k. 选用增径率为 0.8% ~ 1.0% 的圆木制作抱杆时，根据计算经验，长度大于 10m 的抱杆，其长细比不宜大于 220。利用角钢制作方型格构式抱杆时，根据计算经验，长细比不宜大于 120。

（6）其他起重工具。

1）起重葫芦。起重葫芦如图 4-11 所示，是有制动装置的手动省力起重工具，包括手拉葫芦、手摇葫芦及手扳葫芦。

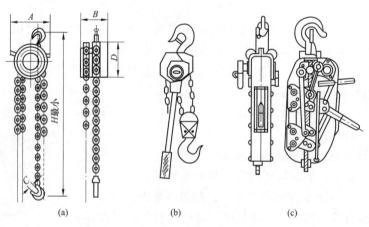

图 4-11 起重葫芦

（a）手拉葫芦；（b）手摇葫芦；（c）手扳葫芦

2）双钩紧线器和螺旋扣（花篮螺丝）。双钩紧线器是送电线路施工收紧或放松的工具之一，其外形如图 4-12 所示。由钩头螺杆、螺母杆套和棘轮扳手等主要构件组成。它的两端螺旋方向是相反的，工作时调整换向爪的位置，往复摇动扳手，两端螺杆即同时向杆套内收进或向杆套外伸出，以达到收紧或放松的目的。

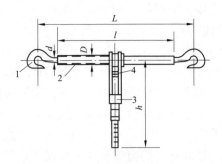

图 4-12　双钩紧线器
1—钩头螺杆；2—杆套；3—带转向爪棘轮手柄；4—换向爪

螺旋扣和双钩紧线器原理相同，但螺旋扣比双钩紧线器结构简单，只有螺杆和杆套，没有棘轮和扳手，螺纹也不像双钩紧线器那种矩形断面。

3）卡线器（紧线器）。卡线器是将钢丝绳和导线连接的工具，具有越拉越紧的特点，其结构如图 4-13 所示。使用时将导线或钢绞线置于钳口内，钢丝绳系于后部 U 形环，受拉力后，由于杠杆作用卡紧。

卡线器受力部件都用高强度钢制成。用于导线的钳口槽内镶有刻成斜纹的铝条；用于钢绞线的钳口槽上直接刻有斜纹。

图 4-13　卡线器结构图
1—拉环；2—钳口

（7）起重工器具使用注意事项。

1）起重工具均须有出厂合格证，铭牌上应标明允许荷重，勿超载工作。

2）使用前应仔细检查，有裂纹、弯曲、不灵活、卡线器钳口斜纹不明显等问题，均不得使用。

3）定期润滑、维修、保养，损坏零件应及时更换。

4）使用完毕，轻放防摔，存放干燥地点。

5）起重工具应定期试验，其标准见表 4-5。

表 4-5　　　　　　　　　　　　主要起重工具试验标准

| 名称 | 试验静荷重<br>（允许荷重的百分数，%） | 持荷时间（min） | 试验周期 | 备注 |
|---|---|---|---|---|
| 抱杆 | 200 | 10 | 每年 1 次 | 包括脱帽环包括吊钩 |
| 滑车 | 125 | 10 | | |
| 绞磨 | 125 | 10 | | |
| 钢丝绳 | 200 | 10 | | |
| 卡线器 | 200 | 10 | | |
| 双钩紧线器 | 125 | 10 | | |

## 4.2　杆塔构件组装

杆塔的全部构件都是在专业工厂里加工制造的，为便于运输，就必须将杆塔分解成很多单元或单独构件，运至现场再进行组装。钢筋混凝土电杆段的连接方法大都是焊接或法兰用螺丝连接两种，铁塔的常用连接方法有焊接和螺栓连接两种。

### 4.2.1　杆塔构件组装概述

1. 组装方法

杆塔构件的组装方法一般分为整体组装和分解组装两种。对于钢筋混凝土电杆，一般均采用整体组装和起立法；对于铁塔，两种方法均可采用，主要取决于现场条件。当采用整体起立时，应将构件全部在地面上组装完好后，做到一次整立；当采用分解组装时，应根据结构吊装的顺序与要求，将整基塔分解成段、片或单个构件，然后在预定的位置进行地面组装，分解组立，对于连接板，最好在工场内部将其连接到主角钢上，然后再运至现场。

杆塔构件的组装工作通常包括以下几方面：准备工作、修补损坏构件、钢筋混凝土电杆杆段的排杆焊接、其他构件的组装等。

2. 组装工作的一般规定

（1）螺栓穿入方向。

1）立体式结构：①水平方向者由内向外；②垂直方向者由下向上；③主材接头螺栓一律由角钢里向外。

2）单面结构：①顺线路方向者由送电侧穿入或按统一方向，若是平面结构且由前后面组成，仍由里向外穿；②横线路方向者两侧由内向外，中间者由左向右（面向受电侧）。

（2）用螺栓连接构件。

1）螺杆应与构件面垂直，螺头平面与构件间不得有空隙。

2）螺母紧好后，对于螺杆露出螺母的长度，单螺帽≥2个螺距（2扣）；双螺母时，允许和螺母相平。

3）螺栓丝扣不得位于连接构件的剪切面内。

4）必须加垫时，每端的垫圈不宜超过两个；交叉构件处尚有空隙者，应装相应厚度的垫圈或垫板。

5）木构件上的螺栓、螺头和螺母侧均应加垫片。

（3）紧固工具和紧固要求。

1）拧紧螺栓应用专门工具（尖搬子、活搬子或套筒搬子），其规格应与螺栓相配合，尖搬子或套筒搬子的卡口应与螺头、螺母大小相适应。

2）杆塔的连接螺栓应拧紧。螺杆或螺母的螺纹有滑牙，或螺母的棱角磨损过大以至于扳手打滑的螺栓应予以调换。

3）使用力矩扳手检查螺栓的拧紧程度时，应符合表4-6的要求。

表4-6　　　　　　　　　　　　　　　螺栓的扭矩要求

| 螺栓规格 | 扭矩（kg·cm） |
|---|---|
| M12 | 400~500（4000N·cm） |
| M16 | 700~900（8000N·cm） |
| M20 | 800~1100（10000N·cm） |
| M24 | 25000N·cm |

4）杆塔的全部螺栓应紧固两次，第一次在杆塔组立后，第二次是在架线后。紧固后，

在螺栓丝扣处用钢冲子打冲两处或涂漆，以防止螺母松动。涂漆范围包括以下几个部分。

a. 离地面 2m 以上。

b. 塔头部分：酒杯型塔在平口以上，倒伞型塔 110kV 在横担下 3.5m 以下，220kV 线路在横担下 5.5m 以上。

c. 钢筋混凝土电杆的螺栓在第二次紧固后，应逐个涂漆或涂铅油。

### 4.2.2　组装图纸的符号规定

杆塔的组装应严格按图进行，首先应看懂杆塔的组装图纸，明确符号的含义，熟悉组装要求、构件的连接及结构本身的构造。

1. 图例及代号

（1）名称代号。@ 为相等中心距离代号，$\phi$ 为圆的代号，$l$ 为长度代号。

（2）数字代号。$N$ 为工字钢、槽钢的型号，$D$ 为钢管的直径，$d$ 为直径、角钢翼缘的厚度，$\delta$ 为扁钢钢板的厚度，$L$ 为长度，$b$ 为宽度，椭圆形孔的短径，$h$ 为高度，$c$ 为椭圆形孔的长径，$t$ 为钢管的壁厚，$n$ 为数量，$S$ 为中心距离的数值代号，$\alpha$ 为焊件的坡口角度。

（3）型钢及元件的图例及标注方法。

型钢标注方法及元件图例见表 4-7 和表 4-8。

表 4-7　　　　　　　　　　　　　　　　型钢标注方法

| 序号 | 名称 | 标注方法 | 说明 |
|---|---|---|---|
| 1 | 等边角钢 | $\angle b \times d$ | $\angle$ 肢宽×肢厚，如 $\angle 100 \times 10$ |
| 2 | 不等边角钢 | $\angle B \times b \times d$ | $\angle$ 长肢宽×短肢宽×肢厚，如 $\angle 75 \times 50 \times 6$ |
| 3 | 工字钢 | $\text{I} N$ | I 表示型号，$N$ 表示高度，如 I 10 |
| 4 | 槽钢 | $[N$ | [ 表示型号，$N$ 表示槽高，如 [ 8 |
| 5 | 方钢 | $\square a$ | $\square$ 边宽，如 $\square 50$ |
| 6 | 扁钢 | $-\delta \times b$ | -厚度×宽度，如 $-5 \times 100$ |
| 7 | 钢板 | $-\delta$ | -厚度，如 $-\delta$ |
| 8 | 圆钢 | $\phi d$ | $\phi$ 直径，如 $\phi 16$ |
| 9 | 钢管 | $\phi D$ | $\phi$ 直径×壁厚，如 $\phi 127 \times 5$ |

表 4-8　　　　　　　　　　　　　　　螺栓、脚钉、垫圈图例

| 序号 | 名称 | 规格 | 图例 | 无扣长（mm） | 通过厚度（mm） | 单位质量（kg） |
|---|---|---|---|---|---|---|
| 1 | | M16×35 | | 8 | 9~13 | 0.121 |
| 2 | | M16×45 | | 13 | 14~20 | 0.134 |
| 3 | 螺栓（带一帽） | M16×55 | | 20 | 21~24 | 0.147 |
| 4 | | M20×40 | | 8 | 10~14 | 0.230 |
| 5 | | M20×50 | | 14 | 15~20 | 0.249 |
| 6 | | M20×60 | | 20 | 21~28 | 0.270 |

续表

| 序号 | 名称 | 规格 | 图例 | 无扣长（mm） | 通过厚度（mm） | 单位质量（kg） |
|---|---|---|---|---|---|---|
| 7 | 螺栓（带一帽） | M24×50 |  | 16 | 15~20 | 0.428 |
| 8 | | M24×60 |  | 22 | 21~28 | 0.458 |
| 9 | | M24×70 |  | 30 | 29~40 | 0.491 |
| 10 | 脚钉（带二帽） | M16×160 | | 110 | | 0.385 |
| 11 | | M20×200 | | 120 | | 0.731 |
| 12 | 垫圈 | -3 | 规格数量 | $d_1=16.5$，$d_2=32$ | | 0.013 |
| 13 | | -4 | | $d_1=22$，$d_2=38$ | | 0.025 |

注　螺栓孔径比螺栓直径大 1.5m。

（4）焊缝符号。焊缝符号图，如图 4-14 所示。图 4-14（a）表示对接平焊缝。图 4-14（b）表示可见搭接，丁字接角焊缝。图 4-14（c）表示不可见搭接，丁字接角焊缝。

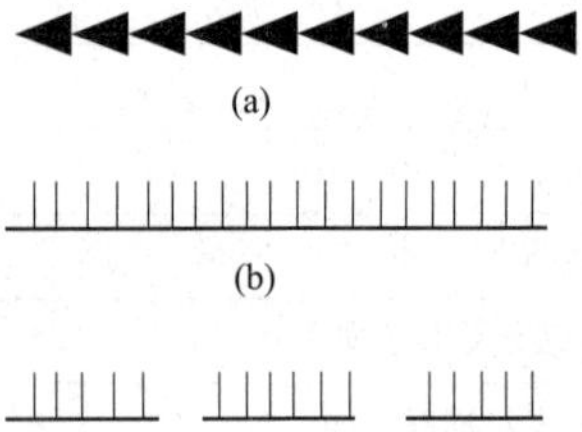

图 4-14　焊缝符号

2. 杆塔分段和构件编号

（1）杆塔的分段。铁塔的结构图一般采用分段绘制的方法，钢筋混凝土电杆的杆段部分和金属构件部分是分开绘制的，钢筋混凝土电杆是以杆段为单元划分的，根据杆型及杆高的不同，通常分为上、下段或上、中（中上，中下）、下段。

（2）构件的编号。在每一段图内，除螺栓、脚钉、垫圈外，所有构件采取混合编排，其编排的方法为：

1）由上向下，由左到右，先主材后辅助材，由正面到侧面，最后为断面。对于焊接铁塔，按先角钢后圆钢再钢板的顺序编号。

2）当正面和背面的构件编号不相同，只绘正面时，应分别编号，并注明"前"和"后"字样。

3）塔身主材也常用 A、B、C、D 区分，方法为顺着线路方向，由左向右顺时针方向编号。

4）构件编号的表示法从每段的 01 开始，该号的前一数字表示段号，后面的数字表示构件号码，如 521，表示第 5 段的 21 号构件。

5）在结构图上，除应标明构件编号外，还应注明件号规格和长度，钢板还应注明厚度，如图 4-15 所示。用"+"、"-"号表示伸长或缩短的距离，标注半径、直径及坡度时，都应在数字前加注代号。

**4.2.3　组装前的准备工作**

杆塔组装前的准备工作大致有四方面：按图核对构件的规格和数量，按质量标准检查构件的质量，检查和筹划组装工器具，布置和准备组装场地及组装位置。

1. 组装图纸的内容和要求

杆塔组装图包括杆塔总图和杆塔结构图。

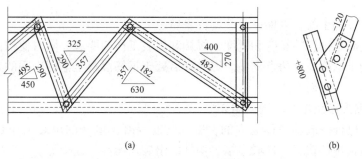

(a)　　　　　　　　　　　　　　　(b)

图 4-15　结构几何尺寸及构件端部尺寸标注法

(a) 结构尺寸标注；(b) 端部尺寸标注

（1）杆塔总图内容。总图包括单线图和材料汇总表及有关说明。

1）单线图。在单线图上标有总高、杆塔各部尺寸、分段标号、主材及塔腿斜材规格等。杆塔呼称高一般是在杆塔型的代号后面连写的，用括号括起来，如 Z1（23）表示直线塔，呼称高为 23m。

2）材料汇总表。它放在总图的右上角或右边，表上标有类别、钢号、规格。其排列次序的要求是：①类别要先角钢，后钢板、螺栓、脚钉和垫圈；②钢号要先 16Mn 钢，后 3 号钢；③规格要先小规格，后大规格。

3）有关说明。对有关杆塔的特殊要求的说明。

（2）杆塔结构图内容，要求能反映结构的各段构造及连接形式，以满足加工和施工的需要，它包括结构图、单线图、材料明细表及加工要求。

1）各构件应注明编号及材料规格，对 16Mn 钢应在规格和件号之间加 "16Mn" 字样，而对 3 号钢则可不必。如⑩⑪ 16Mn∠100×10，含意为 101 号构件、材质为 16Mn 钢、规格为∠100×10 等边角钢。又如㉑∠80×8 含意为 201 号构件、材质为 3 号钢、规格为∠80×8 等边角钢。又如㉚⑥-8 含意为 306 号构件、材质为 3 号钢、规格为厚 8mm 钢板。

2）结构图。以正面图为主，如需表示其他部位，可按展开图绘制。结构图上应标明结构的几何尺寸和构件特殊加工尺寸，如制弯尺寸、切角等。

3）单线图。一般位于结构图的左上角，图上应注明结构的上口、下口宽度，垂直高度及塔面高度，分段位置，分段代号，准线差及线路方向标等。

4）材料明细表。它画在图纸的右上边，表中标出该段的角钢、钢板、螺栓、脚钉、垫圈等构件的规格，尺寸、数量和质量，还应写明加工时的特殊要求。

2. 组装工器具的准备

组装杆塔用的工器具包括以下几类：

（1）质量检查工器具。钢卷尺（30m）、卡尺、钢筋混凝土电杆裂缝测量仪等。

（2）支垫工具和整修场地的工具。锹、镐、垫木或铁枕等。

（3）组装工。撬杠、焊接设备，扳头、尖扳子、铁钩子（φ12～φ16 自制）等。

（4）构件修补工具。大锤（8 磅）、扳子、钻孔工具、扩孔工具、钢锯、平锉、圆锉、油漆等。

3. 场地准备和组装位置

现场场地应平整，不能有大的高差（一般不超过 1m）。如场地不好，也可用垫木、草袋或用土填平。

必要时可搭设脚手架，以保证组装构件平整。

组装位置应满足排杆的长度和宽度、焊接和组装工作的要求，同时使构件变形最小。一般每号钢筋混凝土电杆应有两点支垫。焊接好后处于钢筋混凝土电杆中间的几个支垫，应用木楔片塞紧，防止下沉而弯曲。

### 4.2.4　钢筋混凝土电杆的地面组装

钢筋混凝土电杆一般是整体起立的，因此钢筋混凝土电杆的组装工作是在地面上进行的。它的组装包括排杆找正，杆段连接，构件的组装及构件的连接等。

1. 排杆找正

排杆可分为直线杆和转角杆，单杆和双杆。这里主要讲双杆的排杆找正。

（1）排杆方位。直线双杆的排杆中心轴线应与线路方向重合，转角双杆的中心轴线应与内角平分线的垂线相重合。

（2）排杆尺寸。排杆的杆位根开，离杆洞距离、尺寸应与整立后的尺寸相一致。对于各杆段应仔细量好实际尺寸，根据杆洞实际标高和排杆位置相一致（注意：杆洞有高低，钢筋混凝土电杆也有误差）。

（3）立杆支点位置。对排杆组装场地应清理平整，并按表4-9规定的支点位置安放好垫架（道木或铁枕）。垫架应可靠稳固，垫起的高度应便于组装和焊接（焊杆处还应挖焊杆操作坑，让焊工可仰卧焊接）。当支点有碍组装时，允许前后移动100~200mm。

**表4-9　　　　　　　　　　　立杆每段支点位置表**

| 主杆规格 | 长度（m） | 支点离端头距离（m） | |
|---|---|---|---|
| | | 焊接端 | 非焊接端 |
| φ300~φ400 等径杆 | 6 | 1.0 | 1.25 |
| | 9 | 1.5 | 1.9 |
| 分节拔梢杆（锥度1/75） | 8 | 1.8（小头） | 1.4（大头） |
| | 10 | 2.0（小头） | 2.5（大头） |
| | 12 | 2.5（小头） | 3.0（大头） |
| 整根拔梢杆（梢径φ190mm） | 10 | 2.0（小头） | 2.5（大头） |
| | 12 | 3.8（距杆梢） | 2.3（距杆根） |
| | 15 | 4.3（距杆梢） | 2.9（距杆根） |

（4）立杆组装方法。

1）立杆根部离坑门的距离一般应是1/2~3/4的坑口宽。

当埋深≥2.5m时，应取3/4坑口宽；当埋深<2.5m时，应取1/2坑口宽。

2）要注意杆上的接地螺孔、脚钉孔、钢箍或法兰连接的螺栓孔、导地线横担孔的方位是否正确等，要注意焊接钢箍是否有45°焊口。

3）应仔细实测各杆段实际长度，使组装后的累计误差最小，并用埋深来凑足。

（5）排杆。

1）当钢筋混凝土电杆沿轴线方向移动时，操作人员应对称地排列在杆子的两侧，每侧3~5人，每人用撬杠插入杆的下方，并加支垫，应统一指挥，同时用力，使杆前后窜动。当然也可用绳索拖动。

2）当钢筋混凝土电杆横向移动时，可用撬杠在杆的一侧用力拨动杆身，使杆滚动，也可用两根大绳兜住杆两头，大绳靠地面端固定好，另一端用人力拉使杆滚动。

3）当钢筋混凝土电杆要变动方向时，则可在杆的一端用撬杠别住，另一端用力使钢筋混凝土电杆回转。

4）当杆段按预定位置基本就位后，就可将杆支垫起并转动主杆，使杆上的预埋孔位置符合设计图纸的规定，然后在支点两侧用木楔稍加固定。

（6）找正。找正时，操作人员站在杆轴线方向的一端，用目测法找正或在杆两端拉上绳线找正。使全杆上下和左右均成一直线，同时应保持预埋钢管接地螺栓孔与脚钉螺母孔的方位正确，然后找正杆段焊口，使间隙保持在 2～3mm 以内。当钢圈偏心时，应以钢圈为标准找正钢筋混凝土电杆；当钢圈与钢筋混凝土电杆轴线不垂直，而使焊口不均匀时，则在不影响钢管脚钉螺母方位的前提下，可以转动杆段，调正间隙，否则就只好修理焊口，找正钢筋混凝土电杆。焊口调整好后，还应再检查杆段是否成一直线，观察钢管接地螺母和脚钉螺母的方位是否正确，如有偏差，还应调正，直至符合要求为止。最后用木楔将主杆完全塞住。

排双杆时，无论是整根，还是分段，都应在排好第一根后再排第二根。排第二根时，应测量两杆的相对位置，使根开和对角线距离均应符合设计图纸的要求。

2. 钢筋混凝土电杆连接

钢筋混凝土电杆的连接主要有钢圈对口焊接和法兰连接两种，其次还有射钉连接、爆压连接和铝热焊接等。

（1）钢圈对口焊接。钢圈对口焊接是将钢圈预先焊接在钢筋混凝土电杆的主筋骨架上，然后浇注混凝土，使主钢筋、钢圈、混凝土杆连成一整体，如图 4-16 所示。钢圈的规格尺寸见表 4-10。

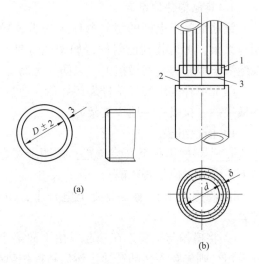

图 4-16　钢筋混凝土电杆（钢圈）焊接

（a）钢圈规格尺寸；（b）钢筋混凝土电杆的焊接连接

1—与主筋焊接；2—钢圈；3—焊接连接

表 4-10 钢圈的规格尺寸

| 型号 | 内径 D（mm） | 壁厚 δ（mm） | 钢圈壁宽 H（mm） | 质量（kg） |
|---|---|---|---|---|
| 30 | 269 | 8 | 100 | 5.6 |
| 35 | 314 | 8 | 100 | 6.4 |
| 40 | 359 | 8 | 100 | 7.3 |
| 43 | 394 | 8 | 100 | 8.0 |

对钢圈的焊接，一般采用气焊和电弧焊接，气焊接头的主要优点是工序简单，成本低，运行中不易变形，其缺点是操作比较困难，由于钢圈在焊接时的热膨胀，致使钢圈附近的水泥容易剥落和产生裂纹。焊接钢圈的对口距离应符合表 4-11 的规定要求。

表 4-11 焊接钢圈的对口距离

| 钢板厚度（mm） | 对口距离（mm） |
|---|---|
| 6 | 1.5 |
| 8 | 2~3 |
| 10 | 3~5 |

（2）法兰连接。法兰连接是将事先浇铸好的铸铁法兰盘分别焊在钢筋混凝土电杆的主筋滑架上，在组装时用螺栓连接，如图 4-17 所示。连接用螺栓一般用 A3 号钢制成。用法兰盘连接钢筋混凝土电杆时，紧固接头处的连接螺栓要从四周轮换进行，在组装时，可以在两法兰盘间加垫片以保持主杆的正直，但垫片叠加的数量不宜超过 3 片，且总厚度不宜超过 5mm。

法兰连接的主要优点是施工方便，适用范围广，但耗钢量大，运行中易变形；因此没有钢圈使用广泛。

3. 其他构件的组装

钢筋混凝土电杆的组装顺序为先组装导线横担，后组装地线横担与叉梁，再组装其他附件，如架线金具、拉线及其金具，组装导线绝缘子串并绑扎在横担上，以防止晃荡。

（1）单杆的组装。单杆焊接好后，应按下列顺序组装其他构件，即横担——拉线——地线支架。

1）横担组装。

a. 先将横担移至安装位置，按图纸规定的方向大致摆好，并注意上下面的方位是否正确。

b. 将抱箍卡在钢筋混凝土电杆上，由送电侧穿入抱箍螺栓并拧紧。

c. 将横担与抱箍连在一起，由下向上穿入螺栓并拧紧。如为转动横担，则先穿入转动螺栓，然后将横担垫起，再穿入剪切螺栓。

d. 将吊杆上端固定在钢筋混凝土电杆上，然后将下端连到横担端头，穿入螺栓并拧紧。

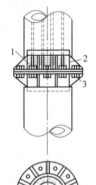
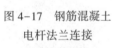

图 4-17 钢筋混凝土电杆法兰连接
1—与主筋焊接；
2—铸钢法兰盘；
3—连接螺栓

e. 调整吊杆长度，使横担端头略微翘起 10~20mm（或横担臂长的 1.2%）。

f. 调整横担小面，使其位于线路垂直方向。最后将各螺栓全部紧固。

2）拉线抱箍组装。

a. 根据设计图纸、施工说明和拉线方位安装好拉线抱箍，并拧紧包箍螺栓。

b. 将拉线固定在拉线板上，穿入螺栓并紧好。

c. 连接拉线与拉线盘结合的金具（拉杠，U 形环），并将线顺主杆方向展开放好。

3）地线支架组装。

a. 根据设计图纸与施工说明，将地线支架装在杆顶的规定位置上。

b. 装好扁钢抱箍或穿钉，调整抱箍及支架使其位置正确，然后拧紧螺栓。

（2）双杆的组装。当导线和地线横担均采用角钢横担时，并且互相连接在一起时，则应先组装地线横担，然后再安装导线横担。

（3）地线横担组装。

1）将地线横担移至两杆顶部，横担与钢筋混凝土电杆之间安装吻合，然后用穿心螺栓将地线横担固定。

2）将挂线角钢或眼圈螺栓装好，然后拧紧螺栓并将开口销掰开 60°～90°。

3）调整两杆对角线的距离，使其符合设计要求（但当无地线横担时，根开和对角线的调整工作应在导线横担安装后进行）。

（4）导线横担组装。

1）将导线横担移至安装位置。安装时注意挂线板的角度和位置：直线杆挂点在下方；耐张杆挂板线的角度一般向下；当耐张横担不对称时，应该使角度杆横担长臂置于线路转角的外侧。

2）连接靠地面侧的主材，然后装好穿心螺栓，再连上侧横担主材。

3）当横担需要用托箍时，应注意托箍上的拉线耳环的方位朝线路转角的外侧，然后将抱箍安装在杆上，用穿心螺栓固定好，然后再将横担和托箍相连。

4）将吊杆上端与主杆固定，然后将下端与横担相连。

5）各构件均组合完毕后，拧紧全部螺栓和穿钉。对单面结构横担应使二端头略微向上翘起。

注意：套入式横担应在地线横担组装之前安装；在横担套入过程中必须通过主杆支点时，应先在横担外端加以支垫，然后再拆除里端原支垫架。

（5）叉梁组装。

1）先在叉梁中间节点处用垫木垫起叉梁，使四段叉梁处于同一平面内。

2）在主杆上先安装上叉梁抱箍，并拧紧螺栓，下叉梁抱箍螺栓呈松动状态。叉梁尺寸有误差时，下叉梁抱箍可上下移动，但最大允许误差为 ±50mm。

3）四根叉梁装好后，对角线方向应三点成一直线，五点应在同一个平面里，校正主杆根开，四角并成矩形状，接头扳平整，各部受力均匀。然后再复紧螺栓。

（6）地线支架组装。地线支架通过穿心管用穿心螺栓安装在杆顶，使挂线点位于钢筋混凝土电杆的外侧。当在 220kV 线路中使用时，地线是挂在地线支架顶上的，因此装好导线横担后，可将地线支架套在杆顶上，角度对好，然后紧固螺栓。

4. 构件的连接

钢筋混凝土电杆的构件有地线支架、叉梁、横担、底盘、拉线及其金具等。

（1）地线支架与主杆的连接。钢筋混凝土电杆的地线支架，一般有三种形式。

1）地线横担式。一般用于双杆的门形结构的杆型中，装在两杆顶，用穿心螺栓连接固定。

2）槽钢挂线式。它适用范围较小，结构也简单。

3）眼圈螺栓式。它与抱箍一起套在杆顶上用螺栓紧固，将地线挂上钢筋混凝土电杆的外侧，这种形式加工、安装方便，但适用于荷重较小的情况下。

（2）叉梁与主杆的连接。在220kV线路上采用门杆时，一般用叉梁稳定主杆，叉梁与主杆的连接一般用U形抱箍来完成，U形抱箍的直径一般不小于16mm，在荷重较大时，还可用钢板抱箍代替两个U形抱箍，叉梁抱箍和U形抱箍的厚度一般为6~8mm。

（3）横担与主杆连接。直线杆横担可分为固定横担和活动横担两类。

1）固定横担。当单杆的断线能力较小时，一般采用固定横担，它与主杆的连接采用穿心螺栓，或用托箍支托。固定横担又可分为平面式和桁架式两种。

2）活动横担。对于35~110kV单杆，由于主杆抗扭力较差，而断线能力又较大时，除采取释放型线夹外，往往采用转动横担，以衰减断线张力，保证主杆不被扭坏。常用的活动横担有变形横担、压曲横担、转动横担、活动横担等几种形式，如图4-18所示。

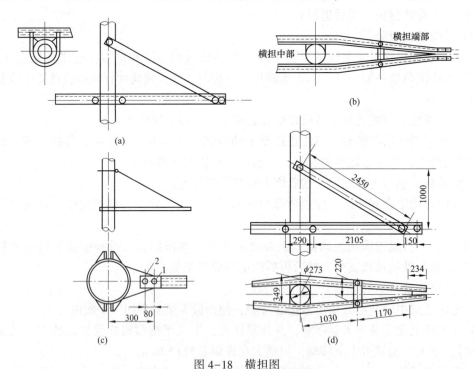

图4-18 横担图
（a）变形横担；（b）压屈横担；（c）转动横担；（d）活动横担
1—剪断螺栓；2—转动螺栓

（4）钢筋混凝土电杆与底盘的连接。用预制钢筋混凝土底盘作为底盘，将主杆立在底盘中心凹槽内是最常用的构造形式。因此底盘只用作承受垂直荷重，在220kV线路中，底盘与主杆间还常用金具连接固定成一体。这样，它在正常时能承受垂直荷重，在异常时，还可经受上拔荷重，能稳固杆型。

### 4.2.5　铁塔的地面组装

1. 铁塔结构的加工要求

（1）主材连接时，应以外边线对齐。不同规格的主材连接的螺栓基准线应在接头处进行变换。对于接头处用连接板的螺栓塔，斜材应交于各自主材的基准线上；对于焊接塔，是以主材角钢的边线或重心线及其他构件的重心线为结构的基准线。

（2）采用热镀锌的构件，长度不得超过 7.5m，宽度不得超过 0.75m（包括焊接塔的结构宽度），涂漆处长度不得超过 8.0m。

（3）角钢对头一律采用对接，外侧面（包括上连接角钢）接头处两角钢间应留 10mm 间隙。外包角钢应剥去内角，以紧贴在主角钢外表面上。其接头位置一般选在主材与水平材连接点的附近，横担主角钢的接头应尽量靠近塔身。

（4）为避免受偏心影响，受力构件的轴线应交于一点。为避免横担挂点下移超过允许挠度，根据结构几何特征应考虑预供。

（5）为减少连接板及构件编号，如斜材端头用一个螺栓时，应将斜材直接与主材连接。最下一节的四根主材应设 $\phi$17.5mm 的接地孔，位置在右侧主材离地 0.5m 处。

（6）若用材料代用时，其构件准线不变，并只准以大代小。

（7）对于 $\angle$40×4～$\angle$63×6 之间的角钢，其孔径最大 ≤$\phi$17.5；对于 $\angle$70×7～$\angle$12×10 之间的角钢，其孔径最大 ≤$\phi$21.5；对于 $\angle$140×14～$\angle$200×20 之间的角钢，其孔径最大 ≤$\phi$25.5；并应尽量在一种角钢上保持一种螺栓孔径。

（8）脚钉应布置在送电方向右侧的主材上；对于酒杯型塔头部及避雷线支架，脚钉应布置在送电方向两外侧主材的正面上；高低腿的脚钉应在主材右侧及其对角线方向的主材上。不应以铁塔构件代替脚钉。脚钉的间距一般以 400～450mm 为限，脚钉大小一般为 M16～160mm。

（9）塔脚底板孔径与地脚螺栓的配合，应与表 4-12 相对应。

**表 4-12　　　　　　　　塔脚底板孔径与地脚螺栓的对应表**

| 地脚螺栓直径 | M20 | M24 | M27 | M30 | M36 | M42 |
|---|---|---|---|---|---|---|
| 底板孔径 | $\phi$30 | $\phi$35 | $\phi$40 | $\phi$45 | $\phi$50 | $\phi$60 |
| 垫板孔径 | $\phi$21.5 | $\phi$26 | $\phi$30 | $\phi$35 | $\phi$40 | $\phi$45 |

（10）常用铁塔钢板规格见表 4-13。

**表 4-13　　　　　　　　　常用铁塔钢板规格**

| 主要用途 | 钢板厚度（mm） |
|---|---|
| 垫板 | 2，3，4 |
| 节点板、垫板 | 5，6，8，10，12 |
| 挂线板基础板 | （14），16，（18），20，（22），25，30，36，42 |

**注**　括弧内的钢板仅用于挂线板。

2. 铁塔的地面组装分类

铁塔的地面组装可分为整体组装、分段组装、片装以及分角组装四种形式。

（1）整体组装。整体组装能大量减少高空作业，效率高，安全性好，但容易受地形及起吊设备的限制。

（2）分段或分片组装。分段或分片组装的优点是拼装简单，高空作业比散装快，因而进度较快，但起吊的抱杆较大，起质量较大。

（3）分角组装法。近几年来，分角组装法显示了较多的优点，它可以把 2~4 节的主角钢连接后同时竖立起来，待四根主角钢竖起后，再逐段装上斜材和水平材，这样速度快、效率高。

3. 铁塔组装的一般规定

（1）组塔前必须经过技术交底，包括施工图纸、质量标准、安全技术措施及操作规程和施工方法。务必使全体工人熟悉图纸、资料、方法和要求。

（2）组装前应进行场地平整，垫好足够数量的支垫架，支垫架应稳固可靠，支垫高度应满足组装要求，不能因塔的自重而影响塔身结构变形或损坏。

（3）直线塔应对称地组装在线路中心线上，转角塔应组装在内角的角平分线的两侧。脚钉及接地螺孔的方向应与设计要求相符，一般惯例是把脚钉孔放在左下方（面朝加号侧）。

（4）塔件组装应紧密、牢固、无缺损螺栓，所有螺丝应拧紧。

4. 普通螺栓铁塔的整体组装

组装时，应注意各面在地面的位置，应与整立塔时的方向位置相一致，先装下节的两侧面，然后将两侧面立起来，装好上下两面后再将两侧面连起来，这样，节就组装好了。就这样一段一段地组装上去，直至全部装好，再进行整体吊装。

另一种组装法是将两侧从下至上全面片装好，然后再从下节开始向上合装。

对横担、地线支架头部塔顶等，一般是在塔身组装好后再进行组装，对辅铁的连接螺栓，在组装过程中，可先带上一个螺栓，螺栓帽并不需拧紧，只要拧到满帽即可。

整体组装应注意以下几方面：

（1）螺栓是连接构件的重要部件，螺栓的安装次序和松紧程度对组装质量有很大的影响。其次序一般应从端部开始，并分批进行拧紧，在全部构件组装完毕以后，至少应在放线以前再逐个进行复紧。这是组装铁塔的"老大难"问题，因此检查螺栓的松紧程度往往成为验收铁塔中的重要一环。

（2）如组装过程中发现构件组装困难或螺栓孔眼位置尺寸不对时，应先按图纸校对构件加工尺寸，查明原因，不得强行组装。

（3）地面组装完成后应进行检查。检查内容为构件是否齐全，各部尺寸是否正确，塔身有无扭斜，构件是否变形，螺栓是否紧固，防锈层是否脱落等。如遇有不符合要求的构件应作处理，直至合格为止。

（4）铁塔横担上的附件，诸如挂线金具、拉线及拉线金具、绝缘子等，应同时进行安装，如因横担螺孔不正或过小而不易安装时，可按规定进行扩孔。

5. 螺栓铁塔的分解组装

采用分解组装时，一般有分散组装，分片、分段组装，分角组装三种方式，但应尽量减少高空作业的工作量。

（1）分解组装的一般原则。

1）当塔身的宽度小于 2m 时（如窄基塔身电焊塔），一般采用外抱杆组装；当塔身的宽度大于 9m 时，应采用双抱杆单片组装；一般塔型应采用单抱杆单片组装。

2）螺栓的使用应符合以下四条要求：

a. M20 用于主材与主材的连接。

b. M16 用于受力构件的连接。

c. M12 用于辅助材的连接。

d. 一般地，直线塔仅采用一种螺栓 M16 连接主材、辅助材；承力塔采用 M16～M20 两种螺栓连接主材、辅助材。

3）各组装段所带辅铁，应按下列规定进行：

a. 斜材等辅铁要求带全，并应注意同一塔面的所有里铁应带在同一主材上；所有外铁应带在另一主材上；水平材应装在带外铁的主材上。

b. 连接带铁的螺栓应拧至满帽，以防脱落伤人。

c. 带铁可移动的一端应向下垂，即起吊时向地面。

d. 螺栓长度应符合图纸要求，无螺纹部分应满足被连接构件的厚度，并确保螺栓紧靠构件。为区别螺栓长度，在螺栓尾部涂刷色记。

4）无论对料或组装，调整螺孔时，均应使用尖扳子，而不得用手指搬动，以免剪伤手指。

（2）分段、分片组装。分段组装适用于窄基塔，如拉线塔、电焊塔、110kV 及以下直线塔。起吊采用外抱杆方式。它的优点是高空作业比散装少，构件就位后拼装比较简便；其缺点是塔身下节部分质量较大，塔段较高，需要配备较大的抱杆，因而吊装场面较大。分片组装是在地面上将对应二面先组装好，侧面的斜材、水平材带在相应的主材上，然后分片吊装，当对应二面均登塔后在空中将两侧面的斜材、水平材拼装起来。

对于横担上、下两平面中各水平材、斜材，可将所有外铁带在横担前片或后片；所有里铁带在横担后片或前片，并用铁丝或麻绳牢靠地绑扎在横担主材上。

对于三角型、上字型、干字型塔及双回路塔的导线及地线支架，可作为一个整体在地面上组装好后再吊装。

分片组装的优点是片段的质量较轻，起吊设备较小，一般均可用内拉抱杆吊装，组装场地也小；其缺点是高空作业较多，高空组装也较困难，速度要比分段组装慢。

（3）分角组装。分角组装是将塔身中的每段分成四个角，以每根主角钢为一单元进行组装。每根主角钢上的连接板按图纸全部安装，将各个面的斜材、水平材都可分别带到四根主角钢上，而每一主角钢上一边带外铁，另一边带里铁，然后分别将四根主角钢竖立起来。

对于横担、地线支架等构件，仍然可采用分段或分片组装。分角组装的优点是吊件质量轻，起吊设备也较小，不需要大的场地。如果几段主钢材同时连接起来（如 2～4 段），组塔速度更快；其缺点是高空作业工作量大，吊装稳定性差，安全措施要可靠。它适用于大跨越，主角钢大的塔型。

## 4.3　倒落式抱杆整体组立杆塔

倒落式抱杆组立杆塔是在地面将杆塔整体组装完毕，凭借吊钢绳系统与抱杆相连，然后牵引钢绳系统牵引抱杆，使抱杆绕其底部旋转，带动杆塔整体绕其地面支点旋转起立以至垂直就位。因这种组立方法的高空作业少，安装质量高、速度快，故在杆塔组立施工中得到广泛采用。

本工艺最显著的特点是人字抱杆随着杆塔的转动（即起立），也在不断地绕着地面的某一点转动，直到人字抱杆失效。

杆塔自重较大，特别是钢筋混凝土电杆又是细长杆件，所以起吊过程中既要考虑各种起吊工器具受力强度及其变化；又要考虑被起吊的电杆在起吊过程中的受力情况，防止杆身受力不均而造成弯曲度超过允许值，从而产生裂纹。同时还要考虑受到冲击和振动的因素。故在整体起立钢筋混凝土电杆或杆塔时，要进行施工设计，并经试吊确认。

钢筋混凝土电杆、拉线铁塔和窄基铁塔一般适宜采用倒落式抱杆整体组立工艺。

### 4.3.1　施工现场布置

倒落式抱杆整体组立杆塔施工现场布置原则为：

（1）在杆塔强度与变形条件许可的情况下，系吊钢绳系统的结线型式越简单，施工经济性越好。在牵引、制动设备能力许可的情况下，牵引钢绳系统、制动钢绳系统的结线型式越简单，施工经济性越好。

（2）倒落式抱杆的布置（对地初倾角和前移距），应以起立过程中系吊钢绳、牵引钢绳、抱杆的受力趋于最小且其受力的最大值在起立初始阶段（起立角 0°～10°时）出现为原则。

（3）系吊钢绳系统的布置，除应满足杆塔身强度要求外，还要求起立角零度时，系吊钢绳系统合力线对杆塔中心线交点的高度等于或大于杆塔重心高度的 1.15 倍（高杆塔）或 1.20 倍（一般杆塔）。

（4）为提高杆塔整立过程的稳定性，在杆塔起立的左、右侧和牵引的反侧须设置临时拉线。临时拉线地锚距杆塔位中心的水平距离应不小于杆塔高度的 1.2 倍。

（5）总牵引地锚鼻、抱杆顶、杆塔中心、制动地锚鼻四者必须在一条线上。

（6）尽可能使牵引、制动设备沿线路方向或转角二等分线方向设置，其距杆塔位中心的水平距离应不小于杆塔高度的 1.2 倍。

采用倒落式人字抱杆整体起立门型双杆的现场布置如图 4-19 所示。

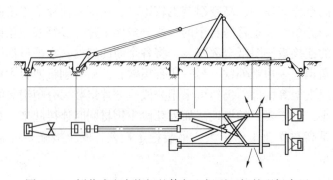

图 4-19　倒落式人字抱杆整体起立门型双杆的现场布置

1. 固定钢绳系统

在整立杆塔过程中，固定点数量位置及钢绳间穿线方式选择是一项极其重要的细致工作。固定点数量越少，现场布置越简单，但常常引起杆身弯曲应力的大幅度增加，严重时会引起杆身裂纹以致破坏。根据计算结果及施工经验，一般对于 15m 及以下非预应力杆采用单点固定；全长 18~24m 者，采用两点固定；全长超过 27m 者，采用多点固定。对预应力杆在 18m 及以下采用单点固定；全长 21~27m 采用两点固定；全长超过 30m 者，采用多点固定。铁塔的强度及刚度远比钢筋混凝土电杆高，自重也轻，故全高在 20~50m 时均可考虑采用单吊点或双吊点固定，50m 以上者考虑采用多吊点固定，固定钢绳系统主要形式如图 4-20 所示。

单点固定起吊 18m 及以上钢筋混凝土电杆，常用杆身加背弓补强，如图 4-20（a）所示，以防吊点附近产生裂纹。两点起吊时上绑点位置应尽量靠近横担，下绑点应尽量靠近叉梁或叉梁补强木和主杆连接处。

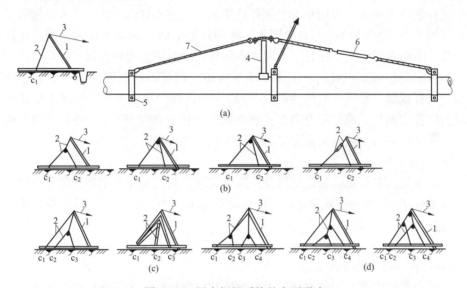

图 4-20　固定钢绳系统的主要形式

（a）单点固定；（b）两点固定；（c）三点固定；（d）四点固定

1—抱杆；2—固定钢绳；3—牵引钢绳；4—背弓支架；5—抱箍；6—双钩紧线器；7—钢丝绳

钢绳与铁塔构件绑点应选在节点上，与电杆的绑固可在吊点上缠绕数道后，用 U 形环连接。绑固处应垫以麻袋或垫木。

2. 牵引系统

牵引系统由总牵引钢绳和复滑车组及导向滑车组成。复滑车组的动滑轮经总牵引绳和抱杆自动脱落帽相连；导向滑车、牵引复滑车的定滑车，均通过底滑车地锚加以固定，该地锚受力很大，必须稳固牢靠。牵引钢绳与地面夹角应不大于 30°。同时应严格保证与抱杆中心线、电杆中心线在同一直线上，以保证人字抱杆受力均匀。

为防止复滑车组钢绳受力后发生扭绞，应在动滑车上加一木棒，并在木棒一端系上重物，防止动滑车翻滚。

3. 动力装置

常用动力装置有绞磨、手摇绞车、机动绞磨或拖拉机等。在地形条件允许时，牵引动力应尽量布置在线路的中心线或线路转角的两等分线上。当出现角度时，偏出角不应超过 90°。整体起立时可采用单套牵引装置，也常采用双套牵引装置。

用改装的四轮或手扶拖拉机上附设绞盘来作牵引动力，机动灵活，做到一机多用，停靠方便，得到某些施工单位的广泛使用。

4. 人字抱杆的布置

（1）抱杆位置。人字抱杆坐落位置（包括根开、对杆塔基础中心的距离、落脚点高差、初始角）必须按施工设计的要求布置。两根抱杆必须等长，不得歪扭和迈步。

（2）抱杆脱落帽和落地控制绳。脱落帽套在抱杆帽上，每根抱杆用一根控制拉绳穿过脱落帽耳环或 U 形环，在离抱杆顶部 0.5m 处绑住抱杆，控制绳另一端经地面地锚或杆塔基础上特制环，用人力控制抱杆失效后的下落速度，防止抱杆失效后摔倒在地上。如果地势不平，还应在脱落帽上加设侧面临时拉线，以防起立时抱杆受力不匀而发生单杆脱帽现象。

（3）抱杆起立方法。一般用小人字抱杆整体起立人字抱杆的方法。小人字抱杆长度可取大抱杆长度的 1/2，通常用 6m 左右的圆木。大抱杆起立时，为防止杆部滑移，在杆根部应用钢钎卡住。主牵引绳压在小抱杆上，起立小抱杆的同时把大抱杆带起。

（4）抱杆根部加强。在农田、沼泽等地面应防止两杆不均匀沉陷或滑动引起的抱杆歪扭、迈步，抱杆根部一般设有抱杆"鞋"，以增大和地面的接触面，在坚硬土质或冻土还需刨设卧坑，以稳定抱杆。两抱杆根部绑扎制动钢绳（俗称绊脚绳），并将制动钢绳端头绑缠在杆身上，当电杆抬头，抱杆受力稳定后，就应松开绊脚绳。

5. 制动钢绳系统

制动钢绳系统由制动器、复滑车组及地锚等组成。制动钢绳从钢筋混凝土电杆正下方通过，端头在离杆根 40~60mm 处绕主杆二圈以上后用 U 形环锁住，U 形环的螺栓头应紧贴钢筋混凝土电杆，并使螺母向外，以免制动绳受力后扭坏主杆。制动绳另一端经复滑车组后，穿入制动器栓轴上 3~4 圈后引出，制动力大的可用人力绞磨调节制动绳。

6. 临时拉线及永久拉线的安装

（1）临时拉线的安装。用单抱杆起立或整体起立电杆时，为了抱杆和电杆的稳定，必须设置临时拉线，整体起立 Ⅱ 型双杆时，也要在电杆两侧设置临时拉线。临时拉线按拉线地锚方向展放，单杆的拉线一端应系在上下横担之间，双杆则选在紧靠导线横担下边，拉线的另一端通过控制器（如制动器、松紧器、手扳葫芦等）固定在地锚上，由专人调节拉线松紧。

（2）永久拉线的安装。按拉线组装图的要求将拉线组装好，拉线上把固定在杆塔的拉线孔上。对于 X 形交叉拉线，如无里外方向者，应根据拉线盘实际安放位置，正确地确定里外的方向，以防杆塔整立后互相摩擦。

7. 临时地锚

地锚是关系到整立安全的重要受力装置，地锚遭到破坏或产生过大的变形，都会引起严重的后果。

地锚规格、材料、埋深、埋设方法和地锚钢绳套的连接方式等，都必须满足施工设计要求。地锚埋设使用中必须注意不得用腐朽和脆性木料作地锚；地锚应按受力方向设置马道，钢绳套应从直线方向引出，不准在坑内折弯；地锚坑内有地下水时应采取加强措施；需回填土的地锚，应分层夯实；利用建筑物、树、大石头作地锚应经鉴定估算。

8. 其他布置准备工作

排除或清理有碍整立施工的一切障碍物，如树木、通信线、电力线等，在交通要道处整立杆塔时要增设监督岗哨；排除坑内积水或落下土块等工作；整立铁塔时应在落地腿上安放施工铰链，而不设施工铰链的那两个基础上垫好道木，道木高出螺栓外露长度，铁塔整立时，使塔腿先坐落在垫木上。

**4.3.2　现场布置对杆塔整立的影响**

（1）牵引底滑车位置 $O'$ 与杆塔整立支点 $O$ 的距离 $S$ 对杆塔整立的影响。$S$ 的确定应根据抱杆失效角 $\gamma_K$、设备受力（主要是抱杆、牵引钢绳及杆身受力）、复滑车之间的距离要求、整立作业时的安全距离等，加以综合考虑。在条件允许的情况下 $S$ 选得大一些为好，以保证主牵引绳滑车组钢绳与地面夹角应在 $10°\sim15°$ 之间（不大于 $30°$）。抱杆失效角 $\gamma_K$，应选在设备受力不是最大时失效，以避开抱杆失效时的较大振动。

（2）马道与杆根位置的选择。马道大小控制着杆根进入底盘的早晚，马道大，杆身刚离地面时设备受力就小，杆身弯矩也小，但杆根进入底盘早。杆根过早进入底盘，会使支点改变，杆身和设备受力会突然增大，甚至超过初始状态受力值，且容易损坏杆根和顶动底盘。小马道土方量少，不易损坏杆根和顶动底盘，支点变化时杆身受力也不可能超过初始值，其缺点是制动设备和地锚受力较大，故小马道被广泛用于整立施工中。

一般希望杆根在抱杆失效前 $5°\sim10°$ 进入底盘，这样抱杆失效时杆根已进入底盘，整杆比较稳定，制动设备受力也可减少一些；坑壁还应有足够坡度和强度，以保证坑壁在整立过程中不坍塌。

杆根的正确位置是当杆根从安放位置到落到底盘，制动绳放松 $0.5\sim1.5m$。制动钢绳受力约为杆身总重的 $1.3\sim1.7$ 倍。

（3）抱杆的选择。单根抱杆的长度 $l$，有效长度 $h$，有效高度 $H$，如图 4-21 所示。

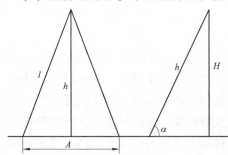

图 4-21　抱杆的有效长度及有效高度

抱杆的有效长度为
$$h = \sqrt{l^2 - \left(\frac{A}{2}\right)^2} \quad (4-12)$$

抱杆的有效高度
$$H = h\sin\alpha \quad (4-13)$$

人字抱杆根开 $A$ 应与抱杆长度 $l$ 相适应。根开太大会降低抱杆有效长度，同时会增加单根抱杆受力和人字抱杆的水平推力，若太小则抱杆的横向稳定性就差，一般根开 $A$ 应取

$$A = \left(\frac{1}{3}\sim\frac{1}{4}\right)l$$

（4）抱杆布置参数的选择。

1）抱杆初始角 $\Psi_0$。当抱杆有效长度一定，抱杆座根位置确定后，一般说来，起始角大，抱杆受力减小，固定钢绳受力增大，牵引绳受力减小；若起始角小，则反之。其一般在 $55°\sim75°$ 之间，通常取 $60°\sim65°$。

2）抱杆有效长度 $h$。整立电杆时，各设备的受力随抱杆有效长度值的增大而减小，但抱杆长度加大后，给施工带来不小麻烦，同时也会削弱抱杆本身的承载能力。因此，要在设备受力较小的情况下，抱杆力求短小，较合适的抱杆有效长度为 $0.6\sim1.0$ 倍重心高度或 $0.5\sim0.7$ 倍绑点高。

重心高度为重心至支点 $O$ 的距离，绑点高为固定钢绳绑扎点或固定钢绳合力线与主杆交点至支点 $O$ 的距离。

3）抱杆座落点位置 $a_0$。当抱杆有效长度、起始角确定后，抱杆根距支点 $O$ 距离增大，对各起吊设备是有利的，即抱杆受力、固定绳受力、牵引绳受力会减小，但当 $a_0$ 值超出一定限度后，各设备受力反而增大，故 $a_0$ 值取 0.2~0.4 倍抱杆的有效长度为宜，也可取用以下数值：杆高在 30m 以下时，取 0.16~0.2 倍的杆高；杆高在 30m 以上时，取 0.13~0.16 倍的杆高；杆高在 38m 以上时，取 0.1~0.13 倍的杆高。

### 4.3.3　关键工艺步骤

（1）起立前检查。起吊前指挥人员应检查绳套长短是否一致；绑扎点位置是否与施工设计相符，绑扣是否牢靠；滑车挂钩及活门是否封好；抱杆根开是否正确；抱杆帽是否拧紧；起立抱杆用制动绳是否已经解除；防滑措施是否可靠。制动系统、拉线系统和牵引系统是否正常。

检查确认无误后，指挥人员站在杆塔正面能纵观全场位置，各部工作人员到达指定工作岗位后，按统一旗语和口哨指挥整立工作。杆塔起立过程中非工作人员均应远离工作区（杆高的 1.2 倍），施工人员也不能站在正在起立的杆塔上或在牵引系统下方逗留。

（2）杆头离地 0.8m 左右时，停止牵引再次检查。应检查钢筋混凝土电杆是否有弯曲，钢筋混凝土电杆危险断面是否有裂纹，杆塔各构件是否正常；在杆头上可站立 1~2 人，上下跳动，观察各部是否有异常情况；检查牵引地锚、制动地锚和拉线地锚是否正常；检查固定钢绳、牵引钢绳、制动钢绳和抱杆受跳动冲击后有无异常，抱杆帽和脱落环是否良好。

（3）调节制动钢绳使杆根进底盘凹槽。电杆在抱杆失效前 10° 左右时，应使杆根正确进入底盘槽。如不能进入槽，用撬杠拨动杆根使其入槽。立杆过程中尽量做到一次放松制动绳就使杆根接触底盘，调节次数太多会使杆塔多次振动。

（4）控制起吊过程中五中心线合一。起吊过程中要控制牵引绳中心线、制动绳中心线、抱杆中心线、钢筋混凝土电杆中心线和基础中心线始终在一垂直平面上。起吊过程中随时注意杆身受力及抱杆受力情况。注意杆梢有无偏摆，有偏斜时用侧面拉线及时调整。

（5）抱杆失效。一般抱杆立到 50°~65° 时，抱杆开始失效。失效时应停止杆塔起立，随后操作抱杆落地控制绳使抱杆徐徐落地，然后再起立杆塔。并注意各部受力情况有无异常。

（6）70° 后缓慢牵引。钢筋混凝土电杆立至 60°~70° 时，必须将后侧（反向）临时拉线穿入地锚套内，打一背扣，加以控制，并随电杆起立，随时调节其松紧，使其符合要求，这时也应放慢牵引速度，同时放松制动钢绳，以免扳动底盘。铁塔立至 45° 以后，就应使后侧（反向）临时拉线处于良好状态，以防铁塔突然向牵引侧倾倒。

（7）80° 后停止牵引。这时可利用牵引钢索自重的水平分力使杆塔立至垂直位置，也可压前面牵引钢绳、松后面反向拉线使杆塔垂直，杆塔立到垂直位置后，应立即装好永久拉线。如果杆根起立中未进入底盘槽内，可用道木横架在坑口，道木上缚一钢丝绳套，挂双钩紧线器，吊起电杆，用撬杠将杆根拨入圆槽。

（8）杆塔调整和回填土。杆塔立好后，应立即进行调整找正工作，应用经纬仪校正，校好后四面拉线稳固。杆坑填土夯实，一般用碎土回填 300mm 夯实一次。如装设卡盘应按设计要求装设。填土要高出地面 300mm。严禁未打好拉线前让电杆过夜。

（9）转移工器具。起吊工器具拆除工作应在临时拉线或永久拉线固定好后才能进行。工器具拆除应自下而上进行，先拆制动及牵引系统，然后再拆固定钢绳及两侧临时拉线。全部起吊设备拆除完毕后整理工具，然后装车。装车的顺序是制动系统→起吊系统→临时拉线→

牵引系统→地锚→抱杆。

### 4.3.4　设备受力分析

设备受力分析以单吊点为例，如图 4-22 所示。

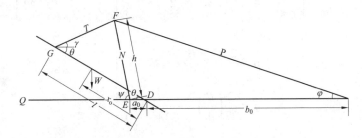

图 4-22　单点系吊整立在垂直投影平面上的计算图

$h$ 为抱杆的投影 $EF$ 的长度，m；$a_0$ 为抱杆的前移距，m；$b_0$ 为总牵引地锚距，m；$l$ 为系吊钢绳绑扎点至杆塔地面支点间距离的投影 $GD$ 的长度；$x_0$ 为杆塔重心距地面支点（或两地面支点连线）的高度，m；$\theta$ 为杆塔对地平面的起立角；$\psi$ 为抱杆对地平面的旋转角；$\gamma$ 为系吊钢绳对水平线的夹角；$\varphi$ 为牵引钢绳系统对地平面的夹角；$W$ 为杆塔的计算静重（包括索具静重），kN

1. 杆塔重心计算

受力计算的目的在于了解整个吊装过程中各设备受力的变化情况，从而找出各设备承受的最大值，作为选择设备强度与规格的依据。

本节所述方法均暂未计及吊装过程中因冲击、振动及荷载分配不均衡而导致静力增大的影响，该项影响须在选择索具强度及规格时，根据其工作部位的不同而引用相应的动荷系数 $K_1$ 与不均衡系数 $K_2$ 进行考虑，并引用相应的安全裕度系数 $K$。

为便于计算，杆身部分可作为均布荷重。横担、地线支架、绝缘子、金具、拉线、叉梁按集中荷重计算，作用点位置为它们与杆身的交点。

根据平面力系的合力对于其平面上任一点的力矩等于各分力对同一点的力矩代数和的关系，得

$$WX_0 = \sum M, \quad X_0 = \sum M / W \tag{4-14}$$

式中：$W$ 为杆塔计算静重荷重总和，N；$X_0$ 为杆塔重心至支点 $O$ 的距离，m；$\sum M$ 为各分力对支点 $O$ 的力矩总和，N·m。

2. 杆塔对地平面起立角 $\theta$ 时的抱杆对地平面旋转角 $\Psi$

$$\psi = \theta + \cos^{-1}\left(\frac{-B - \sqrt{B^2 - 4AC}}{2A}\right) \tag{4-15}$$

其中

$$\left.\begin{array}{l} A = 4h^2(l^2 + a_0^2 - 2la_0\cos\theta) \\ B = 4h(l - a_0\cos\theta)(L^2 - l^2 - h^2 - a_0^2 + 2la_0\cos\theta) \\ C = (L^2 - l^2 - h^2 - a_0^2 + 2la_0\cos\theta)^2 - (2ha_0\sin\theta)^2 \end{array}\right\} \tag{4-16}$$

式中：$A$、$B$、$C$ 为二次方程式的系数；$L$ 为杆塔起立角 0°时，系吊钢绳在垂直投影平面上的投影 $GF$ 的长度，m。

3. 抱杆失效时的杆塔起立角（简称抱杆失效角）$\theta$

抱杆失效的条件是作用于抱杆顶的系吊钢绳系统合力与牵引钢绳系统合力两者方向重合

而作用相反、大小相等，因而作用于抱杆的静压力为零。

$$\theta = \cos^{-1}\left[2\sqrt{-\frac{P}{3}}\cos\left(\frac{1}{3}\cos^{-1}\frac{-q}{2\sqrt{-\left(\frac{p}{3}\right)^3}}+240°\right)-\frac{B}{3A}\right] \tag{4-17}$$

其中

$$\left.\begin{array}{l} p = \dfrac{2AC-B^2}{3A^2} \\[3mm] q = \dfrac{2}{27}\left(\dfrac{B}{A}\right)^3 - \dfrac{BC}{3A^2} + \dfrac{D}{A} \end{array}\right\} \tag{4-18}$$

$A = 8l^3 a_0^2 b_0$

$B = 4l^2 [a_0^2(l^2+b_0^2) - 2a_0 b_0(L^2+l^2+a_0^2-h^2) - L^2(b_0-a_0)^2]$

$C = 2l[b_0(L^2+l^2+a_0^2-h^2) - 2a_0(l^2+b_0^2)(L^2+l^2+a_0^2) - 4L^2(b_0-a_0)(l^2-a_0 b_0)]$

$D = (l^2+b_0^2)(L^2+l^2+a_0^2-h^2)^2 - 4L^2(l^2-a_0 b_0)^2$

$$(4-19)$$

式中：$p$、$q$ 为化简的三次方程式的系数；$A$、$B$、$C$、$D$ 为抱杆失效状态方程式的系数；$L$、$l$、$a_0$、$b_0$ 如图 4-22 所示。

4. 系吊钢绳的静张力

抱杆失效前和失效时，系吊钢绳承受的静张力，计算如下。

（1）对于单柱型杆塔，起立角为 $\theta$ 时，系吊钢绳的静张力合力（单位 kN）为

$$T = \frac{\cos\theta}{\dfrac{l}{x_0}\sin(\gamma+\theta)}W \tag{4-20}$$

其中，起立角为 $\theta$ 时，系吊钢绳对水平线的夹角为

$$\gamma = \tan^{-1}\frac{\sin\psi - \dfrac{l}{h}\sin\theta}{\dfrac{l}{h}\cos\theta - \cos\psi - \dfrac{a_0}{h}} \tag{4-21}$$

（2）对于 Ⅱ 型杆塔，起立角 $\theta$ 时一侧的系吊钢绳静张力（单位 kN）为

$$T' = \frac{T}{2\cos\dfrac{\beta}{2}} = \frac{\cos\theta}{2\dfrac{l}{x_0}\sin(\gamma+\theta)\cos\dfrac{\beta}{2}}W \tag{4-22}$$

其中，起立角 $\theta$ 时，在两侧系吊钢绳组成的斜平面上，两系吊钢绳间的夹角为

$$\beta = 2\tan^{-1}\frac{D_G}{2\overline{GF}} \tag{4-23}$$

式中：$\overline{GF}$ 为起立角 $\theta$ 时，系吊钢绳在垂直投影平面上的投影长度，m；$D_G$ 为两侧系吊钢绳绑扎点间的宽度，m。

5. 抱杆的静压力

对于单柱型和 Ⅱ 型杆塔，抱杆失效前和失效时，抱杆承受的静压力合力（单位 kN）的

计算式为

$$N = \frac{\sin(\gamma + \varphi)}{\sin(\psi - \varphi)}T \tag{4-24}$$

其中，牵引钢绳系统对地平面的夹角为

$$\varphi = \tan^{-1} \frac{\sin\psi}{\dfrac{a_0}{h} + \dfrac{b_0}{h} + \cos\psi} \tag{4-25}$$

$$N' = \frac{N}{2\cos\dfrac{\beta}{2}} \tag{4-26}$$

式中：$N'$ 为人字抱杆单侧抱杆的静压力，kN；$T$ 为由式（4-20）确定的系吊钢绳的静张力，kN。

6. 牵引钢绳的静张力

抱杆失效前和失效时，牵引钢绳的静张力（单位：kN）为

$$P = \frac{\sin(\gamma + \psi)}{\sin(\psi - \varphi)}T \tag{4-27}$$

式中：$T$ 为由式（4-18）确定的系吊钢绳的静张力合力，kN。

7. 制动钢绳的静张力

制动钢绳仅在起立钢筋混凝土电杆时存在，用于防止钢筋混凝土电杆在起立过程中沿杆轴向移动。在钢筋混凝土电杆入坑前，制动钢绳的静张力计算如下。

（1）对于单柱型钢筋混凝土电杆，制动钢绳静张力为

$$Q = T\cos(\gamma + \theta) + W\sin\theta \tag{4-28}$$

（2）对于 Ⅱ 型钢筋混凝土电杆，一侧制动钢绳静张力为

$$Q' = \frac{1}{2}\left[T\cos(\gamma + \theta) + W\sin\theta\right] \tag{4-29}$$

### 4.3.5　电杆杆身强度验算

在杆塔整立过程中，杆身承受着自重、固定钢绳点反力、支点反力等荷重，使电杆产生主弯矩、附加弯矩、轴向力和剪切力等，必须进行杆身强度验算。由于轴向力和剪切力对杆塔强度影响很小，通常不必计算。

主弯矩是电杆自身质量、杆身支座反力及固定绳张力的垂直分力产生的，它是杆塔起立的主要作用荷重，一般占杆塔构件全部应力的 70%~80%。

附加弯矩是由于杆身支座反力，固定钢绳及制动钢绳张力的平行杆身分力而产生的，没有作用在杆身轴线方向而引起的偏心弯矩影响较小。

验算电杆杆身强度的基本方法是计算起立过程中各断面综合弯矩（主弯矩和附加弯矩的矢量和）的最大值与杆身容许弯矩相比较。如果前者小于后者则符合安全；如果前者大于后者，就应该调整吊点位置或增加吊点，再做验算。

实践证明，在杆塔起立过程中，任意截面的杆身主弯矩的最大值都发生在起立瞬间，而 $\theta = 0°$ 时的状态，随杆身起立角 $\theta$ 的增大而减小；根部轴向压力，随 $\theta$ 角增大而增大，一般杆身危险点在 $D$ 点。杆身起立弯矩图如图 4-23 所示。

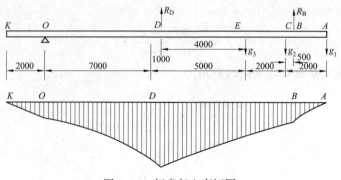

图 4-23　杆身起立弯矩图

### 4.3.6　座腿式倒落抱杆整立铁塔工艺

　　对于前面所述的倒落式抱杆整体组立电杆塔方法，其抱杆是坐立于地面的。除门型杆塔以外，对于单柱型杆塔，人字抱杆则需跨在杆塔的上方以进行起吊；对于宽体铁塔，由于铁塔和抱杆的旋转不同步，便可能在提升过程中使塔体碰触抱杆，使得组立困难。若在两侧的上下塔腿之间设置补强杆，而将人字抱杆坐立于顶面的塔腿上，则可以解决这个问题。座腿式人字抱杆整立铁塔是由倒落式人字抱杆整立铁塔发展而来，其特点是抱杆直接坐落在被整立铁塔的顶面两个腿上，有效地降低了抱杆的高度。抱杆与塔腿之间采用铰接。为防止塔脚构件变形，需采取相应的补强措施。在铁塔整立过程中，由于抱杆、固定钢绳、铁塔三者之间的相对位置在抱杆失效前是固定不变的，故有利于安全操作，也简化了施工设计。因此，也常称为小抱杆整体立塔。

　　座腿式人字抱杆同样采用倒落式，抱杆失效后利用脱帽绳控制令其落地。座腿式人字抱杆只适用于宽基的自立式铁塔，不适用窄基铁塔及拉线铁塔。座腿式人字抱杆整立铁塔的现场布置中总牵引绳、吊点绳、制动绳等系统及临时拉线均与倒落式人字抱杆要求相同。座腿式人字抱杆与倒落式人字抱杆不相同的是塔腿补强措施和抱杆组立方法。

　　座腿式人字抱杆整体组立铁塔的现场布置如图 4-24 所示，单点系吊整立在垂直投影平面上的计算图如图 4-25 所示。

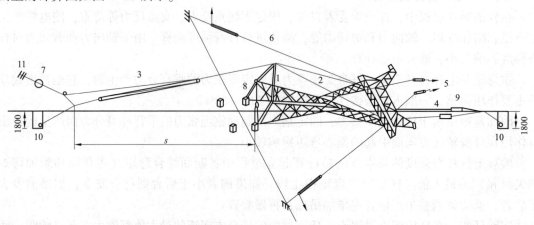

图 4-24　座腿式人字抱杆整体组立铁塔的现场布置图

1—木抱杆；2—吊点绳；3—总牵引滑车组；4—制动绳；5—后方拉线；
6—两侧拉线；7—机动绞磨；8—补强木；9—双钩；10—地锚；11—角铁桩

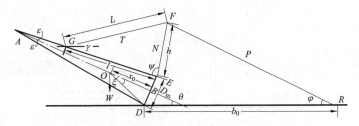

图 4-25　单点系吊整立在垂直投影平面上的计算图

$AB$ 为铁塔中心线在垂直投影平面上的投影；$AE$、$AD$ 为塔顶面线、底面线在垂直投影平面上的投影；$EF$ 为抱杆在垂直投影平面上的投影，其投影长度为 $h$，m；$ED$ 为补强杆在垂直投影平面上的投影，其投影长度为 $D_m$，m；$GF$ 为系吊钢绳在垂直投影平面上的投影，其投影长度为 $L$，m；$D$ 为铁塔旋转起立时的地面支点在垂直投影平面上的投影；$E$ 为抱杆底在顶面塔腿上的坐立点在垂直投影平面上的投影；$G$ 为系吊钢绳在塔身顶面上的绑扎点在垂直投影平面上的投影；$F$ 为系吊钢绳与抱杆顶的连接点在垂直投影平面上的投影；$\varepsilon$ 为塔身坡度角；$\psi$ 为抱杆对塔身顶面的倾角；$\gamma$ 为系吊钢绳的投影线对水平面的夹角；$\xi$ 为连线 $OD$ 对铁塔中心线的夹角；$\theta$ 为铁塔中心线对地平面的起立角；$b_0$ 为塔腿地面支点与总牵引地锚鼻间的距离在垂直投影平面上的投影长度（称总牵引地锚距），m

# 4.4　直立式抱杆整体组立杆塔

在施工场地与空间受限制的情况下，则可采取直立式抱杆进行整体组立，即利用对称固定的人字抱杆支承提升滑车组来整体起吊杆塔的。

## 4.4.1　直立式抱杆整立杆塔的吊装方式

根据起吊过程杆塔运动方式的不同，可分为整体旋转起吊和整体滑移起吊两种方式。

1. 整体旋转起吊方式

如图 4-26 和图 4-27 所示，以铰链使塔底与基础相连，或以制动钢绳固定钢筋混凝土电杆根于杆坑支点，启动牵引设备收卷两侧提升滑车组的提升钢绳，使铁塔底脚绕铰链或钢筋混凝土电杆杆根绕支点旋转而起立，直至就位。

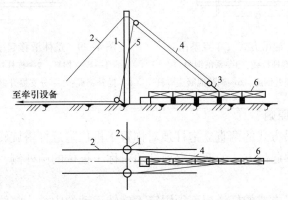

图 4-26　整体旋转起吊方式（单点系吊）

1—直立抱杆；2—抱杆拉线；3—系吊钢绳；4—提升钢绳；5—分支提升钢绳；6—铁塔

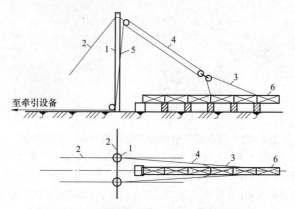

图 4-27　整体旋转起吊方式（两点系吊）

1—直立抱杆；2—抱杆拉线；3—系吊钢绳；4—提升钢绳；5—分支提升钢绳；6—铁塔

**2. 整体滑移起吊方式**

如图 4-28 和图 4-29 所示，启动牵引设备收卷两侧提升滑车组的提升钢绳，使钢筋混凝土电杆上部吊离地面，随着钢筋混凝土电杆的继续提升，拨动钢筋混凝土电杆杆根，使其向杆坑方向滑移，以保持提升滑车组为垂直状态。最终使整个钢筋混凝土电杆呈垂直状态，回松两侧提升钢绳，使杆根落入坑内。

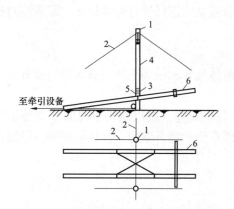
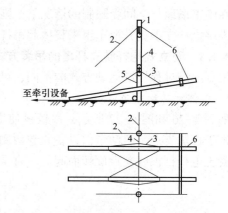

图 4-28　整体滑移起吊方式（单点系吊）

1—直立抱杆；2—抱杆拉线；3—系吊钢绳；

4—提升钢绳；5—分支提升钢绳；6—钢筋混凝土电杆

图 4-29　整体滑移起吊方式（两点系吊）

1—直立抱杆；2—抱杆拉线；3—系吊钢绳；

4—提升钢绳；5—分支提升钢绳；6—钢筋混凝土电杆

### 4.4.2　施工布置原则

（1）整体旋转起吊方式的两直立抱杆须对称置于桩位附近杆塔旋转运动的对侧，以便牵引杆塔就位。整体滑移起吊方式的两直立抱杆须对称于桩位的两外侧，以便提升杆塔成垂直状态后下落就位。

（2）整体旋转起吊方式的杆塔根部须固定于旋转运动的中心。整体滑移起吊方式的杆塔平置地面时，须使其重心点向杆塔根部侧偏离桩位 0.5m。

（3）整体旋转起吊方式在开始起吊初瞬，系吊钢绳的作用线或合力线对杆塔顶面线的交点，须高于杆塔重心 0.8~1.0m。整体滑移起吊方式在开始起吊瞬间，系吊钢绳的作用线或合力线对杆塔顶面线的交点，须高于杆塔重心的距离，应不大于 0.5m，使杆塔根部作用于地面的压力减至最小，从而在滑移过程中杆塔根部承受的摩阻力减至最小。

（4）每根抱杆须在线路方向、横线路方向设置拉线以保持稳定，抱杆拉线对地平面的夹角不宜大于 45°，受地形限制时也不应大于 60°。

（5）整体旋转起吊过程中，杆塔的左侧、右侧和旋转的反侧均须设置临时拉线以稳定杆塔。整体滑移起吊过程中，杆塔的左侧、右侧和前侧、后侧均须设置临时拉线以稳定和调整杆塔。临时拉线对地平面的夹角不宜大于 45°，受地形限制时也不应大于 60°。

（6）尽可能使牵引设备顺线路方向或横线路方向设置，其距杆塔桩位的水平距离不小于杆塔高度的 1.2 倍。

（7）制动钢绳地锚距杆塔桩位的水平距离应不小于杆塔高度的 1.2 倍。

### 4.4.3　设备布置参数选择（以单点系吊为例）

1. 抱杆高度

（1）整体旋转起吊。抱杆的相对位置如图 4-30 所示。当各抱杆对桩位中心的相对位置，按

$$\sqrt{\left(X - \frac{D}{2}\right) + \left(Y - \frac{D}{2}\right)^2} = l_3 = 2d_0 + (1.5 \sim 2.0) \tag{4-30}$$

原则确定时，抱杆高度为（单位为 m）

$$h \geqslant Z + l + 0.5 \tag{4-31}$$

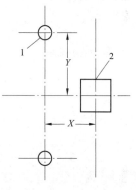

图 4-30　抱杆相对位置图
1—抱杆；2—基础

式中：$X$ 为顺线路方向，各抱杆中心对铁塔基础中心（或钢筋混凝土电杆杆根地面支点）的水平距离，m；$D$ 为单系吊点处杆塔身的宽度或两系吊点处杆塔身的平均宽度，m；$Y$ 为顺线路方向，各抱杆中心对铁塔基础中心（或钢筋混凝土电杆杆根地面支点）的水平距离，m；$l_3$ 为提升滑车组的最短长度（即滑车组上下吊钩间的最短距离），m；$d_0$ 为提升滑车组的滑轮轮径，m；$Z$ 为铁塔基础面高度，m（对于钢筋混凝土电杆，$Z = 0$）；$l$ 为系吊点至杆塔基础（或地面）旋转支点的投影距离，m。

（2）整体滑移起吊为

$$h \geqslant Z + l + l_3 + 0.5 \tag{4-32}$$

2. 提升钢绳总长度

（1）整体旋转起吊。当各抱杆对桩位中心的相对位置，按 $\sqrt{\left(X - \frac{D}{2}\right)^2 + \left(Y - \frac{D}{2}\right)^2} = l_3$ 原则确定时，提升钢绳总长度（单位 m）为

$$L \geqslant n\sqrt{(h - Z - D)^2 + \left(X + l + \frac{D}{2} - \frac{d}{2}\right)^2 + \left(Y - \frac{D}{2}\right)^2} + h + 1.2 \times 杆塔高度 + 15 \tag{4-33}$$

式中：$d$ 为固定提升滑车组处的抱杆外径 m；$n$ 为提升滑车组的滑轮数或工作绳数，采用单根提升钢绳提升时，$n = 1$。

（2）整体滑移起吊提升钢绳点长度为

$$L \geq n(h - Z - D) + h + 1.2 \times 杆塔高度 + 15 \tag{4-34}$$

### 4.4.4　设备受力分析

对于整体旋转起吊，在开始起吊瞬间，各索具的受力均达到最大，作静力计算时，一般即取开始起吊初瞬的状态作为静力分析的依据。对于整体滑移起吊，在起吊终瞬整个杆塔离地面时，各索具的受力达到最大，作静力计算时，一般以杆塔垂直吊离地面的状态作为静力分析的依据。本节所述方法均暂未计及吊装过程中因冲击、振动及荷载分配不均衡而导致静力增大的影响。

#### 1. 整体旋转起吊方式

对于图 4-26 所示的整体旋转起吊（单点系吊）平面布置及索具结线型式，杆塔起立角为 $\theta$ 时的计算单线图如图 4-31 所示，此时各索具承受的静力计算如下。

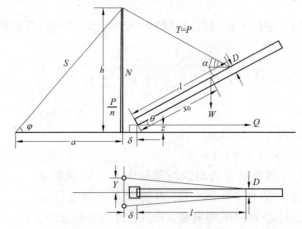

图 4-31　整体旋转起吊（单点系吊）计算单线图

$h$ 为抱杆高度，m；$a$ 为在顺线路投影面上，抱杆拉线地锚鼻至抱杆底的距离，m；$D$ 为系吊钢绳绑扎点杆塔结构的宽度，m；$l$ 为系吊钢绳（即千斤绳）绑扎点距杆塔底部支点的距离，m；$x_0$ 为杆塔重心距杆塔底部支点的高度，m；$\delta$ 为顺线路投影面上，抱杆中心与杆塔底部支点间的水平距离，m；$Z$ 为塔基础高度，m，对于钢筋混凝土电杆，$Z = 0$；$\alpha$ 为在顺线路投影面上，系吊钢绳对杆塔中心线的夹角；$\varphi$ 为在顺线路投影面上，抱杆拉线对地平面的夹角；$\theta$ 为杆塔起立角；$Y$ 为抱杆中心对铁塔基础中心（或钢筋混凝土电杆根地面支点）的水平距离，m；$W$ 为杆塔的计算静重力（包括索具静重力），kN；$T$ 为两侧系吊钢绳的合力，kN；$N$ 为两侧抱杆的下压合力，kN；$S$ 为起吊反侧两抱杆拉线的合力，kN；$Q$ 为两侧制动钢绳的合力，kN

（1）一侧的系吊钢绳的静张力 $T'$，即一侧的提升滑车组静张力 $P'$ 为

$$T' = \frac{\cos\theta}{2\left(\dfrac{l}{x_0}\sin\alpha + \dfrac{D}{x_0}\cos\alpha\right)\cos\dfrac{\beta}{2}} = P' \tag{4-35}$$

其中

$$\alpha = \gamma + \theta \tag{4-36}$$

$$\gamma = \tan^{-1}\frac{h - z - D\cos\theta - l\sin\theta}{\delta - D\sin\theta + l\cos\theta} \tag{4-37}$$

$$\beta = 2\arctan \frac{Y - \dfrac{D}{2}}{\dfrac{l\cos\theta - D\sin\theta + \delta}{\cos\gamma}} \qquad (4\text{-}38)$$

式中：$\alpha$ 为在顺线路垂直投影面上，系吊钢绳对杆塔中心线的夹角；$\gamma$ 为在顺线路垂直投影面上，系吊钢绳对水平线的夹角；$\beta$ 为在两侧系吊钢绳组成的斜平面内，两系吊钢绳间的夹角。

（2）一侧的抱杆的静压力 $N'$ 为

$$N' = \left[\frac{\sin(\varphi + \gamma)}{\cos\varphi} + \frac{1}{n}\right] \frac{\cos\theta}{2\left(\dfrac{l}{x_0}\sin\alpha + \dfrac{D}{x_0}\cos\alpha\right)} W \qquad (4\text{-}39)$$

其中，在顺线路投影面上，起吊反侧抱杆拉线对地平面的夹角为

$$\varphi = \tan^{-1}\frac{h}{a} \qquad (4\text{-}40)$$

需注意，式（4-37）所示的抱杆静压力值，未计及横线路方向上侧面抱杆拉线的静下压力，施工设计时须根据具体条件补充加入。

（3）顺线路方向上起吊反侧抱杆拉线的静张力 $S'$ 为

$$S' = \frac{\cos\theta\cos\gamma}{2\left(\dfrac{l}{x_0}\sin\alpha + \dfrac{D}{x_0}\cos\alpha\right)\cos\varphi} W \qquad (4\text{-}41)$$

（4）一侧的制动钢绳的静张力 $Q'$ 为

$$Q' = \frac{\cos\theta\cos\gamma}{2\left(\dfrac{l}{x_0}\sin\alpha + \dfrac{D}{x_0}\cos\alpha\right)} W \qquad (4\text{-}42)$$

2. 整体滑移起吊方式

对于图 4-28 所示的整体滑移起吊（单点系吊）平面布置及索具结线型式，杆塔起立角为 $\theta$ 时的计算单线图如图 4-32 所示，图中涉及各参数与图 4-31 相同。此时各索具承受的静力，可按下述有关公式计算。

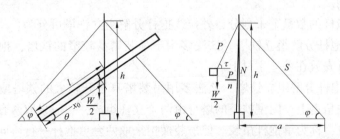

图 4-32　整体滑移起吊（单点系吊）计算单线图

（1）一侧的系吊钢绳的静张力 $T'$，即一侧的提升滑车组静张力 $P'$ 为

$$T' = \frac{W}{2\sin\tau} = P' \qquad (4\text{-}43)$$

其中

$$\tau = \tan^{-1} \frac{h - \left(l + \dfrac{D}{\tan\theta}\right)}{Y - \dfrac{D}{2} - \dfrac{d}{2}} \tag{4-44}$$

式中：$\tau$ 为在横线路投影面上，提升钢绳对水平线的夹角；$d$ 为固定提升滑车组处的抱杆外径，m。

（2）一侧的抱杆的静压力 $N'$ 为

$$N' = \frac{1}{2\sin\tau}\left[\frac{\sin(\varphi + \tau)}{\cos\varphi} + \frac{1}{n}\right]W \tag{4-45}$$

其中，在横线路投影面上，起吊反侧抱杆拉线对地平面的夹角。

$$\varphi = \tan^{-1}\frac{h}{a} \tag{4-46}$$

需注意，式（4-43）所示的抱杆静压力 $N'$ 值，未计及顺线路方向两抱杆拉线的静下压力，施工设计时需根据具体条件补充加入。

（3）横线路方向上起吊反侧抱杆拉线的静张力 $S'$ 为

$$S' = \frac{W}{2\cos\varphi\tan\tau} \tag{4-47}$$

## 4.5　外拉线抱杆分解组立铁塔

外拉线抱杆分解组塔是使用较早的一种立塔施工方法，工艺比较成熟。该法是将抱杆根部固定于已组塔身主材节点处，抱杆顶端连接四根钢绳作为落地拉线，用以平衡水平受力及确保抱杆提升时的稳定。四根拉线连至塔身外地面上的四个锚桩上，故称"外拉线"。抱杆顶部悬挂起重滑车，起吊钢绳通过该滑车起吊塔材，每段塔材吊装完毕螺栓紧固后，升抱杆于此段上，继续吊装下一段塔材，直至全塔吊装完毕。

### 4.5.1　方法分类

对于外拉线抱杆分解组立铁塔的施工方法，因塔型、结构尺寸、塔重大小不同，所以起吊方式也有所不同。

（1）从使用抱杆的数量上来划分，外拉线抱杆分解组立铁塔可分为：

1）外拉线单抱杆分解组立铁塔。该法多用于吊装塔身较窄的铁塔，抱杆可布置在塔身内主角钢上，也可安放在塔外主材上。

2）外拉线双抱杆分解组立铁塔。该法多用吊装塔身根开较大的铁塔或门型铁塔，抱杆布置在塔身内的主角钢上。门型铁塔的塔身由两个立柱组成，一般采取两套单抱杆分别单独吊装，以提高工效，称为单抱杆吊装。但吊装横担采取两套单抱杆平行协同作业，故称为双抱杆吊装。对于根开较大的酒杯型和猫头型铁塔，因抱杆过大的倾斜后会使每次起质量锐减、工效降低，所以往往也采取两套单抱杆平行协同作业的双抱杆吊装。

3）四根抱杆分解组立铁塔。该法多用于塔身根开很大（如超过 9m）、每段主材的质量又都较大的铁塔。采用四根抱杆，每个主角钢上布置一副抱杆，各吊装一角钢材构件，以减少抱杆从这根主材移到那根主材的次数，或避免由于抱杆倾角过大，而造成受力复杂、容易产生事故的现象。

（2）从起吊构件的分段上划分，外拉线抱杆分解组立铁塔的施工又可分为以下几种：

1）分段起吊组塔。先将铁塔在地面分段组装好，然后吊装一段塔身组塔。这种方法的优点是减少塔上高空作业，但若每段的质量太重、构件根开较大时，安装就有困难。

2）分片起吊组塔。将每段铁塔分两片在地面组装好，另外两侧的水平材和斜材分别连接在地面组装好的两片上，分两次进行起吊，然后在塔上拼装。这种吊装法是外拉线抱杆分解组塔中较广泛采用的方法。当抱杆较长，而上下两片连接起来的长度和质量又不太大时，也可把上下两片连接起来，一次吊装，以减少塔上高空作业。

3）分角起吊组塔。将每段铁塔四个角的主材分别进行吊装，其辅助的水平材和斜材较轻时，可分别连到相应的主角钢上一起起吊，构件较重时，也可单独起吊。此法适用于根开大和用角钢组合断面的铁塔。

由于送电线路建设不断发展，送电线路施工技术不断革新，外拉线抱杆分解组塔也有一些变化。本节主要介绍传统的外拉线抱杆分解组立铁塔施工方法。

### 4.5.2　现场布置

外拉线抱杆分解组塔布置原则：

（1）为提高抱杆的稳定性和充分利用抱杆的承载能力，内抱杆对铅垂线的倾斜角应不大于 15°，外抱杆对铅垂线的倾斜角应不大于 10°。

（2）提升钢绳对抱杆的夹角应不大于 30°。

（3）随着吊装高度增加，抱杆拉线对地平面的夹角也在增大，为提高其对抱杆的稳定作用，抱杆拉线对地平面的夹角一般应不大于 45°，在受地形限制时也应不大于 60°。

（4）随着吊装高度增加，控制大绳对地平面的夹角也在增大，为发挥其调整作用和减小对抱杆的附加荷重，控制大绳对地平面的夹角一般应不大于 45°，受地形限制时也应不大于 50°。

（5）四根抱杆拉线需布置在顺线路、横线路的分角线方向，即与各吊装平面成 45°偏角，以方便塔构的提升和就位。

（6）在塔构连接提升钢绳的结构面的背面和左右侧均需布置控制大绳，以备在塔构片的提升就位过程中对其进行控制调整。

（7）抱杆的固定位置应根据抱杆工作方式（内抱杆分片吊装或外抱杆整节吊装）和塔构组装在地面的方位进行选定，同时要使塔构提升和就位方便、抱杆受力条件良好。

（8）尽可能使牵引设备顺线路或横线路方向设置，其距塔位中心的水平距离应不小于塔高的 1.2 倍。

（9）制动钢绳地锚距塔位中心的水平距离应不小于塔高的 1.2 倍。

外拉线抱杆分解组立铁塔，不论采用单抱杆、双抱杆或多抱杆，还是采用分角、分片、分段起吊，其现场布置都以一根抱杆为中心组成一个起吊系统，或用两副抱杆各自系住一个构件的两端部，同时进行起吊安装。外拉线抱杆分解组塔的现场布置如图 4-33 所示。

1. 抱杆与抱杆拉线布置

（1）抱杆。

1）抱杆的材质。外拉线抱杆分解组塔曾长期使用木质抱杆，目前大量使用钢管抱杆、薄壁钢板抱杆、角钢抱杆、铝合金抱杆、玻璃钢抱杆等各种抱杆。

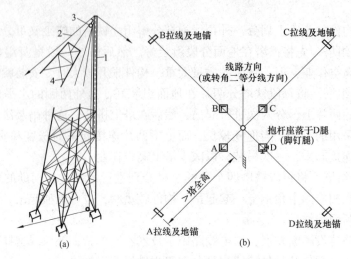

图 4-33 外拉线抱杆分解组塔示意图

(a) 立面图；(b) 平面图

1—抱杆；2—拉线；3—起吊滑车；4—构件

2）抱杆的长度。在分解组塔施工中，为使塔构就位方便，应使提升滑车组为最短长度时，悬吊的塔构仍具有相当的活动幅度。因此，抱杆长度除需满足最长塔构提升到需要的安装高度之外，还需要 0.8~1.0m 的裕量，以便于安装调整。参见图 4-34，抱杆的最小长度可由式（4-48）计算

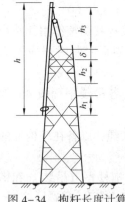

$$h = 1.035(h_1 + h_2 + h_3 + \delta + 0.5) \tag{4-48}$$

$$h_3 = 2d_0 + 2.0 \tag{4-49}$$

式中：$h$ 为抱杆长度，m；$h_1$ 为抱杆根低于已组塔身顶端的高度，m；$h_2$ 为最长起吊塔构件底端到系吊钢绳（即千斤绳）套绑扎点的高度，m；$h_3$ 为提升滑车组的最短长度（上下吊钩间的距离），m；$d_0$ 为提升滑车组的滑车轮径，m；$\delta$ 为系吊钢绳套顶点对两绑扎点联线的高度，m。

3）抱杆的结构。当选用木抱杆时，抱杆的顶部应安装铁帽。采用角钢抱杆或其他抱杆时，均应根据吊装构件的质量设计抱杆帽及抱杆底座。

图 4-34 抱杆长度计算

4）抱杆的布置。一般应将抱杆布置于带脚钉的塔腿上，以利于抱杆根部固定，同时升抱杆时便于施工人员上下。当使用角钢抱杆、铝合金抱杆等桁架结构的抱杆时，应避免抱杆布置在脚钉塔腿，以免在升抱杆时，脚钉影响抱杆的提升。抱杆根部固定在铁塔的节点处，倾斜 10°~15°。抱杆头部的位置应在顺线路或横线路方向上对准起吊构件。

（2）抱杆拉线布置。四根抱杆拉线需布置在顺线路、横线路的角平分线方向，即与各吊装平面成 45°偏角，以方便塔构的提升和就位，同时能使两根拉线同时受力，避免起吊构件只有一根拉线受力。抱杆拉线对地平面的夹角一般应不大于 45°，受地形限制时也应不大于 60°。

抱杆外拉线必须使用钢丝绳，一端固定于抱杆顶端，另一端通过拉线长度调节装置固定

于锚桩上。外拉线钢绳的规格应经计算确定。一般上风拉线（受力侧拉线）采用 $\phi12.5$ 钢绳，下风拉线用 $\phi11$ 钢绳。拉线长度调节装置可用 1-1 绳子滑车组，也可采用缓冲制动装置。

2. 牵引系统布置

牵引系统布置也称为起吊系统，包括绞磨、牵引钢绳、起吊滑车（组）和转向滑车。

（1）绞磨。抱杆布置在塔内时，绞磨宜安置在抱杆所在塔腿的对角方向，但尽量不设在被吊构件侧；抱杆布置在塔外时，绞磨宜布置在顺线路或横线路方向，距离为 25~35m，地势较平坦处。绞磨的固定可用地锚、锚桩或地钻，但必须保证安全可靠。

（2）起吊滑车。起吊滑车固定在抱杆顶端，外拉线的下部。起吊滑车绑扎要牢靠，但滑车转向要灵活。

（3）转向滑车。转向滑车都系在布置抱杆的铁塔腿根部，绑扎钢绳套处应垫以木板、草袋或麻袋。转向滑车的受力可按 1.41~1.60 倍最大起吊质量计算。

（4）牵引钢绳。牵引钢绳一端通过起吊滑车连到起吊构件上，另一端通过转向滑车引向绞磨。牵引钢绳应采用整根钢丝绳，长度约 100~150m，直径应按起吊塔件最大一吊质量来选定。牵引钢绳绑扎塔料的一端可插一个小套，挂上 U 形环，便于捆绑被起吊的塔料。一般情况下，牵引钢绳自起吊滑车顺着抱杆直到转向滑车。但是，当抱杆倾角较大或塔身坡度较大时，可以在抱杆根部系一个腰滑车，使牵引钢绳顺着抱杆，经腰滑车，再顺着塔身坡度至转向滑车，这样可以减少抱杆的水平分力，即减少外拉线受力。腰滑车受力不大，选用 1t 的起重滑车做腰滑车即可。

### 4.5.3 关键工艺步骤

外拉线抱杆分解组塔操作方法的内容有塔腿组立、抱杆竖立、构件绑扎吊装、抱杆的提升与拆除等。

1. 塔腿组立

使用地脚螺栓基础的铁塔，应首先将铁塔塔腿组立好，以便于固定抱杆，再进行塔片吊装作业。塔腿组立一般有两种方法。

（1）分角组装法。分角组装法先将铁塔脚底座置放在基础上，用地脚螺帽固定好。然后将塔腿主材下端顶住塔脚底座作为起立塔腿主材的支点，塔腿主材沿基础对角线方向布置，当塔腿主材的长度在 9m 以下，且质量在 300kg 以内时，可在主材上端打上四根临时拉线，然后将塔腿主材上端抬起，同时收拉绳索，将塔腿拉起，随即使主材与塔脚相连的螺栓装上，再用同样的方法组立其余三根主材。当组立的塔腿主材长度大于 9m 且质量超过 300kg 时，应利用小人字木抱杆（$\phi100\times5m$）按整立电杆的方法将主材立起。塔腿四根主材立好后，自下而上组装侧面斜材及水平材，并将螺栓紧固。若考虑塔位中将竖立抱杆，可留一个侧面的斜材暂不装，待抱杆立起后再补装斜材。分解组装法适用于塔腿较重，根开较大的铁塔，需用工器具少，适用于山区地形。

（2）半边塔腿吊装法。

1）在地面上对称地组装好两个半边塔腿，螺栓应拧紧。两个半边塔腿之间辅铁应尽量装上，如图 4-35 所示，将铁塔底座垂直地面安置在基础的垫木上。垫木的厚度应略高于地脚螺栓露出基础顶面的高度。

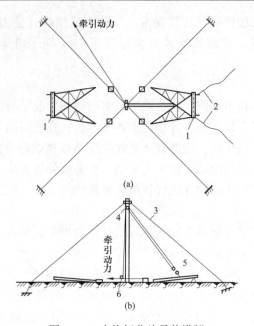

图 4-35　内抱杆分片吊装塔腿

（a）平面图；（b）正面图

1—补强木；2—控制大绳；3—临时拉线；4—定滑车；5—动滑车；6—底滑车

2）将抱杆立于基础中心，抱杆拉线分别固定在铁塔基础上，然后绑扎好吊点绳、起吊绳及牵引绳，同时塔腿底部应安装两根制动绳，塔腿两主材顶端应设置临时拉线。

3）启动绞磨后，应收紧制动绳，使铁塔底座在基础顶面的垫木上转动。塔腿立至设计位置后，绞磨停止牵引，适当收紧塔腿临时拉线。

4）用撬杠撬起铁塔底座，抽出垫木，使塔座孔对准地脚螺栓就位，安装地脚螺栓帽并拧紧。

5）用同样步骤组立另一侧塔腿。两半边塔腿组立后，将塔腿之间的斜材等辅铁全部装齐并拧紧螺栓。半边塔腿吊装法，适用于地形平坦的桩位，使用工具较多。

2. 抱杆竖立

抱杆的竖立方法为首先将抱杆运到基础附近，在带脚钉的主材上下方各挂一滑轮；选取一适当大绳，其一端经主材上端滑轮后固定于抱杆根部 0.5m 处；在抱杆头部用一根腰绳将大绳同抱杆捆在一起，另一端则经主材根部滑轮直接引至塔外以备牵引，如图 4-36 所示。

在抱杆起立过程中，除外面用力牵引大绳外，处在塔腿里面的抱杆应用木杠抬其上部，使抱杆慢慢移动，当把抱杆起到塔腿水平材上时，才能捆绑抱杆拉线及悬挂滑轮，并穿好起吊钢绳。当抱杆拉线固定之后，在后续的起立过程中，利用拉线调整抱杆上部位置，一直到抱杆立起后将拉线固定在地锚上。

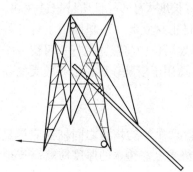

图 4-36　抱杆竖立

3. 构件绑扎吊装

（1）构件的绑扎。构件的绑扎包括吊点钢绳与构件的绑扎，对需要进行补强的构件进行补强绑扎，控制大绳在构件上的绑扎。

1）吊点钢绳是以钢丝绳组成的 V 形绳套。构成 V 形的两肢可以是一根钢绳也可以是两根钢绳。在 V 形套的顶点穿一只 U 形环，其上端与起吊绳相连。用两根钢绳构成的 V 形绳套更便于保持被吊构件竖直状态，但需两钢绳等长。

2）吊点钢绳在构件上的绑扎位置必须位于构件的重心以上，绑扎后的吊点绳中点或其合力线应位于构件的中心线上，以保持起吊过程中构件的平稳上升。

3）吊点钢绳的两端应绑扎在被吊构件的两根主材的对称节点处，以防滑动。该节点距塔片上端的距离应小于塔片长度的 40%。吊点绳呈等腰三角形状，其顶点高度不小于塔身宽度的 1/2，以保证吊点绳顶点夹角 $\alpha$ 不大于 90°，如图 4-37 所示。吊点绑扎处应垫方木并包缠麻布，以防塔材变形或割断钢绳。

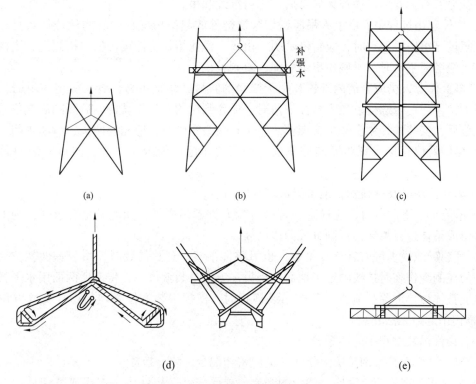

图 4-37　吊点绑扎位置示意图
(a) 分片塔身 "∞" 形兜起绑扎法；(b) 单段补强起吊；
(c) 双段补强起吊；(d) K 节点分片补强起吊；(e) 横担分片补强起

4）直线塔的塔身及酒杯型、猫头型塔横担吊装时，一般均应绑扎补强圆木，其梢径不小于 $\phi100$，长度视构件长度而定。补强木与被吊构件间的绑扎可利用吊点钢绳缠绕后，再用 U 形环连接，也可以单独用 $\phi9$ 钢绳或 8 号铁线缠绕固定。两绑扎点方式适用于 110～220kV 线路直线塔横担。

5）控制绳一般为两根 $\phi16$ 白棕绳，分别绑扎在吊装构件的上下两端或左右两侧，绑扎方法相似于吊点钢绳绑扎方法。

（2）构件的吊装。

1）构件吊装前应做好如下准备工作：

a. 对于分段接头处无水平材的已组塔段，应安装临时水平材。

b. 已组塔段的各种辅助材必须安装齐全，连接螺栓应拧紧。

c. 对于待吊塔片的接至下一段的大斜材，吊塔片之前应采取措施，防止大斜材着地变形。

2）构件开始起吊时，下控制绳要收紧，上控制绳要放松。起吊过程中，在保证构件不碰到已组塔段的原则下，尽量松出控制绳以减少各部索具受力。

3）构件离地后，应暂停起吊，进行一次全面检查，检查内容包括：①牵引设备的运转是否正常；②各绑扎处是否牢固；③各处锚桩是否牢固；④各处滑轮转动是否灵活；⑤已组塔段在受力后有无变形。检查无异常后，方可继续起吊。

4）构件起吊过程中，塔上人员应密切监视构件的起吊情况，严防构件挂住塔身。构件端吊至超过已组塔段上端时，应暂停牵引，由塔上作业组长指挥慢慢松出控制绳，当构件主材对准已组塔段主材时，慢慢松出牵引绳，直到就位。

5）塔上作业人员应分清内外铁和用于拉动的斜材，调整主材位置。固定主材时，先穿入尖扳手，再连一个螺栓。在主材往下落时，应先到位的主材先就位，后到的后就位，两主材都就位后，安装并拧紧全部接头螺栓。装主材接头螺栓时，应先装两头，后装中间。

6）构件就位且接头螺栓安装完毕后，即可松出起吊绳及吊点绳，然后安装斜材及水平材。

7）解开控制绳及补强木，准备另侧塔片的吊装。

8）吊装上、下曲臂时，应检查抱杆高度及允许起吊质量，如能满足要求时，则上、下曲臂可组成整体进行吊装，否则分成两段吊装。

9）吊装导线横担可前后分片吊装，也可整体吊装。分片吊装时，吊装一面就位后，利用横担的控制绳作临时拉线固定于地面。待另一方面吊装就位后，将前后两面用水平材或辅助材连成整体后再拆除控制绳。整体吊装横担时，横担组装方位必须与抱杆支放方位相反（否则横担吊起后无法安装）。

（3）构件吊装过程中的注意事项。

1）现场工作人员特别是塔上作业人员应密切配合，统一指挥。

2）主材接头螺栓安装完毕，侧面的必要斜材已安装，构件已基本组成整体后，方能登塔进行拆除吊绳、控制绳、补强木等作业。

3）控制绳解开后，可将其直接绑在起吊绳的下端。放松起吊绳时，利用控制绳将起吊绳拉至下一吊装构件处进行绑扎。

4）塔段的正侧面辅助材全部组装完成后，方准提升抱杆。

4. 抱杆的提升

抱杆提升的操作步骤如下：

（1）提升抱杆前，应将抱杆贴近主材，然后用一根 $\phi20$ 白棕绳（俗称"腰绳"）将抱杆上端与主材圈在一起。抱腰绳不能系得过紧或过松，以抱杆能在腰绳内自由升降为原则，然后放松拉线。

（2）在已组装铁塔上端水平材与主材节点处，悬挂一个起吊抱杆1t级开口滑车，如

图 4-38 所示。把牵引绳放入起吊滑车，一端连到抱杆根部，另一端经转向滑车引向绞磨。

（3）启动绞磨，使牵引钢绳拉紧，松开抱杆尾端绑扎绳，慢慢松出四方拉线，使抱杆沿牵引绳徐徐升起。

（4）抱杆提升到预定高度后，用抱杆根部的钢绳套固定在主材节点处（或脚钉处），抱杆根与主材之间应垫一块方木，抱杆升起的高度应满足起吊构件的要求。

（5）抱杆根固定后，松开腰绳，同时收紧四方拉线，松出牵引绳。

（6）提升抱杆是外拉线抱杆组塔中的一个关键操作步骤，处理不当很容易出事故。因此在提升过程中必须注意：

1）应注意抱杆与腰绳的摩擦，需专人监视，严防卡死。

2）应随抱杆的提升，指挥四方拉线慢慢松出，力求同步，严防拉线松紧不一。同时派人专门控制抱杆根部始终沿着铁塔主材上升，使抱杆保持竖直状态。

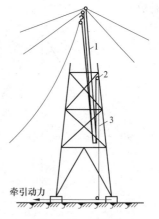

图 4-38　升抱杆

1—抱杆；2—滑车；3—牵引钢绳

（7）调整抱杆倾斜度。一般应使抱杆顶部滑车对准被吊构件在塔身上的预定结构中心，以利于构件就位对接。抱杆倾角调好后，必须固定四方拉线。

铁塔吊装完成后，即可开始拆除抱杆。对于酒杯塔或猫头塔通常是利用横担中心作支持点拆除抱杆，对于上字型或干字型塔通常是利用塔头顶端作支持点拆除抱杆。支持点应选在铁塔主材的节点处，该节点处螺栓应全部拧紧。

降下抱杆的操作步骤如下：

（1）在横担中点挂一只开口滑车作起吊滑车，利用起吊钢绳，一端经起吊滑车绑扎在抱杆 1/3 高度位置，另一端经塔底转向滑车引向绞磨。

（2）在抱杆根部绑一根 $\phi$18 的白棕绳，拉至地面，用以控制抱杆降落的方位。

（3）启动绞磨，收紧收吊绳，解开抱杆根部的固定钢绳和腰绳，缓降抱杆，松开四根外拉线。

（4）当抱杆头部降到横担滑车时，暂停绞磨，用一抱腰绳将抱杆上部与牵引绳捆绑，以防松抱杆时翻转。

（5）用人力收紧抱杆根部的白棕绳，使抱杆根部按其预定位置拉到塔身外部，直至落地为止。如果抱杆引出塔身外有困难，可拆除部分辅助材，待抱杆落地后，再将铺材重新安装好。

### 4.5.4　设备受力分析

根据施工设计经验，随着吊装高度增加，各主要工器具受力越严重。静重力最大的塔构片接近就位状态和安装高度最大的塔构片接近就位状态的计算单线图示如图 4-39 所示，起吊中间状态的计算单线图示如图 4-40 所示。

塔构片接近就位状态时，各工器具承受的最大静力及起吊中间状态各索具承受的静力，可按下述各有关公式计算。

（1）提升滑车组的静张力 $P$，即系吊钢绳套的合力 $T$ 为

$$P = \frac{\cos\varphi'}{\cos(a + \varphi')}W = T \tag{4-50}$$

式中：$\varphi'$ 为图 4-39（b）、图 4-40 中，在顺线路投影面上，控制大绳合力线对地平面的夹角。

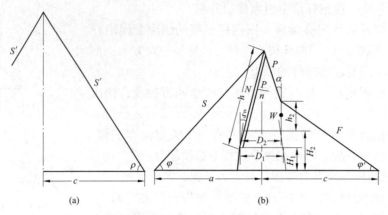

图 4-39   直线吊装计算单线图（塔构片接近就位时）

(a) 平衡侧抱杆拉线平面；(b) 顺线路投影面

$h$ 为抱杆长度，m；$a$ 为在顺线路投影面上，抱杆拉线地面锚点至塔位中心的投影距离，m；$e$ 为控制大绳地面两锚点中心至塔位中心的距离，m；$H_1$ 为抱杆根固定点的对地高度，m；$D_1$ 为抱杆根固定点的塔身宽度，m；$H_2$ 为已组塔身顶端节点的对地高度，m；$D_2$ 为已组塔身顶端节点处的塔身宽度，m；$h_2$ 为塔构片的底端到系吊钢绳套绑扎点的高度，m；$\alpha$ 为在顺线路投影面上，系吊钢绳套对铅垂线的夹角（即提升滑车组对铅垂线的夹角）；$\xi$ 为在顺线路投影面上，抱杆对铅垂线的倾角；$\varphi$ 为在顺线路投影面上，平衡侧（即起吊的对侧）两抱杆拉线的合力线对地平面的夹角；$\varphi'$ 为在顺线路投影面上，控制大绳合力线对地平面的夹角；$c$ 为在抱杆拉线平面上，两拉线地面锚点间的距离之半；$\rho$ 为在抱杆拉线平面上，拉线对两地面锚点连线的夹角；$P$ 为提升滑车组的静张力，kN；$P/n$ 为由提升滑车组引向地滑车的分支钢绳的静张力，kN；$N$ 为抱杆的静压力，kN；$S$ 为平衡侧（即起吊的对侧）抱杆拉线的合力，kN；$S'$ 为平衡侧抱杆拉线的静张力，kN；$F$ 为控制大绳的合力，kN；$W$ 为塔构片的计算静重力（包括索具静重力），kN

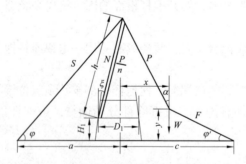

图 4-40   直线吊装计算单线图（塔构片系吊钢绳绑扎点提升高度为 $y$、水平偏距为 $x$ 时）

$x$ 为塔构片中心至塔位中心的水平偏距，m；$y$ 为塔构片系吊钢绳套绑扎点提升至离地面的高度，m

塔构片接近就位时，得

$$\varphi' = \arctan \frac{h_2 + H_2}{e - \dfrac{D_2}{2}} \qquad (4-51)$$

塔构片系吊钢绳套绑扎点提升高度为 $y$、水平偏距为 $x$ 时，得

$$\varphi' = \arctan \frac{y}{e - x} \tag{4-52}$$

塔构片接近就位时，得

$$\alpha = \arctan \frac{\dfrac{D_1 + D_2}{2} - h\sin\xi}{h\cos\xi - (H_2 - H_1) - h_2} \tag{4-53}$$

式中：$\alpha$ 为图 4-39（b）、图 4-40 中，在顺线路投影面上，系吊钢绳套对铅垂线的夹角。

塔构片系吊钢绳套绑扎点提升高度为 $y$、水平偏距为 $x$ 时，得

$$\alpha = \arctan \frac{x - h\sin\xi + \dfrac{D_1}{2}}{H_1 + h\cos\xi - y} \tag{4-54}$$

（2）系吊钢绳（即千斤绳）套的静张力 $T'$ 为

$$T' = \frac{\cos\varphi'}{2\sin\beta\cos(\alpha + \varphi')} W \tag{4-55}$$

式中：$W$ 为塔构片的计算静重力（包括相应的索具静重力），kN。

其中

$$\beta = \arctan \frac{2\delta}{b} \tag{4-56}$$

式中：$\beta$ 为图 4-39（c）、图 4-40 中，在起吊侧系吊钢绳平面上，系吊钢绳段对两绑扎点连线的夹角。

（3）抱杆的静压力 $N$ 为

$$N = \frac{\cos\varphi'}{\cos(\alpha + \varphi')} \left[ \frac{\cos(\varphi - \alpha)}{\cos(\varphi + \xi)} + \frac{1}{n} \right] W \tag{4-57}$$

其中

$$\varphi = \arctan \frac{H_1 + h\cos\xi}{a} \tag{4-58}$$

式中：$\varphi$ 为图 4-39（b）、图 4-40 中，在顺线路投影面上，平衡侧两抱杆拉线的合力线对地平面的夹角。

（4）抱杆拉线的静张力 $S'$ 为

$$S' = \frac{\cos\varphi'\sin(\alpha + \xi)}{2\sin\rho\cos(\alpha + \varphi')\cos(\varphi + \xi)} W \tag{4-59}$$

其中

$$\rho = \arctan \frac{\sqrt{(H_1 + h\cos\varepsilon)^2 + a^2}}{c} \tag{4-60}$$

式中：$\rho$ 为图 4-39（a）、图 4-40 中，在平衡侧抱杆拉线平面上，拉线对两地面锚点连线的夹角。

（5）控制大绳的静张力 $F'$。起吊时，考虑塔构片由上下两根控制大绳平行作业进行调整和控制，故

$$F' = \frac{\sin\alpha}{2\cos(a + \varphi')}W \qquad (4-61)$$

## 4.6　内拉线抱杆分解组立铁塔

内拉线抱杆分解组塔是依靠连接于已组好塔身四角顶端主材节点处的承托钢绳和抱杆拉线，使抱杆悬浮于塔身桁架中心来起吊待装塔构件的，故又称为悬浮抱杆组塔。起吊塔构件的提升钢绳则通过抱杆顶部的朝天滑车、塔身上的腰滑车、塔下的地滑车引出塔身之外而连向牵引设备（对于单吊组塔）或连向牵引钢绳（对于双吊组塔）。启动牵引设备，收卷提升钢绳（对于单点组塔）或牵引钢绳（对于双吊组塔），使塔构件徐徐吊起。待一段塔身吊装完毕后，则利用已组装好的塔身提升抱杆，增大抱杆悬浮高度以继续吊装塔构件，按此重复交替作业，直到整个铁塔吊装完毕。

内拉线抱杆组立铁塔是在总结外拉线抱杆组塔基础上创造出的一种新施工方法，与外拉线抱杆组塔相比，内拉线抱杆组塔有以下一些特点：

（1）内拉线抱杆的拉线是分别固定在铁塔四根主材上的，所以它可以不受铁塔周围地形的影响，在山区地形复杂的情况下有一定优越性。同时也减少了因设置锚桩所需的工具及工作量，也因此可减少监视抱杆拉线的工作人员。

（2）内拉线抱杆由于顶部装有双轮朝天滑轮，同时可以进行双吊，加快了施工进度，提高了施工效率。

（3）内拉线抱杆一般头尾部件和抱杆本身可以分解，所以搬运比较方便，升落抱杆也很容易。

（4）内拉线抱杆也存在不够理想之处。在抱杆升落时，由于塔身内部绳索较多，且上拉线、下拉线长度是变化的，所以操作起来有些不太方便。

### 4.6.1　方法分类

内拉线抱杆分解组塔按每次吊装塔构件数的不同，可以分为单吊和双吊两种组塔。内拉线抱杆单吊组塔现场布置如图 4-41 所示，内拉线抱杆双吊组塔现场布置如图 4-42 所示。

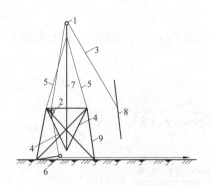
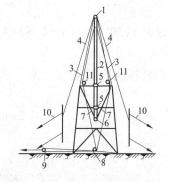

图 4-41　内拉线抱杆单吊组塔现场布置　　　图 4-42　内拉线抱杆双吊组塔现场布置
1—朝天滑车；2—腰滑车；3—提升钢绳；　　1—朝天滑车（双轮）；2—抱杆；3—拉线系统；
4—承托系统；5—拉线系统；6—地滑车；　　4—提升钢绳；5—腰环；6—朝地滑车；7—承托系统；
7—抱杆；8—被吊塔材；9—已组塔身　　　　8—地滑车；9—平衡滑车；10—控制绳；11—腰滑车

1. 内拉线抱杆单吊组塔

在内拉线抱杆单吊组塔方式中，它的抱杆依靠承托钢绳和抱杆拉线悬浮于铁塔桁架中心，抱杆可作适量的倾斜以方便起吊。承托钢绳和抱杆拉线均连接在已组好的塔身四角顶端主材节点处。起吊塔构片用的提升钢绳牵引端则通过单轮朝天滑车、腰滑车、地滑车引出塔外至牵引设备。

单吊组塔每次只能起吊一节塔身的一面塔构片，相对的另一面塔构片只能在下一次起吊，在塔上分两次将两面塔构片组装成塔段。

2. 内拉线抱杆双吊组塔

内拉线抱杆双吊组塔方式中，它的抱杆依靠承托钢绳和抱杆拉线悬浮于铁塔桁架中心。抱杆保持正直，使其不倾斜。承托钢绳和抱杆拉线均连接在已组好的塔身四角顶端主材节点处。起吊塔构片用的提升钢绳牵引端则通过各自的朝天滑车、腰滑车、地滑车引出塔外至牵引平衡滑车。

双吊组塔每次能同时起吊一节塔身的相对面塔构片，在塔上一次将它们组成整个塔段。

### 4.6.2　现场布置

内拉线抱杆分解组塔布置原则如下：

（1）采用双吊组塔时，抱杆应正直。

（2）提升塔构片的提升钢绳，对铅垂线的偏角不宜大于 30°，当抱杆长度或其他原因不能满足上述条件时，可考虑采用单吊组塔方式进行吊装。采用单吊组塔时，抱杆对铅垂线的倾角不宜大于 15°。

（3）四支抱杆拉线需固定在已组好塔段顶端四角主材节点上，四支支承抱杆的承托钢绳也需固定在已组好塔段顶端四角主材节点上。

（4）在连接系吊钢绳的塔构面的背面和左右侧，均需设置控制大绳，以对塔构片在提升过程中进行控制和在就位时在顺线路、横线路方向上进行调整。

（5）为了保持抱杆根部处于铁塔中心，起吊侧承托钢绳长度应与平衡侧（即起吊的对侧）承托钢绳的长度相等。同侧的两支承托钢绳应通过抱杆根部的平衡滑车，以与抱杆连接，而达到受力相等的效果。

（6）尽可能使牵引设备顺线路或横线路方向设置，其距塔位中心的水平距离应不小于塔高的 1.2 倍。

（7）采用双吊组塔时，地滑车应设置在塔位中心，使两侧的提升钢绳长度相等，牵引条件相同。

（8）控制大绳的地锚距塔位中心的距离也应不小于塔高的 1.2 倍。

1. 内拉线抱杆

常用的内拉线抱杆有钢管抱杆、薄壁钢板抱杆、角钢抱杆、铝合金抱杆等。

（1）抱杆的结构。内拉线抱杆的上端装有朝天滑车。单吊法用单轮朝天滑车，双吊法用双轮朝天滑车。朝天滑车与抱杆的连接一般采用套接方式。要求朝天滑轮还能在抱杆顶端沿抱杆轴线水平转动，以适应起吊绳，使其在任何方向都能顺利通过。朝天滑轮的下面，抱杆上端适当位置设置连接上拉线的固定装置（拉环），抱杆下端连接朝地滑车，其作用在于提升抱杆。在抱杆下端两侧焊两块带螺孔钢板，用以连接下拉线的平衡滑车。抱杆宜分段连接。当用法兰连接时，应使用内法兰，以便在提升抱杆时，能顺利通过腰环。

（2）抱杆的长度。抱杆的长度可由式（4-62）确定。

$$L = KH \qquad (4-62)$$

式中：$L$ 为抱杆长度，m；$K$ 为系数，一般取 1.5～1.75；$H$ 为最长铁塔吊件长度，m。

（3）抱杆的布置。组塔中抱杆升得高，塔材安装就方便，但升得过高，抱杆下部拉线受力随着增大，而且抱杆的稳定性也较差。所以抱杆应悬浮在塔内中心，且露出已组塔段的抱杆长度 $L_1$ 与塔身内抱杆长度 $L_2$ 之比在 2.33～2.5 为宜。双吊时，抱杆应垂直地面，单吊时，为方便构件安装就位，抱杆可以稍向吊件侧倾斜，其倾角不得大于 15°。如图 4-43 所示。

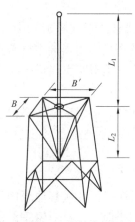

图 4-43　抱杆布置图

2. 抱杆拉线

抱杆拉线包括上拉线、下拉线（承托系统）。

（1）抱杆上拉线的布置。抱杆上拉线由四根钢绳及相应卡具组成。钢绳的一端用卡具或 U 形环固定于抱杆顶部，另一端用卡具分别固定于已组塔段四根主材上端。上拉线与塔身的连接点一定要选在分段接头处的水平材附近，或颈部 $K$ 节点的连接板附近。

上拉线长度的计算式为

$$L_s = \sqrt{L_1^2 + \left(\frac{E}{2}\right)^2} \qquad (4-63)$$

式中：$L_s$ 为上拉线长度（不包括绑扎长度），m；$L_1$ 为已组塔段的抱杆长度，m；$E$ 为钢绳与主材绑扎点断面对角线长度，m。

上拉线不但起到固定抱杆的作用，还起到控制抱杆露出塔身高度的作用。

（2）下拉线布置。下拉线即承托系统由承托钢绳、平衡滑车、卡具和双钩等组成。承托系统示意图如图 4-44 所示。

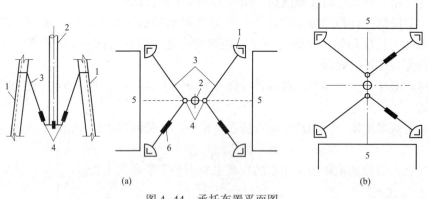

（a）　　　　　　　　　　　　　　　　　　　（b）

图 4-44　承托布置平面图

（a）左右布置；（b）前后布置

1—主材；2—抱杆；3—下拉线；4—平衡滑车；5—起吊构件；6—调节器

下拉线由两根钢绳穿越各自的平衡滑车，其端头直接缠绕在已组塔段主材上端，用 U 形环固定，也可通过专用卡具固定于铁塔主材上。下拉线在已组塔段上的固定点一定要选择在铁塔接头处的水平材附近，或颈部的 $K$ 节点附近。为了保持抱杆根部处于铁塔结构中心，应尽可能使承托系统的两分肢拉线及双钩为等长。

两平衡滑车根据吊物位置可以前后或左右布置。当被吊构件在塔的左右侧起吊时，平衡滑车应布置在抱杆的左、右方向，即左右布置方式；当被吊构件在塔的前、后侧起吊时，平衡滑车应布置在抱杆的前、后方向，即前后布置方式。采取这样的布置方式，在起吊过程中可使抱杆的下拉线受力接近均匀，还可以防止抱杆在提升过程中其底部沿平衡滑车滑动。

下拉线长度的计算式为（单位为 m）

$$L_x = \sqrt{L_2^2 + \left(\frac{E}{2}\right)^2} \qquad (4-64)$$

式中：$L_2$ 为塔身内抱杆长度，m；$E$ 为下拉线与主材绑扎点断面对角线长度，m。

由于下拉线的长度变化较大，在组塔工作中，如果以最小计算值作为基本长度（即取在施工设计时的最小计算长度），其下拉线长度不足部分按事先已准备好的钢绳套给延长；如果以最大计算长度作为基本长度，在组塔工作中，其下拉线多余部分可分别缠绕于铁塔主材上。

3. 腰滑车

腰滑车是内拉线抱杆组中的一个重要工具，腰滑车的作用是为了减少抱杆所受轴向力，避免牵引钢绳与铁塔或抱杆发生摩擦与碰撞。同时，设置腰滑车后可使牵引绳在抱杆两侧保持平衡，减少由于牵引钢绳在抱杆两侧的夹角不同而产生的水平力。每根牵引绳都应有自己的腰滑车，不可共用。腰滑车的布置：当吊装铁塔腿部、身部构件时，腰滑车应布置在已组塔段上端接头处的主材上；当吊装颈部、横担等"瓶口"以上构件时，腰滑车应布置在"瓶口"处主材上。无论腰滑车布置在何处，其位置应互相对称，且与抱杆起吊构件在地面上的投影角度为 135°。另外，固定滑轮的钢绳套应尽量短些（<300mm），尽量靠近主角铁。

4. 地滑车

地滑车一般布置在塔底中心，用钢绳固定在塔腿主材上。地滑车的作用是将通过塔身内腰滑车的牵引绳引向塔外的平衡滑车（双吊）或绞磨（单吊），双吊时可用双轮地滑车，单吊时用单轮地滑车。

5. 绞磨

绞磨应尽可能顺线路或横线路方向设置，避免 45° 方向布置，距离 25~35m，设在地势平坦地方，绞磨的固定可用地钻，也可用二联桩。绞磨操作人员应能观测到起吊构件的操作。

6. 牵引钢绳

牵引钢绳的布置有直接起吊和加动滑轮起吊两种形式，如图 4-45 所示。直接起吊是将牵引钢绳通过抱杆朝天滑轮后直接绑扎在被吊构件上，其特点是抱杆受力大，起吊速度快；加动滑轮起吊是牵引钢绳不直接与被吊构件绑扎，中间加一个动滑轮，其特点是牵引力减少近一半，抱杆受到的轴向力减少，但其起吊速度就慢。一般当起吊质量较大时，采用加动滑轮的起吊方式，起吊质量较轻时，采用直接起吊方式。

牵引绳与抱杆夹角宜小于 30°，不能满足要求时，可考虑单面吊。单面吊时，为方便吊件就位，抱杆可向受力侧倾斜，但抱杆对铅垂线的倾角不宜大于 15°。

7. 控制绳

控制绳也称为调节绳，其主要作用是使被吊构件不与已组好的塔身摩擦、碰撞，还具有增加抱杆稳定性的作用，同时还可调正吊件位置，协助塔上操作人员在吊件就位时对孔找正。

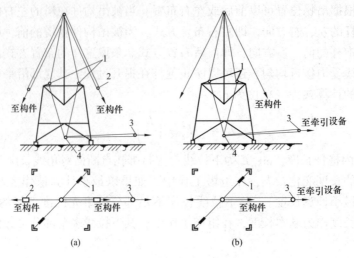

图 4-45　牵引钢绳的布置（上拉线未画出）

（a）直接起吊；（b）加动滑轮起吊

1—腰滑车；2—动滑车；3—平衡滑车；4—地带车

　　控制绳一般使用白棕绳或钢绳，当吊件质量不满 500kg 时，一般通常选用 $\phi16 \sim \phi18$ 白棕绳，吊质量超过 500kg 时，通常选用 $\phi11 \sim \phi12.5$ 钢绳。

　　控制绳受力的大小对抱杆及上拉线、下拉线的受力有较大的影响，而控制绳与地面夹角的大小又直接影响着控制绳的受力，为此，在布置控制绳时，应尽可能使控制绳在抱杆两侧对称，对地夹角不大于 45°。操作时，两侧控制绳松紧适度，避免一侧紧一侧松，或两侧紧或两侧松的情况。

　　在吊装腿部、身部及颈部等竖长构件时，每片构件上下端各绑一条控制绳；当起吊构件较宽且长时，应考虑每侧使用三条大绳。此时上端绑一条，下端主材上各绑一条；吊装横担时每片两端各绑一条，这样既便于安装构件，又可避免构件本身在吊装过程中可能产生的变形。

　　8. 腰环

　　内拉线抱杆提升过程中，采用上下两副腰环以稳定抱杆，使抱杆始终保持竖直居中。腰环构造随抱杆断面不同而不同，一般都用圆钢或钢管做成正方形，每边套一钢管，使抱杆提升时由滑动摩擦变为滚动摩擦，腰环四角一般设置拉环，以便通过白棕绳将腰环固定在搭间，用 U 形抱杆的腰环构造如图 4-46 所示。

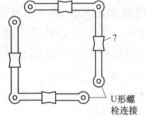

图 4-46　腰环构造图

　　在一副抱杆上应使用上、下两只腰环，腰环间至少应有 2.5m 的距离，抱杆越长，腰环间的距离也应越大。一般总是将上腰环设置在已组完塔段的最上部，而将下腰环设置在抱杆提升后的根部位置。

　　在某些情况下，当被吊构件组完后已高出抱杆顶时，则上、下腰环的位置在抱杆提升过程中需倒换一次，第一次应设置在抱杆头部，待抱杆头部提升超过已组完的塔段后，再将上腰环移至已组完塔段的最上部，下腰环也随之上移，使上下腰环间保持要求的距离。

　　腰环一般通过白棕绳或尼龙绳固定在铁塔主材上。抱杆提升完毕后，应将腰环放松，以免抱杆受力倾斜而将其拉断。

### 4.6.3  关键工艺步骤

1. 塔腿组立

塔腿组立同外拉线抱杆组塔。

2. 竖立抱杆

（1）准备工作。竖立抱杆之前，应做好如下准备工作：

1）将运到现场的各段抱杆按顺序组合起来并进行调整，使其成为一个完整而正直的整体。连接抱杆的螺栓要拧紧。

2）将提升抱杆用的腰环套在抱杆上。

3）将朝天滑轮、朝地滑车、承托系统平衡滑车等装在抱杆上，把各部连接螺栓及制动螺栓拧紧。

4）将起吊钢绳穿入朝天滑车。

5）将抱杆临时拉线（上拉线）与抱杆头部连接。

6）按确定的竖立抱杆方法做好起、吊绳及相应的滑车、牵引设备的布置。

（2）竖立抱杆方法。竖立抱杆有三种方法，可根据设备及地形条件选用其中一种。

1）人字抱杆整立法。该法的操作注意事项同倒落式人字抱杆整立钢筋混凝土电杆相同。人字小抱杆为自动脱落式，起吊过程应注意监护，当抱杆立至约 80°时，可在塔上收紧拉线使抱杆立正，然后用腰环及绳套固定抱杆，拆除牵引工具。

2）利用塔腿扳立法。利用塔腿扳立内拉抱杆的现场布置如图 4-47 所示。利用塔腿吊立内拉抱杆，当抱杆立至 80°时，停止牵引，在塔腿上方收紧抱杆拉线达到抱杆立正的目的，同时将抱杆拉线固定于塔腿主材上。然后利用腰环及绳套固定抱杆，拆除牵引工具。

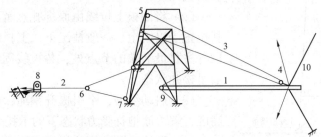

图 4-47  利用塔腿扳立内拉抱杆的现场布置

1—内拉抱杆；2—牵引绳；3—起吊绳；4—吊点滑车；
5—转向滑车；6—平衡滑车；7—地滑车；8—机动绞磨；9—制动绳；10—抱杆拉线

3）利用塔腿吊立法。利用塔腿吊立抱杆有两种方法，当抱杆较轻时按图 4-48 布置，当抱杆较重时按图 4-49 布置。

抱杆根应用攀根绳控制，使抱杆慢慢移向塔身内。抱杆立正后，利用腰环及套绳调正抱杆，然后拆除立抱杆的牵引绳索。

（3）扫尾工作。抱杆竖立后，还应完成如下工作：

1）将塔腿的开口面辅助材补装齐全并拧紧螺栓。

2）将上拉线及承托系统固定在塔腿的规定位置上。

3）如抱杆够高时，可做吊装构件准备，如抱杆不够高时，则准备提升抱杆。

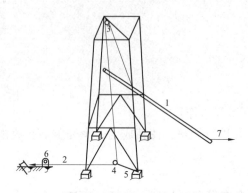

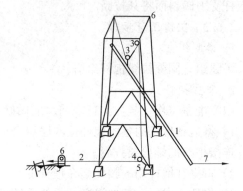

图 4-48  利用塔腿起吊抱杆布置（抱杆较轻）
1—抱杆；2—牵引绳；3—起吊滑车；
4—地滑车；5—钢绳套；6—机动绞磨；7—控制绳

图 4-49  利用塔腿起吊抱杆布置（抱杆较重）
1—抱杆；2—牵引绳；3—起吊滑车；
4—地滑车；5—钢绳套；6—机动绞磨；7—控制绳

3. 铁塔吊装

铁塔吊装参同外拉线抱杆组塔。

4. 提升抱杆

提升抱杆的现场布置如图 4-50 所示。布置时应注意将提升抱杆的提升钢绳的一端绑扎在已组塔段上端的主材节点处，反向腰滑车（起吊滑车）布置在已组塔段上端，与提升钢绳绑扎点或对角。这样，抱杆可在提升中始终处在铁塔结构中心。另外，地滑车应位于腰滑

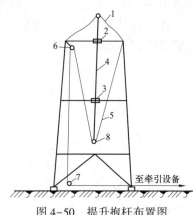

图 4-50  提升抱杆布置图
1—上拉线；2—上腰环；3—下腰环；
4—抱杆；5—提升钢绳；6—反向腰滑车；
7—转向滑车；8—朝地滑车

车下方的塔腿上。提升抱杆操作步骤如下：

（1）绑好上腰环及下腰环，使抱杆在铁塔结构中心位置直立。

（2）将四根上拉线由原绑扎点解下，提升到新的绑扎位置予以固定。一般情况下，上拉线应固定在已组塔段各主材最上端的节点处，各拉线固定方式应相同，拉线呈松弛状态。

（3）启动绞磨，牵引提升钢绳，使抱杆提升一小段高度，解去原抱杆受力状态下的承托系统。

（4）继续启动绞磨使抱杆逐步升高至四根上拉线张紧为止。

（5）将承托钢绳串联双钩后固定于已组塔段主材顶端的上拉线绑扎点之下，收紧承托钢绳，使之受力一致。

（6）放松上下腰环，拆去提升抱杆的工器具，为起吊塔件做好准备。

5. 抱杆的拆除

铁塔吊装完成后，即可进行抱杆的拆除工作。拆抱杆操作同外拉线抱杆施工。

#### 4.6.4  受力计算

1. 内拉线抱杆单吊组塔

图 4-41 所示的内拉线抱杆单吊组塔方式，塔构片在接近就位状态和在中间提升状态的计算单线图分别如图 4-51 和图 4-52 所示。

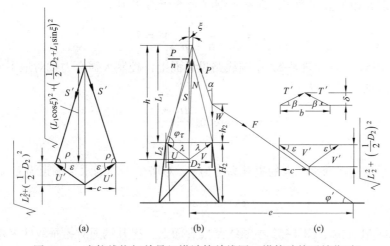

图 4-51 内拉线抱杆单吊组塔计算单线图（塔构片接近就位时）

（a）平衡侧抱杆拉线平面及承托钢绳平面；（b）顺线路投影面；（c）系吊钢绳平面及起吊侧承托钢绳平面

$L_1$ 为已组塔身顶端节点平面以上的抱杆长度，m；$L_2$ 为已组塔身顶端节点平面以下的抱杆长度，m；$h$ 为抱杆长度，m；$b$ 为塔构片上系吊钢绳（即千斤绳）套两绑扎点间的距离，m；$c$ 为在两侧抱杆拉线平面上，两拉线与主材联结点间的距离之半，m；$e$ 为控制大绳地面锚点至塔位中心的距离，m；$\delta$ 为在系吊钢绳平面上，系吊钢绳套顶点对两绑扎点连线的高度，m；$H_2$ 为已组塔身顶端节点处的高度，m；$D_2$ 为已组塔身顶端节点处的塔身宽度，m；$h_2$ 为吊装塔构片的底端到系吊钢绳套绑扎点的高度，m；$\alpha$ 为在顺线路投影面上，提升滑车组对铅垂线的夹角；$\beta$ 为在系吊钢绳平面上，系吊钢绳段对两绑扎点连线的夹角；$\xi$ 为在顺线路投影面上，抱杆对铅垂线的倾角；$\varphi$ 为在顺线路投影面上，平衡侧（即起吊的对侧）的抱杆拉线合力线对水平面的夹角；$\varphi'$ 为在顺线路投影面上，控制大绳合力线对地平面的夹角；$\tau$ 为在顺线路投影面上，提升滑车组分支提升钢绳对水平面的夹角；$\rho$ 为在两侧抱杆拉线平面上，拉线对两角固定点连线的夹角；$\lambda$ 为在顺线路投影面上，两侧承托钢绳的合力线对水平面的夹角；$\varepsilon$ 为在两侧承托钢绳平面上，承托钢绳对两角固定点连线的夹角；$P$ 为提升滑车组的静张力，kN；$P/N$ 为提升滑车组引向腰滑车的分支钢绳的静张力，kN；$n$ 为提升滑车组的滑轮数或工作绳数，若不用提升滑车组而用单根提升钢绳提升，则 $n=1$；$T'$ 为系吊钢绳（即千斤绳）套的静张力，kN；$N$ 为抱杆的静压力，kN；$S$ 为平衡侧（即起吊的对侧）抱杆拉线的合力，kN；$S'$ 为平衡侧抱杆拉线的静张力，kN；$F$ 为控制大绳的合力，kN；$W$ 为塔构片的计算静重力（包括索具静重力），kN

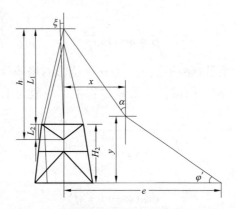

图 4-52 内拉线抱杆单吊组塔计算单线图

（塔构片系吊钢绳套绑扎点提升高度为 $y$、水平偏距为 $x$ 时）

$x$ 为塔构片中心至塔位中心的水平偏距，m；$y$ 为塔构片系吊钢绳套绑扎点提升至离地面的高度，m

（1）提升滑车组的静张力 $P$，即系吊钢绳套的合力 $T$ 为

$$P = \frac{\cos\varphi'}{\cos(\alpha + \varphi')}W = T \tag{4-65}$$

式中：$\varphi'$ 为图 4-51（b）、图 4-52 中顺线路投影面上，控制大绳合力线对地平面的夹角。
塔构片接近就位时，得

$$\varphi' = \arctan \frac{H_2 + h_2}{e - \frac{1}{2}D_2} \tag{4-66}$$

塔构片上系吊钢绳套绑扎点的提升高度为 $y$、对塔位中心的水平偏距为 $x$ 时

$$\varphi' = \arctan \frac{y}{e - x} \tag{4-67}$$

式中：$\alpha$ 为图 4-51（b）、图 4-52 中顺线路投影面上，提升钢绳对铅垂线的夹角。
塔构片接近就位时

$$\alpha = \arctan \frac{\frac{1}{2}D_2 - h\sin\xi}{L_1\cos\xi - h_2} \tag{4-68}$$

塔构片上系吊钢绳套绑扎点提升高度为 $y$、水平偏距为 $x$ 时，得

$$\alpha = \arctan \frac{x - h\sin\xi}{H_2 + L_1\cos\xi - y} \tag{4-69}$$

（2）系吊钢绳（即千斤绳）套的静张力 $T'$ 为

$$T' = \frac{\cos\varphi'}{2\sin\beta\cos(a + \varphi')}W \tag{4-70}$$

式中：$W$ 为塔构片的计算静重力（包括相应的索具静重力），kN。
其中

$$\beta = \arctan \frac{2\delta}{b} \tag{4-71}$$

式中：$\beta$ 为图 4-51（c）中系吊钢绳平面上，系吊钢绳段对塔构片上两绑扎点连线的夹角。
（3）控制大绳的静张力 $F'$。因塔构片吊装过程中，一般为上、下两根控制大绳平行作业进行调整和控制，故

$$F' = \frac{\sin a}{2\cos(a + \varphi')}W \tag{4-72}$$

（4）抱杆的静压力 $N$ 为

$$N = \frac{\cos(\varphi - a + \eta)}{\cos(\varphi + \varepsilon)}R \tag{4-73}$$

其中

$$\eta = \arcsin\left[\frac{P}{nR}\cos(\tau - a)\right] \tag{4-74}$$

$$\tau = \arctan \frac{L_1 \cos\varepsilon}{\frac{1}{2}D_2 + L_1 \sin\varepsilon} \tag{4-75}$$

$$R \approx P \sqrt{1 + \frac{2}{n}\sin(\tau - a) + \frac{1}{n^2}} = \left[\frac{\cos\varphi'}{\cos(\alpha + \varphi')}\sqrt{1 + \frac{2}{n}\sin(\tau - \alpha) + \frac{1}{n^2}}\right] W \tag{4-76}$$

式中：$\varepsilon$ 为在图 4-51（b）顺线路投影面上，抱杆对铅垂线的倾角；$\tau$ 为在图 4-51（b）顺线路投影面上，提升滑车组分支提升钢绳对水平面的夹角；$\varphi$ 为在图 4-51（b）顾线路投影面上，平衡侧（即起吊的对侧）两支抱杆拉线的合力线对水平面的夹角，$\varphi \approx \tau$；$\eta$ 为提升滑车组张力 $P$ 与提升滑车组引向腰滑车的分支钢绳张力 $P/N$ 的合力 $R$ 与提升滑车组张力 $P$ 间的夹角；$R$ 为提升滑车组张力 $P$ 与提升滑车组引向腰滑车的分支钢绳张力 $P/N$ 的合力，kN。

（5）平衡侧（起吊的对侧）抱杆拉线的静张力 $S'$ 为

$$S' = \frac{\sin(a + \varepsilon - \eta)}{2\sin\rho\cos(\varphi + \varepsilon)}R \tag{4-77}$$

其中

$$\rho = \arctan \frac{\sqrt{(L_1\cos\varepsilon)^2 + \left(\frac{1}{2}D_2 + L_1\sin\varepsilon\right)^2}}{c} \tag{4-78}$$

式中：$\rho$ 为在图 4-51（a）平衡侧抱杆拉线平面上，拉线对两固定点连线的夹角。

（6）起吊侧承托钢绳的静张力 $V'$ 为

$$V' = \frac{\cos(\lambda - \varepsilon)\cos(\varphi - a + \eta)}{2\sin\varepsilon\sin2\lambda\cos(\varphi + \varepsilon)}R \tag{4-79}$$

其中

$$\lambda = \arctan \frac{L_2}{\frac{1}{2}D_2} \tag{4-80}$$

$$\varepsilon = \arctan \frac{\sqrt{L_2^2 + \left(\frac{1}{2}D_2\right)^2}}{c} \tag{4-81}$$

式中：$\lambda$ 为在图 4-51（b）顺线路投影面上，承托钢绳的合力线对水平面的夹角；$\varepsilon$ 为在图 4-51（b）承托钢绳平面上，承托钢绳对两固定点连线的夹角。

2. 内拉线抱杆双吊组塔

图 4-42 所示的内拉线抱杆双吊组塔方式，塔构片在接近就位状态和在中间提升状态的计算单线图分别如图 4-53 和图 4-54 所示。

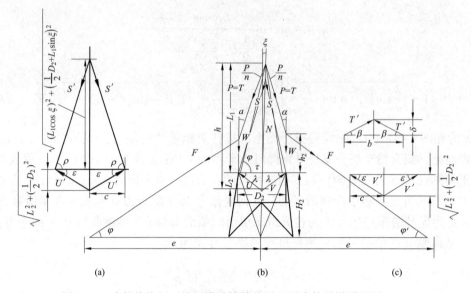

图 4-53　内拉线抱杆双吊组塔计算单线图（图中符号说明见图 4-51）

（塔构片接近就位时）

（a）反倾侧抱杆拉线平面及承托钢绳平面；（b）顺线路投影面；

（c）系吊钢绳平面及倾斜侧承托钢绳平面

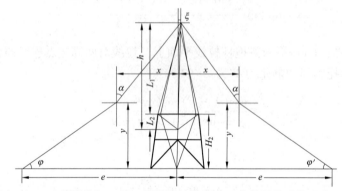

图 4-54　内拉线抱杆双吊组塔计算单线图（图中符号说明见图 4-51）

（塔构片系吊钢绳套绑扎点提升高度为 $y$，水平偏距为 $x$ 时）

（1）提升滑车组的静张力 $P$，即系吊钢绳套的合力 $T$。由式（4-63）可得

$$P = \frac{\cos\varphi'}{\cos(a + \varphi')}W = T \tag{4-82}$$

式中：$\varphi'$ 为图 4-53（b）、图 4-54 中顺线路投影面上，控制大绳合力线对地平面的夹角。塔构片接近就位时，得

$$\varphi' = \arctan\frac{H_2 + h_2}{e - \frac{1}{2}D_2} \tag{4-83}$$

塔构片上系吊钢绳套绑扎点提升高度为 $y$、对塔位中心的水平偏距为 $x$ 时，得

$$\varphi' = \arctan\frac{y}{e - x} \tag{4-84}$$

对于双吊组塔，可略去抱杆实际可能存在的微量倾斜，故塔构片接近就位时，$\alpha$ 为

$$\alpha = \arctan \frac{\frac{1}{2}D_2}{L_1 - h_2} \tag{4-85}$$

式中：$\alpha$ 为图 4-53（b）顺线路投影面上，提升滑车组对铅垂线的夹角。

塔构片上系吊钢绳套绑扎点提升高度为 $y$、水平偏距为 $\alpha$ 时，$\alpha$ 为

$$\alpha = \arctan \frac{x}{H_2 + L_1 - y} \tag{4-86}$$

（2）系吊钢绳（即千斤绳）套的静张力 $T'$ 为

$$T' = \frac{\cos\varphi'}{2\sin\beta\cos(\alpha + \varphi')}W \tag{4-87}$$

（3）控制大绳的静张力 $F'$。在塔构片吊装过程中，一般为上、下两根控制绳平行作业，以进行调整和控制，故

$$F' = \frac{\sin\alpha}{2\cos(a + \varphi')}W \tag{4-88}$$

（4）抱杆的静压力 $N$ 为

$$N = 2\frac{\cos\varphi\cos(\alpha - \eta)}{\cos(\varphi + \varepsilon)}R \tag{4-89}$$

其中

$$R = P\sqrt{1 + \frac{2}{n}\sin(\tau - a) + \frac{1}{n^2}} = \left[\frac{\cos\varphi'}{\cos(\alpha + \varphi')}\sqrt{1 + \frac{2}{n}\sin(\tau - \alpha) + \frac{1}{n^2}}\right]W \tag{4-90}$$

式中：$\varepsilon$ 为抱杆实际可能存在的对铅垂线的倾角，根据工程实践，双吊组塔时，此倾角可达 $5°$；$R$ 为各侧的提升滑车组张力 $P$ 与由提升滑车组引向腰滑车的分支钢绳张力 $P/N$ 的合力，kN。

（5）反倾侧抱杆拉线的静张力 $S'$ 为

$$S' = \frac{\sin\varepsilon\cos(\alpha - \eta)}{\sin\rho\cos(\varphi + \varepsilon)}R \tag{4-91}$$

注意：在双吊组塔施工中，由于两侧塔构片在起吊初瞬以及就位终瞬均不可能做到完全同步，故在该瞬间所有索具的受力状况都有可能转化为单吊组塔的状况。对于系吊钢绳套、提升滑车组、控制绳的受力，虽在双吊组塔和单吊组塔中是相同的，但对于抱杆、承托钢绳的受力，双吊组塔却远较单吊组塔为严重，而对于抱杆拉线的受力，双吊组塔则较单吊组塔为轻。因此在双吊组塔施工设计中，选择抱杆拉线的强度和规格时，应按单吊组塔情况考虑。

（6）倾斜侧承托钢绳的静张力 $V'$ 为

$$V' = \frac{\cos\varphi\cos(\lambda - \varepsilon)\cos(a - \eta)}{\sin\varepsilon\sin2\lambda\cos(\varphi + \varepsilon)}R \tag{4-92}$$

式中，$\lambda$、$\varepsilon$ 同式（4-80）、式（4-81）。

# 第 5 章  输电线路导地线架设施工

## 5.1  拖 地 架 线 施 工

架线施工是架空输电线路施工中的主要工序，它的任务是将导线及地线（避雷线）按设计的架线应力（弧垂）架设于组立的杆塔上。导线、地线的架设施工包括六个子工序：准备→放线→紧线→划印→挂线→附件安装。

放线施工的基本方法有：①人力放线。适用于电压为 110kV 及以下的电力线，且导线截面积为 240mm² 及以下，钢绞线截面积为 70mm² 及以下线路。②机动牵引放线。适用于电压为 220kV 及以下的电力线，且导线截面积为 400mm² 及以下，钢绞线截面积为 70mm² 及以下线路。③张力放线。适用于电压为 330kV 及以上的送电线路，有条件的地区，应在 220kV 线路施工中推广。④大跨越特殊放线。适用于跨越 800m 以上的河流的放线，以及相当跨距的特殊地形，在此情况应专题编写跨越放线技术措施。

由于人力放线和机动牵引放线在展放过程中，导线、地线拖地移动，所以将其统称为拖地放线，又称为无张力放线。

### 5.1.1  放线前准备工作

放线前的准备工作内容较多，其中以跨越施工准备工作量最大。在跨越施工中，应根据不同的被跨越物和现场条件编制技术措施。由于被跨越物的不同，应搭设不同的跨越架或采用不同的跨越架线施工方法。

1. 通道清理与施工场地平整

导线、地线展放的首要准备工作是清除线路走廊内的障碍物。它既是为放线打通通道，又是保证线路竣工后安全运行的重要条件。清理范围应符合《架空送电线路运行规程》有关规定。

施工场地平整也是放线施工的一项重要准备工作，应对放线场地、紧线操作场地做适当的平整。

2. 一般跨越物的处理

随着社会的发展，输电线路所跨越的障碍物越来越多，越来越复杂，为了顺利完成跨越架线作业，可按以下几个方面处理。

（1）制定跨越方案。根据架线施工方法和被跨物的种类及地理环境等，制定跨越方案。跨越方案除工艺方法外还应提出初步施工的起止日期和安全措施等。

（2）与被跨越物业主的联系。对铁路、通航河流、高速公路、输电线路等，必须提前数月联系被跨物业主，以求顺利地完成架线任务。

（3）搭设跨越架。

1）一般规定如下：

a. 跨越架的组立必须牢固可靠，且能满足施工设计强度的要求，所处位置准确。

b. 跨越不停电电力线路的跨越架，应适当加固并用绝缘材料封顶。

c. 跨越架架顶的横辊要有足够的强度，且横辊表面必须使用对导线磨损小的绝缘材料。

如用金属杆件作横辊，则必须在其上包胶。

d. 跨越架与被跨越物的最小距离应符合表 5-1 的规定，跨越架与电力线的最小安全距离符合表 5-2 规定。

表 5-1　　　　　　　　　　跨越架与铁路、公路、通信线的最小距离

| 被跨越物名称 | 铁路 | 公路 | 通信线 |
|---|---|---|---|
| 距架身水平距离（m） | 至路中心：3 | 至路边：0.6 | 0.6 |
| 距封顶杆垂直距离（m） | 至轨顶：6.5（7.0） | 至路面：5.5（6.0） | 1.0（1.5） |

注　括号内数值为采用张力架线。

表 5-2　　　　　　　　　　跨越架对电力线路的最小安全距离

| 跨越架部位 | 被跨越电力线路电压等级 | | | | | |
|---|---|---|---|---|---|---|
| | ≤10kV | 35kV | 66~110kV | 154~20kV | 330kV | 500kV |
| 架面（或拉线）与导线水平距离或垂直距离（m） | 1.5 | 1.5 | 2.0 | 2.5 | 5.0 | 6.0 |
| 无地线时，封顶网（杆）与导线垂直距离（m） | 1.5（2.0） | 1.5（2.0） | 2.0（2.5） | 2.5（3.0） | 4.0 | 5.0 |
| 有地线时，封顶网（杆）与地线垂直距离（m） | 0.5（1.0） | 0.5（1.0） | 1.0（1.5） | 1.5（2.0） | 2.6 | 3.6 |

注　括号内数值为采用张力架线。

e. 跨越架经使用单位验收合格后方可使用。

f. 跨越架上应按有关规定悬挂醒目标志。

g. 强风、暴雨过后应对跨越设施进行检查，确认合格后方可使用。

h. 跨越架架顶宽度的计算式为

$$B \geqslant \left[2(Z_x + 1.5) + b\right]/\sin\gamma \qquad (5-1)$$

式中：$B$ 为跨越架架顶宽度，m；$Z_x$ 为施工线路导线或地线等安装气象条件下，在跨越点处的风偏距离，m；$b$ 为跨越架所遮护的最外侧导线、地线间的横线路方向的水平距离，m；$\gamma$ 为跨越交叉角，（°）。

跨越架中心应与施工线路中心重合。

2）木质、毛竹跨越架搭设要求。对于木质、毛竹跨越架，按其结构形式不同，可分为：①单侧面平面结构跨越架。多用于宽度不大、高度较低的被跨线路，如广播线、一般通信线、低压配电线或乡道等。②双侧平面结构跨越架。多用于跨越一般公路、通信线路、低压电力线路等。③双侧立体结构跨越架。多用于跨越铁路、主要公路、高压电力线、重要通信线等。竹（木）跨越架的形式如图 5-1 所示，其搭设示意图如图 5-2 所示。搭设时应符合以下规定。

a. 木质跨越架的主杆有效部分的小头直径不得小于 70mm，横杆有效部分的小头直径不得小于 80mm，60~70mm 的可双杆合并或单杆加密使用。

b. 毛竹应采用三年生长期以上的。主杆、大横杆、剪刀撑和支杆有效部分的小头直径不得小于 75mm。小横杆有效部分的小头直径不得小于 90mm，60~90mm 的可双杆合并或单杆加密使用。

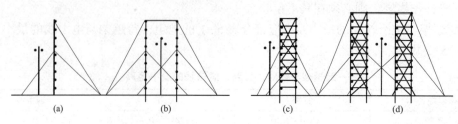

图 5-1　竹（木）跨越架的形式

（a）单侧单排；（b）双侧单排；（c）单侧双排；（d）双侧双排

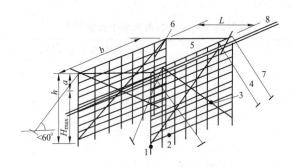

图 5-2　竹（木）跨越架的搭设示意图

1—主杆（立杆）；2—横杆；3—剪刀撑；4—临时拉线；5—封顶杆；6—羊角撑；7—侧拉线；8—被跨电力线

c. 竹（木）跨越架的主杆、大横杆应错开搭接，搭接长度不得小于 1.5m。绑扎时，小头应压在大头上，绑扣不得少于 3 道。主杆、大横杆、小横杆相交时，应先绑第 2 根，再绑第 3 根，不得一扣绑 3 根。

d. 架体、立杆均应垂直埋入坑内，杆坑底部应夯实，埋深不得少于 0.5m，且大头朝下，回填土夯实。遇松土或地面无法挖坑立杆时，应绑扫地杆。跨越架的横杆应与主杆成直角搭设。

e. 跨越架两端及每隔 6~7 根立杆应设置剪刀撑、支杆或拉线，拉线的挂点、支杆或剪刀撑的绑扎点应设在主杆与横杆的交接处，且与地面的夹角不得大于 60°。支杆埋入地下的深度不得小于 0.3m。

f. 越线架上部两端宜设置"羊角杆"，长度不少于 2m 为好。

g. 各种材质跨越架的立杆、大横杆及小横杆的间距不得大于表 5-3 的规定。

表 5-3　　　　　　　　　　　立杆、大横杆及小横杆的间距（m）

| 跨越架类别 | 立杆 | 大横杆 | 小横杆 |
|---|---|---|---|
| 木质 | 1.5 | 1.2 | 1.0 |
| 竹质 | 1.5 | 1.2 | 0.75 |

3）金属结构跨越架搭设要求。金属结构跨越架一般用钢质或铝合金材质制作，如图 5-3 所示为柱式钢结构跨越架，适用于跨越电压等级较高的电力线路、大型铁路干线、重要公路等。搭设时应符合以下规定：

a. 跨越架架体组立前必须对其位置进行复测。

b. 跨越架架体采用倒装分段组立时，其要求是提升架地面必须设道木，提升架必须用经纬仪进行双向观测调直，提升架必须采用拉线稳定。拉线与地面夹角应控制在 30°～60°；倒装组立过程中，架体高度达到被跨导线的水平高度或超过 15m 时，必须采用临时拉线控制，拉线应随时监视并随时加以调整。此时的提升速度也应适当放慢，操作提升系统的工作人员严禁超速、超负荷工作。

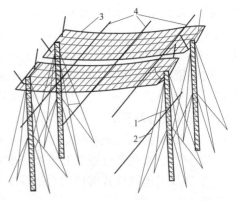

图 5-3　柱式钢结构跨越架（图中仅画两相）
1—钢柱；2—拉线；3—尼龙网；4—被跨电力线路

c. 在条件许可时，可以采用吊车整体组立。组立要求是根据架体质量和组立高度，按起重机的允许工作荷重起吊，不得超载；起吊时，吊臂应平行带电线路方向摆放；整体起吊时，严禁大幅度甩杆；架体宜在与带电线路垂直方向进行地面组装；架体头部被吊起距地面 0.8m 时，停车检查各连接部位，连接可靠后方可继续起吊。在与地面夹角成 80°～85° 时，吊车应停止动作，检查架体拉线与地锚连接是否可靠，并通过拉线调整架体与地面垂直后方可摘掉吊钩。

d. 架体连接螺栓必须紧固。拉线按设计要求锚固，并调至设计预紧力。

e. 金属结构架体的拉线位置应根据现场地形情况和架体组立高度的长细比确定。拉线固定点之间的长细比一般不应大于 150。

f. 跨越架顶端必须设置挂胶滚筒或挂胶滚动横梁。

g. 封顶网的承力绳必须绑牢，且张紧后的最大弛度不大于 0.5m。敷设绝缘网时，应事先在地面上将网上所有挂钩整理好。

h. 在大绝缘网敷设好后，将余网绑在一侧横担上，使网自身张紧，并将余绳卷好，放入高于地面 5m 的架体上。

（4）跨越处理的安全措施。

1）搭设和拆除跨越架时应设安全监护人。

2）跨越不停电电力线架线施工前，应向运行部门书面申请"退出重合闸"，落实后方可进行不停电跨越施工。施工期间该线路发生设备跳闸时，调度员未取得现场指挥同意前，不得强行送电。

3）跨越不停电电力线施工过程中，必须邀请被跨越电力线的运行部门进行现场监护。

4）跨越不停电电力线施工中，必须严格执行规定的工作票制度。

5）在跨越档相邻两侧的杆塔上，被跨电力线路的导线、地线应通过杆塔设置可靠的接地装置。

6）跨越不停电线路时，施工人员不得在跨越架内侧攀登或作业，并严禁从封顶架上通过。

7）跨越不停电线路时，新建线路的引绳通过跨越架时，应用绝缘绳作引绳。

3. 布线

放线前应先作一个放线计划，即布线。布线的目的是根据每个线轴的线长合理分配在各放线段，以求接头最少，不剩或少剩余线。紧线后，连接管不能在不允许有连接管的档内出现。一般在布线时需考虑以下内容。

（1）放线裕度。根据地形的不同，对于放线段内的布线长度，当采用人力放线时，平地增加3%，丘陵增加5%，山区增加10%的放线裕度；当采用固定机械牵引放线时，平地增加1.5%，丘陵增加2%，山区增加3%的放线裕度。

（2）紧线后连接管不能在不允许有连接管的档内出现。不允许接头的线档有标准轨距的铁路，高速公路和一级公路，有轨无轨电车，一、二级通航河流，一、二级通信线路，110kV及以上电力线路，管道，索道等。

（3）根据施工方法将导线、地线放置在适中的位置。

1）导线、地线布置在交通方便、地势平坦处。

2）导线、地线放置的位置是拖线距离最短的位置，这样既可以省力，又可以减少导线的磨损。

3）地形有高低时，尽可能将线盘布置在地势较高处，从高处往低处放线，以减轻放线牵引力。

4）三相导线的放线位置应尽可能布置在一起，地线最好也和导线布置在一起，这样在放线作业时便于统一指挥。

4. 材料运输

根据布线计划，将导线、地线及绝缘子、金具、放线滑车等运到指定的地方。

有条件的情况下尽可能采用机械运输和吊车装卸，特别是导线、地线的运输。交通条件不允许时，也可将导线、地线圈成"∞"，人力抬运至目的地。

5. 绝缘子串及放线滑车悬挂

（1）放线滑车。放线滑车是为了展放导线、地线而特制的一种滑车，它和起重滑车有本质的不同。放线滑车的滑轮必须安装在滚动轴承上，以保证转动时有较高的灵敏度，且长期高速转动而不发热。

放线滑车按滑轮材料不同，分为钢轮、铝合金轮。钢轮放线滑车用于展放钢绞线，铝合金轮放线滑车用于展放钢芯铝绞线，保证导线、地线通过时不受损伤。

对于放线滑车轮槽底部的轮径，当展放导线时，应符合《放线滑车直径与槽型》的规定，当采用镀锌钢绞线作避雷线展放时，滑车轮槽底部的轮径与所放钢绞线直径之比不宜小于15倍，对于严重上扬或垂直档距甚大处的放线滑车，应进行验算，必要时应采用特制的结构。常用放线滑轮如图5-4所示。

放线时也可采用国网北京电力建设研究院研制的MC尼龙（高分子聚合物）滑车。

（2）放线滑车的布置。地线放线滑轮悬挂在地线顶架金具上。导线放线滑车悬挂在悬垂绝缘子串下方。在下列情况中，应挂双放线滑车或使用双轮放线滑车：

1）垂直荷载超过单个放线滑车的允许承载能力时，直线杆塔（包括直线转角杆塔）和设计规定安装双悬垂线夹的桩号大都要挂双滑车。

2）连接管或连接管的保护钢甲过滑车时的荷载超过其允许值（由试验确定），可能造成连接管弯曲。

3）架空线在放线滑轮上的包络角超过30°。

需要挂双轮放线滑车时，其两个放线滑车的轮轴之间应用角钢支撑，以免放线时两滑车相撞。

如果是使用合成绝缘子串，放线滑车不能直接悬挂在合成绝缘子串上，应另设置钢绳或

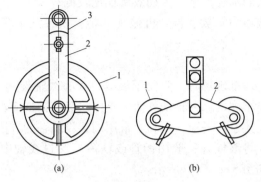

图 5-4　放线滑车

（a）单轮　（b）双轮

1—滚轮；2—溯轮支架；3—吊架

拉棒悬挂放线滑车。

（3）悬挂。

1）按施工图和杆塔明细表要求组装绝缘子串，如图 5-5 所示。在绝缘子串中，绝缘子片和金具应完好无缺陷，各种螺栓、穿钉及弹簧销子的穿向应符合规定。

2）放线滑车与绝缘子串的连接应可靠，放线滑车应穿好引绳，以备引过导线。

3）吊装悬垂串和放线滑车时，其绑扎位置要适当、牢靠，防止绝缘子相碰撞。

4）对于悬垂绝缘子串上的均压环，考虑到其可能妨碍放线作业，因此应在附件安装时再进行安装。

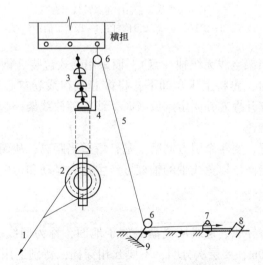

图 5-5　吊装悬垂绝缘子串及放线滑车布置

1—棕绳；2—放线滑车；3—绝缘子串；4—专用卡具；5—钢丝绳；
6—转向滑车；7—机动绞磨；8—角铁桩；9—地锚（或塔座）

### 5.1.2　拖地展放导线、地线工艺

拖地放线是普通线路上比较常用的放线方法，它不需专用的设备，操作方法也比较简

单，但拖地放线时架空线磨损较严重，劳动效率也比较低。

拖地放线分为人力或畜力牵放、行走机械（如拖拉机、汽车等）牵放和固定机械通过牵引绳牵放等。

1. 线轴的架设

当架空线绕在线盘上运抵现场时，为便于展放，应将线轴架起。展放时，牵引架空线，使线盘转动。线轴架设要牢固可靠，转动灵活，支撑线盘的轴杠应水平，便于架空线顺利展放，并有制动装置，使展放过程平稳、顺利。常用的架设线轴的方法有三种。

（1）放线架架设法。将滚杠（一般用钢管或铁棒）穿过线轴中心孔，架于可调节的放线架上。常用的放线架如图 5-6（a）所示。

（2）地槽支架法。它是在放线场的地面，挖一个带斜坡的地槽（地槽最深处应较线盘半径略大处），将线盘穿入滚杠后，慢慢推滚于地槽，使滚杠两端支在地槽两旁的垫木上，如图 5-6（b）所示。

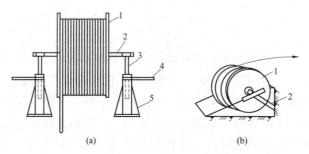

图 5-6　线盘的放置

（a）可调节放线架；（b）地槽放线示意图

1—线盘；2—滚杠；3—螺旋升降杆；4—操作手柄；5—支架

（3）立式放线架。当架空线无线轴（盘），而采用卷式包装（钢绞线经常如此）时，应采用立式放线架。使用时，先将上压盘卸下，将撑芯装在线卷空心里，并使线卷坐在底盘上，然后装上上压盘，支开撑芯并固定。放线时，线卷随放线架一起转动。放线架底盘上装有制动装置，用以控制转速。

对于线轴的架设位置，要距牵引方向第一基杆塔适当距离，从而避免轴出线角过大；线轴架设方向要对准放线走向，以免线轴的轴杠上产生过大摆动和走偏。放线时，一般导线从线盘上端绕出。

2. 放回线

导线展放之前，先将导线、地线从线盘展放于地面，称为回线。回线应呈"面条形"，横线路摆设，幅度 30~50m，要层次分明，不要互相穿插，特别适用于山区放线。当架空线从高坡往低处牵引时，速度很快，用回线展放就很安全。

3. 放线操作

（1）人力放线。人力放线时，平地按每人扛抬 20~25kg 架空线，山区按每人扛抬 15~20kg 架空线。在架空线前端均匀布置人员，徐徐牵引架空线。开始时，可分三相导线同时展放，随着距离的延伸，牵引力增加，再分两组牵引导线，到最后集中人力牵引导线，一相一相牵放完毕。

人力放线时要有技工在前面领路，对准方向，并注意信号，控制放线速度。放线到一杆塔时，应超越该杆塔适当距离，然后停止牵引，将线头拉回，与放线滑车引绳相连，使架空线穿过滑车后继续牵引。牵引过程中如遇到障碍，领线人员应组织牵引人员采取正确的方法跨越。

如使畜力放线时，一定要请畜口主人或有经验的人员配合，协同牵引工作。

（2）固定机械牵引放线。采取固定机械牵引放线时，应先将牵引绳分段运至施工段内各处，用人力放线方法展放牵引绳，并使其依次通过放线滑车，牵引绳与牵引绳之间用旋转连接器或抗弯连接器连接，使整个施工段内牵引绳接通，然而一端与架空线相连，一端与固定机械相连，用机械卷回牵引绳，拖动架空线展放。

固定机械牵引所用的牵引绳应为无捻或少捻钢绳。使用普通钢绳时，牵引绳与牵引绳之间，牵引绳与架空线之间应加旋转连接器。需注意的是，旋转连接器是不能进牵引机械卷筒的。

（3）行走机械牵引放线。采用行走机械牵引放线时，应先将牵引绳套与架空线相连，然后可牵放。放线时尽量少用或不用行走机械放线方法展放架空线。行走机械是指汽车或拖拉机，沿施工的线路行驶进行牵引放线，该方法适用于地势平坦且为荒丘地带，这样便不会因汽车或拖拉机行驶而损坏农作物和耕地。

4. 放线注意事项

（1）凡重要的交叉跨越处，杆塔下方应设置工作人员，其任务是：

1）及时、准确地传递信号。

2）监看放线情况，发现架空线（或牵引绳）有掉槽、压接管被卡、滑车转动不灵活等，应立即发出停止牵引信号，并及时清除故障。

3）观察架空线与地面接触情况，发现架空线与树权、石块及其他障碍物接触，有可能磨伤架空线时，应及时支垫软物。当架空线磨损时，需正确判断磨损情况，并按有关规定处理。

（2）放线架应有专人看管，其任务是：①随时调整走偏的线轴。②控制放线速度。③检查放出架空线的质量。④调换导线。

（3）放线顺序：先放地线，后放导线，防止导线、地线交叉。

（4）放线后，如不能当天紧线，应采取措施使架空线不妨碍通信、通航、通车。

### 5.1.3　导线和避雷线损伤及处理标准

（1）导线在同一处的损伤同时符合下述情况时可不作补修，只将损伤处棱角与毛刺用 0 号砂纸磨光。

1）铝、铝合金单股损伤深度小于直径的 1.2 倍。

2）钢芯铝绞线及钢芯铝合金绞线损伤截面积为导电部分截面积的 5% 及以下，且强度损失小于 4%。

3）单金属绞线损伤截面积为 4% 及以下。

（2）导线在同一处损伤需要补修的处理标准。

1）钢芯铝绞线与钢芯铝合金绞线：①导线同一处损伤的程度已超过第（1）条规定，但损伤导致的强度损失不超过总拉断力的 5%，且截面积损伤又不超过总导电部分截面积的 7% 时，可以用缠绕或补修预绞丝修理。②导线在同一处损伤的强度损失已经超过总拉断力的 5%，但不足 17%，且截面积损伤也不超过导电部分截面积的 25% 时，以补修管修理。

2）铝绞线与铝合金绞线：①导线在同一处损伤程度已超过第（1）条的规定，但因损伤导致的强度损失不超过总拉断力的 5% 时，以缠绕或补修预绞丝修理。②导线在同一处损伤的强度损失超过总拉断力的 5%，但不足 17% 时，以补修管补修。

（3）导线同一处损伤需要补修处理时规定。

1）采用缠绕处理。将受伤线股处理平整，缠绕材料应为铝单丝，缠绕应紧密。缠绕中心应位于损伤最严重处，并应将受伤部分全部覆盖。其长度不得小于 100mm。

2）采用补修预绞丝处理。将受伤处线股处理平整，补修预绞丝长度不得小于 3 个节距，或符合现行国家标准中预绞丝的规定，补修预绞丝应与导线接触紧密，其中心应位于损伤最严重处，并将损伤部位全部覆盖。

3）采用补修管补修处理。将损伤处的线股先恢复原绞制状态，补修管的中心应位于损伤最严重处，需补修的范围应位于管内各 20mm。补修管可采用液压或爆压，其操作必须符合有关的规定。

（4）导线在同一处损伤符合下述情况之一时，必须将损伤部分全部割去，重新以接续管连接。

1）导线损失的强度或损伤截面积超过第（2）条采用补修管补修规定时。

2）导线损伤的截面积或损失的强度都没有超过第（2）条以补修管修理的规定，但损伤长度已超过补修管能补修范围。

3）复合材料的导线钢芯有断股，金钩、破股已使钢芯或内层铝股形成无法修复的永久变形。

（5）作为避雷线的镀锌钢绞线，7 股绞线断 1 股时，以补修管补修，断 2 股时锯断重接；19 股绞线，断 1 股时以镀锌铁丝缠绕，断 2 股以补修管补修。断 3 股时锯断重接。

### 5.1.4 紧线工艺

紧线施工应在基础混凝土强度达到设计规定，全紧线段内的杆塔已经全部检查合格后方可进行。放线结束后，应尽快紧线。

当采用拖地放线时，一般均以耐张段作为紧线区段，在耐张杆塔上进行紧线操作。一般习惯是把紧线区段内锚固导线、地线的一端称为后尽头，进行紧线操作的一端称为前尽头。

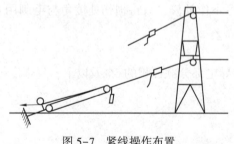

图 5-7　紧线操作布置

1. 紧线操作主要工具和现场布置

（1）紧线操作主要工具有牵引设备，包括牵引钢绳、牵引滑轮组、地锚、绞磨等，另有架空线卡线器，紧线滑车、锚线钢绳、抽余线钢绳等。

（2）紧线操作布置如图 5-7 所示。

1）总牵引地锚与紧线操作杆塔之间的水平距离应不小于挂线点高度的两倍，且与被紧架空线方向应一致。

2）紧线滑车要紧靠挂线点。为此，固定紧线滑车的钢绳要尽量短。

2. 紧线操作步骤

(1) 耐张杆塔补强。

当以耐张杆塔作为操作塔或锚线塔时，无论杆塔本身是否有永久拉线，紧线时都应设置临时拉线，作为对耐张塔的补强。

1) 临时拉线一般使用钢绳或钢绞线。钢绳作临时拉线时，施工操作较方便，一般线路施工采用较多。钢绞线强度高，弹性伸长小，220kV 及以上线路施工时用得较多。

2) 临时拉线装设在耐张杆塔导线、地线反向延长线上，平衡 50% 导线、地线的过牵引张力。

3) 临时拉线上端应固定在设计规定的位置上。如无拉线固定孔而用绑扎法时，施工前应在绑扎处角钢上垫以方木，并缠绕垫衬物，绑扎点应在结点处。临时拉线下端通过调节装置连到锚桩上，拉线对地夹角应小于 45°。

4) 临时拉线一般采用一线一锚，即一根导线临时拉线锚在一个桩锚上，或采用二线一锚，也就是一根导线临时拉线和一根地线临时拉线共用一个地锚。

5) 锚线端临时拉线收紧，使杆塔预偏（向紧线反方向预偏）。紧线端临时拉线在紧线、划印、挂线后，放松挂线牵引绳前，收紧临时拉线，以保持两端耐张杆塔在紧线划印时的正直，即档距的正确性。

6) 临时拉线调紧后，应将调整装置用铁线绑扎牢固，以防止外力损坏。

(2) 锚线塔挂线（挂后尽头）。在锚线端，将地线组装后挂于杆塔顶挂线孔。将耐张线夹组装（压接）于导线端头，将耐张绝缘子串组装起来，并和耐张线夹相连，将耐张绝缘子串（连同导线一端）挂于锚塔挂线孔中。

导线、地线上有防振锤时，挂线前一并装上，同时注意防振锤的位置要正确。

(3) 抽余线。在紧线端（前尽头）先用人力或机械抽余线。在导线离开地面时即应停止抽线。一般采用人力放线时，放线档内有余线，而在机械牵引放线时，很少有余线，则不必抽余线了。

(4) 紧线。使导线、地线通过卡线器与紧线设备相连，一般用一牵一方法收紧导线、地线。由于地线张力较小，可通过牵引绳直接收紧地线或通过一动滑轮收紧地线，而导线张力较大，可通过滑轮组牵引绳再收紧导线。

1) 收紧导线、地线，使导线、地线弧垂达到预定值（观测档看弧垂）。当施工段采用一个观测档时，宜先紧后松使弧垂达到预定值；当施工段采用多档观测档时，应先满足最远一个观测档（靠后尽头），使其合格或略小于要求弧垂，再满足较远档，使其合格或略大于要求弧垂，最后满足靠前尽头观测档，使其弧垂合格。

2) 紧线顺序：先紧地线，后紧导线。如导线呈水平或三角排列，紧导线时，先紧中导线，后紧边导线；如导线呈垂直排列时，先紧上导线，后紧中、下导线。

(5) 划印。

1) 高空划印。当观测档弧垂值符合要求后，随即在耐张操作塔上划印，即在导线、地线挂线孔的垂直下方导线、地线上做上标记，一般用红笔划印，再加黑胶布缠绕。

若紧线段为连续上山地段，为了进行上下山弧垂调整，则紧线段内各直线杆塔必须逐基同时划印。

2) 地面划印。地面划印紧线是指在耐张杆塔上紧线时，将操作塔上的架空线悬挂于接近地面处，当弧垂观测好后，即在地面处的滑车上划印，然后通过线长调量计算，调整其线长，再将架空线挂到挂线位置。

地面划印紧线，不仅避免了划印的高空作业，而且便于控制，这样可避免因划印后松线过多而造成的割线、压接等操作上的困难。

（6）临锚。划印后，将导线、地线回松。一般将地线临时锚固在杆塔顶架上，随即进行挂线作业，导线回松时临时锚固在塔退前或线档内适当的地方。

3. 低弧垂紧线

低弧垂紧线是紧线过程中采用比设计规定弧垂低的弧垂进行紧线划印，然后计算低弧垂和设计弧垂两种状态之间的线长差，在挂线时减除此线长差进行安装耐张线夹，从而达到紧线后符合设计规定弧垂的目的。低弧垂数值的选择依现场情况而定。

低弧垂紧线适用于在带电电力线下方穿越紧线，可缩短被跨电力线的停电时间。在某种特殊场合，因紧线工具强度偏低时，也可以选用低弧垂紧线。低弧垂紧线比较适合孤立档和距离不太长的耐张段架线。

低弧垂紧线的操作程序如下。首先，根据现场地形条件及被跨越物的要求，选择不同温度条件下的低弧垂数值，按照选择的低弧垂数值进行紧线、划印。然后，分别计算低弧垂状态下和设计弧垂状态下的架空线线长，求出两种状态下的线长差。若为连续档时，应计算出各档的线长差。按低弧垂紧线松线后，根据线长差将原划印点进行移动，按移动后的位置安装耐张线夹。最后，将架空线翻越障碍物，按常规方法进行挂线，在各直线杆塔上按移印后位置安装悬垂线夹。

### 5.1.5 挂线

1. 切割导线、地线

切割导线、地线长度要根据组装好的绝缘子串长度，在带张力情况下实测两次取平均值。切割点两端用细铁丝绑扎，剪切时要垂直线轴。

2. 绝缘子串组装

（1）绝缘子安装前应逐个将表面清擦干净，并应进行外观检查。对瓷绝缘子应用不低于5000V的绝缘电阻表逐个进行绝缘测定。在干燥情况下绝缘电阻小于500MΩ者，不得安装使用。安装时应检查碗头、球头与弹簧销子之间的间隙。在安装好弹簧销子的情况下，球头不得自碗头中脱出。验收前应清除绝缘子表面的泥垢。

（2）金具的镀锌层有局部碰损，剥落或铁锈时，应除锈后补刷防锈漆。

（3）按施工图组装绝缘子串。绝缘子串上连接所用的穿钉及弹簧销子穿向应统一。

3. 挂线

将挂线牵引绳的一端通过挂线滑车后绑扎在耐张串金具上，另一端和牵引设备相连。如耐张串为双串且为单挂点时，可使用弯钩挂线器，如图5-8所示。弯钩直接挂在二联板上，牵引绳牵动弯钩，使挂线耐张串带上张力，从而方便挂线操作和减少过牵引。挂线时，挂线滑车要尽量靠近挂线孔。

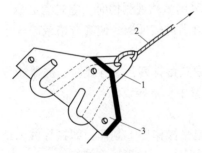

图 5-8 弯钩挂线器
1—弯钩；2—牵引绳；3—二联板

4. 过牵引

挂线时，由于架空线在放线滑车上的悬挂点往往低于耐张杆塔上挂线孔一段距离，而且耐张绝缘子串的金具在紧线时，不能全部拉直达到设计长度，因此欲使架空线挂入指定的位置，势必将其拉得过紧，以使线端留出适当裕度，这种现象称为过牵引，拉得过紧的长度称为过牵引长度。

挂线时对于弧立档，较小耐张段及大跨越的过牵引长度应符合下列规定：①耐张段长度大于 300m 时，过牵引长度宜为 200mm。②耐张段长度为 200~300m 时，过牵引长度不宜超过耐张段长度的 0.5‰。③耐张段长度在 200m 以内时，过牵引长度应根据导线的安全系数不小于 2 的规定进行控制，变电站进出档除外。④大跨越档的过牵引值由设计确定。

5. 过牵引长度计算

（1）在平原小丘陵地带，过牵引长度计算式为

$$
\left.
\begin{aligned}
\Delta L_{zd} = \left[\frac{L_{db}^2 g^2}{24}\left(\frac{1}{\delta^2} - \frac{1}{\delta_{zd}^2}\right) + \frac{\delta_{zd} - \delta}{E}\right]\sum L \\
\delta_{zd} = \delta_p / 2
\end{aligned}
\right\}
\tag{5-2}
$$

式中：$\Delta L_{zd}$ 为根据最大容许安装应力计算的最大过牵引长度，m；$\delta_{zd}$ 为最大容许安装应力，$kg/mm^2$；$\delta_p$ 为架空线瞬时破断强度，$kg/mm^2$；$\delta$ 为架空线的安装应力，$kg/mm^2$；$L_{db}$ 为耐张段代表档距，m；$g$ 为架空线比载，$kg/(m \cdot mm^2)$，取 $g = g_1$（架空线自重比载）；$E$ 为架空线弹性系数，$kg/mm^2$；$\sum L$ 为耐张段各水平档距总长度。

对于 LJ 型，$\delta_p = 14kg/mm^2$。

对于 LGJ 型，$\delta_p = 29kg/mm^2$。

对于 LGJQ 型，$\delta_p = 24kg/mm^2$。

对于 LGJJ 型，$\delta_p = 31kg/mm^2$。

对于 GJ 型，$\delta_p = 124.6kg/mm^2$。

对于铝绞线，$E = 5730kg/mm^2$，$g = 2.757 \times 10^{-3} kg/(m \cdot mm^2)$，$\delta_{zd} = 7kg/mm^2$。

对于正常型钢芯铝绞线，$E = 8000kg/mm^2$，$g = 3.33 \times 10^{-3} kg/(m \cdot mm^2)$，$\delta_{zd} = 14.5kg/mm^2$。

对于轻型钢芯铝绞线，$E = 7400kg/mm^2$，$g = 3.33 \times 10^{-3} kg/(m \cdot mm^2)$，$\delta_{zd} = 12kg/mm^2$。

对于加强型钢芯铝绞线，$E = 8350kg/mm^2$，$g = 3.723 \times 10^{-3} kg/(m \cdot mm^2)$，$\delta_{zd} = 15.5kg/mm^2$。

对于钢绞线，$E = 18500kg/mm^2$，$g = 8.536 \times 10^{-3} kg/(m \cdot mm^2)$，$\delta_{zd} = 62.3kg/mm^2$。

施工时，按不同线材，根据已知的 $L_{db}$ 和 $\delta$ 值，可算出容许的过牵引长度。

（2）根据需要的过牵引长度计算过牵引应力为

$$
\sigma_1^3 + \left(\frac{L_{db}^2 g^2 E}{24\delta^2} - \frac{\Delta L_Q}{\sum L}E - \delta\right)\sigma_1^2 = \frac{L_{db}^2 g^2 E}{24}
\tag{5-3}
$$

令

$$a = \frac{L_{db}^2 g^2 E'}{24\delta^2} - \frac{\Delta L_Q}{\sum L}E' - \delta$$

$$b = \frac{L_{db}^2 g^2 E'}{24}$$

则式（5-3）变为

$$\sigma_1^2(\sigma_1 + a) = b \qquad\qquad (5\text{-}4)$$

式中：$\sigma_1$ 为过牵引时架空线的过牵引应力，$kg/mm^2$；$\Delta L_Q$ 为架空线的过牵引长度，m。

式（5-4）为三元一次方程式，可用试凑法求解 $\sigma_1$。

### 5.1.6　复测弧垂

挂线后随即在观测档复测弧垂，如不符合要求，应随即调整弧垂至符合要求为止。

## 5.2　张力架线施工

用张力放线方法展放导线，以及与张力放线相配合的工艺方法进行紧线、挂线、附件安装等各项作业的整套架线施工方法，称为张力架线。

### 5.2.1　张力架线特点

1. 张力架线的基本特征

（1）导线在架线施工的全过程中处于架空状态。

（2）以施工段为架线施工的单元工程。放线、紧线等作业在施工段内进行。

（3）施工段不受设计耐张段的限制，直线塔可作施工段起止塔，在耐张塔上直通放线。

（4）在直线塔上紧线并作直线塔锚线，凡直通放线的耐张塔也作直通紧线。

（5）在直通紧线的耐张塔上作平衡挂线。

（6）同相子导线要求同时展放，同时收紧。

2. 张力架线的优点

（1）避免导线与地面摩擦致伤，减轻运行中的电晕损失及对无线电系统的干扰。

（2）施工作业高度机械化，速度快，工效高。

（3）用于跨越江河、公路、铁路、经济作物区、山区、泥沼、河网地带等复杂地形条件时，更能取得良好的经济效益。

（4）能减少青苗损失。

### 5.2.2　张力放线主要设备

用专门的牵、张机械，使架空线在展放过程中始终保持一定张力而处于悬空状态的放线方法称为张力放线。

1. 牵引机和牵引绳重绕机

（1）牵引机。在牵引导线过程中起牵引作用的机械称为牵引机。牵引机应具有健全的工作机构、控制机构和保安机构，能在自然环境下连续、平稳地工作。牵引机主要用来牵引牵引绳（展放导线）或牵引导引绳（展放牵引绳）。

牵引牵引绳（展放导线）的牵引机，一般称主牵引机，俗称"大牵"，一般以一牵四、一牵二展放导线。牵引导引绳（展放牵引绳）的牵引机一般俗称"小牵"，以一牵一的方式展放牵引绳。一牵四牵引机如图 5-9 所示，一牵一牵引机如图 5-10 所示。

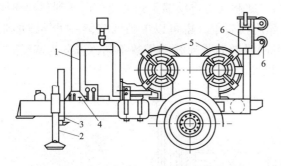 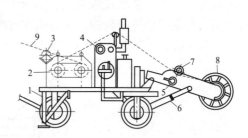

图 5-9　一牵四牵引机（加拿大 TE 公司产）
1—发动机；2—可调固定支撑；3—液压千斤顶；
4—操作系统；5—牵引轮；6—滚筒

图 5-10　一牵一牵引机（意大利产）
1—支撑架；2—牵引轮；3—滚筒；4—发动机及操作系统；
5—排线器手柄；6—导引钢丝绳盘液升降机械；
7—排线器；8—导引钢丝绳盘；9—导引钢丝绳

（2）牵引绳重绕机。牵引绳重绕机又称牵引绳轴架拖车，它的作用是将牵引机牵回的牵引钢绳重绕于牵引绳线盘上。牵引绳重绕机与牵引机配套，由牵引机控制操作。

牵引绳重绕机是由牵引机液压系统驱动的，所以它与牵引机同步运转，通过排线机将牵引绳整齐、均匀地重绕于牵引绳线盘上，牵引绳重绕机外形如图 5-11 所示。

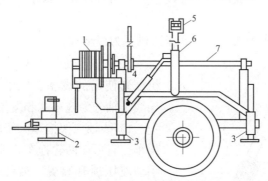

图 5-11　牵引绳重绕机外形
1—气动刹车；2—液压升斤顶；3—可调固定支撑；
4—排线器液压执行机构；5—排线器导滚；6—排线器；7—牵引钢丝绳盘轴

还有一种牵引机本身带有牵引绳重绕机，不需另设牵引绳重绕设备。

2. 张力机与导线线轴支架

（1）张力机。张力机是对导线控制放线张力的机械。张力放线时，牵引机通过牵引绳牵引导线，为使导线在放线过程中保持一定张力，就要求张力机对导线施以张力，也就是说，放线中要使导线保持一定弧垂，张力机需以恒张力运转。

张力机按其产生张力方式的不同，可分为主动式和被动式两种。

1）主动式张力机。主动式张力机由张力机本身所带发动机带动液压马达，对缠绕导线的张力轮产生阻尼制动力，从而使导线在牵引力作用下产生张力。这种张力机，各张力轮都有一套独立的动力系统，所以放线过程中，各子导线的张力可以单独调节。在一定条件下，主动式张力机还可以使张力轮主动前进或倒转，这给放线和紧线施工都带来了方便。

2）被动式张力机。这种张力机本身无动力，它是由导线承受牵引力后，带动张力轮旋转，再由张力轮带动液压马达产生阻尼制动。此制动力再反馈于张力轮，以达到制动导线产生张力的目的。被动式张力机操作和维修都比较简单，也可以单独调节某一子导线的张力，但不能主动前进或倒转。张力机按每次可同时展放子导线的根数不同，可分为四线式、二线式和一线式。图5-12所示为四线式张力机。

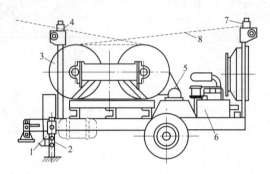

图5-12　四线式张力机（加拿大 TE 公司产）

1—液压千斤顶；2—固定支撑；3—导线张力；4—前导滚；

5—液压马达；6—发动机及操作系统；7—后导滚；8—导线

　　四线式张力机可同时展放四根子导线，也可同时展放二根子导线。一线式张力机多用于展放牵引钢绳。

　　四线式张力机多为主动式，一线式张力机多为被动式。

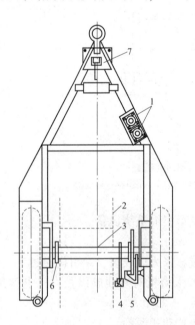

图5-13　导线轴架车（加拿大 TE 公司产）

1—导线盘提升机构液压手柄；2—导线盘；

3—导线盘轴；4—导线盘固定销；5—气动刹车；

6—导线盘限位卡；7—线盘拖车可调导轮手柄

　　（2）导线线轴支架。导线线轴支架是与张力机配套使用的设备，它的作用是放置导线线轴，导线线轴分为拖车式和支架式两种。

　　1）线轴支架拖车。线轴支架拖车又称导线轴架车，它形如两轮拖车，如图5-13所示。它采用手动液压顶升装置，放线中更换线轴十分方便。线轴支架拖车通过高压胶管与张力机气泵相连，放线中张力机气动刹车泵系统对导线产生一个尾绳子张力，使导线得以顺利展放。

　　2）液压线轴支架。液压线轴支架与普通的线轴支架相类似，采用手动刹车装置，以使导线产生尾绳张力。它结构简单，拆装方便。

　　3. 导引绳、牵引绳、抗弯连接器和导引绳展放支架

　　导引绳、牵引绳一般采用特殊加工的无扭钢绳或防捻钢绳。

　　无扭钢丝绳是编织式的，由八股钢丝相互穿编而成，整绳断面呈正方形。这种钢绳受拉后不产生断面扭矩，也不传递扭矩，本身柔软，不易

出金钩，施工方便。抗扭钢绳是用粗细不等的钢丝捻合成股，再由三股捻合成绳，股与绳的捻向相反。此种钢绳受拉后，股与绳产生的断面扭矩方向相反，因此综合扭矩较小，加之扭合后用旋转锤将其表面的钢丝打成异型，保形性能较强，受扭力作用后原结构不易改变。这种钢绳断面呈圆形，缺点是比较硬，不易盘车，易出金钩，易伤放线滑车。无扭钢绳和抗扭钢绳的结构形式如图 5-14 所示。

　　导引绳是用来牵引牵引绳的，一般采用人力放线方法展放，所以其直径较小，且长度不宜过长，以方便现场搬运。牵引绳是直接牵引导线用的，所以它的规格应以每次牵引导线根数、放线张力及长度等经计算后确定。

　　导引绳之间、牵引绳之间都需要一种特殊的连接器，它不但要和被连接的导引绳或牵引绳有相同的抗拉强度，而且因其要通过放线滑车和牵引机的牵引轮，所以还要求其具有光滑的外形和足够的抗弯强度。图 5-15 所示为常用的抗弯连接器。

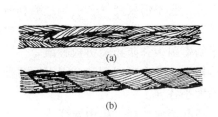

图 5-14　无扭钢绳和抗扭钢绳的结构形式
（a）编织式无扭钢绳；（b）三股捻合抗扭钢绳

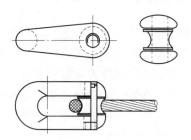

图 5-15　常用的抗弯连接器

　　导引绳是卷绕在绳盘上的，放导引绳时需要一个支架，即导引绳展放支架，图 5-16 所示为常用的导引绳展放支架，它由钢管制成，质量轻，使用方便。

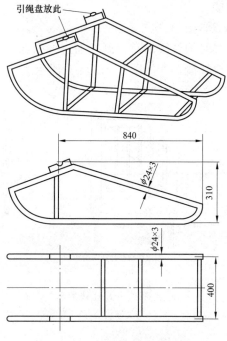

图 5-16　常用的导引绳展放支架

4. 牵引板、防捻连接器、连接网套

导线和牵引绳的连接是通过导线连接网套、导线防捻连接器、牵引板及牵引绳防捻连接器来完成的，如图 5-17 所示。

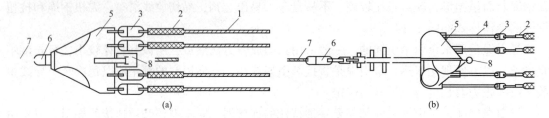

图 5-17　导线与牵引绳的连接

（a）不带平衡滑轮的连接；（b）带平衡滑轮的连接

1—导线；2—蛇皮套；3—旋转连接器；4—平衡钢绳；5—牵引板板身；6—旋转连接器；7—牵引绳；8—平衡锤

（1）牵引板。牵引板又称走板、联板、滑板等。它不但要能够牵引导线顺利通过放线滑车，而且要使导线顺利落入各自的放线滑轮，所以要求牵引板的尺寸及导线间距要和放线滑车相匹配。牵引板尾部带有重锤，其作用是为平衡牵引板和防止牵引板翻滚。

（2）防捻连接器。防捻连接器又称旋转连接器。它分为导线用和牵引绳用两种。两种防捻连接器构造相同，但因其承受放线张力不同而大小各异。

防捻连接器的作用除连接导线或牵引绳外，还起释放放线过程中导线或牵引绳的残余扭力的作用。因此，要求防捻连接器在承受额定张力时，也能自由旋转。

（3）导线连接网套。导线连接网套又称蛇皮套。它是由细合金丝编织而成，主要用于导线与导线或其他部件的临时连接。

导线连接网套分为一端插线和两端插线两种，前者用于导线和其他部件的临时连接，后者用于导线与导线的临时连接。

5. 放线滑车、开口压线滑车、接地滑车

（1）放线滑车。张力放线时的放线滑车，既要通过导引绳、牵引绳，又要通过牵引板、导线等，所以是特殊加工的放线滑轮，如图 5-18（a）所示。

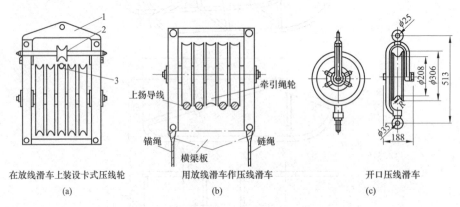

图 5-18　开口压线滑车

1—放线滑车；2—卡式压线轮；3—导（牵）引绳

张力放线的滑轮，中间为钢质滑轮，通过导引绳、牵引绳，两侧为挂胶滑轮，通过导线。选配时应满足下列要求：

1）放线滑车要与放线方式相配合。展放复导线时，各子导线对滑车中心要对称。子导线为奇数时，因中间滑轮既要过牵引绳，又要过导线，所以应特殊考虑（如用铝合金轮）。

2）轮槽底径和槽形应符合《放线滑轮直径和槽型》的规定。

3）轮槽宽度应能顺利通过连接管及连接保护钢甲，过导引绳、牵引绳的滑轮应能顺利通过各种连接器。

4）放线滑车应能顺利通过牵引板（联板）。

（2）开口压线滑车。张力放线过程中，当导引绳、牵引绳、导线通过上扬杆塔及大转角耐张塔时，或导线压接升空时用来压线的滑车时，如图 5-18（b）、（c）所示。

（3）接地滑车。张力放线时，挂在牵引绳上的是钢质接地滑车，挂在导线上的是铝质接地滑车，如图 5-19 所示。接地滑车的作用是将牵引钢绳或导线上的感应电有效地接地释放，以保证施工安全。

### 5.2.3　架线前的一般准备工作

张力放线前的准备工作包括清除通道内的障碍物，搭设跨越架，选择牵张场地，牵张场的平整和道路修补，直线塔悬挂绝缘子串及放线滑车，转角塔悬挂放线滑车，直线和转角塔悬挂地线放线滑车，布线等。其中对应内容与拖地放线前的准备工作相同。

1. 张力放线段的划分

张力放线段长度主要根据放线质量要求和放线效率来确定。

理想的放线段长度包括 15 个放线滑轮的线路长度，宜为 5～8km。当选择牵张场地非常困难时，放线段内包括的放线滑轮数量不应超过 20 个。

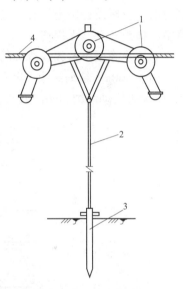

图 5-19　接地滑车
1—接地滑车；2—接地线；
3—接地极；4—导线、地线

跨越特别重要的跨越物，如铁路、高速公路及 110kV及以上电力线等，宜适当缩短放线段长度，以确保安全和快速完成跨越架线任务。

在确定张力放线段长度时，同时还应考虑下列影响因素：

（1）选用的放线段长度与线轴导线累计线长相近的方案，以减少直线压接管数量。如果导线供货为定长时，放线段长度应与线轴中线长的整数倍相近。

（2）在以放线段作为紧线段进行架线时，选用张力放线段代表档距与所在耐张段（或主要耐张段）代表档距接近的方案，以提高紧线应力（与设计要求应力）的正确度。

（3）选用以上扬杆塔作张力放线段起止塔的方案。

（4）非特殊情况尽量不以耐张塔作张力放线段起止塔。

2. 牵张场地的选择

牵张场地应满足牵引机、张力机能直接运达到位，且道路修补量不大的要求；桥梁载重能满足承载力不小于 250kN 的要求。地形应平坦，能满足布置牵张设备、布置导线及施工操作等要求。场地面积：对于张力场不应小于 55m×25m；对于牵引场不应小于 30m×25m。

牵张场的相邻直线塔应允许作过轮临锚。一般情况下，要求过轮临锚的条件是：

（1）锚线对地夹角不大于 25°（这是目前设计对直线杆塔的验算条件）。

（2）锚线及导线压接无特殊困难。

（3）牵引、张力机出口与邻塔悬挂点间的高差角不应超过 15°。

不宜选作牵张场的情况有：需以直线转角塔作过轮临锚时；档内有重要交叉跨越或档内不允许导、地线接头时；牵引、张力机出口与邻塔导线悬挂点高差角大于 15°时。

一般情况下，张力场不应转向布置。受地形限制，牵引场选场难以满足上述规定时，可通过转向滑车进行转向布置。

3. 悬垂绝缘子串及放线滑车的安装

悬垂绝缘子串及放线滑车吊装前除对外观质量检查外，如果设计对绝缘子的颜色有特殊规定时，应按设计规定组装。三相导线的放线滑车或两根地线的放线滑车应尺寸统一，转动灵活，插销齐全，无损伤。

悬垂绝缘子串及放线滑车的吊装可吊一串或同时吊同相双串。

由于 500kV 悬垂绝缘子串及放线滑车的单串质量约 400kg，不得用人力拉绳起吊，而应用 10kN 级机动绞磨起吊，其布置示意图如图 5-20 所示。

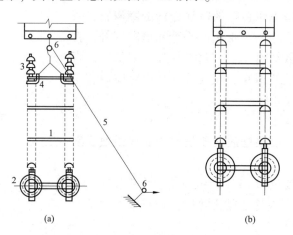

图 5-20 吊装双串悬垂绝缘子串布置示意图

（a）吊装过程中；（b）吊装已完毕

1—铁撑杆；2—放线滑车；3—绝缘子串；4—专用卡具；5—钢绳；6—起重滑车

牵引钢丝绳与绝缘子串的连接应使用专用吊装卡具，且安装在第 4 片绝缘子的下方。如无专用卡具时，可用一条 φ20 尼龙绳套（破断力>25kN）。横担上的起吊滑车应挂在距绝缘子串挂孔约 0.3m 处，以利于绝缘子串就位。

绝缘子串将要离开地面时，将绝缘子串理顺，避免折弯碰撞。吊装过程中，注意不要让绝缘子串与塔身或横担相碰。绝缘子串提升越过下层横担时，用控制绳将绝缘子串拉离下层横担。

当直线塔的单相悬垂绝缘子串为双串悬挂方式时，每串悬垂绝缘子串的下方悬吊一只放线滑车，起吊布置图如图 5-20（a）所示。两串同时吊装就位后，应用木撑或铁撑隔开固定，一般每隔 7~8 片设一撑杆，以防放线过程中两串绝缘子互相碰撞。吊装好的双串绝缘子串如图 5-20（b）所示。

**4. 耐张塔放线滑车的吊装**

耐张塔的每相导线横担端部应悬挂两只放线滑车。滑车顶部应连接 $\phi20$ 的拉线棒（即挂具）。挂具长度及两挂具长度差应经计算确定。计算得的长度差小于 300mm 时，可用等长挂具；大于 300mm 时，应使用不等长挂具。挂具长度不宜短于 1m。

双滑车之间用 $\angle 63×5$ 角钢连成整体，角钢长度视横担宽度而定，允许略小于挂点间横担宽度，但不应大于挂点间横担宽度。放线滑车的悬挂方式如图 5-21（a）所示。

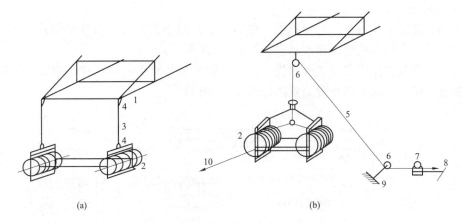

图 5-21  耐张塔双滑车

（a）悬挂示意图；（b）吊装布置示意图

1—导线横担；2—放线滑车；3—$\phi20$ 拉棒；4—卸扣；5—钢丝绳；

6—起吊滑车；7—机动绞磨；8—角铁桩；9—地锚；10—棕绳

放线滑车吊装布置示意图如图 5-21（b）所示。转角塔的转角较大时，放线滑车受力后向内倾斜，滑车因自重造成滑车中心偏离受力方向，由此可能导致导线"掉辙"。为解决该隐患，放线滑车应采取预倾斜措施，并随时调整倾斜角度，使导引绳、牵引绳、导线的方向基本垂直于滑车轮轴。预倾斜的布置方式是在滑车尾端连接一条钢丝绳，该绳通过转向滑车引至地面与手扳葫芦相连接。收紧手扳葫芦使滑车尾端吊起一段高度，如图 5-22 所示。

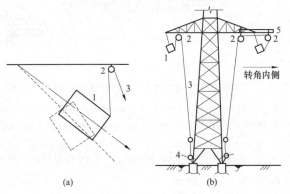

图 5-22  调整转角塔放线滑车倾斜度

（a）原理图；（b）布置图

1—放线滑车；2—起吊滑车；3—钢丝绳；4—手扳葫芦；5—圆木

5. 布线

张力放线前,应作布线设计,布线原则如下:①有效控制直线压接管位置。②将直线压接管数量降至最少。③保证直线松锚后导线仍不落地。④节约导线,使放线中产生的不能继续使用的短线头最少。⑤转场时余线转运量较少。⑥布线时宜将压接管位置控制在靠近紧线锚端的半档距内。

### 5.2.4　关键施工工艺

1. 牵引场及张力场布置

牵引场布置的主体设备是主牵引机(俗称大牵)及小张力机(俗称小张),一般采用顺线路方向布置。牵引场的平面布置示意图如图 5-23 所示。

张力场布置的主体设备是主张力机(俗称大张)及小牵引机(俗称小牵),均采用顺线路方向布置。张力场的平面布置示意图如图 5-24 所示。

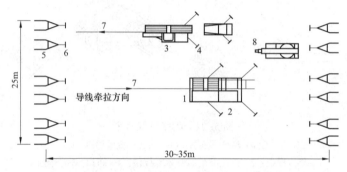

图 5-23　牵引场的平面布置示意图

1—主牵引机;2—主牵引机临锚装置;3—小张力机;

4—小张力机临锚装置;5—临锚架;6—钢管地锚;7—牵引绳;8—16t 吊车

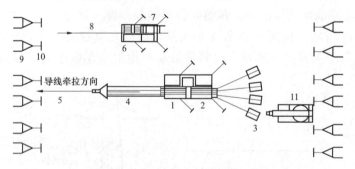

图 5-24　张力场的平面布置示意图

1—主张力机;2—张力机临锚;3—线轴架;4—导线;5—牵引绳;6—小牵引机;

7—小牵引机临锚;8—导引绳;9—临锚架;10—钢管地锚;11—16t 吊车

当某一放线段的导线展放完毕后,需展放相邻另一段导线时,牵引场的大牵和小张及张力场的大张和小牵都必须转场或调头转向。

大牵、张机布置在线路中心线上,其方向应对正邻塔导线悬挂点,使绳(或线)在机上的进出方向垂直大牵的卷扬轮和大张的张力轮中心轴。每展放完一相导线后,大牵、张机均应调整方向,对正邻塔另一相导线悬挂点。

　　小牵、张机按导线牵放顺序分别布置在每相导线的垂直下方。牵放完第一相牵引绳后，小牵、张机分别移至第二相导线的垂直下方，继续同样操作。

　　大小牵、张机顺线路出口方向与邻塔导线悬挂点的仰角不宜大于 15°，俯角不宜大于 5°。大牵至邻塔的水平距离不宜小于 100m，且大牵、张机出线方向与邻塔边导线的水平夹角应不大于 5°。

　　大小牵、张机就位后，应用枕木将机身垫平、支稳，并用锚桩将机身固定。顺线锚固的链（绳）对地夹角应小于 45°，侧向锚固绳与机身夹角应小于 20°。每台大牵（张）机不应少于 4 个锚固点。小牵（张）机不应少于 3 个锚固点。

　　在大张力机后方约 15m 处，成扇形布置前后四个导线盘架，使导线出线方向垂直于线盘中心轴。

　　16t 汽车吊车应布置在导线盘架的后方，其侧面应为导线集放区。

　　大张力机与线端临锚架间为导线压接场地，大张力机与导线盘架间为更换线盘操作场地。压接场地和换盘场地均应平整，便于操作。

　　除线路两端及某些特殊布场之外，牵张场的临锚架均应在大牵、张机前后邻塔间布置，与大牵、张机间应保持约 20m 的距离，与邻塔导线的挂点间仰角不得大于 25°。

　　图 5-23 及图 5-24 是按单回三相导线布置。如为双回六相导线布置时，线端临锚架数量增加一倍，方向应尽量布置在导线的下方。

　　锚桩埋设应符合下列要求：

　　（1）所有锚桩均应使用 ∠75×8×1500 的角铁桩，根据地质条件，每处采用 2 或 3 根。入土深度不应小于 1.0m。锚桩周围不得有积水，锚桩不得打入软土或填土内。

　　（2）所有地锚应使用 $\phi$230×1600 钢管地锚或 $\phi$300×1200 钢板地锚。大牵、张机每个锚固绳用单根钢管地锚，埋深：坚土不小于 1.5m，次坚土不小于 1.8m。导线线端临锚用两根钢管地锚或 100kN 的钢板地锚，埋深：坚土不小于 1.8m，次坚土不小于 2.0m。

　　（3）地锚坑底部的受力侧应掏挖小槽，槽深不小于 150mm，钢管应水平安置在小槽内。

　　（4）地锚坑的受力侧应掏挖马道，使地锚的钢丝绳套落在马道内，马道对地平面夹角不应大于 45°。

　　（5）水田地带设置地锚时，其坑内应抽干水再回填土，严禁用烂泥、淤泥回填。坑内土质松软时，必须用钢板地锚。

　　2. 拖地展放导引绳

　　导引绳的布线应考虑适当裕度，平地和丘陵按 1.1 倍、山区按 1.2 倍的放线段长度。

　　导引绳一般用人力拖地展放。先将每捆导引绳分散运到放线段内指定位置，用人力沿线路前后侧展放，导引绳之间用 30kN 抗弯连接器连接。放线段内同相位的导引绳宜使用同型号、同规格、同捻向的导引绳。导引绳穿过放线滑车时，必须穿入五轮放线滑车（指四分裂导线）的中轮槽内。导引绳用于牵拉地线的可直接穿入地线放线滑车。

　　一个放线段的导引绳展放完毕并连接好后，将其一端锚定。升空过程中，应派人沿线监护，防止导引绳挂住竹子、树木或其他障碍物。导引绳当天展放完毕，并于当天升空，严禁导引绳拖地过夜。

　　3. 张力展放牵引绳及地线

　　张力展放牵引绳及地线的一般顺序是先展放地线，再展放各相牵引绳。由于地线张力较小，一般情况可用导引绳直接牵放地线。

张力展放牵引绳及地线均采用小牵机及小张力机。展放牵引绳时，小牵张系统构成示意图如图 5-25 所示。

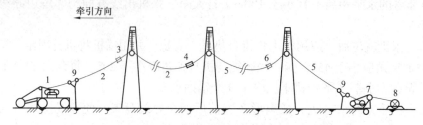

图 5-25　小牵张系统构成示意图（展放牵引绳时）

1—小牵引机；2—导引绳；3—30kN 抗弯连接器；4—80kN 旋转连接器；5—牵引绳；
6—80kN 抗弯连接器；7—小张力机；8—牵引绳盘架；9—接地滑车

（1）张力展放地线及牵引绳时，张力场的准备工作。将地线盘架上的钢绞线（一般是 GJ-70 型或 GJ-80 型）由上方进入小张力机轮子，绕张力轮 6 圈后，从上方引出。

用与地线相配套的网套连接器固定地线引出端。网套连接器开口端用 12 号或 14 号铁线绑扎牢固。用 30kN 旋转连接器将导引绳与地线引出端的网套连接器相连接。

将牵引绳盘架上的钢丝绳通过转向滑轮由上方进入小张力机轮子，绕张力轮 6 圈后从上方引出，用 30kN 旋转连接器将导引绳与牵引绳连接。

（2）张力展放地线或牵引绳时，牵引场的准备工作。将导引绳前端从小牵引机上方引入卷扬轮，绕卷扬轮 6 圈后由上方引至导引绳盘。靠近小牵、张机的进出线右侧，在导引绳、牵引绳或地线上安装接地滑车，做好保安接地。

（3）张力展放牵引绳或地线的操作。

张牵场准备工作完毕，表明工作系统已建立。系统建立后，各岗位工作人员应全面检查各部位情况并报告现场指挥员。指挥员确认各部位正常后，方能下达开始牵引牵引绳或地线的命令。

用小牵、张机"一牵一"展放地线或牵引绳，开始时应慢速牵引，待系统运转正常后，方可全速牵引，其速度应控制在 40~70m/min。

1）地线或牵引绳换盘的操作。

a. 当小张机尾架上的地线或牵引绳在盘中剩余 4~5 圈时，应通知小牵引机暂停牵引。

b. 换盘方法是：先用卡线器锚固地线或牵引绳，倒出盘中剩余的线或绳，卸下空盘，换上待展放的地线或牵引绳新盘。地线换盘后，已展放的地线与新盘的地线之间应按规定进行液压连接并装设保护钢套。牵引绳换盘后，已展放的牵引绳与新盘上的牵引绳之间应用 80kN 抗弯连接器连接。

c. 将前一盘的余线或余绳绕进新盘并收紧尾绳，缓慢拆除卡线器。

2）导引绳换盘的操作。

a. 当导引绳的接头（即 30kN 的抗弯连接器）牵引至接近小牵机时，应减速牵引，使接头缓慢通过小牵引机的卷扬轮。当接头进入导引绳盘 2~3 圈后，应暂停牵引。小牵机的前方用卡线器锚固导引绳。

b. 解开导引绳接头的抗弯连接器，卸下已缠满的导引绳盘，换上导引绳空盘。对卸下的导引绳盘应及时根据计划送至下一个放线段内的指定地点或回收到机具库。

c. 将导引绳头缠绕于空盘并收紧，启动小牵引机受力后再次暂停，拆除卡线器，即可继续牵引。

3）压接管位置。放线段内，地线展放将要到放线段的尽头时，应监视沿线压接管的位置。当压接管到达塔位附近时，应暂停牵引，指定专人登塔拆除保护钢套。

4）地线或牵引绳的锚固。

a. 当放线段内的地线或牵引绳展放到位后，应停止牵引。用卡线器将地线或牵引绳的前后端锚固在地锚上。

b. 锚线的地面处应串联 30kN 手扳葫芦并收紧，保持地线或牵引绳的张力，然后拆除导引绳。

c. 将小张力机上剩余的地线或牵引绳盘出后，转入下一条线或下一放线段，继续牵张作业。

（4）张力展放地线或牵引绳的注意事项。

1）小牵张系统建立后，必须由指挥员统一指挥，指挥员位置在张力场。指令不清楚时，应询问清楚后再操作。指令要规范，用语一律用普通话。严禁不通过指挥员而擅自发出开机命令。

2）牵引过程中，各岗位工作人员应随时向指挥员报告情况，保持通信畅通。系统中任何岗位发现异常或危险情况时，都应发出停机信号，牵引机司机接到信号后应立即停机，并报告指挥员及张力机司机。

3）指挥员应随时询问近地档、交叉跨越档和上扬点的情况，发现地线或牵引绳弛度过大或过小时，应通知张力机司机调整张力。若牵引机的牵引力超过整定值时，应停机检查，查明原因，排除故障后再牵引。

4）任何一次启动都应先启动张力机，后启动牵引机。若要停机，应先停牵引机，后停张力机。展放导引绳、地线及牵引绳过程中，应派专人检查导引绳、地线或牵引绳是否有断股、金钩现象，有无明显的背扣等缺陷。特别是应检查导引绳、牵引绳与连接器相连的端部圆环处的断丝情况。断丝超标时应切断后重新插接。旋转连接器不允许进入小牵引机的卷扬轮。

4. 张力展放导线

这里的张力展放导线是指一牵四展放导线，常用导线型号为 LGJ-300/40 型及 LGJ-400/35 型。对于一牵二或一牵一展放导线可参照执行。

（1）牵引场的准备工作。

1）检查牵引机方向，确认其是否已对正牵引导线的方向。放下牵引机液压支腿，支垫道木，将牵引机调平，然后收紧锚固牵引机的手扳葫芦，将其固定。

2）把已锚固在牵引场的牵引绳尾端穿绕牵引机的牵引轮（也称卷扬轮）后，将其尾端固定于牵引绳盘上。牵引绳引入牵引轮时，应由内向外、上进上出或上进下出。当上进上出时，牵引绳在牵引轮上绕 7 圈；当上进下出时，牵引绳在牵引轮上绕 5~6 圈。

3）启动牵引机，慢速牵引，收紧牵引绳锚固点与牵引机间的余绳后即停机。拆除牵引绳上的卡线器，并在牵引机前的牵引绳上安装钢质接地滑车。

（2）张力场的准备工作。

1）检查张力机方向，确认其是否已对正导线展放的方向。放下张力机液压支腿，支垫道木，将张力机调平；然后收紧锚固张力机的手扳葫芦，将其固定。

2）将第一组四轴导线吊上导线盘架，调好盘架高度，使线轴水平，装上液压制动器。将四条 $\phi16$ 的尼龙绳分别缠绕在张力机的张力轮槽内，缠绕方向与导线外层捻回方向一致，上进上出；在张力轮槽内绕 4 圈后，绳头的一端在张力机进线侧，另一端在出线侧。

3）将第一组四轴导线的线头拉出盘外，截除散股部分后，将导线头套入单头网套连接器并收紧。在距连接器开口端 20~50mm 处用 10 号镀锌铁线绑扎不少于 10 匝。在网套连接器的外表套上白布袋，用胶布贴牢。将导线头上的网套连接器与张力机进线侧的尼龙绳头连接。

4）启动张力机，以人力拉紧张力机出线侧的尼龙绳头慢速牵引，使导线随尼龙绳通过张力机的张力轮，并拉出张力机 4~5m 后停机。四条导线头拉出长度应一致。

5）解下导线头的尼龙绳，将导线头的网套连接器与 30kN 旋转连接器连接，再与牵引板连接。

6）待四条导线都与牵引板连接后，启动张力机，让其慢慢倒车。收紧线盘至牵引板间的钢丝绳和导线，同时用人力同步倒转线盘，使余线盘于线盘上。收紧后，拆除牵引绳上的卡线器。以张力机调整各子导线的张力，使牵引板处于水平状态。在张力机出线口处安装铝质接地滑车。

（3）展放导线前的检查和准备。

1）检查线盘架上的导线长度是否符合布线计划的要求。线盘架的位置和方向是否正确，线轴是否调平，线盘架的锚固是否牢靠，导线与张力轮缘及导线相互间有无摩擦。

2）检查放线段护线人员是否全部到位，通信设备是否完好畅通，导线与其他物体不可避免的接触是否用耐磨的缓冲垫物隔离。

3）线盘架与张力机之间及张力机出口 20m 内的导线应该压接地面，应用帆布或编织带布铺垫，防止导线触地损伤。检查锚固大牵、张机的绳索受力是否均匀适度。

（4）大牵张系统的建立。牵引场及张力场已完成各项准备工作，已按要求完成牵引前的检查并满足放线要求，这就表示大牵张系统已建立。大牵张系统构成示意图如图 5-26所示。

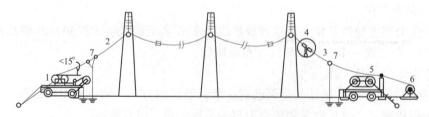

图 5-26    大牵张系统构成示意图

1—大牵引机；2—牵引绳；3—导线；4—牵引板系统；5—张力机；6—导线盘架；7—接地滑车

（5）大牵张系统的控制。

1）调整张力机的张力达到调平牵引板的目的。当牵引板通过第一基杆塔并向第二基杆塔爬坡时，将张力调整到规定值。

2）导线调平后，牵引机逐步增大牵引力和速度。牵引力的增值一次不宜大于 5kN，避免增幅过大而引发冲击力。牵引速度开始时宜控制在 50m/min。

3）导线放线张力的控制是通过近地档或跨越档要求不同的高度来实现的。牵放导线过程中，导线与地面及被跨越物的距离：一般地段导线离地面距离应不小于 3m；人员及车辆较少通行的道路而不搭设跨越架时，导线离路面距离应小于 5m；导线或平衡锤离跨越架顶面距离应小于 1.0m。

4）当牵引板牵引至距放线滑车 30～50m 时，应减慢牵引速度，使牵引板平缓通过放线滑车，减少冲击力。

5）当牵引板接近转角塔的放线滑车时，应减缓牵引速度（应控制在 15m/min 之内），并注意按转角塔监视人员的要求，调整子导线放线张力，使牵引板的倾斜度与放线滑车倾斜度相同。牵引板通过滑车后，即可恢复正常牵引速度及正常放线张力。

（6）更换牵引绳盘。当牵引绳头（即 80kN 抗弯连接器）进入牵引绳盘 3～4 圈后，应停止牵引。在牵引机与绳盘之间用卡线器锚固牵引绳；拆除刚入绳盘的抗弯连接器，卸下空盘，换上满盘。将满盘的牵引绳运至下一条线或下一个放线段。将牵引绳头缠固于新装的绳盘上，转动绳盘，收紧牵引绳。卸下牵引绳上临时锚固的卡线器后，报告指挥员准备继续牵引。

（7）更换导线盘。

1）当导线盘上的导线剩下最后一层时，应减慢牵引速度；当盘上导线剩下 3～5 圈时，应停止牵引。用 ϕ8 棕绳在张力机的后方通过卡线器临时锚固导线。

2）倒出盘上余线，卸下空盘，装上新盘导线。预先将一布袋穿过任意一端导线头后，将前后两条导线头对接套入双头网套连接器，用 12 号铁线绑扎连接器开口端，移动白布袋使其包住网套连接器，用胶布缠牢布袋两端。倒转导线盘，将余线缠回线盘中。

3）装上气压制动器并带住线盘尾部张力，拆除 ϕ18 棕绳等临锚装置。

4）开启张力机，通知牵引机慢速牵引。当双头网套连接器引出张力机 3～5m 时停机。在张力机的前方将四根子导线通过卡线器及钢丝绳锚固在张力机上，卸下铝质接地滑车。启动张力机，使张力机前方导线缓慢落在铺垫的帆布上。拆下双头网套连接器及白布袋，切除连接器接触过的导线尾段。

5）按工艺要求进行导线直线压接。压接完成后，在直线管外装设保护钢套，并绑扎牢固。再在钢套外面包缠白布，并用胶布贴牢。

6）启动张力机，令其倒车，收紧导线，将锚固点至导线盘间的余线收至线盘上。拆除压接前在张力机的前方设置的锚固装置。在张力机出口的导线上，重新装上铝质接地滑车。报告指挥员，准备继续牵放导线。

（8）设置导线线端临锚。导线展放完毕后，放线段的两端导线必须临时收紧连接于地锚上，以保持导线对地面有一定的安全距离，此锚线简称线端临锚。

线端临锚水平张力不得超过导线保证计算拉断力的 16%。线端临锚还将作为紧线临锚之用，因此线端临锚的设计受力应取最大的紧线张力。一般情况下，LGJ-300 型导线最大紧线张力约为 25kN；LGJ-400 型导线最大紧线张力约为 35kN。线端临锚的调节装置应每条子导线单独设置，但地锚可以共用，其构成如图 5-27 所示。

线端临锚四套卡线器的位置应互相错开，以免松线时互相碰阻。卡线器的尾部一段导线

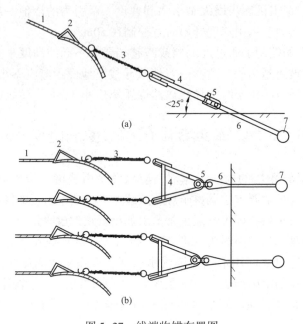

图 5-27　线端临锚布置图

（a）侧视图；（b）俯视图

1—导线；2—卡线器；3—60kN 手扳葫芦；4—锚线架（100kN）；

5—M36 卸扣；6—地锚钢绳套（19）；7—钢管或钢板地锚

上应套上胶管，防止卡线器碰伤导线。为了防止四条子导线间互相碰击受损伤，临锚时各子导线应有适当的张力差，使子导线互相错位排列。

临锚导线对地夹角应不大于 25°（tan25°=0.466，即在水平距离 10m 时，其相应的导线高不应大于 4.66m）。锚线后的导线距离地面不应小于 5m。

相邻线端临锚的直线铁塔称锚塔。应注意阅读设计单位编写的施工总说明书，有些直线塔设计是不允许用作锚塔的，或者需要补强后作锚塔。对于拉线猫头塔及拉 V 塔，当进行一相边导线临锚时，由于导线不平衡垂直荷重很大，为减少塔头单边受力产生的偏心弯矩，在另一边导线横担头增设一条垂直地面的平衡拉线，地面处串接 30kN 的双钩，其受力按 30kN 以下控制。

（9）张力放线中故障的预防和处理。张力放线中往往会出现一些故障（严重者为事故），这些故障包括两部分：一部分是由放线机械和连接元件引起的，即机械故障；另一部分是由于布置和操作不当引起的，即操作故障。

针对放线中出现的一些故障，制定预防措施是张力放线中的重要环节。因为故障的后果危害很大，轻者将会使导线损伤，机械损坏，重者可能会导致人员伤亡等。张力放线施工中一旦出现异常或故障，应立即停止牵引，查明故障原因并排除后再继续牵引。

张力放线中，牵张设备本身会有各种故障，这些故障应由专业修理人员查明原因，进行修理。这里不作介绍。针对下列一些可能出现的故障提出预防措施及处理办法，仅供参考。

1）牵引板或平衡锤撞击滑车横梁或绝缘子。发生牵引板或平衡锤撞击滑车横梁或绝缘子时，查明原因后，针对具体原因进行停机处理。牵引板或平衡锤撞击滑车横梁及绝缘子的预防措施有：

a. 相邻杆塔的导线悬挂点高差过大时，应在低侧的铁塔上悬挂双滑车，改善牵引板进出放线滑车的倾斜角。

b. 平衡锤悬挂方式应正确，限位装置应朝天。选用只能朝下旋转而无法向上旋转的新型平衡锤形式。

c. 加大滑车槽顶面与滑车上横梁间的距离。

d. 加长绝缘子串与放线滑车间的连接件长度。

e. 滑车连接件的螺栓穿向应与牵引方向一致，避免平衡锤通过滑车时敲击螺栓丝扣。

2）绳（导引绳或牵引绳）或线跳槽。

a. 预防牵引轮和张力轮发生绳或线跳槽的措施。钢丝绳抗弯连接器应与牵、张机的牵引轮和张力轮的轮槽相匹配，使其平滑过渡，减少绳或线的波动。升速、减速应平衡升降，不得隔档调速。

b. 预防直线塔或上扬处发生绳或线跳槽的措施。若上扬处的压线滑车为单独悬挂者，其压线滑车必须挂在牵引侧（即杆塔的牵引前进方向一侧）。若上扬处压线滑车在放线滑车中间钢丝绳轮上方者，应保证其缝隙不至跳出钢绳，其下方的锚固应满足上拔力要求。牵、张机的启动或停机均应平稳。

c. 在直线塔上发生绳或线跳槽的处理办法。若只跳槽而并无卡死时，在塔上用双钩或手扳葫芦将跳槽的绳或线提起，使其恢复原位。若跳槽又卡死时，先令牵引机倒档，调整绝缘子串基本垂直后，再用双钩或手扳葫芦将跳槽的绳或线提起，使其恢复原位。

d. 在转角塔的放线滑车处发生绳或线跳槽时，一般应先停机，再登塔查明原因，提出处理方案，报告指挥员。根据不同原因，提出不同对策。基本方法是用双钩或手扳葫芦提起绳（线），使其复位。预防转角塔发生绳或线跳槽的措施：

（a）放线滑车的悬挂方式应按规定悬挂。挂具宜采用刚性结构，前后二滑车用角钢连成整体。放线滑车采用单根尾部调节绳时，应使二滑车均衡受力；采用双根尾部调节绳时，升降速度应一致。

（b）加强牵引过程中绳（线）穿过滑车的监视与尾部调节绳的调整，注意调节绳应与牵引速度相适应。

（c）牵引板进入放线滑车前，调整牵引板的倾斜角与滑车倾斜角相一致。

（d）牵引板靠近放线滑车时，令牵、张机停机，登塔用麻绳一端绑住平衡锤的尾部，另一端拉到横担上。收紧麻绳，使平衡锤悬空，再慢速牵引。牵引板及平衡锤穿过滑车后，停止牵引，解下麻绳，继续牵引作业。

3）跑线。跑线是指已建立的牵张系统中的某个环节（或元件）滑移或断开而造成绳或线滑移后落地，这种现象是张力放线中最为严重的故障。预防跑线的主要措施：

a. 放线前，牵张系统中的各种连接工具均应经拉力试验，合格后方准使用。

b. 牵、张场的地锚设置及钢丝绳必须符合设计规定，并派人监视。钢丝绳断丝超过标准的应割断重新插接。

c. 牵张系统中最易发生断开的工具是卡线器、网套连接器及钢丝绳与连接器的连接弯环处。对这三处应做到安装正确，安装后有专人检查，方准投入使用。地线卡线器应安装备用保险卡具（即双重保险）。

d. 张力放线的每一步操作都应做到判断正确，操作无误，指挥明确。牵引过程中，加强牵、张机液压系统的监视，保持压力正常，严防失压后刹车失灵。

发生跑线的处理方法：首先停机，查明跑线原因及后果，严重时应立即组织抢救和向上级报告。针对不同的跑线原因，提出处理方案，报告指挥员。必要时处理方案应报告公司总工程师批准。根据处理方案，逐项实施，恢复牵张系统，继续牵张作业。

4）导线鼓包。导线鼓包是指导线外层铝股松散又鼓胀的现象，也是导线松股的一种严重表现，鼓包俗称"起灯笼"。

导线鼓包有两种情况：一种是在张力轮进口处发生鼓包，另一种是在进入张力轮后发生鼓包。

a. 导线鼓包的预防措施：①确保导线制造质量，保证节距正确，绞合紧密，这是防止发生导线鼓包的关键；②牵张系统中的旋转连接器必须转动灵活，连接位置正确；③导线在张力轮上盘绕时，盘绕方向必须与外层铝股捻向相同；④在绳（线）满足对地及跨越物距离要求的前提下，应尽量降低导线展放张力，提高导线尾部（张力轮至盘架间）张力；⑤选择张力设备时，尽可能选择张力轮直径较大的张力机。

b. 导线鼓包的处理。首先停机，查明鼓包原因，按预防措施中有关规定进行纠正以消除鼓包。出现的轻微鼓包可用麻绳按导线捻回方向缠绕 2~3 圈，同向扭转麻绳并用木棒轻敲导线，可消除鼓包。严重的鼓包已无法修复，必须将鼓包的一段导线切除，按压接要求，以直线压接管连接导线。

5）钢绳抗弯连接器通过卷扬轮时，连接器断裂或钢绳在连接点附近断股。选用长度短、直径小、可挠性好的连接器，每次使用前必须严格检查。经常检查钢丝绳与连接器的连接处的断丝情况，超标准者应割断重新插接。连接器通过卷扬轮时应减慢牵引速度。

（10）特殊地形条件的张力放线措施。特殊地形条件是指在放线段内的线路中心线方向无法设置牵引场，或者在张力场的对侧无法设置牵引场的情况。在这种条件下进行张力放线必须采取一些特殊技术措施，主要是通过转向滑车进行转向布置，或者采用环形牵引放线。

5. 张力架线的紧线

（1）张力架线紧线的主要特点。张力架线紧线施工的主要特点是紧线作业在直线塔进行，故称为直线塔紧线。一般是以放线施工段作为紧线段。只有在特殊情况下，方以耐张塔作为紧线操作塔。紧线段的一端进行紧线操作称为操作端或操作塔，仅作临时锚固的一端称为锚线端或锚线塔。

直线塔紧线与耐张塔紧线的不同点是：

1）直线塔紧线是向同方向紧线。

2）锚线端是用过轮临锚进行固定的，且锚线端增加松锚升空作业。

3）直线塔紧线虽两端不是耐张塔，但中间可能有耐张塔。如果紧线段内无耐张塔，则紧线段是所在耐张段的一部分；如段内有耐张塔，则紧线段为跨耐张段紧线。对此，在紧线应力的选择上应予注意。

4）由于锚线端仅为临时锚线，因此锚线后可在适当范围内重新调整弧垂，而且紧线段内各个杆塔在弧垂调整后均进行划印。

直线塔紧线的紧线段布置示意如图 5-28 所示。

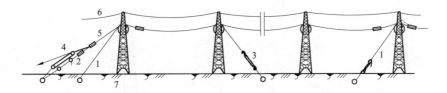

图 5-28　直线塔紧线的紧线段布置示意图

1—过轮临锚装置；2—线端临锚；3—反向临锚；4—紧线牵引系统；5—导线；6—地线；7—操作塔

（2）紧线前的检查。

1）检查各相子导线在放线滑车中的位置是否正确，防止跳槽现象发生；检查各子导线间是否互相绞劲、缠绕，如有，必须打开后再紧线。

2）检查直线压接管位置，经判断后应满足规范要求，如不合适，应处理后再紧线。凡发现导线损伤的应按规范要求处理后再紧线。

3）检查被跨越的电力线是否已完全停电并接地或采取了可靠的跨越措施。

4）紧线段内的中间塔放线滑车在放线过程中设立的临时接地，在紧线时仍应保留，但不应妨碍紧线作业。现场核对弧垂观测档位置，复测观测档档距、高差。

地线紧线前同样应做好各项检查工作，以保证紧线的顺利进行。

（3）紧线的现场布置。直线塔紧线一般采用一根子导线用一套紧线装置（含一套动力装置）的布置方式，每相导线同时布置四套紧线装置，以达到四根子导线同时收紧的目的。对于地线的紧线，每条地线布置一套紧线装置。

紧线段的操作端应根据导（地）线的紧线张力选择，并配备合适的紧线工具。

紧地线的牵引固定地锚一般采用地线线端临锚的地锚；紧导线时一般用导线线端临锚的地锚。紧一根子导线的布置与紧一根地线的布置基本相同，紧导线（或地线）可牵引系统布置如图 5-29 所示，线端临锚布置示意图如图 5-30 所示。

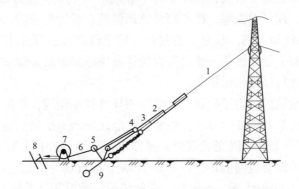

图 5-29　紧导线（或地线）的牵引系统布置

1—导线；2—卡线器；3—总牵引钢丝绳；4—起重滑车；
5—地滑车（30kN）；6—绞磨钢丝绳；7—机动绞磨；8—角铁桩；9—钢管地锚

紧线顺序应先紧地线，后紧导线。若为单回路导线，应先紧中相线，后紧边相线。若为双回路导线，应先紧上相线，再紧中相线，最后紧下相线，双回交错进行。

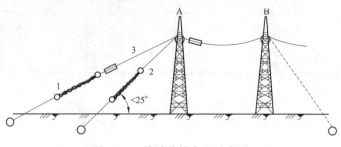

图 5-30　线端临锚布置示意图

1—线端临锚；2—过轮临锚；3—导线

（4）紧地线。

1）按图 5-29 做好现场布置。每根地线布置一套牵引系统，应同时布置两套牵引系统，实现两根地线同紧。检查系统各元件连接牢固后，即可启动绞磨。

2）收紧地线，当操作端的线端临锚拉线不受力时应停止牵引，将线端临锚由地线上拆除。继续收紧地线，且两根同时收紧，同步看弧垂。当各档弧垂调整达到设计规定值时，停止牵引。

3）恢复操作端线端临锚，并收紧手扳葫芦，拆除牵引系统。当弧垂调整符合设计规定及验收规范要求时，登塔划印。

（5）紧导线。

1）按图 5-29 做好牵引系统布置，每相导线应布置四套牵引动力装置，以达到四根子导线同步收紧的目的。检查牵引系统各元件连接牢固后，即可启动绞磨。同时通知弧垂观测人员及紧线段内各监护人员。

2）缓慢收紧四根子导线，当操作端的线端临锚的拉线不受力时，停止牵引，将线端临锚由导线上拆除。继续收紧子导线，应注意将子导线对称收紧，使放线滑车保持受力平衡。四根子导线同步收紧，同步看弧垂，待各档弧垂调整符合设计要求后，停止牵引。

3）恢复操作端的线端临锚，收紧手扳葫芦，松出绞磨绳，拆除牵引系统的工具。用线端临锚的手扳葫芦微调子导线弧垂，使之符合设计及规范要求后，每基杆塔上进行划印。完成划印作业后，方准进行过轮临锚作业。

（6）临时锚线。紧线后，为了确保已紧线段的导地线不跑线，在操作端的直线塔上一般增加一套过轮临锚。在某些特殊情况下，相邻直线塔还应增加反向临锚。

1）过轮临锚。第一个紧线段完成紧线，操作塔（图 5-30 中 A 塔，也称界塔）不得进行附件安装且相邻档不得安装间隔棒，以便在 A 塔上进行过轮临锚。过轮临锚布置示意如图 5-30。过轮临锚由导线卡线器、钢丝绳、直角挂板、手扳葫芦及地锚等构成，如图 5-31 所示。过轮临锚钢绳的对地夹角不宜大于 25°，其地锚设置与线端临锚相同。过轮临锚工具应按最大紧线张力进行验算。

2）反向临锚。反向临锚钢绳的上端通过两条钢绳套直接与绝缘子串下端的 K 型或 X 型联板相连接；下端通过 30kN 双钩与地锚连接，其布置示意图如图 5-32 所示。反向临锚钢绳的对地夹角应不大于 45°，反向临锚布置后，应收紧双钩，使悬垂绝缘子串保持与水平面垂直。反向临锚可按最大紧线张力的 1/4 进行验算。临锚的锚线方向应基本顺线路方向，临

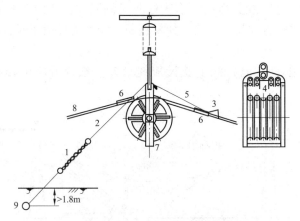

图 5-31　过轮临锚布置示意图

1—手扳葫芦；2—临锚钢丝绳；3—卡线器；4—Z-7 直角挂扳；
5—卸扣；6—开口胶管；7—放线滑车；8—导线；9—钢管地锚

锚的位置应便于松锚作业。

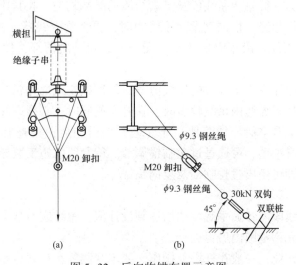

图 5-32　反向临锚布置示意图

（a）顺线路方向观测；（b）横线路方向观测

（7）松锚升空。在本紧线段与上紧线段的衔接档内，进行导（地）线直线压接，拆除导（地）线的线端临锚，使导（地）线由地面升至空中等项作业，简称为松锚升空（或直线松锚升空）。必须具备下列各项条件时，方准进行松锚升空作业：

1）两个相邻的放线段均已分别完成线端临锚。

2）上一个紧线段已安装过轮临锚。

3）上一个紧线段除过轮临锚塔外，其他杆塔已安装线夹，靠近反向临锚塔的一个档距内（B、C 塔之间）已安装完间隔棒。

松锚升空前，应做好两个放线段的界档（即牵、张场设置的档内）内导（地）线线头的压接。

将两放线段的导（地）线头由线端临锚处向对侧展放。在两线头交接处的适当位置断线，然后按工艺要求进行直线管的压接。如果判断直线管需过滑车时，应安装保护钢套及套白布袋。

松锚升空前，应在导（地）线上装设压线滑车。松锚升空的布置示意图如图 5-33 所示。

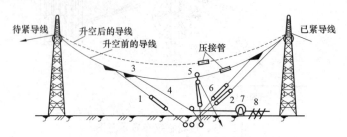

图 5-33　松锚升空布置示意图

1—线端临锚；2—过轮临锚；3—卡线器；4—松锚钢丝绳；5—压线滑车；6—φ16 棕绳；7—机动绞磨；8—角铁桩

在待紧线端的线端临锚前安装卡线器，尾端连接松锚钢丝绳，通过转向滑车，收紧导线，使线端临锚不受力。拆除待紧线段及已紧线段的线端临锚。收紧压线滑车组，使其受力后，再慢慢松出松锚钢丝绳。松锚钢丝绳不受力时，再拆除卡线器。慢慢松出压线滑车组，使导（地）线升空。当压线滑车组松放到不受力时，拉动脱落绳，使压线滑车翻转，解下压线滑车。

松锚升空操作时应注意用于导线的压线滑车必须用铝轮或尼龙轮，其中一侧开口，便于拉脱而不损伤导线；如果界档内余线较多时，在升空的同时，必须通知紧线操作端启动机动绞磨，收紧导线，避免升空后导线落地。导（地）线升空后，检查上一个紧线段导地线的划印点是否窜动；若有窜动，可通过过轮临锚调节。待紧线的施工段导地线紧线完成并且已在导地线上划印后，即可松出过轮临锚及反向临锚。

6. 划印

划印作业应在紧线段内各弧垂观测档均达到设计值，紧线应力基本不发生变化，且子导线间的不平衡误差在允许范围内后再进行。

张力架线的划印作业，一般在杆塔上操作。要求观测好一相划一相的印记，且耐张塔及直线塔应同时划印。

（1）直线塔划印。直线塔的划印如图 5-34 所示，在导线所在竖向平面的横担端头，距悬垂绝缘子串的挂线孔中心距离为 $K$ 的 A 点悬挂一只垂球，使垂球对准任一子导线上划一个记号，设为 $a_0$ 点。以 $a_0$ 点为基准点，将直角三角板一直角边贴紧导线量取 $K$ 值并划印，设为 $a_1$ 点。以 $a_1$ 点为准将直角边对准各子导线画出点 $a_2$、$a_3$、$a_4$。这里的 $a_1$、$a_2$、$a_3$、$a_4$ 即为直线塔的导线划印点，划印点为悬垂线夹中心位置。

（2）耐张塔划印。耐张转角塔的划印如图 5-35 所示，用一划印板（宽 0.1m，长约 2m，具有刻度），将其一端固定在横担的导线挂孔处，另一端沿线路夹角平分线方向伸向导线上方；划印板的另一端悬挂垂球，并对准相应导线挂孔的子导线（设为 1 号）进行划印 $a_1$，同时记录 $a_1$ 点与挂线孔间的水平距离 $A_1$ 及高差 $\Delta h_1$，移动垂球悬挂位置，对准另一根子导线并划印及记录。

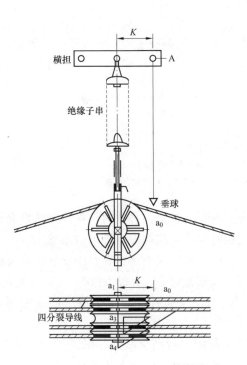

图 5-34　直线塔划印示意图

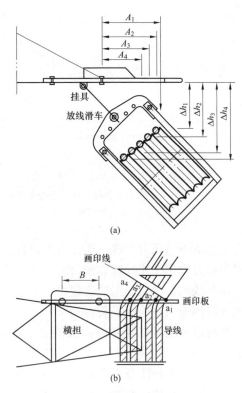

图 5-35　耐张转角塔划印示意图

(a) 正视图；(b) 俯视

如果导线挂线孔为两个时，应分别按上述步骤进行另外两根子导线的划印，印记必须准确、清晰。操作人员脚踩导线时，动作要轻、稳，避免导线窜动。

7. 挂线

张力架线在耐张塔是直通而不断开的。紧线后，必须在耐张塔进行割线、压接耐张线夹、连接绝缘子串及挂线等各项作业，这些作业称为耐张塔平衡挂线。实现耐张塔平衡挂线的基本条件是横担挂线孔附近应预留空中临锚的施工孔。

耐张塔平衡挂线前应根据划印及其他数据计算每条子导线的割线长度，耐张塔相邻的直线塔应不安装悬垂线夹，相邻的两个线档内不应安装间隔棒。

（1）耐张塔挂线方法。耐张塔平衡挂线有两种方法：一种是平衡挂线，另一种是半平衡挂线。

1）耐张塔平衡挂线。平衡挂线也称不带张力挂线。挂线所需过牵引量用空中临锚收足，连接金具到达挂线位置时，空中临锚仍然承受锚固的导线张力（即过牵引张力）。挂线工具只承受拉紧耐张绝缘子串及所带导线的张力，如果空中临锚收紧量不足而影响挂线时，应补充收足，不得以挂线工具强行拉线。如图 5-36 所示。

2）半平衡挂线。半平衡挂线也称为带张力挂线。四分裂导线分为四次挂完一相导线，每次均只挂横担一侧一相导线中的一半子导线（两条），且第一次在横担一侧挂线，第二次在横担另一侧挂线，第三、四次类推，使横担受力始终不超过一相导线总张力的一半。挂线所需过牵引量由挂线工具收紧，挂线工具承受全部挂线张力。

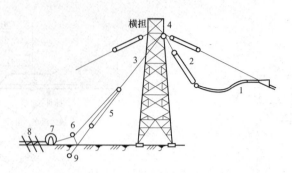

图 5-36 平衡挂线布置示意图
1—导线；2—耐张绝缘子串；3—总牵引钢丝绳；4—起吊滑车；
5—牵引滑车组；6—地滑车；7—机动绞磨；8—角铁桩；9—钢管地锚

耐张塔不带张力挂线，操作塔不设置临时拉线。耐张塔带张力挂线时，如果操作塔允许不平衡张力大于一相导线总张力的一半，则可不设临时拉线，应与设计部门联系确定。

耐张线夹与绝缘子串的连接由于工作位置不同，可以采用高空平台在空中安装，也可以采用导线落地后在地面安装。

挂线过牵引时，导（地）线的安全系数不得小于 2。平衡挂线过牵引量一般应控制在 $300 \sim 400 \mathrm{mm}$。

耐张塔平衡挂线及半平衡挂线的作业程序是横担两侧进行高空临锚，割线、松线落地，压接耐张线夹，连接绝缘子及金具串，平衡挂线或半平衡挂线，安装其他附件。

（2）高空临锚。地面安装耐张线夹时，在离横担挂线孔 1.5 倍悬挂点高度的导线处安装导线卡线器；高空安装耐张线夹时，在离耐张线夹外 3m 左右安装导线卡线器。

在导线卡线器的拉环侧导线上套上开口胶管。在导线卡线器拉环上连接 $\phi 15$ 防捻钢丝绳。在横担挂线孔处连接 60kN 手扳葫芦，再与 $\phi 15$ 钢丝绳相连接。一根子导线的高空临锚布置示意图如图 5-37 所示。

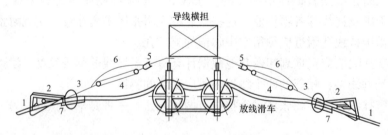

图 5-37 一根子导线的高空临锚布置示意图
1—导线；2—卡线器；3—临锚钢丝绳（$\phi 15 \times 15$）；4—手扳葫芦；5—卸扣；6—保险钢丝绳；7—开口胶管

每相导线一侧应设四套高空临锚装置，两侧共八套高空临锚装置。

两侧同时收紧手扳葫芦，使临锚系统逐渐受力，两侧卡线器间的导线呈松弛状态。收紧时应保持操作塔横担平衡受力，可根据收紧过程中导线是否向操作塔一侧移动，判断操作塔受力是否对称平衡。

高空临锚用的手扳葫芦，收紧后必须将链尾缠绕在本体上且绑扎牢固，防止滑脱。

（3）割线、松线、压接及连接绝缘子串。高空临锚的两侧卡线器之间的子导线松弛后，应在待割线点（放线滑车之间）的两侧线上分别用 $\phi16$ 麻绳绑扎固定，小麻绳另一端通过横担上的小滑车拉至地面收紧。

割断导线前，在卡线器拉环侧 0.5~1.0m 处，用麻绳将导线松绑在锚绳上，防止松线时导线出现硬弯。

收紧小麻绳，将导线拉至横担上进行切割，然后松出小麻绳，使两侧导线头缓慢落至地面。为避免导线落地损伤导线，可视地面情况垫以编织袋布或帆布。

按压接工艺规定进行割线、清洗、压接。利用挂在横担上的小滑车及麻绳卸下放线滑车。

压接后，应根据设计图纸规定组装绝缘子、金具串。绝缘子应擦洗干净，金具的螺栓、销钉及绝缘子的弹簧销方向应符合规范和设计要求。

将组装好的绝缘子及金具串与耐张线夹相连接，均压环暂不组装。每隔 5~6 片绝缘子安装一副木板或带胶套的圆钢制成的绝缘子夹具，避免挂线时两串绝缘子串互相碰撞。

### 5.2.5　张力架线计算

扫二维码获取 5.2.5 节内容。

## 5.3　其他架线工艺介绍

由于特殊地形及重要的交叉跨越等条件限制，架线施工中用常规架线方法难以实施，因此，线路建设者们经过现场实践总结了一些特殊的架线方法。

凡采用特殊的架线方法，施工前必须对现场进行详细调查，对使用的工器具进行试验，结合具体情况编写专项架线施工技术措施。必须让施工人员完全明了方法的内容，必要时应选择一块场地进行试点后再架线。

### 5.3.1　装配式架线

装配式架线是指将现场需要的架空线在材料场裁剪并将两端耐张线夹安装好后，运到指定的耐张段，直接进行展放和挂线。它与常规架线方法的差别是省去了观测及调整弧垂、划印、现场压接等操作程序。

装配式架线的适用范围。由于装配式架线的技术难题尚未完全解决，因此它还不宜在线路施工中广泛推广，比较适用于个别交叉跨越段或孤立档的架线中试点应用。

装配式架线的施工程序是：精确测量线路耐张段长度，精确计算耐张段的线长，精确丈量导线的线长，按常规方法在导线两端安装耐张线夹，根据每档的线长在导线上画出悬垂线夹位置的印记，按常规方法将架空线展放、挂线和附件安装。

装配式架线施工的关键技术难题是由于装配式架线不实测弧垂，只按计算的线长进行割线，挂线后的弧垂误差率必须满足《验收规范》要求。计算表明，为满足弧垂误差率的规定，档距测量误差率及线长丈量误差率均应控制在0.05%以内。

1. 档距及高差的测量

档距及高差应进行高精度测量，一般有下述四种方法：

（1）钢尺精密量距。沿线路方向的档距内每50m钉一木桩，然后用钢尺量距，对其高差、温度等影响进行修正后相加即得档距。该法适用于平地及小丘陵地。

（2）横基尺测距。即用两米横基尺和精密经纬仪进行测距。

（3）红外光电测距仪或电子全站仪测距。

（4）用地线比拟法量档距。该法通过架设第一根地线进行对比并复核计算值和实用值，将线长增（减）量部分列为档距值进行修正，以求得实际正确的档距。

2. 精确丈量线长

采用比长量线法布置示意图如图5-40所示。

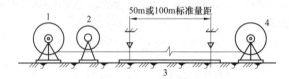

图5-40　比长量线法布置示意图
1—放线轴；2—张力控制器；3—量线平台；4—卷线轴

在量线场作出一根高精度的量距线，可定长50m或100m（浙江苏杭线选用200m），用此量距线进行电线比量。量距线的精度应在0.02‰以内。

量线时，将线轴置于放线架上，电线通过张力控制器，保持张力稳定。电线通过量距线的起点和终点，画上记号。连续进行多次，直到一轴线量至要求的线长为止。电线的另一端，通过卷扬轴，回卷待运或按规定长度安装线夹后待运。

划印记号应使用红、白漆标注，同时绑扎小铁线，待展放过程中解下。量尺、划印，可采用光电自动控制，也可以用人工控制。

丈量过的电线，有了精确的整数尺码，安装耐张线夹时所需的电线尾数尺寸可以在整数尺码上再用钢尺量得。

量线时的张力不可过大，和放线张力近似相等为宜。导线张力宜控制在20kN以下，地线张力宜控制在15kN以下。量线的温度及张力等应做好记录。

3. 装配式架线应注意的事项

（1）如果耐张段为连续档时，各档档距均应实际测量，而且应考虑挂线点与杆塔中心的不一致，转角杆塔内、中、外线别不同而分别测量并计算每线的实际档距。

（2）各档的高差应同时测量，其精度应符合《验收规范》要求。

（3）应考虑装配式架空线两端已安装好耐张线夹，因此无法通过常规的放线滑车。此时，可采用宽槽放线滑车或者用双滑车等措施。

（4）如果设计图纸提供的架线弧垂曲线考虑了电线初伸长的影响，则在装配式架线的线长计算时，不再考虑初伸长。

如果在制造厂制造导线时能精确地作出100m或50m印记，并提供作印记的拉力和温度，现场量线工作将大为简化。施工取用导线时，只需取用若干段长，再增（或减）余额线长和已考虑拉力差同温度差的数值。

### 5.3.2　利用索道跨越带电的电力线

跨越电力线进行架线时，应尽量停电跨越施工，以确保电力线和施工人员的安全。在个别特殊情况下，跨越带电电力线进行架线施工时，必须编写特殊跨越架线施工方案。

跨越带电电力线的架线施工主要有两种方案：一种是搭设跨越架并设置封顶网；另一种是用索道跨越方法。

索道跨越电力线施工工具的安全系数规定如下：索道绳（线）的强度安全系数应大于 5，绝缘固定控制绳、牵引绳的安全系数应大于 3.0，放线专用滑车的安全系数应大于 2.5，中间支点辅助杆的强度安全系数应大于 2。

绝缘绳应满足带电施工的技术要求。新订购的绝缘绳，厂方必须提供技术性能和产品合格证。使用前，应对绝缘绳进行电气和强度性能试验，不合格者禁止使用。绝缘绳及其他带电施工用具应建立使用登记卡，由专人保管。登记卡应注明工具名称、生产单位、出厂时间、使用时间及试验荷载等。带电作业工具必须存放于干燥、通风的房间内，并经常检查。

1. 现场布置

索道跨越电力线的架线布置有两种方法。

（1）跨越档内无辅助杆的索道架线示意图如图 5-41 所示。

（2）跨越档内有辅助杆的索道架线示意图如图 5-42 所示。

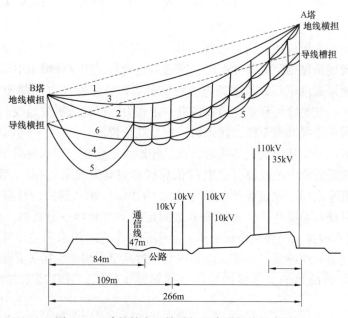

图 5-41　跨越档内无辅助杆的索道架线示意图

1—已架设的地线；2—放地线时蚕丝绳；3—放导线时地线；4—展放地线；5—展放导线；6—已架设的导线

2. 操作方法

（1）承力绝缘绳应选择高强纤维绝缘绳。在带电的电力线路上方，由带电作业人员登杆展放绝缘绳，使其跨过带电线路。

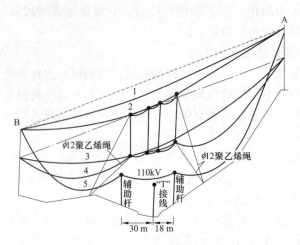

图 5-42  跨越档内有辅助杆的索道架线示意图

1—已架设的地线；2—展放导线时的地线；3—已架设的导线；4—正在展放的导线；5—正在展放的地线

（2）对于档距较小的跨越档，绝缘绳两端可直接挂于跨越档相邻两杆塔的地线挂点处。相邻两杆塔应在顺线路方向打好临时拉线。

（3）对于档距较大的跨越档，应在跨越档内适当位置（带电电力线距电杆较远的空档内）立一临时支承杆。在支承杆与跨越杆之间张挂绝缘绳。

（4）为控制绝缘绳张力，可在绝缘绳的一端串联一只拉力表和10kN手扳葫芦，以便随时调整其张力。

（5）用高强绝缘绳展放地线时，在绳上挂一列双轮滑车，约每20m挂一个。使用双轮滑车的组数根据现场跨越档距等条件而定。通过双轮滑车，用绝缘绳牵引展放架空地线。

在某些特殊地形条件下，如果被跨电力线在低谷时，被跨电力线两侧立两根临时支撑杆，顶端悬挂滑车，使绝缘绳和架空地线带有一定张力，以此法展放地线。展放地线后立即紧线、挂线并收回绝缘绳及滑车组，转入另一根地线位置。

（6）利用已架的架空地线展放导线时，在已挂地线上悬挂一列双轮滑车，每列一双轮滑车的下方悬吊一根垂直固定绝缘绳（其长度依导线悬空高度而定），滑车数量约20m一个。双轮滑车与双轮滑车之间用规定长度的固定绳（约20m）相互连接，且两端滑车与杆塔地线支架相连接，以便收回滑车用。每一根垂直固定绳下方悬挂一只特制三轮滑车（滑轮排列成品字型），滑车内穿入绝缘绳作牵引用。品字形滑车之间用水平绝缘绳相连接，以控制其方位，将绝缘绳与导线连接。其接头应能顺利穿过品字形滑车，接头必须连接牢固。牵拉绝缘绳达到展放导线的目的，导线展放后立即紧线、挂线，并收回双轮滑车组及垂直固定绳。

（7）利用索道展放导线、地线时，为了确保绝缘绳受力后对带电线路的安全距离，确保绝缘绳的强度符合要求，必须针对不同的跨越点，进行绝缘绳的弧垂及张力计算。

（8）利用索道展放导线、地线时，索道的自然弧垂应尽量与紧线时的导线或地线弧垂相一致，这样，紧线时的导线、地线受到索道荷载影响就最小。

（9）索道放线的绝缘绳的选择至关重要。根据经验，承载索用φ20高强绝缘绳，牵引绳用φ12.0的锦纶丝绳。随着科技的进步，今后应选择强度高，耐电压水平高、延伸率小的高强纤维绝缘绳代替。

### 5.3.3　火箭放线

1. 火箭的基本构造

火箭的结构示意图如图 5-43 所示，包括下列主要部件：

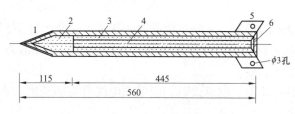

115　　　　　　445

560

图 5-43　D50-3 型火箭结构示意图
1—弹头；2—砂子；3—火药；4—燃烧室；5—尾翼；6—喷嘴

（1）弹头。弹头是用硬质杂木制成的弧形旋转锥体，实芯结构，也可用硬塑料或硬胶木制成。

（2）燃烧室。燃烧室是火箭的主要部件之一，其材料应能承受高温高压，一般采用合金钢管制成。燃烧室两端的连接螺纹要求精度较高，以保证其密封性。

（3）喷管。喷管采用收敛——扩张型的拉瓦尔喷管。喷管外设有尾翼片，尾翼片与喷管连成整体。

（4）火药。火药相当于发动机的燃料，可用定型生产的固体燃料，也可用粉状普通火药。

（5）点火装置。点火装置采用国产导线式电点火药盒的定型产品，也可用黑火药自行配制，火箭点火时间用导火线长度控制。

（6）尾翼。尾翼应保持对称，制作应平整，其目的是保持弹身在飞行中的稳定。放线火箭弹采用后掠半悬挂式结构，用四片尾翼按 90° 对称结构排列，并在每片尾翼上钻 φ3 孔，用来挂导引绳。

（7）导引绳。导引绳采用强度较高、轻质柔韧的 φ6 或 φ4 尼龙绳，根据需要选用。导引绳可借助一小段金属丝或小钢丝绳挂在尾翼上，以防烧断尼龙绳。

（8）发射架。采用军用火箭发射架或小角钢自制，应安装量角器以确定发射角度。

2. 火箭放线的程序

利用火箭展放一根小尼龙绳，然后由小尼龙绳拖一根小钢丝绳，再拖较大的钢丝绳，最后达到牵引地线和导线的目的。

3. 火箭放线的操作

（1）火箭放线前，为避免尼龙绳被杂物挂住，应清除障碍物，并在发射场的地面上铺垫塑料布或帆布，将尼龙绳有规则地平铺在塑料布或帆布上。

（2）按要求的目标及距离布置好导引绳，发射前作一次检查，确保导引绳完好无损。检查火箭各部件是否完好无损，连接螺丝是否牢固，燃烧室外壳有无裂纹，喷嘴是否畅通。对已用过的火箭更应仔细检查。

（3）对准线路方向或预定目标，架好发射架，调好与地平面的倾斜角为 25°～35°，然后固定牢靠，打好临时拉线。把火药和点火装置装入火箭腔内，并按设计要求装配好火箭。

（4）把火箭搁在发射架上，用经纬仪瞄准发射目标，调整好火箭的方向，接上导引绳。

（5）人员撤离危险区后，把火箭上点火装置的电源线接至电点火器，点火发射。

（6）火箭落至预定目标后，解开所悬挂的尼龙绳，连接待牵引的小钢丝绳，准备牵引放线。

4. 安全措施

火箭放线既是一项新的工艺，又是一项危险的作业，必须遵守下列主要安全措施：

（1）火箭发射点周围15m范围内为危险区，发射人员应在发射架15m外的两侧，不准站在发射架的前后侧。

（2）导火线应有足够长度。电点火时，应保证电线有足够长度。火箭发射前应进行全面认真检查，清除一切隐患。

（3）火箭弹降落的目标区域及飞行走廊，应派人看守，防止有人进入，注意观测火箭飞行路线有无失控、失灵现象。

（4）尼龙绳在地面的排列应整齐，清除可能挂住的障碍物。瞄准方向时应注意观测风向，随时进行修正。

（5）点火后如遇"瞎炮"，应等20min后再行处理。

（6）火箭发射人员必须是经过培训并参加过试验的技工。

（7）火箭放线的试验阶段应请军队的专业技术人员进行技术指导和培训。

5. 适用范围

火箭放线的适用范围是跨越悬崖深谷，交通特别困难，人烟比较稀少的地区。

### 5.3.4　氢气球放线

国内应用氢气球放线的情况证明，该项技术在跨越江河架线，在实现少封航或不封航上具有推广的意义。

1. 氢气球跨江放线的现场布置

氢气球跨江放线现场布置示意图如图5-44所示。

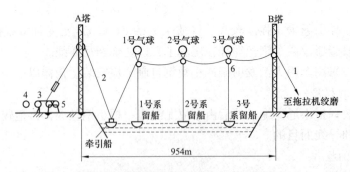

图5-44　氢气球跨江放线布置示意图

1—φ12尼龙绳；2—φ8.7钢丝绳；3—φ11防扭钢丝绳；4—φ20防扭钢丝绳；5—小张力机；6—释放式放线滑车

利用3只氢气球将φ12尼龙绳悬空拖引过江，然后按以下顺序带张力悬空倒换各牵引绳：φ12尼龙绳、φ8.7钢丝绳、φ11防扭钢丝绳、φ20防扭钢丝绳加φ11防扭钢丝绳。

将φ20防扭钢丝绳固定在两岸高塔100m处的塔身中央作为索道。利用索道牵引φ11防扭钢丝绳（以备展放架空地线）或φ23防扭钢丝绳（以备展放导线）。当剩下最后一相导线时，直接利用索道作牵引绳。

2. 氢气球放线的准备工作

在 A 塔后侧布置小张力机，$\phi8.7$ 钢丝绳，$\phi11$、$\phi20$ 防扭钢丝绳。用人力将 $\phi8.7$ 钢丝绳穿过 A 塔上的放线滑车并拖拉到江边，以备与 $\phi12$ 尼龙绳连接。

在 B 塔的前侧设置一台手拖绞磨，将 $\phi12$ 尼龙绳通过 B 塔上放线滑车引至江边并盘出 800m。在此绳上应标记三个挂气球的记号。

准备好 3 只直径 5m 的气球及 60 瓶氢气，每只气球悬吊一根 200m 长的控制绳。气球上挂一只释放式放线滑车，其释放张力按计算值调整。

准备好四艘 35t 级机动船作为牵引船及系留船，每艘系留船上备一只转向滑车和一台人力绞车，以备松紧控制绳。

气球在岸边充气时，地面应铺帆布，应特别注意在 300m 内禁止一切火源，气球充气后系上挂线滑车，依次将各气球过渡到各系留船上。

3. 展放导引绳

将 $\phi12$ 尼龙绳依次悬挂到各气球的放线滑车上，每挂好一个，就将气球升高。待 3 只气球全部升高后，牵引船与系留船同步沿江边向上游方向驶进，同时展放岸边导引绳（注意导引绳不能落水）。

调整气球升空高度及各系留船间距离，使导引绳与江面保持足够的通航空间。如图 5-44 所示，让 3 号系留船位置不动，操作 1、2 号系留船及牵引船作扇形展开，相互间距离保持不变，以保证导引绳的净空高度。当四艘船只都排列在线路方向上后，系留船应前后锚定。操作牵引船向对岸 A 塔方向缓慢移动，直至 $\phi12$ 尼龙绳与 $\phi8.7$ 钢丝绳能连接为止。在移动时，缓慢松出 B 塔下方的导引绳。

在 B 塔收紧尼龙绳时，将导引绳带张力引过江。收紧 A 塔后方的 $\phi8.7$ 钢丝绳，当导引绳张力达到预定值后，气球上的放线滑车即按顺序相继释放。

利用导引绳牵引 $\phi20$ 防扭钢丝绳，带张力把 $\phi20$ 防扭钢丝绳固定于 A、B 塔形成索道。最后，回收气球，各船返回原地。

4. 氢气球放线应注意的事项

（1）施工前，应妥当地选择合适的氢气球及数量，并做好施工技术方案。

（2）氢气属可燃性气体，当它与空气混合到一定浓度时易发生燃烧，在使用中应采取严密的防火措施。

（3）气球的抗风性能差，应与气象部门取得联系，放线时风力宜选择在 3 级以下。

（4）跨江放线虽然基本实现不封航，但仍应与航监部门联系，取得他们的配合和支持，防止发生意外。

### 5.3.5　直升机牵引与不封航架线

输电线路施工中展放导引绳由于山川湖泊、大江大河等地形地貌因素，带来诸多困难。

500kV 江阴长江大跨越工程采用耐张——直线——直线——耐张的跨越方式，跨越塔高 346.5m，跨越档档距 2303m，是目前国内跨距最大的工程。长江是我国最重要的一条水上运输通道之一，平均日流量达 2500 艘以上，特别是在长江下游有大量的海轮在其间运行，若在架线期间实行较长时间的连续封航，将带来巨大的经济损失，且封航难度较大。在此工程架线施工中，利用直升机牵引 $\phi5$ 迪尼玛绳作为一级引绳，再通过逐级牵引和高空移位的方法，在不封航的条件下跨越长江的施工取得了成功。

由于轻型直升机的牵引动力较小，一级引绳选用了质量轻、强度高、延伸率小的 $\phi$5 迪尼玛绳，此绳缺点是熔点低。采用迪尼玛绳专用小张力机，确保在作业过程中 $\phi$5 迪尼玛绳对江面的安全距离，并有足够的运转速度，以配合直升机作业，同时可通过自动调节系统来调节转速，以保持使用过程中张力恒定，从而确保迪尼玛绳在展放过程中的高度满足通航要求。降温水箱能保证在展放过程中不出现发热现象，克服迪尼玛绳熔点低的缺点。专用对口滑车采用全方位封闭的结构形式，用小轮径大轮槽滑车上下对口，加装了左右导向限位以防止侧向卡线，解决了高速运转时不跳槽，不卡线的问题，为直升机牵引作业成功创造了条件。

施工方案考虑直升机只作业一次的方式，牵放一根一级引绳（$\phi$5 迪尼玛绳），再通过逐级牵引，最终完成 2 根地线和 24 根导线的展放，展放导线采用一牵二方式。

同类情况下也可采用轻质动力伞展放高强度导引绳，既可实现直升机放线所有的功能，又可为施工单位节约大量的费用和成本。

## 5.4　弧垂观测与调整

架空线架设在杆塔上，应具有符合设计的应力，它是以架空线弧垂来控制的。施工时如果弧垂过小，则架空线必须承受过大的张力，降低了架空线运行时的安全程度；如果弧垂过大，则架空线对地、对被跨越物的距离将减小，这也威胁架空线的正常安全运行。

因此，施工时应正确计算和观测弧垂，使架空线具有符合设计的应力，以保证线路建成后的安全运行。

施工弧垂是指档距两端架空线悬挂点连线的中点至架空线的垂直距离，称为中点弧垂，一般简称弧垂。

### 5.4.1　观测档选择

（1）紧线段在 5 档及以下时，靠近中间选择一档。

（2）紧线段在 6~12 档时，靠近两端各选一档。

（3）紧线段在 12 档以上时，靠近两端及中间各选择一档。

（4）观测档宜选档距较大、架空线悬挂点高差较小及接近代表档距的线档。

（5）弧垂观测档的数量可以根据现场条件适当增加，但不得减少。

### 5.4.2　弧垂计算

1. 档距两端架空线悬挂点等高时的弧垂计算式为

$$f = \frac{gL^2}{8\delta_0} \tag{5-15}$$

式中：$L$ 为档距，m；$g$ 为架空线比载，N/（m·mm$^2$）；$\delta_0$ 为架空线最低点应力，N/（m·mm$^2$）。

从式（5-15）中可看出，弧垂与档距的平方成正比，即档距大小对弧垂值的影响是很大的，所以选定观测档后，一定要复测该档档距是否正确，确保弧垂与档距相适应。

2. 观测档弧垂计算

（1）观测档架空线未连耐张绝缘子串时。

1）当悬挂点高差 $h<10\%L$ 时，有

$$f = \left(\frac{L}{L_{db}}\right)^2 f_{db} = f_0 \tag{5-16}$$

式中：$f$ 为观测档弧垂，m；$L$ 为观测档档距，m；$L_{db}$ 为观测档所在耐张段的代表档距，m；$f_{db}$ 为对应于代表档距的弧垂，m；$f_0$ 为档内架空线未连耐张绝缘子串 $h<10\%L$ 时档距中点弧垂。

2）当悬挂点高差 $h>10\%L$ 时，有

$$f = \left(\frac{L}{L_{db}}\right)^2 f_{db} \frac{1}{\cos\beta} = f_\varphi \tag{5-17}$$

$$\beta = \arctan\frac{h}{L} \tag{5-18}$$

式中：$\beta$ 为悬挂点高差角；$f_\varphi$ 为档内架空线未连耐张绝缘子串 $h>10\%L$ 时档距中点弧垂。

（2）观测档架空线一端连耐张绝缘子串时。

1）当悬挂点高差 $h<10\%L$ 时，有

$$f_z = f_0\left(1 + 2\frac{\lambda^2}{L^2}\frac{g_0 - g}{g}\right)^2 \tag{5-19}$$

$$g_0 = \frac{G}{\lambda S} \tag{5-20}$$

2）当悬挂点高差 $h\geq10\%L$ 时，有

$$f_z = f_\varphi\left(1 + \frac{\lambda^2\cos^2\beta}{L^2}\frac{g_0 - g}{g}\right)^2 \tag{5-21}$$

式中：$\lambda$ 为耐张绝缘子串的长度，m；$L$ 为观测档档距，m；$g_0$ 为耐张绝缘子串比载，N/（m·mm$^2$）；$g$ 为架空线比载，N/（m·mm$^2$）；$G$ 为耐张绝缘子串重力，N；$S$ 为架空线截面积，mm$^2$。

（3）观测档架空线二端连耐张绝缘子串时。

1）当悬挂点高差 $h<10\%L$ 时，有

$$f = f_0\left(1 + 4\frac{\lambda^2}{L^2}\frac{g_0 - g}{g}\right) \tag{5-22}$$

2）当悬挂点高差 $h\geq10\%L$ 时，有

$$f = f_\varphi\left(1 + 4\frac{\lambda^2\cos^2\beta}{L^2}\frac{g_0 - g}{g}\right) \tag{5-23}$$

3. 设计单位提供"百米弧垂"安装曲线

$$f = \frac{f_{100}}{\cos\beta}\left(\frac{L}{100}\right)^2 \tag{5-24}$$

式中：$f_{100}$ 为观测档所在耐张段代表档距的百米弧垂，m。

### 5.4.3 观测弧垂的方法

1. 等长法

等长法又称平行四边形法，是最常用的观测弧垂的方法。等长法观测弧垂图如图 5-45 所示。

从观测档两侧架空线悬挂点垂直向下量取选定的弧垂观测值，绑上弧垂板。调整架空线的拉力，当架空线与弧垂板连线相切时，中间弧垂即为施工要求的弧垂。

用等长法观测弧垂，当气温变化而引起弧垂变化时，可移动一侧的弧垂板调整，调整量是弧垂变化值 $\Delta f$ 的 2 倍，若气温变化较大（大于 10℃），则需重新在观测档两侧设置弧垂板。

等长法观测弧垂的精度是随架空线悬挂点高差的增大而降低。当悬挂点高差为零时，其切点在架空线弧垂最低点，此时观测弧垂精度最高；若悬挂点高差增大，则其视线也随之倾斜，切点将远离架空线弧垂最低点，弧垂的精度将降低。

一般当架空线悬挂点高差 $h<10\%L$ 时，适用等长法观测弧垂。

2. 异长法

观测档两侧弧垂板绑扎位置不等长的弧垂观测方法称为"异长法"，又称不等长法。异长法观测弧垂如图 5-46 所示。采用异长法观测弧垂时，先选择一侧悬挂点至弧垂板绑扎点的距离 $a$ 值（$a\neq f$，使视线切点尽量靠近弧垂最低点）。

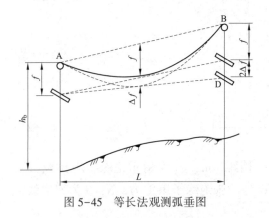

图 5-45　等长法观测弧垂图

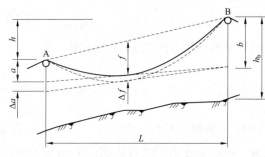

图 5-46　异长法观测弧垂图

然后根据关系式 $\sqrt{a}+\sqrt{b}=2\sqrt{f}$ 算出 $b$ 值，即

$$b = \left(2\sqrt{f} - \sqrt{a}\right)^2 \tag{5-25}$$

式中：$a$ 为观测档一端，所选择的架空线悬挂点至弧垂板绑扎点的距离；$b$ 为观测档另一侧架空线悬挂点至弧垂板的距离；$f$ 为观测档施工弧垂。

然后在观测档另一侧架空线悬挂点垂直下方量取 $b$ 值，绑上弧垂板。调整架空线拉力，当架空线与弧垂板连线相切时，中间弧垂即施工要求的弧垂。

用异长法观测弧垂，当气温变化而引起弧垂变化时，可移动一侧的弧垂板调整，调整距离 $\Delta a$ 的计算式为

$$\Delta a = 2\Delta f \sqrt{\frac{a}{f}} \tag{5-26}$$

异长法的适用范围为

$$\left.\begin{array}{l}\left(\dfrac{a}{f}\right)_{\max} \geqslant \dfrac{a}{f} \geqslant \left(\dfrac{a}{f}\right)_{\min} \\[3mm] \left(\dfrac{a}{f}\right)_{\max} = \left(1 + \sqrt{1 - 120\,\dfrac{d}{f}}\,\right)^2 \\[3mm] \left(\dfrac{a}{f}\right)_{\min} = \left(1 - \sqrt{1 - 120\,\dfrac{d}{f}}\,\right)^2 \end{array}\right\} \qquad (5\text{-}27)$$

### 3. 角度法

角度法是使用经纬仪观测弧垂的一种方法，可分为档端角度法、档外角度法、档内角度法，以及档侧角度法。线路施工中常采用档端角度法。

（1）经纬仪架档端低悬挂点下方，如图 5-47（a）所示。由图中所示关系得

$$\left.\begin{array}{l} b = L\tan\alpha - L\tan\theta \\[2mm] \tan\theta = + \left(\tan\alpha - \dfrac{b}{L}\right) \end{array}\right\} \qquad (5\text{-}28)$$

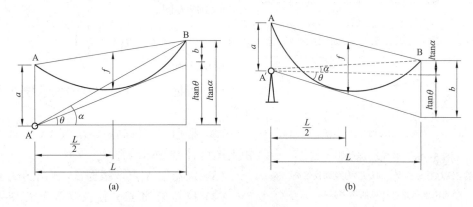

图 5-47　档端角度法

（a）仰角观测；（b）俯角观测

$a$ 为仪器中心至 A 的垂直距离；$f$ 为根据观测弧垂时的气温选出的档距中点弧垂；

$\theta$ 为仪器视线与导线相切时的垂直角，仰角为正，俯角为负；$\alpha$ 为仪器安置在 A' 点瞄准 B 点时的垂直角；$L$ 为档距

不难看出，角度法中，$a$、$f$、$b$ 之间的关系与异长法相同，即 $\sqrt{a} + \sqrt{b} = 2\sqrt{f}$，由已知 $a$、$f$ 可算出 $b$ 值，把 $b$ 值代入式（5-28）中即可算出 $\theta$ 角。

（2）经纬仪架档端高悬挂点下方，如图 5-47（b）所示。由图中所示关系得

$$\left.\begin{array}{l} b = L\tan\alpha - L\tan\theta \\[2mm] \tan\theta = - \left(\tan\alpha - \dfrac{b}{L}\right) \end{array}\right\} \qquad (5\text{-}29)$$

（3）可根据悬挂点高差，直接计算 $\theta$ 值为

$$\theta = \tan^{-1}\frac{\pm h - 4f + 4\sqrt{af}}{L} \qquad (5\text{-}30)$$

式中：$h$ 为高差，近方（对仪器而言）悬挂点低时，$h$ 取"+"；近方（对仪器而言）悬挂

点高时，$h$ 取 "$-$"。

（4）观测步骤如下：

1）置仪器中心于观测档架空线悬挂点垂直下方 A′点（保证 $a$ 长度）。

2）调整经纬仪观测值值（根据当时架空线温度）。

3）调整架空线拉力，使架空线与经纬仪横丝相切，这时架空线中点弧垂就是架线弧垂。

4）水平偏转望远镜筒，使边线与横丝相切，即为边线弧垂。

5）温度变化时，调整观测角 $\theta$ 值。

（5）不难发现，档端角度法是在异长法的基础上演变推广来的。由 $\sqrt{a}+\sqrt{b}=2\sqrt{f}$ 关系式得知，当 $b \leqslant 0$ 时，$4f \leqslant a$，角度法和异长法都不适用了，所以角度法适用范围为：$b>0$，$a<4f$。应注意避免在 $b$ 值很小时使用档端角度法观测弧垂，这样才能得到较高的观测精度。

4. 水平弧垂法（平视法）

在大高差、大跨越的档距，弧垂 $f$ 与杆塔高度 $H_A$ 之间出现与前不同的关系，即 $f>H_A$。在这样的档距下观测弧垂时，前面介绍的等长法、异长法、角度法都不适用。平视法观测弧垂如图 5-48 所示。

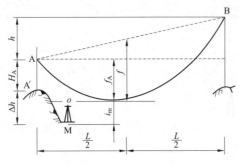

图 5-48　平视法观测弧垂图

$h$ 为架空线悬挂点高差，m；$i_m$ 为经纬仪仪高，m；

$f_A$ 为由低悬挂点计算的水平弧垂，m

$h<10\%L$ 时，

$$f_A = f\left(1-\frac{h}{4f}\right)^2 \qquad (5-31)$$

观测步骤：

（1）根据 $h$、$f$ 计算架空线低悬挂点水平弧垂值 $f_A$。

（2）根据 $f_A$、仪高 $i_m$、$H_A$（AA′）计算 $\Delta h$，由上图可看出 $\Delta h = (f_A+i_m) - H_A$。

（3）仪器架 A′点，根据 $\Delta h$ 找出测站 M 点。

（4）仪器架 M 点，使仪高等于 $i_m$，并使望远镜视线水平。

（5）调整架空线张力，使架空线与视线相切，此时档距中点的弧垂就是施工弧垂值。观测二边线时，可利用目测使边线与中线同高即可。

### 5.4.4　弧垂调整

导线、地线的使用应力在线路施工时主要反映在弧垂上。因此施工时应正确计算和调整弧垂，使导线、地线具有设计要求的应力，以保证线路建成后的安全运行。

在观测弧垂的过程中，为了防止弧垂过大或过小给调整弧垂造成困难，通常在耐张段内增减一段长度以改变弧垂。也就是说，要达到标准弧垂时的差值，需进行线长的计算和估算，以便根据计算结果，收紧或回紧架空线，使弧垂达到或接近要求数值。

1. 线长调整量与弧垂变量的关系

调整弧垂时，不考虑架空线的弹性变量和悬挂点高差的影响，其线长调整量与弧垂变量的关系是：

（1）在孤立档，有

$$\Delta L = \frac{8}{3L}(2f\Delta f_0 + \Delta f^2) \qquad (5-32)$$

或

$$\Delta L = \frac{16}{3L} f \Delta f \tag{5-33}$$

式中：$\Delta L$ 为现场调整变量（正值为线长调减量，负值为线长调增量），m；$f$ 为观测档设计弧垂，m；$\Delta f$ 为弧垂变量（紧线弧垂 $f$ 较大时取正，反之取负），m。

（2）在连续档，有

$$\Delta L = \frac{8L_{\mathrm{db}}}{3L_{\mathrm{c}}^4}(2f_{\mathrm{c}}\Delta f_{\mathrm{c}}^2 + \Delta f_{\mathrm{c}}^2) \sum L \tag{5-34}$$

或

$$\Delta L = \frac{16L_{\mathrm{db}}^2 f_{\mathrm{c}}}{3L_{\mathrm{c}}^4}\Delta f \sum L \tag{5-35}$$

式中：$L_{\mathrm{c}}$ 为观测档的档距，m；$f_{\mathrm{c}}$ 为观测档要求的弧垂，m；$\Delta f_{\mathrm{c}}$ 为观测档的弧垂变量（较大时取正值，反之取负值），m；$\sum L$ 为紧线段长度，m；$L_{\mathrm{db}}$ 为代表档档距，m。

2. 耐张塔挂线时，线长变量与弧垂变量之间的关系

在耐张杆塔挂线时，由于弧垂观测、划印、割线、压接操作等原因，可能造成弧垂误差。为了保证安装质量，需对弧垂进行复测，以便调整。调整方法通常是在紧线段内增、减一段线长，以改变架空线弧垂。线长变量与弧垂变量的关系同样要分别考虑在孤立档和连续档的情况。

（1）在孤立档。档内弧垂比设计弧垂大 $\Delta f$，需从档内减去线长 $\Delta L$，即调整量为

$$\Delta L = \frac{8}{3L}\cos^3\varphi(2f\Delta f + \Delta f^2) - \frac{L^3 g}{8E\cos^3\varphi}\left(\frac{1}{f+\Delta f} - \frac{1}{f}\right) \tag{5-36}$$

式中：$\varphi$ 为杆塔两侧架空线悬挂点的高差角，（°）；$g$ 为导线比载，MPa/m；$E$ 为导线的弹性系数，MPa/m。

档内弧垂比设计弧垂小 $\Delta f$，需向档伸长（增加）线长 $\Delta L$，即调增为

$$\Delta L = \frac{8}{3L}\cos^3\varphi(2f\Delta f - \Delta f^2) - \frac{L^3 g}{8E\cos^3\varphi}\left(\frac{1}{f} - \frac{1}{f+\Delta f}\right) \tag{5-37}$$

（2）在连续档。紧线段内观测档弧垂若大 $\Delta f_{\mathrm{c}}$，需从紧线段内调整（或缩短）线长 $\Delta L$，则

$$\Delta L = \frac{8L_{\mathrm{db}}^2}{3L_{\mathrm{c}}^4}\cos^2\varphi_{\mathrm{c}}(2f_{\mathrm{c}}\Delta f_{\mathrm{c}} + \Delta f_{\mathrm{c}}^2) \sum \frac{1}{\cos\varphi} - \frac{L_{\mathrm{c}}^3 g}{8E_{\mathrm{db}}\cos\varphi_{\mathrm{c}}}\left(\frac{1}{f_{\mathrm{c}}+\Delta f_{\mathrm{c}}} + \Delta f_{\mathrm{c}}^2\right) \sum \frac{1}{\cos\varphi} \tag{5-38}$$

$$E_{\mathrm{db}} = \frac{\sum \dfrac{L}{\cos\varphi}}{\sum \dfrac{L}{\cos^2\varphi}} E \tag{5-39}$$

式中：$E_{\mathrm{db}}$ 为耐张段内架空线的代表弹性系数，MPa。

紧线档内观测档弧垂若小于 $\Delta f_{\mathrm{c}}$，需向紧线档内调增（或伸长）线长 $\Delta L$，则

$$\Delta L = \frac{8L_{\mathrm{db}}^2}{3L_{\mathrm{c}}^4}\cos\varphi_{\mathrm{c}}(2f_{\mathrm{c}}\Delta f_{\mathrm{c}} - \Delta f_{\mathrm{c}}^2) \sum \frac{1}{\cos\varphi} - \frac{L_{\mathrm{c}}^2 g}{8E_{\mathrm{db}}}\left(\frac{1}{f_{\mathrm{c}}} - \frac{1}{f_{\mathrm{c}}-\Delta f_{\mathrm{c}}}\right) \sum \frac{1}{\cos\varphi} \tag{5-40}$$

### 5.4.5 塑蠕伸长及其处理

架空线不是完全弹性体，初次受拉后不仅产生弹性伸长，还产生永久性塑蠕伸长。永久性塑蠕伸长包括以下四部分：①绞制过程中线股没有充分张紧，受拉后线股互相挤压，接触点局部变形而产生的挤压变形伸长。②在不同拉应力卸载时，分别形成的应力——应变特性曲线不平行而引起的塑性伸长。③拉应力超过弹性极限，进入塑性范围而产生的塑性伸长。④受拉时间延长，金属内部晶体间的错位和滑移而产生的蠕变伸长。该永久性塑蠕伸长产生后，即使拉力撤除，也不能消失，在架空输电线路工程上习惯将其称为架空线的初伸长。

由于初伸长而造成弧垂永久性增大，而运行时间越长，弧垂越大，最终在 5~10 年后趋于一个稳定值。在运行中，由于这种初伸长逐渐放出，增加了档内线长，引起了弧垂增大（应力减小），致使线路导线对地及其他被跨越物的安全距离减小，所以在架线施工中必须考虑补偿。

国内外采用的预补偿、预处理方法有：①降温度补偿法；②增应力补偿法；③超张拉消除法。

钢芯铝绞线的计算安装温度为其实测温度减去等效降低的温度量，故由其确定的水平安装应力较由实测温度确定的水平安装应力高（相当于安装弧垂减小），得以补偿钢芯铝绞线长期运行后因产生永久性塑蠕伸长而使弧垂增大的影响，故称该法为降温度补偿法。

既然已知按钢芯铝绞线最终稳定状态的水平应力要比实际状态确定的对应水平安装应力小，即增大按钢芯铝绞线最终状态方程式计算确定的水平安装应力（相当于安装弧垂减小），可以补偿钢芯铝绞线长期运行后因产生永久性塑蠕伸长而使弧垂增大的影响，故称该法为增应力补偿法。

钢芯铝绞线长期运行达到最终稳定阶段的条件，可在初始阶段对其作大应力预拉以使其短时迅速达到。将钢芯铝绞线预张拉，使其工作点沿初始应力——应变特性曲线上移至与最终应力——应变特性曲线，从而获得单位塑性伸长，以使在短时内产生长期运行导致的永久性单位塑蠕伸长而达到最终稳定阶段的条件。达到最终稳定阶段后，再行安装的钢芯铝绞线即使长期在容许最大使用应力下运行，也不再产生塑蠕伸长，从而消除了弧垂增大的可能性，这就是超张拉消除法。各国对预拉应力的取值尚不一致，中国该项经验较少，尚待继续研究。

我国在架空输电线路施工时，一般采用降温法来补偿，即架线时用比实际温度低的温度下的弧垂值架线（相当于安装弧垂减小）以补偿架空线初伸长的影响：①钢绞线（架空避雷线）降 10℃；②普通钢芯铝绞线降 15~20℃；③轻型钢芯铝绞线降 20~25℃。

### 5.4.6 观测弧垂的工艺要求

（1）弧垂板应置于架空线悬挂点的垂直下方并绑扎牢固，若遇铁塔塔身宽度较大时，弧垂板应绑扎于铁塔横线路方向的中心线上。

（2）观测者应距弧垂板 0.5m 左右用单眼观测。观测档较大时，宜配用带十字刻线的望远镜观测（可固定在杆塔上的单筒望远镜）。

（3）用等长法、异长法观测弧垂时，当实测温度与观测弧垂所取气温相差不超过 ±2.5℃时，其观测弧垂值可不作调整；超过 ±2.5℃时，可用调整一侧弧垂板的距离来调整弧垂，调整量应符合要求。

（4）观测弧垂时，应顺着阳光，从低向高处观测，并尽可能避免弧垂板背景有树木、杂物的情况。应选择前塔背景清晰的观测位置。

（5）观测弧垂时的实测温度应能代表导线或避雷线的温度，温度在观测档内实测。

测量导线温度的棒式测线温度表如图 5-49 所示。

取工程中所用钢芯铝绞线长约 0.5m，两端用 ϕ1 铁线绑扎后将内部钢绞线取出，底端用木塞封堵，上端加一提手，将上端带线绳的棒式温度计放入内部，挂在弧垂观测档平均导地线高度的杆塔上，让太阳晒，记取温度时，提线绳将温度计取出，其读数即为导地线的温度。

（6）雾天、大风、大雪、雷雨天应停止弧垂观测。

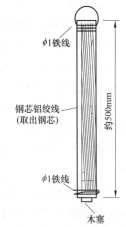

图 5-49　棒式测线温度表

### 5.4.7　架线后的弧垂允许误差

（1）紧线弧垂在挂线后应随即在该观测档检查，其允许偏差应符合下列规定：

1）一般情况下应符合表 5-4 的规定。

**表 5-4**　　　　　　　　　　　　　　弧垂允许偏差

| 线路电压等级 | 110kV | 220kV 及以上 |
|---|---|---|
| 允许偏差 | +5%，-2.5% | ±2.5% |

2）对跨越通航河流的大跨越档，其弧垂允许偏差不应大于±1%，其正偏差值不应超过 1m。

（2）导线和避雷线各相间的弧垂应力求一致，当满足上述弧垂允许偏差标准时，各相间弧垂的相对偏差最大值不应超过下列规定。

1）一般情况下应符合表 5-5 的规定。

**表 5-5**　　　　　　　　　　　　相间弧垂允许不平衡最大值

| 线路电压等级 | 110kV | 220kV 及以上 |
|---|---|---|
| 相间弧垂允许偏差（mm） | 200 | 300 |

2）跨越通航河流大跨越档的相间弧垂最大允许偏差应为 500mm。

（3）相分裂导线同相子导线的弧垂应力求一致，在满足上述弧垂允许偏差标准时，其相对偏差应符合下列规定。

1）不安装间隔棒的垂直双分裂导线，其同相子导线间的弧垂允许偏差为+100mm、-0mm（即不允许出现负误差）。

2）安装间隔棒的其他形式分裂导线，同相子导线的弧垂允许偏差符合下列规定：在 220kV 线路中，弧垂允许偏差为 80mm；在 330~500kV 线路中，弧垂允许偏差为 50mm。

## 5.5　导线、地线的连接

架线施工中，架空线的连接是关键项目，同时它又是隐蔽工程。架空线接头的质量非常重要，它对保证线路的可靠运行、确保安全供电，有非常重要的意义。架空线的连接方法有钳压法、液压法和爆压法三种。

### 5.5.1　导线、地线连接的一般规定

（1）不同金属、不同规格、不同绞制方向的导线或避雷线严禁在一个耐张段内连接。

（2）当导线或避雷线采用液压或爆压连接时，必须由经过培训并考试合格的技术工人担任。操作完成并自检合格后，应在连接管上打上操作人员的钢印。

（3）导线或避雷线必须使用现行的电力金具配套接线管及耐张线夹进行连接。连接后的握着强度在架线施工前应进行试件试验，试件试验不得少于3组（允许接续管与耐张线夹合为一组试件）。其试验握着强度对液压及爆压都不得小于导线或避雷线保证计算拉断力的95%。

对小截面导线采用螺栓式耐张线夹及钳接管连接时，其试件应分别制作。螺栓式耐张线夹的握着强度不得小于导线保证计算拉断力的90%。钳接管直线连接的握着强度不得小于导线保证计算拉断力的95%。避雷线的连接强度应与导线相对应。

当采用液压施工时，工期相邻的不同工程，当采用同厂家、同批量的导线，避雷线、接续管、耐张线夹及钢模，可以免做重复性试验。

（4）导线及避雷线的连接部分不得有线股绞制不良、断股、缺股等缺陷。连接后管口附近不得有明显的松股现象。

（5）一个档距内每根导线或避雷线上只允许有一个接续管和三个补修管。当张力放线时不应超过两个补修管，并应满足下列规定：

1）各类管与耐张线夹间的距离不应小于15m。

2）接续管或补修管与悬垂线夹的距离不应小于5m。

3）接续管或补修管与间隔棒的距离不宜小于0.5m。

4）宜减少因损伤而增加的接续管。

（6）采用液压或爆压连接时，在施压或引爆前后必须复查连接管在导线或避雷线上的位置，保证管端与导线或避雷线上的印记在压前与定位印记重合，在压后检查印记距离是否符合规定。

### 5.5.2　导线、地线的切割和表面处理

1. 切割导线、地线

（1）割线长度必须丈量准确，耐张绝缘子串应以实际组合后的尺寸为准。

（2）切割断面处应与导线、地线的轴线相垂直，切面平整无毛刺。

（3）切割钢芯铝线的铝股时，严禁伤及钢芯。

2. 表面处理

（1）连接前必须将导线或避雷线上连接部分的表面、连接管内壁以及穿管时连接管可能接触到的导线表面用汽油清洗干净。钢芯上有防腐剂或其他附加物的导线，当采用爆压连接时，必须散股并用汽油将防腐剂及其他附加物洗净并擦干。

（2）采用钳压或液压连接时，导线连接部分外层铝股在清洗后应薄薄地涂上一层导电脂，并应用细钢丝刷清刷表面氧化膜，应保留导电脂进行连接。对已运行的旧导线，应先用钢丝刷将表面灰、黑色物质全部刷去，至显露出银白色铝为止，然后按前述要求操作。

导电脂必须具备下列性能：中性，流动温度不低于150℃，有一定黏滞性，接触电

阻低。

### 5.5.3 钳压连接

钳压连接是将钳压型接续管用钳压器把导线进行直线接续。钳压连接的主要原理是利用钳压器的杠杆或液压顶升的方法，将力传递给钳压钢模，把被连接导线端头和钳接管一起压成间隔凹槽，借助管壁和导线的局部变形，获得摩擦阻力，从而达到把导线接续的目的。

钳压连接适用于中小截面导线的直线接续。

1. 钳压器及钢模

钳压器按使用动力的不同，分为机械传动和液压顶升两种。

钳压器使用时，操作手柄带动丝杠，推动加力块，从而达到钳压的目的。液压式钳接器由压接钳和手摇泵两部分组成。使用时摇动手柄，使压力上升，推动钢模，达到钳压目的。

钳压钢模分为上模和下模，钳压钢模形状如图 5-50 所示，其规格数据见表 5-6。

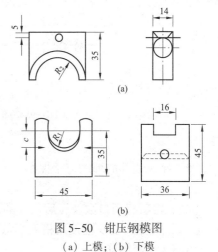

图 5-50 钳压钢模图
(a) 上模；(b) 下模

表 5-6　　　　　　　　钢模规格

| 钢模型号 | 适用导线 | 主要尺寸（mm） | | | 钢模型号 | 适用导线 | 主要尺寸（mm） | | |
|---|---|---|---|---|---|---|---|---|---|
| | | $R_1$ | $R_2$ | $C$ | | | $R_1$ | $R_2$ | $C$ |
| QML-25 | LJ-25 | 6.00 | 6.8 | 4.2 | QMLG-35 | LGJ-35 | 7.35 | 8.5 | 7.0 |
| QML-35 | LJ-35 | 6.65 | 7.5 | 5.0 | QMLG-50 | LGJ-50 | 8.30 | 9.5 | 9.0 |
| QML-50 | LJ-50 | 7.45 | 8.2 | 6.3 | QMLG-70 | LGJ-70 | 9.00 | 10.5 | 12.5 |
| QML-10 | LJ-70 | 8.25 | 9.0 | 8.5 | QMLG-95 | LGJ-95 | 11.00 | 12.0 | 15.0 |
| QML-95 | LJ-95 | 9.15 | 10.0 | 11.0 | QMLG-120 | LGJ-120 | 12.45 | 13.5 | 17.5 |
| QML-120 | LJ-120 | 10.25 | 11.0 | 13.0 | QMLG-150 | LGJ-150 | 13.45 | 14.5 | 19.5 |
| QML-150 | LJ-150 | 11.25 | 12.0 | 17.0 | QMLG-185 | LGJ-185 | 14.75 | 15.5 | 21.5 |
| QML-85 | LJ-185 | 12.25 | 13.0 | 18.5 | QMLG-240 | LGJ-240 | 16.50 | 17.5 | 23.5 |

2. 钳压操作

（1）钳压的压口位置及操作顺序应按图 5-51 进行。

（2）钳压操作的注意事项。

1）必须按导线规格选择相应的钳压钢模，并调整钳压器制动螺丝，使两钢模间椭圆槽的长径比钳压管压后标准直径 $D$ 小 0.5~1.0mm。

2）必须按顺序号码进行操作。

3）穿线时应注意管外的钳压印记及主副线在连接管的位置，最后两模应压在副线上。两导线间应加接触用垫片。

4）上、下钢模接触后，应停留片刻（约 10s）再松开，以减少导线的弹性影响，得到较为稳定的压接后尺寸。

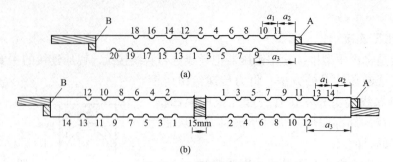

图 5-51　钳压连接图

（a）LGJ-95/20 钢芯铝绞线；（b）LGJ-240/40 钢芯铝绞线

A—绑线；B—垫片；1、2、3……—操作顺序

5）导线端部的绑线应予保留。

3. 质量标准

（1）钳压管压口数及压后尺寸的数值必须符合表 5-6 的规定。

（2）压后尺寸 $D$ 应使用精度不低于 0.1mm 的游标卡尺测量，允许误差为 ±0.5mm。

### 5.5.4　液压连接

液压连接是将液压管用液压机和钢模把架空线连接起来的一种传统工艺方法。架空线的直线接续、耐张连接、跳线连接以及损伤补修等，都可以用液压进行连接。目前，液压连接一般用于 240mm² 以上钢芯铝绞线及钢绞线（避雷线）的连接。

1. 液压机及钢模

用于导线、地线接续的液压机有 CY-25、CY-50、CY-100 等种类。CY-25 为整体式，其主机和油泵连在一起，如图 5-52 所示。CY-50、CY-100 为组合式，主机与油泵分开，主机可分别与手动、电动油泵或机动泵用高压力软管连接起来，主机如图 5-53 所示。

压接钢绞线的模子为 YMG 型，也可压接钢芯铝绞线的钢芯，铝线及钢芯铝绞线的铝线压接用 YML 型。

2. 液压操作

（1）镀锌钢绞线接续管的连接。镀锌钢绞线接续管的液压部位及操作顺序如图 5-54 所示。第一模压模中心应与钢管中心相重合，然后分别依次向管口端施压。

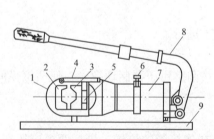

图 5-52　CY-25 导线压接机

1—后座；2—后压钢模；3—前压钢模；4—倒环；
5—活塞杆；6—放油螺杆；7—机身；8—操纵杆；9—底板

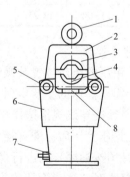

图 5-53　CY-50/00 导线压接机

1—提环；2—轭铁；3—上钢模；4—下钢模；
5—轭铁销钉；6—机身；7—油管接头；8—活塞

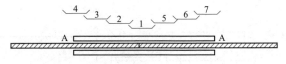

图 5-54　镀锌钢绞线接续管的施压顺序

1~7—操作顺序

（2）镀锌钢绞线耐张线夹的压接。镀锌钢绞线耐张线夹的液压部位及操作顺序如图 5-55 所示。第一模自 U 形环侧开始，依次向管口端施压。

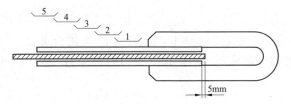

图 5-55　镀锌钢绞线耐张线夹的施压顺序

1~5—操作顺序

（3）钢芯铝绞线钢芯对接式钢管的压接。钢芯铝绞线钢芯对接式钢管的液压部位及操作顺序如图 5-56 所示，第一模压模中心与钢管中心重合，然后分别向管口端部依次施压。

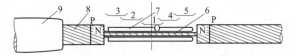

图 5-56　钢芯铝绞线钢芯对接式钢管的液压部位及操作顺序

1~5—操作顺序；6—钢芯；7—钢管；8—铝线；9—铝管

（4）钢芯铝绞线钢芯对接式铝管压接。钢芯铝绞线钢芯对接式铝管的液压部位及操作顺序如图 5-57 所示。

图 5-57　钢芯铝绞线钢芯对接式铝管的液压部位及操作顺序

1~6—操作顺序；7—钢芯；8—已压钢管；9—铝线；10—铝管

首先检查铝管两端管口与定位印记 A 是否重合，内有钢管部分的铝管不压。自铝管上有 N 印记处开始施压，一侧压在管口后再压另一侧。如铝管上无起压印记 N 时，在钢管压后测量其铝线两端头的距离，在铝管上先画好起压印记 N。

（5）钢芯铝绞线钢芯搭接式钢管压接。钢芯铝绞线钢芯搭接式钢管的液压部位及操作顺序如图 5-58 所示。第一模压模中心压在钢管中心，然后分别向管口端部施压。一侧压至管口后再压另一侧。如因凑整模数，允许第一模稍偏离钢管中心。

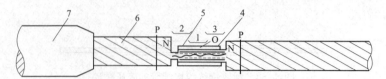

图 5-58　钢芯铝绞线钢芯搭接式钢管的液压部位及操作顺序
1~3—操作顺序；4—钢芯；5—钢管；6—铝线；7—铝管

对清除钢芯上防腐剂的钢管，压后应将管口及裸露于铝线外的钢芯上都涂以富锌漆，以防生锈。

（6）钢芯铝绞线钢芯搭接式铝管压接。钢芯铝绞线钢芯搭接式铝管的液压部位及操作顺序如图 5-59 所示。首先检查铝管两端管口与定位印记 A 是否重合。第一模压模中心压在铝管中心，然后分别向管口端部施压，一侧压至管口后再压另一侧。但也允许对有钢管部分铝管不压的方式。

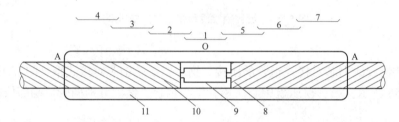

图 5-59　钢芯铝绞线钢芯搭接式铝管的液压部位及操作顺序
1~7—操作顺序；8—钢芯；9—已压钢管；10—铝线；11—铝管

（7）GB 1179—1974 规格的钢芯铝绞线耐张线夹压接。GB 1179—1974 规格的钢芯铝绞线耐张线夹的液压操作如图 5-60 所示。

1）钢锚液压部位及操作顺序如图 5-60（a），自 U 形环侧开始向管口连续施压，凸凹部分不压。

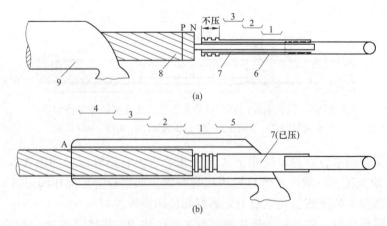

图 5-60　钢芯铝绞线耐张线夹的液压操作
（a）钢锚液压部位及操作顺序；（b）铝管液压部位及操作顺序
1~5—操作顺序；6—钢芯；7—钢锚；8—铝线；9—铝管

2）铝管液压部位及操作顺序如图 5-60（b），首先检查铝管管口与印记 A 是否重合，第一模压在钢锚凹槽处，然后连续向管口施压。最后自第一模反向引流板侧再压一模。

（8）GB 1179—1983 规格的钢芯铝绞线耐张线夹压接。GB 1179—1983 规格的钢芯铝绞线耐张线夹的液压操作如图 5-61 所示。

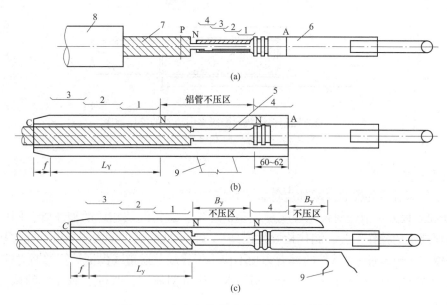

图 5-61　钢芯铝绞线耐张线夹的液压操作

（a）钢锚液压部位及操作顺序；（b）第一种铝管的液压部位及操作顺序；（c）第二种铝管的液压部位及操作顺序

1~4—操作顺序；5—钢芯；6—钢锚；7—铝线；8—铝管；9—引流板

1）钢锚液压部位及操作顺序如图 5-61（a）所示，自凹槽前侧开始向管口端连续施压。

2）铝管分两种管型时，第一种液压部位及操作顺序如图 5-61（b）所示，首先检查右侧管口与钢锚上定位印记 A 是否重合，第一模自铝管上有起压印记 N 处开始，连续向左侧管口施压。然后自钢锚凹槽处反向施压，此处所压长度对两个凹槽的钢锚最小为 60mm，对三个凹槽的钢锚最小为 62mm。在压铝管时，如引流板卡液压机油缸，不能按以上要求就位时，可将引流板转向上方施压。

第二种铝管的液压部位及操作顺序如图 5-61（c）所示。自铝线端头处向管口施压，然后再返回在钢锚凹锚处施压。如铝管上没有起压印记 N 时，则当钢锚压完后，用尺量各部尺寸，在铝管上画上起压印记。

注意：如铝管上未画有起压印记 N 时，可自管口向底端量 $L_y + f$（$f$ 为管口拔梢部分长度，mm）处划印记 N。不同 $K$ 值下的 $L_y$ 值见表 5-7。

表 5-7　　　　　　　　　　　　　　　不同 $K$ 值下的 $L_y$ 值

| 条件 | $K \leqslant 14.5$ | $K = 11.4 \sim 7.7$ | $K = 6.15 \sim 4.3$ |
|---|---|---|---|
| $L_y$ 值 | $\geqslant 7.5d$ | $\geqslant 7.0d$ | $\geqslant 6.5d$ |

注　$K$ 为钢芯铝绞线铝、钢截面积比；$d$ 为钢芯铝绞线外径，mm。

3）钢芯铝绞线耐张线夹铝管液压时，其引流板与钢锚 U 形环的相对角度位置应符合该施工手册（或技术措施）上的有关规定。

（9）引流管压接。与各种钢芯铝绞线耐张线夹连接的引流管的液压部位及操作顺序如图5-62所示。其液压方向为自管底向管口连续施压。

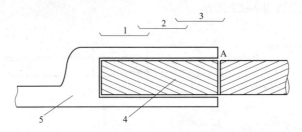

图5-62　钢芯铝绞线耐张线夹引流管的施压顺序
1~3—操作顺序；4—铝线；5—引流管

**3. 质量检查**

（1）工程所进行的检验性试件应符合下列规定：

1）架线工程开工前应对该工程实际使用的导线、避雷线及相应的液压管，同配套的钢模，按规程规定的操作工艺，制作检验性试件。每种形式的试件不少于3根（允许接续管与耐张线夹做成一根试件）。试件的握着力均不应小于导线及避雷线保证计算拉断力的95%。

2）如果发现有一根试件握着力未达到要求，应查明原因，改进后做加倍的试件，直到全部合格。

3）相邻不同的工程，所使用的导线、避雷线、接续管、耐张线夹及钢模等完全没有变动时，可以免做重复性验证试验，但不同厂家及不同批的产品不在此列。

（2）各种液压管压后对边距尺寸 $S$（mm）的最大允许值为

$$S = 0.866 \times 0.993D + 0.2 \tag{5-41}$$

式中：$D$ 为管外径，mm。

但三个对边距只允许有一个达到最大值，超过此规定时应更换钢模重压。

（3）液压后管子不应有肉眼即可看出的扭曲及弯曲现象，有明显弯曲时应校直，校直后不应出现裂缝。

（4）各液压管施压后，应认真填写记录。液压操作人员自检合格后，在管子指定部位打上自己的钢印。质检人员检查合格后，在记录表上签名。

**5.5.5　爆压连接简介**

爆压连接适用于各种导线、地线的直线连接、耐张连接、跳线连接及修补竹连接等。导线的爆压连接，由于能源及药包形式的不同，分为外爆压接和内爆压接两种。

由于架空线接头的爆炸压接是一项重要隐蔽工程，为了确保爆压接头的质量，除要严格执行规程规定的工艺要求进行操作和质量检验外，还必须加强导线、地线爆压的施工管理。凡是采用爆炸压接工艺的导线、地线连接，必须按规程规定的要求进行施工；凡是导线、地线连接采用爆炸压接方式的，施工单位的操作、质检人员，运行单位的验收人员必须按要求进行专门培训；只许经专业培训考试合格并持有全国爆压培训中心签发的合格证的人员在施工现场进行爆炸压接操作和验收。

外爆压接的质量检验应符合下列要求：

（1）新工程架线前，应对管、线、能源及爆压操作工艺进行工程性试验，每种形式的试件不少于 3 件，试件外观和爆后外径经检查符合要求后，再进行机械强度试验，其握着力应不小于该种线材保证计算拉断力的 95%。钢芯铝绞线的圆形接续管和耐张线夹试件还应进行轴向解剖检查，以确认其钢芯无损伤。

（2）使用非爆压规程规定的能源、管型、线材和装药结构，应先进行试验，每种形式的试件不少于 6 件。机械强度试验合格后，还应进行轴向解剖检查，确认钢芯完好无损后才能按规定上报，得到批准后才能正式用于施工。

（3）外爆压接后的外观检查应符合下列要求：

外爆管上两层炸药发生残爆时，应割断重接。单层炸药发生残爆时允许补爆，但补爆的药包厚度不得改变，且补爆范围应稍大于残爆范围。补爆部分的铝管表面应加保护层，以防烧伤。爆压接头的外观有下列情形之一者，应割断重接：①管口外线材明显烧伤、断股；②管体穿孔、裂纹；③圆形接续管、耐张线夹管口与线材上所作管口端头位置尺寸线误差超过 4mm 者。

（4）钢芯铝绞线接续管爆后弯曲不大于管长 2%时允许校值。超过 2%或校直后出现裂纹及明显槌痕者，应割断重接。

（5）爆压管表面烧伤可用砂布磨光。但烧伤面积和深度有下列情形之一者，应割断重接。

1）烧伤面积：超过爆压部分总面积的 10%者。

2）烧伤深度：圆形接续管和耐张线夹大于 1mm 的总面积超过爆压部分的 5%时，椭圆形接续管大于 0.5mm 的总面积超过爆压部分 5%者。

（6）耐张线夹和 T 形线夹的引流板，爆后有下列情形之一者，应割断重接：①变形而无法修复者；②连接面烧伤；③非连接面烧伤深度大于 1mm 的总面积超过该部分 5%者；④弯头部分布裂纹。

（7）各种爆压管外径尺寸检测后应符合《爆压规程》允许偏差值。

# 第6章　电力电缆线路敷设施工

## 6.1　电力电缆的种类和结构

### 6.1.1　电力电缆线路的特点

传送电能的线路有架空导线和电力电缆两种。架空导线与电力电缆相比，各有其优点。架空导线具有结构简单、制造方便、造价便宜、施工容易和便于检修等优点。而电力电缆线路一般埋于土壤或敷设于管道、沟道、隧道中，不用杆塔，占用地面和空间少；受气候和周围环境条件的影响小，供电可靠；安全性高；运行简单方便；维护费用低；市容整齐美观。

### 6.1.2　电力电缆的应用

电力电缆作为输、配电线路可分为三大类：

（1）地下输、配电缆线路。这种线路的电缆敷设方式有直埋式、管道式、沟道式。

（2）水下输电电缆线路。水下输电线路是将电缆敷设于江河湖水底或海峡水底。

（3）架空输、配电缆线路。空气中输配电电缆敷设方式有敷设在厂房、沟道、隧道内、竖井中，桥梁上及架空电缆等。

### 6.1.3　电力电缆的种类

随着科学技术的进步，新材料、新工艺的不断出现，新型电缆的电压等级逐渐增高，电缆的品种越来越多。电力电缆可以有多种分类方法，如按电压等级分类、按导体标称截面积分类、按导体芯数分类、按绝缘材料分类等。现在分述如下：

1. 按电压等级分类

电力电缆都是按一定电压等级制造的，由于绝缘材料及运行情况的不同，使用于不同的电压等级中。

电压等级有两个数值，用斜杠分开，斜杠前的数值是相电压值，斜杠后的数值是线电压值。常用电缆的电压等级 $U_0/U$（kV）为 0.6/1、3.6/6、6/10、21/35、36/63、64/110，这种电压等级的电缆适用于每次接地故障持续时间不超过 1min 的三相系统，而电压等级 $U_0/U$（kV）为 1/1、6/6、8.7/10、26/35、48/63 的电缆适用于每次接地故障持续时间一般不超过 2h、最长不超过 8h 的三相系统。在选择使用电缆时应特别注意。

从施工技术要求、电缆中间接头、电缆终端结构特征及运行维护等方面考虑，也可以依据电压这样分类：①低电压电力电缆（1kV）；②中电压电力电缆（6~35kV）；③高电压电力电缆（110~500kV）。

2. 按导体标称截面积分类

电力电缆的导体是按一定等级的标称截面积制造的，这样既便于制造，也便于施工。

我国电力电缆标称截面积系列为 1.5、2.5、4、6、10、16、25、35、50、70、95、120、150、185、240、300、400、500、630、800、1000、1200、1400、1600、1800、2000mm²，共 26 种。高压充油电力电缆标称截面积系列为 240、300、400、500、630、800、1000、1200、1600、2000mm²，共 10 种。

3. 按导体芯数分类

电力电缆导体芯数有单芯、二芯、三芯、四芯和五芯共 5 种。单芯电缆通常用于传送单相交流电、直流电，也可在特殊场合使用（如高压电机引出线等），一般中低压大截面的电力电缆和高压充油电缆多为单芯。二芯电缆多用于传送单相交流电或直流电。三芯电缆主要用于三相交流电网中，在 35kV 及以下各种中小截面的电缆线路中得到广泛的应用。四芯和五芯电缆多用于低压配电线路。只有电压等级为 1kV 的电缆才有二芯、四芯和五芯。

4. 按绝缘材料分类

（1）挤包绝缘电力电缆。挤包绝缘电力电缆包括聚氯乙烯绝缘电力电缆、交联聚乙烯绝缘电力电缆、聚乙烯绝缘电力电缆、橡胶绝缘电力电缆、阻燃电力电缆、耐火电力电缆、架空绝缘电缆。挤包绝缘电力电缆制造简单，质量轻，终端和中间接头制作容易，弯曲半径小，敷设简单，维护方便，并具有耐化学腐蚀和一定的耐水性能，适用于高落差和垂直敷设。聚氯乙烯绝缘电力电缆、聚乙烯绝缘电缆一般多用于 10kV 及以下的电缆线路中；交联聚乙烯绝缘电力电缆多用于 6kV 及以上，以及 110~220kV 的电缆线路中；橡胶绝缘电力电缆主要用于发电厂、变电站、工厂企业内部的连接线，目前应用最多的还是 0.6/1kV 级的产品。

（2）油浸纸绝缘电力电缆。油浸纸绝缘电力电缆是历史最悠久、应用最广和最常用的一种电缆。由于其成本低、寿命长、耐热耐电性能稳定，在各种电压特别是在高电压等级的电缆中被广泛采用。油浸纸绝缘电力电缆的绝缘是一种复合绝缘，它是以纸为主要绝缘体，用绝缘浸渍剂充分浸渍制成的。根据浸渍情况和绝缘结构的不同，油浸纸绝缘电力电缆又可分为下列几种。

1）普通黏性油浸纸绝缘电缆。它是一般常用的油浸纸绝缘电缆、电缆的浸渍剂是由低压电缆油和松香混合而成的黏性浸渍剂。根据结构不同，这种电缆又分为统包型、分相铅（铝）包型和分相屏蔽型。统包型电缆的多线芯共用一个金属护套。分相屏蔽型电缆的导体分别加屏蔽层，并共用一个金属护套。后两种电缆多用于 20~35kV 电压等级。

2）滴干绝缘电缆。它是绝缘层厚度增加的黏性浸渍纸绝缘电缆，浸渍后经过滴出浸渍剂制成。滴干绝缘电缆适用于 10kV 及以下电压等级和落差较大的场合，目前很少采用。

3）不滴流油浸纸绝缘电缆。它的构造、尺寸与普通黏性油浸纸绝缘电缆相同，但用不滴流浸渍剂浸渍制造。不滴流浸渍剂是低压电缆油和某些塑料及合成地蜡的混合物。不滴流油浸纸绝缘电缆适用于 35kV 及以下高落差电缆线路。

4）油压油浸纸绝缘电缆。它包括自容式充油电缆和钢管充油电缆。电缆的浸渍剂一般为低黏度的电缆油。充油电缆适用于 110kV 以及更高电压等级的电缆线路中。

5）气压油浸纸绝缘电缆。它包括自容式充气电缆和钢管充气电缆，多用于 35kV 及以上电压等级的电缆线路中。

### 6.1.4　电力电缆的结构

电力电缆的基本结构由导体、绝缘层和护层三部分组成。电力电缆的导体在输送电能时，具有高电位。为了改善电场的分布情况，减小切向应力，有的电缆加有屏蔽层。多芯电缆绝缘线芯之间，还需增加填芯和填料，以便将电缆绞制成圆形。

1. 电力电缆的导体

电力电缆的导体通常用导电性好、有一定韧性、一定强度的高纯度铜或铝制成。导体截面有圆形、椭圆形、扇形、中空圆形等几种。较小截面（16mm² 以下）的导体由单根导线制成；较大截面（16mm² 以上）的导体由多根导线分数层绞合制成，绞合时相邻两层扭绞方向相反。圆形导体单线最少根数，中心一般为 1 根，第 2 层为 6 根，以后每一层比里面一层多 6 根，这样既增加了电缆的柔软性，又增加了导体绞合的稳定度，便于制造和施工。对于 35kV 及以下的电缆，在施工现场需要核对电缆导体的截面时，可以测量一下电缆导体外形尺寸，与电缆各等级标准截面的尺寸进行比较，根据经验可判定所用电缆导体截面积的大小。

充油电缆的导体由韧炼的镀锡铜线绞成，铜线镀锡后可大大减轻对油的催化作用。当导体的标称截面大于 1000mm² 时，为了降低集肤效应和邻近效应的影响，常采用分裂导体结构，导体由 4 个或 6 个彼此用半导电纸分隔开的扇形导体组成。单芯充油电缆的导体中心有一个油道，其直径不小于 12mm。它一般是由不锈钢带或 0.6mm 厚的镀锡铜带绕成螺旋管状作为导体的支撑，这种螺旋管支撑还具有扩大导体直径，减小导体表面最大电场强度和减小集肤效应的效果。而有的则用镀锡铜条制成 Z 形及扇形线绞合成中空油道，不需要螺旋形的支撑管。充油电缆的油道也有在铅套下面；对于 400kV 及以上的高压充油电缆，为了提高其绝缘强度，则导体中心油道和铅套下面的油道兼而有之。

2. 电力电缆的绝缘层

电力电缆的绝缘层用来使多芯导体间及导体与护套间相互隔离，并保证一定的电气耐压强度。它应有一定的耐热性能和稳定的绝缘质量。

绝缘层厚度与工作电压有关。一般来说，电压越高，绝缘层的厚度也越厚，但并不成比例。因为从电场强度方面考虑，同样电压等级的电缆，当导体截面积大时，绝缘层的厚度可以薄些。对于电压较低的电缆，特别是电压较低的油浸纸绝缘电缆，为保证电缆弯曲时，纸层具有一定的机械强度，绝缘层的厚度则随导体截面的增大而加厚。

绝缘层的材料主要有油浸电缆纸、塑料和橡胶三种。根据导体绝缘层所用材料的不同，电缆主要分为油浸纸绝缘电缆、塑料绝缘电缆和橡胶绝缘电缆。

3. 电缆护层

为了使电缆绝缘不受损伤，并满足各种使用条件和环境的要求，在电缆绝缘层外包覆有保护层，称为电缆护层。电缆护层分为内护层和外护层。

（1）内护层。内护层是包覆在电缆绝缘上的保护覆盖层，用以防止绝缘层受潮、机械损伤及光和化学侵蚀性媒质等的作用，同时还可以流过短路电流。内护层有金属的铅护套、平铝护套、皱纹铝护套、铜护套、综合护套，以及非金属的塑料护套、橡胶护套等。金属护套多用于油浸纸绝缘电缆和 110kV 及以上的交联聚乙烯绝缘电力电缆；塑料护套（特别是聚氯乙烯护套）可用于各种塑料绝缘电缆；橡胶护套一般多用于橡胶绝缘电缆。

（2）外护层。外护层是包覆在电缆护套（内护层）外面的保护覆盖层，主要起机械加强和防腐蚀作用。常用电缆的外护层有内护层为金属护套的外护层和内护层为塑料护套的外护层。金属护套的外护层一般由衬垫层、铠装层和外被层三部分组成。衬垫层位于金属护套与铠装层之间，起铠装衬垫和金属护层防腐蚀作用。铠装层为金属带或金属丝，主要起机械保护作用，金属丝可承受拉力。外被层在铠装层外，对金属铠装起防腐蚀作用。衬垫层及外被层由沥青、聚氯乙烯带、浸渍纸、聚氯乙烯或聚乙烯护套等材料组成。根据各种电缆使用的环境和条件不同，其外护层的组成结构也各异。

图 6-1~图 6-10 所示为不同电压、不同绝缘、不同构造的几种电缆示意图。

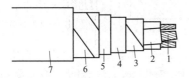

图 6-1　1kV 三芯油浸纸绝缘电缆

1—导体；2—油纸导体绝缘；3—油纸统包绝缘；4—铅护套；

5—衬垫层；6—钢带铠装；7—麻或聚氯乙烯外被层

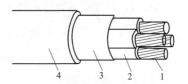

图 6-2　1kV 四芯聚氯乙烯绝缘电缆

1—导体；2—聚氯乙烯绝缘；

3—聚氯乙烯内扩套；4—聚氯乙烯外护套

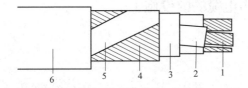

图 6-3　1kV 三芯聚氯乙烯绝缘内钢带铠装电缆

1—导体；2—聚氯乙烯绝缘；3—聚氯乙烯内护套；

4—钢带铠装；5—聚氯乙烯内护套；6—聚氯乙烯外护套

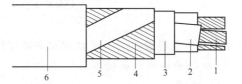

图 6-4　6kV 三芯聚氯乙烯绝缘电缆

1—导体；2—聚氯乙烯绝缘；3—内扩套；

4—镀锌扁铁线铠装；5—螺旋钢带；6—聚氯乙烯外护套

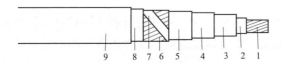

图 6-5　10~30kV 单芯交联聚乙烯电缆

1—导体；2—屏蔽层；3—交联聚乙烯绝缘层；

4—屏蔽层；5—内护层；6—铜线屏蔽；

7—铜带层；8—铝箔；9—聚氯乙烯护套

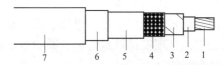

图 6-6　20~30kV 单芯油浸纸绝缘电缆

1—导体；2—半导体纸；3—油纸绝缘；

4—金属化纸；5—铅护套；6—衬垫层；7—聚氯乙烯护

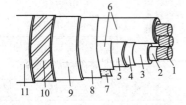

图 6-7　35kV 三芯分相铅套油纸绝缘铠装电缆

1—体；2—蔽层；3—纸绝缘；4—蔽层；

5—护套；6—氯乙烯带；7—料；8—璃丝带；

9—黄黄麻层；10—丝铠装层；11—青黄麻层

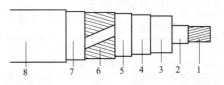

图 6-8　110kV 单芯交联聚乙烯绝缘电缆

1—体；2—蔽层；3—联聚乙烯绝缘；

4—蔽层；5—护层；6—线屏蔽；

7—护层；8—氯乙烯外护套

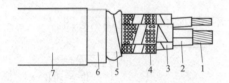
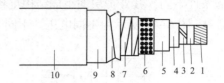

图 6-9　110kV 三芯纸绝缘皱纹铝套充油电缆　　　图 6-10　220kV 单芯纸绝缘皱纹铝套允油电缆
1—导体；2—屏蔽层；3—油纸绝缘；4—金属化纸屏蔽；　　　　1—导体；2—屏蔽层；3—保护层；4—屏蔽层；
5—皱纹铝护套；6—衬垫层；7—聚氯乙烯外护套　　　　　5—油纸绝缘；6—金属化纸屏蔽；7—保护层；
　　　　　　　　　　　　　　　　　　　　　　　8—皱纹铝护套；9—衬垫层；10—聚氯乙烯外护套

## 6.2　35kV 及以下电力电缆的敷设施工

### 6.2.1　电缆敷设的一般要求和准备工作

1. 电缆敷设路径的检查

（1）敷设电缆前，电缆线路通过的构筑物，应施工完毕。应检查电缆沟及隧道等土建部分的转弯处，其转弯半径不应小于所敷设电缆的最小允许弯曲半径。

（2）电缆通道应畅通，清除所有的杂物，排水良好。

（3）隧道内照明、通风应符合要求。

2. 电缆的检查与准备

（1）核实电缆的型号、电压、规格是否与设计相符合，并按设计和实际路径计算每根电缆的长度，合理安排每盘电缆，减少电缆接头。在度量电缆时，应考虑各种附加长度，附加长度见表 6-1。

表 6-1　　　　　　　　　　　　　　敷设电缆时各种附加长度

| 序号 | 项目 | | 附加长度（m） | 序号 | 项目 | | 附加长度（m） |
|---|---|---|---|---|---|---|---|
| 1 | 电缆终端的制作 | | 0.5 | 5 | 由地坪引至各种设备的接头处 | 控制屏或保护屏 | 2 |
| 2 | 电缆中间接头的制作 | | 0.5 | | | 厂用变压器 | 3 |
| 3 | 检修电缆终端用的预留量 | | 1 | | | 主变压器 | 5 |
| 4 | 检修电缆中间接头用的预留量 | | 1 | | | 磁力启动器或事故按钮 | 1.5 |
| 5 | 由地坪引至各种设备的接头处 | 电动机（按接线盒对地坪的实际高度） | 0.5~1 | 6 | 由厂区引入建筑物时 | | 1.5 |
| | | | | 7 | 直埋电缆考虑上下左右的转弯 | | 全长的 1% |
| | | 配电屏 | 1 | 8 | 进入沟内或吊架时引上、引下的余量 | | 1 |
| | | 车间动力箱 | 1.5 | 9 | 进入隧道中引上、引下的余量 | | 2 |

（2）检查电缆外表面应无损伤，测量电缆的绝缘电阻应良好。

（3）三相四线制系统中应采用四芯电力电缆，不应采用三芯电缆另加一根单芯电缆或以导体、金属护套作中性线，以防止三相系统电流不平衡时，在金属护套和铠装层中由于电磁感应会产生感应电压和感应电流而发热，造成电能损失。

（4）为了敷设方便，减少差错，在电缆支架、沟道、隧道、竖井的进出口、转弯处和适当部位挂上电缆敷设断面图。

（5）冬季气温低，油浸纸绝缘电缆由于油的黏度增大、滑动性降低，使电缆变硬。塑料电缆在低温下也将变硬、变脆。因此在低温下敷设电缆时，电缆的纸绝缘或塑料绝缘容易受到损伤。建议尽可能避免在低温下施工。如果在冬季施工，电缆存放地点在敷设前 24h 内的平均温度及敷设现场的温度低于表 6-2 规定的数值时，应采取措施将电缆预热后才能敷设。

表 6-2　　　　　　　　　　　　　　电缆最低允许敷设温度

| 序号 | 电 缆 类 型 | 电 缆 结 构 | 最低允许敷设温度（℃） |
|---|---|---|---|
| 1 | 油浸纸绝缘电力电缆 | 充油电缆 | -10 |
|   |   | 其他油浸纸电缆 | 0 |
| 2 | 橡胶绝缘电力电缆 | 橡胶或聚氯乙烯护套 | -15 |
|   |   | 铅护套钢带铠装 | -7 |
| 3 | 塑料绝缘电力电缆 | — | 0 |
| 4 | 控制电缆 | 耐寒护套 | -20 |
|   |   | 橡胶绝缘聚氯乙烯护套 | -15 |
|   |   | 聚氯乙烯绝缘聚氯乙烯护套 | -10 |

电缆预热的方法有两种，一种是用提高周围空气温度的方法，将电缆放在有暖气的室内（或装有防火电炉的帐篷里），使室内温度提高，以加热电缆。这种方法需要的时间较长，室内温度为 5~10℃ 时，需要 72h；室内温度为 25℃ 时，需要 24~36h。另一种方法是用电流加热法，即用电流通过电缆导体来加热。加热电流不能大于电缆的额定电流。

加热时，首先把电缆盘架设在放线架上，并把电缆盘外面的保护物拆除，以便加热后立即敷设。电流加热法所用的设备一般是小容量的三相低压变压器或交流电焊机，高压侧额定电压为 380V，低压侧能提供加热电缆所需的电流。

加热时，将电缆一端三相导体短接，另一端接至变压器低压侧。电源部分应有可以调节电压的装置和适当的保护设施，以防电缆过载而损坏。加热过程中，电缆的表面温度不应超过下列数值：①3kV 及以下的电缆，表面温度不应超过 40℃；②6~10kV 的电缆，表面温度不应超过 35℃；③20~35kV 的电缆，表面温度不应超过 25℃。

加热后电缆表面的温度应根据各地的气候条件来决定，但不得低于 5℃。电缆加热后应尽快敷设，放置时间不宜超过 1h。当电缆冷至低于表 6-2 所列的温度时，不宜弯曲电缆。

（6）准备合适的放线架和钢轴，放线架应能放置稳妥，钢轴的长度和刚度应能满足电缆盘宽度和质量的需要，以防止电缆盘在施放电缆时产生挠度，转动不稳，造成倾倒。

3. 电缆敷设时的一般要求

（1）电缆敷设时不应损坏电缆沟、隧道、电缆井及人孔井的防水层。沟道、隧道内的排水应畅通。

（2）电缆敷设时，电缆应从电缆盘的上端引出。

（3）用机械敷设电缆时，应有专人指挥，使前后密切配合，行动一致，以防止电缆局部受力过大。机械敷设电缆的速度不宜超过 15m/min，以免侧压力过大损伤电缆，以及拉力过大超过允许强度。在较复杂的路径上敷设电缆时，其速度应适当放慢。机械敷设时电缆最大允许牵引强度不宜大于表 6-3 的数值。

表 6-3　　　　　　　　　　　　　电缆最大允许牵引强度

| 牵引方式 | 牵引头 | | 钢丝网套 | | |
|---|---|---|---|---|---|
| 受力部位 | 铜导体 | 铝导体 | 铅护套 | 铝护套 | 塑料护套 |
| 允许牵引强度（MPa） | 70 | 40 | 10 | 40 | 7 |

（4）黏性油浸纸绝缘电缆最高点与最低点之间的最大位差，不应超过表 6-4 的数值。当超过规定时应采用适用于高落差的塑料电缆，或其他形式的电缆。

表 6-4　　　　　　　　　　黏性油浸纸绝缘电力电缆最大敷设位差

| 电缆额定电压（kV） | 电缆护层结构 | 铅护套（m） | 铝护套（m） | 电缆额定电压（kV） | 电缆护层结构 | 铅护套（m） | 铝护套（m） |
|---|---|---|---|---|---|---|---|
| 1~3 | 无铠装 | 20 | 25 | 6~10 | 无铠装或有铠装 | 15 | 20 |
| | 有铠装 | 25 | 25 | 25~35 | 无铠装或有铠装 | 5 | — |

（5）敷设电缆过程中，特别是在一条电缆线路要经过隧道、竖井、沟道等复杂的路径时，要有专人检查。在一些重要的部位，如转弯处、井口应配有敷设经验的电工进行监护，避免电缆敷设出现差错，并保证电缆的弯曲半径符合表 6-5 的要求，以防止电缆遭受铠装压扁、电缆绞拧、护层折裂、绝缘破损等机械损伤。

表 6-5　　　　　　　　　　　　　电缆最小允许弯曲半径

| 电缆类别 | 电缆护层结构 | 多芯 | 单芯 | 电缆类别 | 电缆护层结构 | 多芯 | 单芯 |
|---|---|---|---|---|---|---|---|
| 油浸纸绝缘电力电缆 | 铝护套 | 30D | 30D | 聚氯乙烯绝缘电力电缆 | — | 10D | 10D |
| | 铅护套有铠装 | 15D | 20D | 交联聚乙烯绝缘电力电缆 | — | 15D | 20D |
| | 铅护套无铠装 | 20D | 25D | | | | |
| 橡胶绝缘电力电缆 | 橡胶或聚氯乙烯护套 | 10D | | 自容式充油电缆 | 铅护套有铠装 | | 20D |
| | 铅护套钢带铠装 | 20D | | 控制电缆 | — | 10D | |

注　D 为电缆直径。

（6）油浸纸绝缘电力电缆在切断后，应将端头立即铅封；塑料绝缘电力电缆切断后，也应做好防潮密封，以免水分侵入电缆内部，影响施工质量和使用寿命。敷设时切断电缆，应按表 6-1 考虑电缆的附加长度。

（7）并列敷设的电缆，有接头时应将接头错开。明敷设电缆的接头应用托板托置固定，直埋电缆的接头盒外面应有防止机械损伤的保护盒。

（8）电缆敷设后，应及时整理，做到横平竖直，排列整齐，避免交叉重叠，以达到整齐美观，并及时在电缆终端、中间接头、电缆拐弯处、夹层内、隧道及竖井的两端、井坑内等地方的电缆上装设标志牌，标志牌上应注明电缆线路编号、电缆型号、规格与起讫地点。

## 6.2.2　室内及隧道、沟道内电缆的敷设

室内及隧道、沟道、竖井内的电缆一般都应该敷设在电缆支架上，以免沟道内滞积水、

灰、油时使电缆护层遭受腐蚀，而影响电缆的安全运行。电缆支架有圆钢支架、角钢支架、装配式支架（以上三种支架统称普通支架）、电缆托架及电缆桥架等多种形式。

1. 电缆支架的种类和结构

（1）圆钢电缆支架。圆钢电缆支架采用圆钢制作成立柱与格架后焊接而成，其长度一般不超过 350mm，如图 6-11 所示。这种支架比角钢电缆支架节省钢材 20%~25%，但圆钢电缆支架加工复杂，强度差，因而只适用于电缆数量少的吊架或小电缆沟支架。

（2）角钢电缆支架。角钢电缆支架制作简便，强度大，一般在现场加工制作，其应用历史较长，目前采用的仍很多，适用于非全塑型 35kV 及以下电缆明敷的隧道、沟道内及厂房夹层的电缆支架。支架立柱采用 50mm×5mm 的角钢，格架采用 40mm×4mm 的角钢，格架层间距离为 150~200mm，如图 6-12 所示。

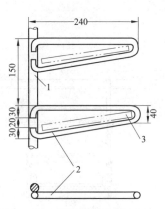

图 6-11 圆钢电缆支架（mm）

1—立柱；2—格架；3—隔热板

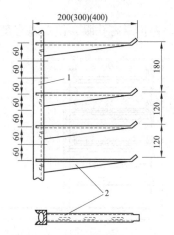

图 6-12 角钢电缆支架（mm）

1—立柱；2—格架

（3）装配式电缆支架。从 20 世纪 60 年代起，我国开始推广应用装配式电缆支架。这种支架由工厂成批生产，现场安装，对保证施工质量、加快安装进度、节约钢材有显著效果，已在工程中广泛采用。装配式电缆支架适用于中小型工程主厂房及夹层的电缆敷设，以及电缆明敷的沟道、隧道内，但不适用于易受腐蚀的环境。

装配式电缆支架的格架用薄钢板冲压成型，并冲出需要的孔眼，立柱用槽钢以 60mm 为模数冲以孔眼。现场安装时，根据需要再将格架与立柱装配成格层间距为 120、180、240mm 的电缆支架，如图 6-13 所示。

（4）电缆托架。国外发电厂和工业企业采用电缆托架进行架空敷设电缆。我国 20 世纪 70 年代后期，有一些火电厂、石油化工厂及钢厂等也开始使用电缆托架架空敷设电缆。托架的结构及特点如下：

1）托架的槽板和横格架（横撑）是用厚度为 1.5mm 或 2.3mm 的薄钢板压制成型，然后再将横格架焊在槽板上，如

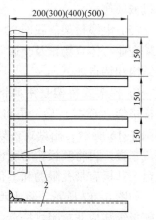

图 6-13 装配式电缆支架（mm）

1—立柱；2—格架

图 6-14 所示。工厂制成直线、三通、四通、弯头及曲线格架，运到现场后，再利用连接片、调角片、单立柱、双立柱等部件组装成托架装置。另外还可以用螺栓、连杆和安装配件将托架组装后用螺栓或焊接固定在梁上，成为悬吊式托架或隧道内托架，如图 6-15 所示。

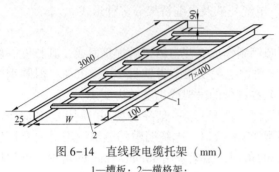

图 6-14　直线段电缆托架（mm）

1—槽板；2—横格架；
W—托架宽度

2）电缆托架在工厂分段加工成标准件，编上号码，在现场安装时对号入座，既方便，又缩短时间。

3）电缆托架在通道处或室外需在其上覆盖保护罩，保护罩采用不小于 1mm 的钢板制成。保护罩有孔眼，使电缆有足够的自然通风。

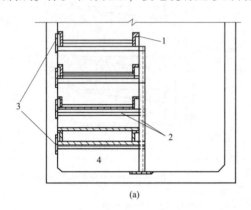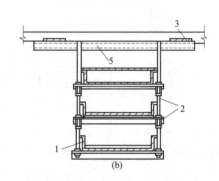

(a)　　　　　　　　　　(b)

图 6-15　电缆托架安装示意图

（a）隧道内托架安装示意图；（b）悬吊式托架安装示意图
1—托架；2—支撑；3—预埋钢板；4—隧道；5—辅助梁

4）从电缆托架至设备的那段电缆采用保护管及其紧固件进行明管敷设，以保护电缆免受机械损伤。

（5）电缆桥架。我国 20 世纪 80 年代初期开始生产电缆桥架，很快广泛应用于发电厂、工矿企业、体育场馆及交通等部门。KWTZ 系列电缆桥架有梯架式、托盘式和线槽式三种，其结构和特点如下：

1）梯架式桥架是用薄钢板冲压成槽板和横格架（横撑）后，再将其组装成梯架，如图 6-16 所示。托盘式桥架是用薄钢板冲压成基板，再将基板作为底板和侧板组装成托盘。基板有带孔眼的和不带孔眼的四种形式，如图 6-17 所示。将 I 型基板作为底板与侧板组装成非封闭式托盘；而封闭式托盘则由Ⅳ型基板作为底板，Ⅲ型基板作为侧板组装而成，组合方法如图 6-18 所示。线槽

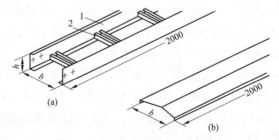

图 6-16　直通梯架（mm）

（a）梯架；（b）盖板

1—板；2—格架

式桥架的线槽是用薄钢板直接冲压而成，如图 6-19 所示。

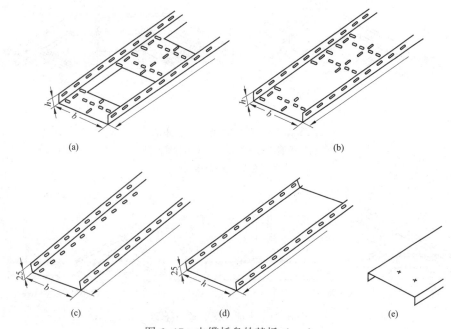

图 6-17　电缆托盘的基板（mm）

（a）Ⅰ型基板；（b）Ⅱ型基板；（c）Ⅲ型基板；（d）Ⅳ型基板；（e）盖板

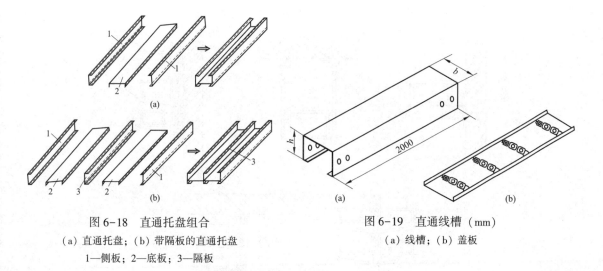

图 6-18　直通托盘组合

（a）直通托盘；（b）带隔板的直通托盘

1—侧板；2—底板；3—隔板

图 6-19　直通线槽（mm）

（a）线槽；（b）盖板

　　2）梯架、托盘、线槽有直通、三通、四通、弯通等形式，由工厂生产并配以连接片、插接件、角接片以及支架、托臂、立柱等。在施工现场利用标准紧固件，可以组装成所需的电缆桥架。图 6-20 所示为平面弯通、三通梯架。图 6-21 所示为平面三通、弯通托盘。图 6-22 所示为电缆桥架安装方式示意图。

　　3）电缆桥架制作工厂化、系列化，质量容易控制；其结构轻、强度大、安装方便；桥架托盘及梯架横格架间距离小、无棱角，所以在桥架内拉放电缆时较省力，且不会损伤电缆外护层，这样就缩短了电缆施工时间。

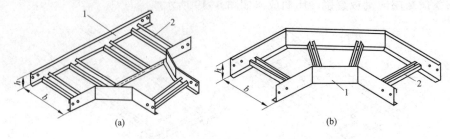

图 6-20　平面弯通、三通梯架

（a）平面三通梯架；（b）平面弯通梯架

1—槽板；2—横格架

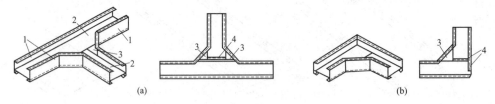

图 6-21　平面三通、弯通托盘

（a）平面三通托盘；（b）平面弯通托盘

1—侧板；2—底板；3—补角；4—角接板

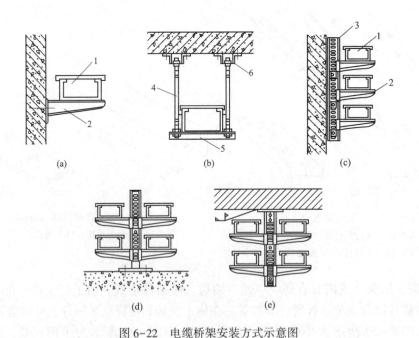

图 6-22　电缆桥架安装方式示意图

（a）墙壁上自接固定桥架；（b）双拉杆悬吊桥架；（c）墙壁上固定桥架；

（d）地面立柱支承桥架；（e）单立柱悬吊桥架

1—梯架（托盘）；2—托臂；3—立柱；4—吊杆；5—横梁；6—吊杆座

4）装设有盖板的电缆桥架，适用于户外或容易积灰的场所；装设隔板的托盘桥架，适用于有外部热源影响的电缆线路，从而达到电缆运行安全可靠，整齐美观的目的。

5）电缆桥架对架空敷设的电缆虽然有很多优点，但桥架耗费钢材较多，因而它适用于电缆数量较多的大中型工程，以及受通道空间限制又需敷设数量较多的场地，如电厂主厂房和电缆夹层的明敷电缆。

6）电缆桥架除钢制桥架外，还有铝合金桥架和玻璃钢（玻璃纤维增强塑料的简称）桥架。铝合金和玻璃钢桥架仅适用于少数极易受腐蚀的环境。

2. 电缆支架的加工与安装

（1）角钢电缆支架、圆钢电缆支架一般在现场加工，批量生产时，可事先做出模具。所用的钢材应平直，无明显弯曲和变形，下料后应对角钢切口进行处理，去除卷边和毛刺，下料误差应在±5mm 以内。

将格架与立柱进行焊接，焊接应牢固，无显著变形。格架之间的垂直距离与设计偏差应不大于±5mm。加工后的圆钢电缆支架如图 6-11 所示，角钢电缆支架如图 6-12 所示。

（2）加工制作及安装电缆支架和桥架时，电缆支架层（格架）间的垂直距离应满足电缆能方便地敷设和固定的要求，且在多根电缆同置于一层支架上时，有更换或增设任一根电缆的可能。

（3）安装电缆支架时，支架应安装牢固，并做到横平竖直，各支架的同层横格架应在同一水平上，其高度偏差应不大于±5mm。支架沿走向左右偏差应不大于±10m。普通支（吊）架之间的跨距及梯架式桥架横格架（横撑）间距，不宜大于相关规定所列数值。

（4）电缆支架最上层及最下层至沟顶、楼板或沟底、地面的距离不宜小于相关规定所列数值。

（5）电缆支架在电缆沟道、隧道内安装后，其通道宽度不宜小于相关规定所列数值。

（6）电缆桥架在现场安装时，首先安装支承梯架、托盘的托臂、立柱或吊杆。托臂、立柱或吊杆的安装，采用膨胀螺栓固定最为方便。梯架、托盘的连接组装及其在托臂、立柱或吊杆上的安装固定一般采用紧固件，要求安装牢固，安装方式如图 6-22 所示。

（7）梯架、托盘的平面弯通、三通有的是按制造厂型号规格订货的，有的是在现场锯切组装的，但不论采用哪一种，其转弯半径应不小于所敷设电缆的最小允许弯曲半径。

（8）为了消除电缆桥架因环境温度变化产生的应力，直线段钢制桥架超过 30m、铝制桥架超过 15m 时，应留有伸缩缝，并安装相应的伸缩片，如图 6-23 所示。

（9）普通支架安装完成后，其全长应进行良好的接地，以免电缆发生故障时，危及人身安全。接地的方法一般采用 40mm×4mm 的扁钢焊在全长的支架上。支架应进行防腐处理，油漆应均匀完整。对于桥架，宜在全长每隔 10～20m 处有一次可靠的接地。作接地回路的金属桥架，需

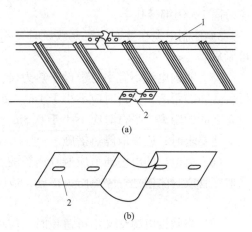

图 6-23　安装伸缩片的电缆梯架
（a）装伸缩片的梯架；（b）伸缩片
1—梯架；2—伸缩片

在桥架的各段装接符合接地面积要求的可靠接地线。

3. 支架上电缆敷设的方法和要求

(1) 在同一隧道或同一桥架上敷设电缆的根数较多时，为了做到有条不紊，敷设前应充分熟悉图纸，弄清每根电缆的型号、规格、编号、走向及放在电缆架上的位置和大约长度等。施放时可先放长的、截面大的电源干线，再敷设截面小又短的电缆，随即将电缆标志牌挂好，这样有利于电缆在支架上合理布置与排列整齐，避免交叉混乱现象。

(2) 敷设裸铝护套的电缆时，先将电缆施放在靠近电缆支架的地上，待量好尺寸截断后，再托上支架，以免电缆在支架上拉动时，使铝护套受到损伤。在普通支架上敷设大而长的其他种类电缆时，也应采用上述敷设方法。在桥架上敷设聚氯乙烯护套电缆时，可直接在桥架上拉放，这样既方便，工效又高。

(3) 多层支架上敷设电缆时，电缆在支架上的排列应符合下列要求：

1) 为了防止电力电缆干扰控制电缆而造成控制设备误动作，防止电力电缆发生火灾后波及控制电缆而使事故扩大，电力电缆与控制电缆不应敷设在同一层支架上。

2) 同侧多层支架上的电缆应按高低压电力电缆、强电控制电缆、弱电控制电缆顺序分层由上而下排列。但对于较大截面的电缆或 35kV 高压电缆引入柜盘有困难时，为了满足弯曲半径的要求，也可将较大截面的电缆或 35kV 高压电缆排列敷设在最下层。

3) 对全厂公用性的重要回路及火电厂双辅机系统的厂用供电电缆，宜分开排列在通道两侧支架上。条件困难时，也可排列在不同层次的支架上，以保证厂用电可靠。

4) 电缆隧道和电缆沟敷设电缆时，越远的电缆一般放在下层格架和格架的中间位置，近处的电缆则放在上层格架和格架的两边，这样利于敷设施工。

5) 在两边都装有支架的电缆沟内，控制电缆尽可能敷设在无电力电缆的一侧。

(4) 电缆敷设在支架上应符合下列要求：

1) 交流多芯电力电缆在普通支架上宜不超过 1 层，且电缆之间应有 1 倍电缆外径或 35mm 的净距，在桥架上不宜超过 2 层，电缆之间可以紧靠。

2) 同一回路的交流单芯电力电缆应敷设于同侧支架上，当其为紧贴的正三角形排列时，应每隔 1m 用绑带扎牢。

3) 控制电缆在普通支架上敷设时，不宜超过 1 层，桥架上不宜超过 3 层，电缆之间均可紧靠。

(5) 明敷电缆不宜平行敷设于热力设备或热力管道的上面。电力电缆与热力管道、热力设备之间的距离，平行时应不小于 1m，交叉时应不小于 0.5m；控制电缆与热力管道、热力设备之间的距离，平行时应不小于 0.5m，交叉时应不小于 0.25m。当受条件限制而不能满足上述要求时，应采取隔热措施。

(6) 火电厂的电缆通道应避开锅炉的看火孔和制粉系统的防爆门，当受条件限制时，应采取穿管或封闭槽盒等隔热防火措施，以防止看火孔喷火和防爆门爆炸引燃电缆，造成火灾事故。

(7) 当敷设电缆交叉不可避免时，应尽量在敷设电缆的始端或终端进行交叉，便于更换电缆。

(8) 在电缆隧道的交叉口或电缆从隧道的一侧转移到另一侧时，必须使其下部保持一定的净空通道。在电厂主控制楼电缆夹层通道的入口处，其高度应不低于 1.6m，以便运行人员通过。

（9）电缆支架装设在交通道旁边时，应设保护罩将电缆支架保护起来。保护罩的高度应不小于 2m。保护罩应考虑空气流通，使电缆有足够的通风。

（10）电缆固定的部位及要求：

1）水平敷设电缆的固定部位是在电缆的首端、末端和转弯处，接头的两端，当电缆之间有间距要求时，在电缆线路上每隔 5~10m 处。

2）垂直敷设或超过 45°倾斜敷设电缆的固定部位是在每个支架上、桥架上每隔 2m 处。

3）对水平敷设于跨距超过 0.4m 支架上的全塑电缆的固定部位是在每隔 2~3m 的档距处。

4）交流系统的单芯电缆或分相铅套电缆分相后的固定夹具不应构成闭合磁路。

5）裸金属护套电缆固定处，应加软衬垫保护，以防金属护套受损。护层有绝缘要求的单芯电缆，在固定处应加如橡胶或聚氯乙烯等类的绝缘衬垫。

（11）电缆固定的方式除交流系统单芯电力电缆外，其他电力电缆可采用经防腐处理的扁钢等金属材料制作夹具进行固定；在易受腐蚀的环境，宜用尼龙绑扎带绑扎电缆固定；桥架上的电缆可采用桥架制造厂配套生产的电缆压板、电缆卡等进行固定。图 6-24 为采用 Ω 型、M 型、U 型夹具在角钢电缆支架上固定电缆的形式。

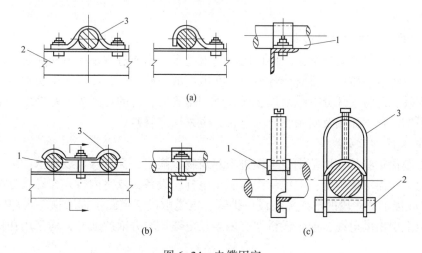

图 6-24　电缆固定
（a）Ω 型夹具固定电缆；（b）M 型夹具固定电缆；（c）U 型夹具固定电缆；
1—电缆；2—角钢电缆支架；3—夹具

交流系统中单芯电力电缆的固定，宜采用铝合金或钢与铝合金构成的夹具，也可用尼龙绳或绑扎带绑扎固定。但不论采用哪种方式，都应满足该回路短路电动力作用下的强度要求。

（12）电力电缆格架间及电力电缆与控制电缆格架间，应以密实耐火板隔开。

（13）电缆敷设完后，应及时清理杂物；对于电缆沟道应及时盖好盖板，可能有水、油、灰侵入的地方，应用水泥砂浆或沥青将盖板缝隙封填，以防止电缆受到腐蚀或引起火灾。

图 6-25 所示为隧道、沟道内电缆支架安装及电缆敷设示意图。

（14）室外电缆沟在进入厂房或变电站的入口处，应设置防火隔墙，电缆敷设完后应将

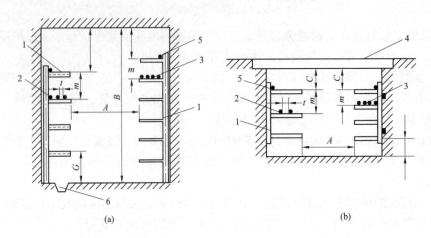

图 6-25　隧道、沟道内电缆支架安装及电缆敷设示意图

(a) 电缆隧道；(b) 电缆沟通

1—电缆支架；2—电力电缆；3—控制电缆；4—盖板；5—接地线；6—排水沟

$A$ 为两侧电缆支架间净距；$B$ 为隧道高度；$C$ 为隧（沟）道最下层支架至隧（沟）道顶净距；

$G$ 为隧（沟）道最下层支架至隧（沟）道底净距；$m$ 为电缆格架层间距离；$t$ 为电力电缆间距离

此隔墙装设完毕。

### 6.2.3　管道内电缆的敷设

城市越发达，电网就越复杂，使用的电缆就越多。当通过城市街道和建筑物间的电缆根数较多时，应将电缆敷设于排管或隧道内；在电厂或一些工厂，除了架空明敷电缆或用桥架敷设的电缆外，还将一部分电缆敷设于保护管和排管内；有的地区为厂室外地下电缆线路免受机械性损伤、化学作用及腐殖物质等危害，也采用穿管敷设。

1. 保护管的加工及敷设

(1) 电缆保护管的使用范围。电缆进入建筑物、隧道，穿过楼板或墙壁的地方及电缆埋设在室内地下时需穿保护管；电缆从沟道引至电杆、设备，或室内行人容易接近的地方、距地面高度 2m 以下的一段的电缆需装设保护管；电缆敷设于道路下面或横穿道路时需穿管敷设；从桥架上引出的电缆，或装设桥架有困难及电缆比较分散的地方，均采用在保护管内敷设电缆。

(2) 电缆保护管的选用。电缆保护管一般用金属管较多，其中镀锌钢管防腐性能好，因而被普遍用作电缆保护管。采用普通钢管作电缆保护管时，应在外表涂防腐漆或沥青（埋入混凝土内的管子可不涂）防腐层；采用镀锌管而锌层有剥落时，也应在剥落处涂漆防腐。

金属电缆保护管不应有穿孔、裂纹、显著的凹凸不平及严重锈蚀等现象，管子内壁应光滑。

由于硬质聚氯乙烯管不易锈蚀，容易弯制和焊接，施工和更换电缆比较方便，因此有些单位也采用塑料管作为保护管。但因其质地较脆，在温度过高或过低的场所，或是在易受机械损伤的地方及道路下面最好不要采用。当由于腐蚀的原因必须使用时，应适当将保护管埋得深些，其埋置深度应通过计算，使管子受力在允许范围内而不受到损伤。塑料管的品种较多，应慎重选用。

(3) 保护管加工弯曲后不应有裂纹或显著的凹瘪现象，其弯扁程度不宜大于管子外径的

10%，每根保护管的弯头不应超过 3 个，直角弯不应超过 2 个。弯曲半径一般取为管子外径的 10 倍，且不应小于所穿入电缆的最小弯曲半径。管口应无毛刺和尖锐棱角，并做成喇叭形或磨光。

（4）保护管的内径不应小于电缆外径的 1.5 倍。

（5）埋设在混凝土内的保护管，在浇筑混凝土前应按实际安装位置量好尺寸，下料加工。管子敷设后应加以支撑和固定，以防止在浇筑混凝土时受震而移位。保护管敷设或弯制前应进行疏通和清扫，一般采用铁丝绑上棉纱或破布穿入管内清除脏污，检查通畅情况，在保证管内光滑畅通后，将管子两端暂时封堵。

（6）金属保护管宜采用带螺纹的管接头连接，连接处可绕以麻丝并涂以铅油。另外也可以采用短套管连接，两管连接时，管口应对准，短管两端应焊牢。所使用的管接头或短套管的长度不应小于保护管外径的 2.2 倍，以保证保护管连接后的强度。连接后应密封良好。金属电缆保护管不得采用直接对焊连接，以免管内壁可能出现的疤瘤而损伤电缆。

（7）硬质塑料保护管的连接可采用套接或插接，其插入深度宜为管子内径的 1.1~1.8 倍。在插接面上应涂以胶合剂粘牢密封，采用套接时，套管两端应封焊。

（8）明敷电缆保护管的要求：

1）明敷的电缆保护管与土建结构平行时，通常采用支架固定在建筑结构上，保护管装设在支架上。支架应均匀布置，支架间距不宜过大，以免保护管出现垂度。

2）如明敷的保护管为塑料管，其直线长度超过 30m 时，宜每隔 30m 加装一个伸缩节，以消除由于温度变化引起管子伸缩带来的应力影响。

3）保护管与墙之间的净空距离不得小于 10mm，与热表面距离不得小于 200mm，交叉保护管净空距离不宜小于 10mm，平行保护管间净空距离不宜小于 20mm。

4）明敷金属保护管的固定不得采用焊接方法。

（9）利用金属保护管作接地线时，应在有螺纹的管接头处用跳线焊接，并先在保护管上焊好接地线再敷设电缆，以保证接地线可靠且不烧坏电缆。

（10）引至设备的电缆管口位置，应便于电缆与设备进线连接，并且不妨碍设备拆装。并列敷设的管口应排列整齐。

2. 排管的结构与敷设

（1）排管的结构是将预先准备好的管子按需要的孔数排成一定的形式，用水泥浇成一个整体。管子可用铸铁管、陶土管、混凝土管、石棉水泥管，有些单位也采用硬质聚氯乙烯管制作短距离的排管。

（2）每节排管的长度约为 2~4m，按照目前和将来的发展需要，根据地下建筑物的情况，决定敷设排管的孔数（或管子的根数）和管子排列的形式。管子的排列有方形和长方形，方形结构比较经济，但中间孔散热较差，因此这几个孔大多留作敷设控制电缆之用。电缆排管结构如图 6-26 所示。

（3）排管施工较为复杂，敷设和更换电缆不方便，且散热差影响电缆载流量。但因排管保护电缆效果好，使电缆不易受到外部机械损伤，不占用空间，且运行可靠。当电缆线路回路数较多时，平行敷设于道路的下面，或穿越公路、铁路和建筑物是一种较好的选择。

（4）敷设排管时地基应坚实、平整，不得有沉陷。不符合要求时，应对地基进行处理并夯实，以免地基下沉损坏电缆。

（5）电缆排管孔眼内径应不小于电缆外径的1.5倍，且最小不宜小于100mm。管子内部必须光滑，管子连接时，管孔应对准，接缝应严密，不得有地下水和泥浆渗入。管子接头相互之间必须错开，如图6-26所示。

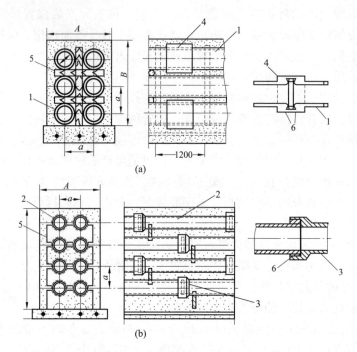

图6-26　电缆排管结构（mm）

（a）石棉水泥管排管；（b）陶土管排管

1—石棉水泥管；2—陶土管；3—管接头；4—石棉水泥套管；5—木衬垫；6—防水密封填料

（6）电缆的埋设深度，自管子顶部至地面的距离，一般地区应不小于0.7m，在人行道下不应小于0.5m，在厂房内不宜小于0.2m。

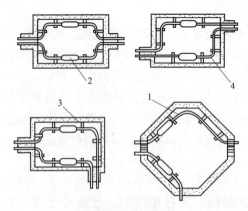

图6-27　电缆井坑的几种形式

1—电缆；2—电缆中间接头；

3—电缆支架；4—电缆井坑

（7）为了便于检查和敷设电缆，埋设的电缆管其直线段每隔30m距离的地方以及在转弯和分支的地方须设置电缆人孔井，如图6-27所示。

人孔井的深度应不小于1.8m，人孔直径不小于0.7m。电缆管应有倾向于人孔井0.1%的排水坡度，电缆接头可放在井坑里。

3. 管道内电缆敷设的方法和要求

（1）交流单芯电缆不得穿钢管敷设，以免因电磁感应在钢管内产生损耗。

（2）敷设电缆前，应检查电缆管安装时的封堵是否良好，如发现有问题应进行疏通清扫，以保证管内无积水、无杂物堵塞。

（3）敷设在管道内的电缆，一般为塑料护套电缆。为了减少电缆和管壁间的摩擦阻力，便于牵引，电缆入管之前可在护套表面涂以润滑物（如滑石粉）。敷设电缆时应特别注意，避免机械损伤外护层。

（4）在管道内敷设的方法一般采用人工敷设。短段电缆可直接将电缆穿入管内，稍长一些的管道或有直角弯时，可采用先穿入导引铁丝的方法牵引电缆。

（5）管路较长（如在设有人孔井的管道内敷设直径较大的电缆）时，需用牵引机械牵引电缆。施工方法是将电缆盘放在人孔井口，然后借预先穿过管子的钢丝绳将电缆拖拉过管道到另一个人孔井，如图 6-28 所示。电缆牵引的一端可以用特制的钢丝网套套上，当用力牵引时，网套拉长并卡在电缆端部。牵引的力量平均约为被牵引电缆质量的 50%～70%。管道口应套以光滑的喇叭管，井坑口应装有适当的滑轮。

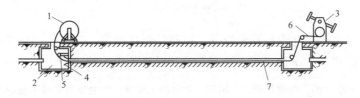

图 6-28　管道内电缆机械敷设示意图

1—电缆盘；2—井坑；3—卷扬机；4—喇叭管；5—滑轮；6—钢丝绳；7—电缆管道

### 6.2.4　直埋电缆的敷设

将电缆直接埋于地下是一种比较简单而又经济的敷设方法，同时由于埋在地下，泥土散热性能好，可提高电缆的载流量，但是直埋电缆易受外力损伤，维护更换很不方便，因而它一般适用于城市郊区、交通不密集和使用架空线路有困难的地方。直埋电缆敷设的方法和要求：

（1）敷设电缆前，首先要选定好电缆路径，电缆路径应避开需施工和电缆易受损伤（如机械性损伤、热影响、水浸泡、化学腐蚀等）的地方。沿线路开挖电缆沟时，可采用机械或人工方法，如果施工现场障碍较少，应尽量采用机械挖掘以提高工效。挖沟时，如遇有坚硬石块、砖块、及含有酸、碱等腐蚀物质的土壤，则应清除掉，调换无腐蚀性的松软土质。

（2）挖沟的深度应使电缆埋置后的表面距地面的距离不小于 0.7m；电缆穿越农田时，为了防止被拖拉机挖伤，其埋置深度不应小于 1m；在电缆自土沟引入建筑物及地下建筑物交叉处不能达到埋设深度时，可将电缆穿入保护管内，以防止电缆受到外部的机械损伤。保护管的管口应加以堵塞以防进水。

（3）在冻土层较深的地区，电缆应埋设在冻土层以下。当冻土层太深，挖沟和埋设电缆有困难时，可采取在沟底砌槽填砂等保护措施，防止电缆受冻而损坏。

（4）挖沟的宽度根据敷设电缆的根数而定，如果沟内只埋一根电缆，其宽度以施工人员能在沟中挖掘和施放电缆为宜。如果数根电缆埋在同一沟内，则应考虑电缆散热等因素。电力电缆间或电力电缆与控制电缆间平行敷设时允许的最小净距，10kV 及以下电缆为 100mm，10kV 以上电缆为 250mm。靠边的电缆与沟壁之间需有 50～100mm 的净距。根据这些要求和电缆的外径，可计算出电缆沟底宽度的最小需要尺寸，沟顶的宽度则比沟底多 200mm，如图 6-29 所示。

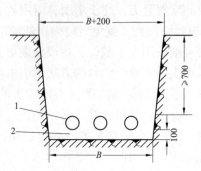

图 6-29  电缆土沟（单位：mm）

1—电缆；2—电缆底下铺砂

（5）直埋电缆之间，电缆与其他管道、道路、建筑物等之间平行和交叉时的最小允许净距应符合表 6-6 的要求，不得将电缆平行敷设于管道的上方或下方。

表 6-6  直埋电缆之间，电缆与管道、道路、建筑物之间平行和交叉时的最小允许净距

| 序号 | 项目 | | 最小允许净距（m） | | 备注 |
| --- | --- | --- | --- | --- | --- |
| | | | 平行 | 交叉 | |
| 1 | 电力电缆间及其与控制电缆间 | 10kV 及以下 | 0.10 | 0.50 | ①序号第 1、3 项，当电缆穿管或用隔板隔开时，平行净距可降低为 0.1m；②在交叉点前后 1m 范围内，当电缆穿入管中或用隔板隔开，交叉净距可降低为 0.25m |
| | | 10kV 以上 | 0.25 | 0.50 | |
| 2 | 控制电缆间 | | | 0.50 | |
| 3 | 不同使用部门的电缆间 | | 0.50 | 0.50 | |
| 4 | 热管道（管沟）及热力设备 | | 2.00 | 0.50 | ①虽净距满足要求，但检修管路可能伤及电缆时，在交叉点前后 1m 范围内，尚应采取保护措施；②当交叉净距不能满足要求时，应将电缆穿入管中，则其净距可减为 0.25m；③对序号第 4 项，应采取隔热措施，使电缆周围土壤的温升不超过 10℃ |
| 5 | 油管道（管沟） | | 1.00 | 0.50 | |
| 6 | 可燃气体及易燃液体管道（管沟） | | 1.00 | 0.50 | |
| 7 | 其他管道（管沟） | | 0.50 | 0.50 | |
| 8 | 铁路轨道 | | 3.00 | 1.00 | — |
| 9 | 电气化铁路 | 交流 | 3.00 | 1.00 | |
| | | 直流 | 10.00 | 1.00 | 如不能满足要求，应采取防腐蚀措施 |
| 10 | 公路 | | 1.50 | 1.00 | 特殊情况，平行净距应酌减 |
| 11 | 城市街道路面 | | 1.00 | 0.70 | — |
| 12 | 电杆基础（边线） | | 1.00 | — | |
| 13 | 建筑物基础（边线） | | 0.60 | — | |
| 14 | 排水沟 | | 1.00 | 0.50 | |

注  当电缆穿管或其他管道有保温层等防护措施时，表中净距应从管壁或防护设施的外壁算起。

（6）电缆与铁路、公路等交叉以及穿过建筑物时，可将电缆穿入电缆管中，以防止电缆受到机械损伤，同时也便于日后拆换电缆。管子距轨道底或路面的深度应不小于 1m，管子的长度应伸出路面两边各 2m 以上。

（7）土沟挖好后，可在沟底铺一层 100mm 厚的细砂或松土作为电缆的垫层。

（8）敷设电缆的方法可用人工或卷扬机牵引，也可两者兼用。在沟中每隔 2m 放置一个

滚轮，将电缆端头从电缆盘上引出放在滚轮上，然后用绳子扣住电缆向前牵引，如果电缆较长和较重，除了在电缆端头牵引外，还需要一部分人员在电缆中部帮助拖拉，并监护电缆在滚轮上的滚动情况。当电缆线路全部牵引完后，可将电缆逐段提起移去滚轮，慢慢将它放入沟底。

（9）敷设电缆时，要缓慢牵引。敷设在沟底的电缆不必将它拉得很直，而需要有一些波形，使其长度较沟的长度多 0.5%~1.0%，这样可以防止由于温度降低使电缆缩短而承受过大的拉力。

（10）当电缆有中间接头时，应将其放在电缆井坑中。在中间接头的周围应有防止因发生事故而引起火灾的设施。

（11）电缆在沟内放好后，上面应铺以 100mm 厚的软土或细砂，然后盖以混凝土预制板，覆盖宽度超过电缆两侧各 50mm，以保护电缆使其不致受到机械损伤，最后用土分层填实。在郊区及空旷地带的电缆线路应在其直线段每隔 50~100m 处、转弯处、接头处、进入建筑物处竖立一根露出地面的混凝土标桩，在标桩上注明电缆型号、规格、敷设日期和线路走向等。直埋电缆如图 6-30 所示。

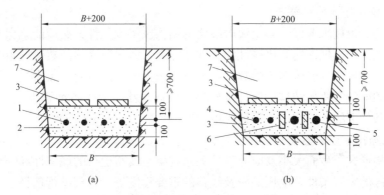

图 6-30　直埋电缆（单位：mm）

（a）10kV 及以下电缆埋设；（b）10kV 以上电缆埋设

1—电缆；2—砂子；3—盖板；4—10kV 及以下电缆；5—10kV 以上电缆；6—隔板；7—软土；B—沟底宽

## 6.3　110kV 及以上电力电缆的敷设施工

扫二维码获取 6.3 节内容。

# 第7章 输电线路运行与测试

## 7.1 输电线路运行巡视

### 7.1.1 架空输电线路的运行概述

保证架空线路的安全、可靠运行是架空输电线路管理维护最基本的工作，是保证线路安全可靠供电的首要任务。运行维护就是依据 DL/T 741—2016《架空送电线路运行规程》对线路进行经常性地巡视和检查，对有关部件进行周期性的测试，以便及时发现缺陷并进行及时的检修和处理，使线路保持正常运行。

架空输电线路将电能从发电厂输送到负荷中心，沿途翻山越岭，跨江过河，经受严寒酷暑及风霜雨雪及各种自然和人为因素的考验，严酷的运行环境对输电线路提出了特殊的要求。

1. 能耐受沿线恶劣的气象

从线路设计的角度来考虑，架空输电线路的结构及组成元件，必须能确保其在严酷的运行环境中保持良好的电气性能和机械性能，即在充分了解线路沿线的典型气象条件，如最大风速、最大覆冰、最高气温等气象参数的前提下，选择合理的控制气象来进行导线、杆塔及线路其他组件的电气及机械结构的设计及校核，保证线路能经受各种恶劣气象条件的考验，耐受各种气象条件下的荷载作用，保证供电的可靠性。

2. 合理地选择导线的型式和截面

导线的结构形式、截面大小及应力直接关系到架空线路运行的经济性和安全性，应根据线路所经过地区的客观条件、电压等级及线路的重要程度等，合理进行选择。

（1）导线形式选择。通常，铝绞线多用于电压低、档距小的配电线路；钢芯铝绞线具有导电性能好、机械强度高的优点，在输电线路上广泛使用；防腐型导线则由于其具有抗盐、碱、酸等气体腐蚀的功能，多用于沿海及有腐蚀的环境中；镀锌铝绞线的导电性能较差，一般可用作避雷线。有关导线形式的选择细则，可参见有关文献。

（2）导线截面选择。导线截面的大小直接关系到线路运行的经济性。导线截面选得过大，浪费有色金属，增加投资费用；导线截面选得太小，将增加线路的电能、电压损失，甚至威胁线路的安全运行。因此，在选择导线截面时，既要根据当前的用电负荷，又要考虑用电负荷的增长因素。通常导线截面的选择遵循以下原则，即按经济电流密度选择（10kV 及以下按末端压降选择，10kV 允许 5%；低压允许 4%），以机械强度、发热、电晕及电压损耗等技术条件加以校核。根据有关规定，导线的最小截面不得小于表 7-1 所规定数值。

表 7-1　　　　　　　　按机械强度要求的导线最小截面（mm²）

| 导线结构 | 导线材料 | 最小截面 |
|---|---|---|
| 单股 | — | 不允许使用 |
| 多股 | 铝、铝合金、钢芯铰线 | 35 |
| | 其他材料（铜、钢、铁） | 16 |

导线发生电晕时要消耗电能，增加线路损失，甚至使导线和金具表面烧毁，另外因电晕放电时具有高频振荡的特性，对附近通信设施将产生干扰现象。电晕现象的发生和大气环境及导线截面有关，因此，要求各种电压等级的输电线路的导线的最小允许直径符合表 7-2 的要求。

表 7-2　　　　　　　　　　各种电压等级的输电线路的导线最小直径

| 电压等级（kV） | 35 | 66 | 110 | 154 | 220 | 330 | 500 |
|---|---|---|---|---|---|---|---|
| 导线直径 | — | 7.8 | 9.6 | 13.68 | 21.28 | 33.2（或 21.28×2） | 27.36×4 |

架空避雷线一般均采用镀锌钢绞线。根据长期的运行经验，避雷线与导线配合选用，其配合见表 7-3。

表 7-3　　　　　　　　　　　　避雷线与导线配合表

| 导线型号 | LGJ-35~70 | LGJ-95~185<br>LGJQ-150~185 | LGJ-240~300<br>LGJQ-240~400 | LGJ-400<br>LGJQ-500 及以上 |
|---|---|---|---|---|
| 避雷线型号 | GJ-25 | GJ-35 | GJ-50 | GJ-70 |

3. 必须满足电气间隙和防雷要求

输电线路的电气间隙有两方面的内容：一是导线与导线、避雷线之间的距离要求；二是导线与杆塔接地部分、被交叉跨越物及地面之间的距离要求。对于导线之间及导线与杆塔接地部分之间的距离，一般可按各种运行情况下保证空气间隙不发生闪络的条件确定。但导线对地面之间的距离就不能以是否会发生对地闪络来要求，而应考虑人们日常活动的因素，即需考虑行人、车辆等的正常活动范围，并保证安全。

（1）导线的线间距离。

1）导线间的水平距离和垂直距离。电力线路在风速和风向都一定的情况下，每根导线都同样地摆动着。但在风向，特别是风速随时都在变化的情况下，如果线路的线间距离过小，则在档距中央导线间会过于接近，因而发生放电甚至短路。

对于 1000m 以下的档距，其水平线间距离由式（7-1）决定

$$D = 0.4L_k + \frac{U_e}{110} + 0.65\sqrt{f} \tag{7-1}$$

式中：$D$ 为水平线间距离，m；$L_k$ 为悬垂绝缘子串长，m；$U_e$ 为线路额定电压，kV；$f$ 为导线最大弧垂，m。

一般应结合运行经验确定其水平距离，在缺少运行资料时，可采用表 7-4 和表 7-5 所列的数值。表 7-4 中的数据是档距为 450m 以内的水平距离，表 7-5 中的数值为档距大于 450m 以及大跨越的水平距离。

表 7-4　　　　　　　　　220kV 及以下电力线路的线间距离（cm）

| 电压<br>（kV） | 档距（m） | | | | | | | | | | | | 绝缘类别 |
|---|---|---|---|---|---|---|---|---|---|---|---|---|---|
| | ≤50 | 75 | 100 | 125 | 150 | 175 | 200 | 250 | 300 | 350 | 400 | 450 | |
| ≤10 | 60 | 70 | 80 | 90 | 110 | 130 | 150 | — | — | — | — | — | 针式绝缘子 |
| 35 | 100 | 125 | 150 | 150 | 175 | 200 | 225 | 225 | 275 | 300 | — | — | 针式绝缘子 |

续表

| 电压<br>(kV) | 档距（m） | | | | | | | | | | | | 绝缘类别 |
|---|---|---|---|---|---|---|---|---|---|---|---|---|---|
| | ≤50 | 75 | 100 | 125 | 150 | 175 | 200 | 250 | 300 | 350 | 400 | 450 | |
| 35 | — | 150 | 175 | 200 | 200 | 225 | 250 | 275 | 300 | 325 | | — | |
| 60 | — | — | — | 250 | 275 | 275 | 300 | 325 | | 375 | 400 | | |
| 110 | — | — | — | 300 | 325 | 325 | 350 | 350 | 400 | 400 | 450 | | 悬式绝缘子 |
| 154 | — | — | — | — | — | — | 400 | 400 | 450 | 450 | 500 | 500 | |
| 220 | — | — | — | — | — | — | — | 500 | 500 | 500 | 500 | | |

表 7-5　　　　　　　　　　电力线路的水平线间距离（cm）

| 档距（m）<br>电压（kV） | 400 | 450 | 500 | 600 | 700 | 800 | 900 | 1000 |
|---|---|---|---|---|---|---|---|---|
| 35 | 400 | 450 | 500 | 550 | 600 | 700 | 800 | 900 |
| 60~110 | — | 500 | 550 | 600 | 650 | 750 | 850 | 950 |
| 154 | — | — | 600 | 650 | 700 | 800 | 900 | 1000 |
| 220 | — | — | 650 | 700 | 750 | 850 | 950 | 1050 |

导线垂直排列的垂直距离可采用 $\frac{3}{4}D$。使用悬垂绝缘子串的杆塔，其垂直线间距离不得小于表 7-6 的规定数值。

表 7-6　　　　　　　　　　导 线 垂 直 距 离

| 电压（kV） | 35 | 60 | 110 | 154 | 220 | 330 |
|---|---|---|---|---|---|---|
| 距离（cm） | 200 | 225 | 350 | 450 | 650 | 750 |

2）上、下层导线间或导线与避雷线间的水平偏移。在覆冰地区导线垂直排列时，上、下层导线间或导线与避雷线间的水平偏移，按不同覆冰条件应保持表 7-7 中所列的数值。

表 7-7　　　　　上、下层导线间或导线与避雷线间的水平偏移（cm）

| 电压（kV） | 35 | 60 | 110 | 154 | 220 | 330 | 500 |
|---|---|---|---|---|---|---|---|
| 设计覆冰厚度 10mm | 20 | 35 | 50 | 70 | 100 | 150 | 100 |
| 设计覆冰厚度 15mm | 35 | 50 | 70 | 100 | 150 | 200 | 150 |

注　500kV 线路的数值为参考值，5mm 及以下覆冰地区，可按 10mm 覆冰地区要求数值适当减少。

导线三角排列时，斜向线间距离按下式等效为等值水平线间距离

$$D_{x} = \sqrt{D_{P}^{2} + \left(\frac{4}{3}D_{Z}\right)^{2}} \qquad (7-2)$$

式中：$D_{x}$ 为导线三角排列时的等效水平线间距离，m；$D_{P}$ 为导线水平投影距离，m；$D_{Z}$ 为导线垂互投影距离，m。

3）多回路杆塔上，不同回路不同相导线间的水平或垂直距离应比式（7-1）和式（7-2）及表 7-7 的要求增加 0.5m；并不应小于表 7-8 所规定的数值。

| 表 7-8 | | | 多 回 路 线 间 距 离 | | | | |
|---|---|---|---|---|---|---|---|
| 电压（kV） | 35 | 60 | 110 | 154 | 220 | 330 | 500 |
| 距离（cm） | 300 | 325 | 400 | 500 | 600 | 800 | 1050 |

（2）导线的弧垂。弧垂的大小直接关系线路的安全运行。弧垂过小，导线受力增大，当张力超过导线许用应力时会造成断线；弧垂过大，导线对地距离过小而不符合要求，有剧烈摆动时，可能引起线路短路。

弧垂大小和导线的质量、空气温度、导线的张力及线路档距等因素有关。导线自重越大，导线弧垂越大；温度高时弧垂增大；温度低时，弧垂减小；导线张力越大，弧垂越小；线路档距越大，弧垂越大。

工程上根据有关计算公式制作了弧垂表，需要时查用。导线的弧垂应符合设计规定，最大弧垂不得超过规定值的 5%，最小弧垂不得小于规定值的 2.5%。导线弧垂计算的最大允许误差应不超过 0.5m。

三相导线的弧垂在一档内应力求一致，水平排列时允许误差不大于 0.2m；垂直排列不大于 0.3m。

（3）导线对地及交叉跨越距离。为了保证输电线路的安全运行，规定导线最低点对地面或交叉跨越物及对建筑物等的最小距离不得超过允许值，具体要求见有关手册。

4. 其他要求

为保证线路能承受各种气象条件下的荷载作用，运行中的线路组件必须满足以下要求：

（1）导线、避雷线不准有磨损、断股、破股、严重诱蚀、闪络烧伤、松动等；同一耐张段内的导线和避雷线的材料、规格、捻回方向都应相同，不同时只准在耐张杆塔的跳线处连接；在重要交叉跨越档内不准有接头；尽量减少不必要的接头，接头处的机械强度不应低于原导线机械强度的 90%。

（2）线路上使用的悬式绝缘子，其机械强度安全系数为：当线路正常运行时不得小于 2.0。当线路断线时，不得小于 1.3。

（3）所有金具的外观要镀锌好、无毛刺、无砂眼、无裂纹、无变形，且规格要合适；不得有缺件和锈蚀现象。其机械强度安全系数为：线路正常运行时不应小于 2.5，线路事故情况不小于 1.5；断线情况不小于 1.3。

（4）杆塔强度要满足要求，并具有一定的抗变形能力（刚度）。当外力作用于杆塔时，应能有一定的设施保证其稳定性。此外，杆塔在运行中要具有良好的状态（杆塔本体的状态及杆塔的运行状态等）。

### 7.1.2　架空输电线路运行中的巡视

1. 架空输电线路的巡视检查

巡视检查是线路运行中最基本的工作。其目的是为了经常掌握线路的运行状况，及时发现设备缺陷和隐患，为线路检修作业提供具体内容和依据，以便更好地检修和维护，实现线路安全运行。

好的巡线质量是保证线路安全运行的重要环节。为了准确发现线路上存在的缺陷，巡线人员要掌握正确的检查方法。

架空输电线路巡视检查按其目的和内容不同，分一般巡视、定期巡视、特殊巡视、夜间巡视和故障巡视等。

（1）一般巡视检查。徒步用望远镜在地面进行，但有时在地面看不清楚时还要求登杆检查。但登杆检查时要注意不得超过《电业安全工作规程》规定的安全距离，同时还要有地面监护。

（2）定期巡视。目的是经常掌握线路各组件（部件）是否有缺陷，沿线周围环境情况有否对安全造成威胁。定期巡视应由专职巡线人员负责，一般 35~110kV 线路每月进行一次，6~10kV 线路每季至少进行一次。

（3）特殊巡视。在天气剧烈变化（如大风、大雪、大雾、导线结冰、暴雨等）、自然灾害（如地震、河水泛滥、山洪暴发、森林起火等）、线路负荷大和其他特殊情况时，对全线或某几段或某些部件进行巡视，以便及时发现线路的异常情况和部件的变形损坏。

（4）夜间巡视。为了检查导线、引流线接续部分的发热、冒火花和电晕现象及绝缘子的污秽放电等情况，需在夜间进行巡视。夜间巡视最好在没有光亮或线路供电负荷最大时进行，35~110kV 一般每季度进行一次，6~10kV 线路每半年进行一次，500kV 线路一般一年一次。

（5）故障巡视。为了查明线路发生故障的路段，跳闸原因并找出故障点，以便及时消除故障和恢复线路供电，在线路发生故障后，需进行巡视。

（6）登杆巡视检查。为了弥补地面巡视的不足，有时需登杆对杆塔上的部件进行巡视。登杆巡查要派专人监护，以防触电。

2. 线路巡视检查的规定

（1）巡线人员必须熟悉所承担巡视线路的设备运行状况及性能，掌握线路的设计和施工等；以便更有效的发现异常现象。巡视工作应由有经验的人员担任，新人员不得一人巡视线路。

（2）为了保证巡线人员的安全，在偏僻山区及夜间巡线时必须由两人进行，在暑天或大雪天巡视时也宜由两人进行。

（3）在巡视过程中未经许可（特别是单人巡线），一律不得攀登杆塔。在巡视时应始终认为线路是带电运行的，即使知道线路已经停电，巡线员也应认为线路随时有送电的可能。

经许可登杆检查时，应扎好安全带、登杆前检查杆根、拉线是否牢固，避免倒杆伤人。登杆必须使用攀登工具，不得沿杆或拉线下滑。

（4）夜间巡线应沿线路外侧走，大风时巡线应沿线路上风侧行走，以免触及断落的导线造成触电。

（5）故障巡线时。应始终认为线路带电。巡线人员应将所负责巡查段全部巡完，不得有"空白点"。

（6）巡线人员发现导线断落在地面或悬吊空中时，应设法防止行人靠近导线落地点 8m 以内，以防跨步电压触电。同时应迅速向领导报告，等待处理。

（7）在巡视过程中遇到有雷雨或远方有雷电声时，应远离线路或暂停巡视。

（8）巡视线路不得有遗漏，途中遇到障碍应设法排除，完成巡线作业。

（9）检查其他不正常现象，如江河泛滥、山洪、杆塔被淹、森林起火等。

（10）利用直升机巡视时，其飞行高度距地不宜低于 100m，飞行速度宜为 50～60km/h，飞机与最上层导线的水平距离不应低于 20～40m，垂直距离不应低于 20～30m。飞机巡视高度以 2.0m 为宜，以免过度消耗体力和视力引起意外。图 7-1 所示为在 500kV 线路上飞机巡线示意图。

　　3. 线路巡视检查的主要内容

　　（1）线路保护区的巡视内容。

　　1）巡视线路保护区内是否符合有关保护区内的各种规定要求，对不符合的项目应作详细记录，以便采取措施。

　　2）保护区内栽种的树木是否超高或与导线距离过近。

　　3）巡视保护区内的土石方开挖范围及深度，在线路附近有其他工程爆破、施工时应了解爆破范围，施工现场尘土飞扬对绝缘子串的污秽情况等。对于危及线路安全者应及时制止，并待与有关单位协商后采取有效措施。

图 7-1　在 500kV 线路上飞机巡线示意图

　　4）巡视保护区内新架设的架空输电线路或通信线路，架空索道、管道及铺设地下的电缆等设施的高度、位置、交叉角度、性质、电压等级等情况，以便考虑彼此间的安全措施。

　　5）巡视线路附近新建的公路、铁路、水库、靶场、演习场、采石场、雷达、电台和地震台等与线路的相互位置，必要时进行相对位置的实测。

　　6）详细了解线路附近的污源位置、性质，以便考虑线路如何采取防污措施。

　　7）巡视线路附近有无洪水泛滥、山洪、滑坡塌方、冲沟扩展、滚石、树林超火等不正常现象，是否危及线路安全。

　　8）巡视线路检修和巡视使用的道路、桥梁是否完好，以便抢修线路时通行。

　　（2）杆塔巡视内容。

　　1）杆塔是否倾斜，横担有无歪斜、损伤，杆塔构件、连接螺栓及电杆接头是否有变形、腐蚀、开焊、短缺、松动等缺陷。杆塔及横担的倾（歪）斜度不能超过规定允许值。

　　2）钢筋混凝土电杆和叉梁裂缝的长度、宽度及分布情况、检查混凝土脱落、钢筋外露、脚钉缺少或变形等情况。

　　3）杆塔有无下沉、偏移线路中心线的现象。

　　4）在冬季巡视时，对位于积水区的杆塔，要注意查看由于冰的膨胀对基础的挤压情况。

　　5）检查杆塔周围杂草，蔓藤及杆塔上的鸟巢对线路的危害情况。

　　6）对跨河流杆塔及淹没地区，了解基础冲刷深度、淹没范围、淹没深度、杆塔附挂冲刷物等情况。

　　7）使用转动横担的电杆，转动横担的剪切螺栓是否齐全，有无磨损现象。

　　8）检查木杆、木横担的腐朽、烧焦、开裂、鸟洞等情况。

　　9）检查线路跨河流处，河岸防洪设施的完好情况。

　　10）检查电杆内有无积水现象，并记录其积水高度。

（3）导线、避雷线及耦合地线的巡视内容。

1）巡视导线的锈蚀、断股、闪络烧伤及磨损情况。

2）目测估计导线对地、对交叉跨越物的垂直距离，以及导线与避雷线之间的距离，如有怀疑，应记录杆号以便实测。

3）巡视导线、避雷线的弧垂变化情况，三相导线弧垂是否一致，分裂导线间距离是否相差过大。

4）巡视导线、避雷线的上拔、舞动、覆冰、脱冰跳跃及相分裂导线有无扭绞现象，遇到有舞动情况时，详细观察并记录舞动形状、涉及的档数、持续时间、振幅大小和当时气象情况，以及杆塔、金具绝缘子串的摆动情况。

5）导线连接器是否有过热、烧伤和腐蚀现象。

6）巡视导线在线夹内是否有滑动摩擦的痕迹。

7）跳线有无变形扭曲缺陷、跳线与杆塔塔身的距离是否符合要求。

8）巡视导线上是否挂有风筝线、塑料薄膜及其他杂物等情况。

（4）绝缘子、金具的巡视内容。

1）查看悬式绝缘子、针式绝缘子及瓷横担的污秽，瓷件裂纹、破损、钢帽和钢脚腐蚀、钢脚弯曲、钢化玻璃绝缘子自爆等情况。

2）巡视绝缘子、瓷横担有无闪络痕迹。

3）巡视悬垂绝缘子串顺线路方向的偏移是否严重。

4）检查金具是否有腐蚀、磨损、裂纹、开焊、镀锌脱落等不良现象，弹簧销、开口销是否有短缺、代用或脱出现象。

5）巡视针式绝缘子、瓷横担上导线用的绑线是否有松散、断股、烧伤等现象。

6）均压屏蔽环有无变形、松动、腐蚀、裂纹等缺陷。

7）间隔棒和防振锤是否有滑落、变形、腐蚀、磨伤导线及断裂等缺陷。

8）巡视绝缘避雷线放电间隙的形状是否变形、间隙距离是否过小或被外物短接，其绝缘子是否有烧伤现象。

9）连接跳线用的并沟线夹是否齐全，有无松动现象，并沟线夹有无烧伤、腐蚀缺陷。

10）巡视预绞丝和阻尼线有无断股、烧伤、滑动等缺陷。

（5）拉线巡视内容。

1）检查拉线及连接零件（接线棒、抱箍、连接线夹）是否有腐蚀、松弛、断股、受力不均、拉线接头被折过短（一般回头长度300mm）等缺陷。

2）检查拉线抱箍穿心螺栓是否有丢失、抱箍有无下滑现象。

3）拉线基础是否有凸起、下沉、位移现象。

4）交叉拉线在交叉点是否有相互磨损缺陷。

5）拉线在拉线线夹内是否有滑动磨伤的现象。

6）配电线路的水平过路拉线对道路的安全距离是否满足不小于6.0m的要求。

（6）柱上配电设备的巡视内容。

1）巡视避雷器及保护间隙或管型避雷器有无摆动、动作、烧损等情况，接地引下线和接地螺栓是否连接牢固，有无锈蚀、断开的缺陷。

2）检查变压器、柱上油断路器有无漏油、渗油等现象，油量是否充足。

3）巡视变压器的响声是否正常，变压器及柱上油短路器等的瓷套管是否清洁，有无损伤、裂纹或者放电痕迹。

4）巡视跌落式熔断器的接触是否良好。

5）巡视街道树木与线路和设备的安全距离是否符合要求。

6）油断路器的拉绳应固定在电杆上，防止风吹摆动触及导线。

（7）其他附件的巡视内容。

1）检查全线的相位牌、警告牌等标志是否齐全完好，线路名称和杆号的字迹是否清洁。

2）线路安装的检测装置是否完好无损，其安装位置有无变化。

3）防鸟害装置是否有变形、损坏的现象。

## 7.2　雷击故障及防雷措施

运行中的电力系统，由于受雷击或因倒闸操作、线路故障等原因而产生的突然电压升高称为过电压。这种过电压对线路的安全运行构成很大的威胁，经常造成停电事故。特别是雷电过电压故障，在雷雨季节往往频繁发生。因此，了解雷击过电压的形成雷击线路的形式及危害，对保证线路的安全运行有着积极作用。

### 7.2.1　雷击过电压产生的过程及原理

雷云放电可分为三个阶段。

（1）先导放电。在雷雨季节里，地面的水蒸气向上升起，遇到冷空气凝成水滴，受空中强烈气流的吹袭便形成了带大量电荷的雷云。这些带电荷的雷云对大地感应出正、负电荷，两者组成了一个巨大的电容器。雷云中的电荷并不是平均分布的，当某一点的电荷较多，形成密集的电荷中心，其电场强度达到 $25\sim30\mathrm{kV/cm}$ 时，就使附近的空气电离成为导电的通道，电荷就沿着这个通道由密集电荷的中心向地面发展，称为先导放电。先导放电是分级跳跃进行的，每级发展到约 $50\mathrm{m}$ 的长度，就有 $30\sim50\mu\mathrm{s}$ 的间歇。当向下移动的电荷逐渐增多，电场强度足以使下一级的空气电离时，又向下一级通道继续放电。先导放电的平均速度约 $100\sim1000\mathrm{km/s}$。先导放电是雷云放电的第一阶段。

（2）主放电阶段。雷云放电的第二个阶段是主放电。当先导放电继续进行到与地面的距离很小，最后这段距离中的空气也被游离时，就开始了主放电阶段。当先导放电通道成了主放电通道时，地面感应的巨大电荷沿着主放电通道进入云端，并与雷云中的电荷中和，伴随着雷鸣和闪电，主放电过程完成。主放电过程的时间很短，共约 $50\sim100\mu\mathrm{s}$，其速度可达光速的 $0.05\sim0.5$ 倍，电流可达数百千安。

（3）余辉放电阶段。主放电结束后，雷云中残余电荷还会沿着主放电通道进入地面，称为第三阶段，即余辉放电阶段。余辉阶段的时间较长，约 $0.03\sim0.15\mathrm{s}$。余辉阶段的电流是雷电流的一部分，约数百安，通过被击物进入地面。

雷云中心可能同时存在几个密集的电荷中心，当第一个电荷中心的主放电完成后，可能引起第二个或第三个中心向第一个中心形成的主放电通道放电。因此，雷电往往是多重性的，称为重复雷击。每次放电相隔 $600\mu\mathrm{s}\sim0.8\mathrm{s}$。主放电的次数平均约 $2\sim3$ 次，最多曾记录到 42 次。但第二次及以后的放电电流较小，一般不超过 $30\mathrm{kA}$，雷击的总持续时间很少超过 $0.5\sim1\mathrm{s}$。图 7-2 为雷云放电过程示意图。

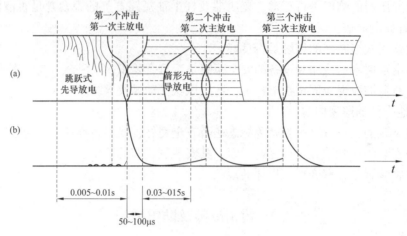

图7-2 雷云放电过程示意图

通过观测可知，雷云放电有三种基本形式：即线状雷、球状雷和片状雷。线状雷是常见的雷云放电形式，它类似树枝或一条弯弯曲曲的带状，它对建筑物、输电线路危害极大。球状雷类似一个火球，直径达 $10 \sim 20m$，这种雷比较少见，与线状雷相比其危害程度很小，因此在防雷措施中对球状雷并不单独采取措施。空中雷云之间的放电，往往为片状雷，它对输电线路危害极小，故不考虑。

### 7.2.2 线路遭受雷击的形式

线路遭受雷击可归纳为直击雷和感应雷两种形式。

1. 直击雷

直击雷是指带电的雷云直接对架空输电线路的避雷线、杆塔顶或导线、绝缘子等放电，以波的形式分左、右两路前进，引起直击雷过电压，如图7-3所示。直击雷电压波、电流波的关系式为

$$U = ZI \tag{7-3}$$

式中：$U$ 为雷电压，kV；$I$ 为雷电流，kA；$Z$ 为通道波阻抗，$\Omega$。

当雷电压的数值超过绝缘子的绝缘水平时就要发生闪络，威胁线路安全。

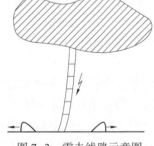

图7-3 雷击线路示意图

2. 感应雷

感应雷是指当雷击于线路附近地面时，在雷电放电的先导阶段，先导路径中充满了电荷，如图7-4所示（图中充满了负电荷），因而对导线产生静电感应，在先导路径附近的导线上积累了大量的异性束缚电荷（正电荷）。由于先导放电的速度较慢，所以导线上正电荷集中的过程也很缓慢，电流可忽略不计。当雷击大地后，主放电开始，先导路径中的电荷自下而上被迅速中和，这时导线上的束缚电荷变成自由电荷沿导线两侧流动。由于主放电的速度很快，所以导线中的电流很大，感应电压就会达到很大的数值。这就是感应雷电过电压。

感应雷电过电压的幅值 $U$ 与雷电主放电电流的幅值 $I$ 成正比，与雷击地面点至导线间的距离 $S$ 成反比。感应过电压的大小也与导线距地面的高度有关。导线距地面越近，感应过电

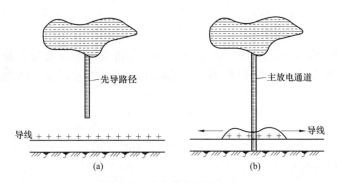

图 7-4　感应过电压的产生

（a）放电前感应过电压；（b）放电后感应过电压

压值越小，因为导线对地的电容与其距离成反比。距离大，电容小；距离小，电容大。实测证明，当 $S>65m$ 时，$U$ 的近似计算式为

$$U = \frac{25Ih_{av}}{S}（kV）\tag{7-4}$$

式中：$I$ 为雷电流幅值，kA；$h_{av}$ 为导线悬挂的平均高度，m；$S$ 为互接雷击点距线路的距离，m。

实测证明，感应雷过电压的幅值可达 $300 \sim 400kV$，足以使 $60 \sim 80cm$ 的空气间隙被击穿或使 3 个 X-4.5 型绝缘子串闪络，所以对 35kV 及以上的高压线路，由于线路的冲击绝缘强度在 500kV 以上，因而感应过电压一般不会引起闪络。

### 7.2.3　雷电的危害

雷电对电力设备绝缘危害最大的是直击雷过电压。直击雷过电压的峰值很高，破坏性很强，在输电线路上可能引起绝缘子闪络、烧伤或击穿；重者绕击导线造成停电事故。这些事故往往停电时间较长，检修费时、费力，损失很大。对于木杆线路，则会造成木杆被劈裂。变电站附近的雷击，可能直接使电力设备绝缘发生闪络或损坏。雷过电压以波的形式沿导线传播，入侵电力设备时会损坏设备的绝缘。因此电力系统除了防止直击雷之外，还要有防止雷电波入侵的措施。

### 7.2.4　雷电参数

防雷设计中常用到的雷电参数，有雷暴日、地面平均落雷密度、雷电流的幅值和波形等。

（1）雷暴日（小时）。某一地区的雷电活动强弱可用该地区的雷暴日或雷暴小时来表示。通常将输配电线路通过的地区每打雷一次的日暴数，称为雷暴日。一般来说，一个雷暴日中可能有不同的打雷次数，因此比较完善的雷暴指标是雷暴小时，即在一个小时内，只要听见一次雷声（即使是几次），也都算一个雷暴小时，在一天内只要听到雷声就算作一个雷暴日，每一个雷暴日内究竟有几个雷暴小时，现尚无准确数据，根据粗略统计，认为每个雷暴日约有三个雷暴小时。

年平均雷暴日不超过 15 日的地区为少雷区，超过 40 日的地区为多雷区，超过 90 日的地区称为雷电活动特殊强烈地区。

（2）地面落雷密度。危害输电线路安全的是落在输电线路及其附近地面上的雷电，可用

地面落雷密度 $\gamma$ ［次/（km²·雷暴日）］来表示，其含义为每一雷暴日、每平方米对地落雷次数，一般情况下可取 $\gamma = 0.015$。

（3）雷电流的幅值（或称峰值）和雷电流极性。雷电流的幅值与气象及自然条件有关，是一个随机变量。根据实测，雷电流幅值的概率曲线如图 7-5 所示，该曲线可用式（7-5）表示

$$P = 10^{-\frac{I}{108}} \tag{7-5}$$

式中：$P$ 为雷电流大于或等于幅值的概率，即当雷击时，出现等于或大于 108kA 电流的概率约为 10%；$I$ 为雷电流幅值，kA。

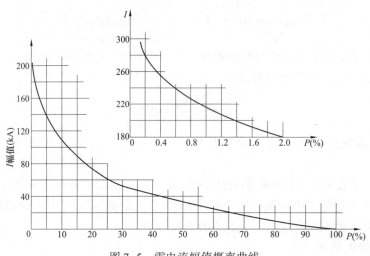

图 7-5　雷电流幅值概率曲线

在使用式（7-5）时应注意，陕南以外的西北地区、内蒙古自治区的部分地区等（这类地区的年平均雷暴日数一般在 20 及以下）雷电流幅值较小，可由给定的概率按图 7-5 查出雷电流幅值后减半。

雷电流的极性，从实测量结果来看，云中带负电荷对地放电多为负极性，称为负闪电；反之云中带正电荷对地放电，称为正闪电。负闪电时，雷电流由地向云，这时的雷电流是负极性的。根据统计，雷电流大约有 80%~90% 是负极性，而感应过电压则多数是正极性。

（4）雷电流的波形。根据世界各国测得的数据，雷电流的波长 $\tau$ 一般为 30~50μs。波头 $\tau_1$ 为 1~4μs。我国输变电设备的试验波形的波头取 1.2μs，波长取 50μs。在线路防雷设计中，雷电流的波头长度一般取 2.6μs，波头形状取斜角形；在设计特殊高塔时，可取半余弦形，其最大陡度与平均陡度之比为 $\pi/2$。雷电流陡度是指雷电流在单位时间内上升的数值，表示雷电流增长的速度。

据统计，雷电流陡度可达 50kA/μs，平均陡度约 30kA/μs。陡度越大，对电感元件的危害越大；波尾持续时间（10~200μs）越长，雷电流的能量越大，破坏越强。

### 7.2.5　架空输电线路防雷保护

线路防雷通常有下列四道防线：

（1）保护线路导线不遭受直击雷，通常采用避雷线引雷入地。

（2）避雷线受雷击后不使线路绝缘发生闪络。为此，需改善避雷线的接地，或适当加强

线路绝缘，个别杆塔可使用避雷器。

（3）即使绝缘受冲击发生闪络，也不使它转变为两相短路故障，不导致跳闸。

（4）即使线路跳闸也不导致中断供电。为此，可采用自动重合闸装置，或采用双回路或环网供电。

这四道防线并不是所有线路都必须具备。在确定线路的防雷方式时，应全面考虑线路的重要程度，雷电活动的强弱，地形地貌特点，土壤电阻率的高低等条件。并根据经济、技术比较的结果，因地制宜，采取合理的防雷保护措施。

1. 架设避雷线

（1）架空输电线路避雷线防雷保护的功能。架空输电线路的避雷线在防雷方面具有以下功能：①防止雷电直击导线，将雷电流引向自身，使雷电流安全导入大地，保护线路免遭雷击；②雷击塔顶时对雷电流有分流作用，减少流入杆塔的雷电流，使塔顶电位降低；③对导线有耦合作用，降低雷击杆塔时的塔头绝缘（绝缘子串和空气间隙）上的电压，减少或防止线路绝缘闪络；④对导线有屏蔽作用，降低导线上的感应电压。因此，在杆塔顶部架设避雷线（一般是镀锌钢绞线）是最普遍而又经济有效的防雷保护措施。根据线路的耐雷水平，330kV 及以上线路应沿全线架设双避雷线（或称架空地线）。220kV 线路应沿全线架设单根地线，山区宜架双地线。110kV 线路一般沿全线架设单根地线，在雷电特别强烈的地区宜用双地线。35kV 线路，一般不沿全线架设地线。对于未沿全线架设避雷线的 35~110kV 线路，应在变电站 1~2km 的进线架设避雷线，而且避雷线的保护角不宜超过 30°。

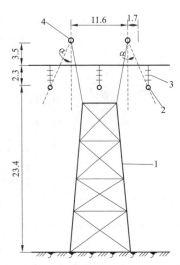

这就是说，根据线路的耐雷水平，对线路电压等级高而雷电活动频繁的地段以及重要的线路，沿线都应架设双避雷线，其他情况的线路一般架设单避雷线。对雷电活动轻微的地段可不设架空地线，但应装设自动重合闸。

避雷线对架空输电线路的保护不是绝对的，有的时候雷云不是直接对地线放电，而是绕过避雷线直击在导线上，称为绕击。绕击次数占线路总雷击次数的比例称为绕击率。绕击率与地线的保护角、悬挂高度、经过地区的地形、地貌及地质条件等因素有关。在多雷地区为防止绕击，特别在较高山头上的杆塔区，应尽可能降低高度，适当减少避雷线的保护角，如图 7-6 所示。根据设计经验，避雷线保护角（$\alpha$）的选择如下：对 500kV 线路 $\alpha$ 一般不大于 15°，山区采用 10°，甚至采用 0° 或负保护角。330、220kV 及110kV 线路的保护角约 20°，山区单地线杆塔一般取 $\alpha = 25°$，重冰区为防止脱冰过程中导线、地线碰线短路，保护角可大至 30°。

图 7-6　避雷线保护角
示意图（单位：m）
1—铁塔；2—导线；3—绝缘子串；
4—避雷线；$\alpha$—避雷线保护角

（2）避雷线的保护范围及计算。当避雷线悬挂高度为 $h$ 时，在被保护高度 $h_x$ 的水平面上，单根避雷线两侧保护范围的宽度值可按下式计算（见图 7-7 所示）：

当 $h_x \geqslant \dfrac{h}{2}$ 时　　　　　　　　$\gamma_x = 0.47(h - h_x)$　　　　　　　　　　(7-6)

当 $h_x < \dfrac{h}{2}$ 时

$$\gamma_x = (h - 1.53 h_x)p \qquad (7\text{-}7)$$

式中：$\gamma_x$ 为每侧保护范围的宽度，m；$p$ 为高度影响系数，$h \leqslant 30\text{m}$ 时，取 $p=1$，$30\text{m} \leqslant h \leqslant 120\text{m}$ 时，$p = 5.5/\sqrt{h}$；$h$ 为避雷线悬挂高度，m。

同样，对于 $h_x$ 水平面上避雷线端部的保护半径 $r_x$，也可按上述两式确定。

两根平行等高避雷线外侧的保护范围（如图 7-8 所示），仍按上述方法计算确定。两线之间各横截面的保护范围的计算，由通过两避雷线 1、2 点及保护范围上部边缘最低点 o 的圆弧确定。o 点的高度按式（7-8）计算

$$h_o = h - \dfrac{D}{4p} \qquad (7\text{-}8)$$

式中：$h_o$ 为两避雷线间保护范围边缘最低点的高度，m；$D$ 为两避雷线之间的距离，m；$h$ 为避雷线的悬挂高度，m。

（3）档距中央避雷线与导线间距离。档距中央避雷线与导线的距离 $S$（15℃无风情况）必须符合下列要求：

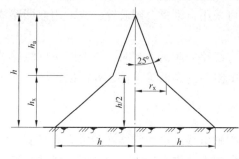

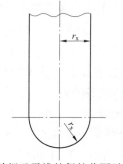

图 7-7　单根避雷线的保护范围示意图

$r_x$—每侧保护范围的宽度；

$h$—避雷线悬挂高度；$h_x$—被保护高度

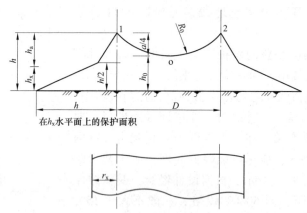

图 7-8　两根避雷线的保护范围示意图

$D$—两根避雷线间的距离，m；$h$—避雷线的高度；$h_x$—被保护高度，m；

$R_0$—两根避雷线之间圆弧的半径（$R_0 = D/2$），m

对一般的档距　　　　　　　　　　　　$S \geqslant 0.012l + 1$　　　　　　　　　　　　$(7\text{-}9)$

对大跨越档距　　　　　　　　　$S \geqslant 0.1I$ 或 $S \geqslant 0.1U_e$　　　　　　　　　　$(7\text{-}10)$

式中：$I$ 为雷击档距中央的耐雷水平，kA；$l$ 为线路档距，m；$U_e$ 为线路额定电压，kV。

（4）架空避雷线接地安装。带有避雷线（绝缘避雷线除外）的杆塔必须逐基将避雷线接地，以使雷电流通过接地装置流入大地。

接地引下线是避雷线与接地体相连接的导体。接地引下线应沿杆引下，其一端可用螺栓与钢筋混凝土电杆的钢筋或铁塔主材在地面上连接，另一端与接地体焊接。图 7-9 所示为接地引下线与杆塔的连接方式。

利用钢筋兼作接地引下线的钢筋混凝土电杆，应与接地螺母、铁横担或瓷横担的固定部分有可靠的电气连接。外敷的引下线可采用镀锌钢绞线，其截面不应小于 25mm²。

2. 架设耦合地线

在雷电流活动频繁的地段或经常遭受雷击的地段，可在导线下方另架 1~2 条逐基接地的架空地线（镀锌钢绞线），通称为耦合地线，以改善耦合系数。耦合地线与避雷线一样，具有分流和耦合作用，可分流杆塔雷电流 12%~22%，降低绝缘子串上承受的过电

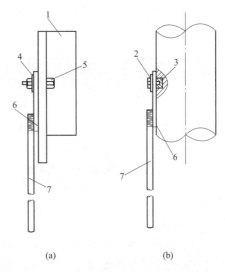

图 7-9　接地引下线与杆塔的连接方式

（a）铁塔；（b）钢筋混凝土电杆

1—铁塔主材；2—接地螺栓；

3—预先焊在钢筋上的螺母；4—垫圈；

5—螺栓；6—连接扁铁；7—接地引下线

压、减少和防止线路绝缘的闪络。某地区（70 个雷暴日）的 110kV 线路，29km 长的某段，在架设耦合地线前，运行公里·年为 219km·y，跳闸率为 6.4%，架设耦合地线后，运行公里·年为 144km·y，跳闸率为 3.47%，与未架设耦合地线前比较，其跳闸率降低了 54%。

但需注意，在最大弧垂时，档距中央耦合地线与导线间的距离不得小于表 7-9 所规定的数值，在覆冰 15mm 以上的地区应适当加大距离，以防止耦合地线与导线间闪络。

表 7-9　　　　　　　　　耦合地线与导线间的最小距离

| 线路电压（kV） | 35~60 | 110 | 154 | 220 | 330 | 500 |
|---|---|---|---|---|---|---|
| 最小距离（m） | 2 | 3 | 4 | 5 | 7 | 8 |

3. 装设自动重合闸

雷击故障约 90% 以上是瞬时故障，所以应在变电站装设自动重合闸装置，以便及时恢复供电。据统计，我国 110kV 以上输电线路的自动重合闸重合成功率达 57%~95%，35kV 以下线路约为 50%~80%。因此 SDJ 7—1979《电力设备过电压保护设计技术规程》要求各级电压线路应尽量装设三相或单相重合闸。同时明确强调：高土壤电阻率地区的送电线路，必须装设自动重合闸装置。装设自动重合闸装置是防雷保护的有效措施之一。

4. 安装管型避雷器

管型避雷器与保护间隙的区别是具有较强的灭弧能力。其原理结构如图 7-10 所示，主要由两个间隙串联组成。间隙 $S_1$ 装在产生管内，称为内间隙。间隙 $S_2$ 装在产气管外，称为外间隙。外间隙的作用是使产气管在正常运行时与工频电压隔离。产气管用纤维、塑料或橡胶等在电弧高温下易于气化的有机材料制成。当雷电冲击电压入侵时，其内外间隙均被击

穿，雷电流泄入大地，同时在系统工频电压作用下，流过短路电流。在电弧的高温作用下，

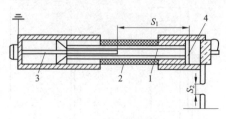

图 7-10　管型避雷器
1—产气管；2—棒形电极；3—环形电极；
4—动作指示器；$S_1$—内间隙；$S_2$—外间隙

产气管内分解出大量气体（压力达数十个甚至上百个大气压）。高压气体从环形电极孔急速喷出。使工频电弧熄灭。管形避雷器采用了强制性的熄弧装置，从而解决了保护间隙不能自动熄弧，使供电中断的缺点。由于这种避雷器具有外间隙，受环境的影响大，故伏秒特性较陡，放电分散性大。同时放电时会产生载波，不利于变压器等有线圈设备的绝缘。因此只用于输电线路个别地段的保护，如大跨越和交叉档距，或变电站进线段。

**5. 加强绝缘**

为了提高线路的耐雷水平，对个别经常遭受雷击的杆塔可增加 1~2 片绝缘子。根据 SDJ 7—1979 规定，全程高度超过 40m 的有避雷线杆塔，每增高 10m 应增加一片绝缘子。另外。根据运行经验，对有避雷线的杆塔（包括耦合地线）应逐基接地，接地装量的接地电阻值在雷季干燥时，有避雷线的工频接地电阻不宜超过表 7-10 的数值。

表 7-10　　　　　　　　　　　有避雷线架空电力线路杆塔的工频接地电阻

| 土壤电阻率（Ω·m） | ≤10 | >100~500 | >500~1000 | >1000~2000 | >2000 |
|---|---|---|---|---|---|
| 接地电阻（Ω） | 10 | 15 | 20 | 25 | 30 |

注　如土壤电阻率很高，接地很难降到 30Ω 时，可采用 6~8 根总长不超过 500m 的放射形接地体或连续伸长接地体，其接地电阻不受限制。

**6. 安装消雷器**

消雷器适用于避雷针、避雷线难以实现可靠防雷保护的特殊区域的电气设备，适用于易发生感应雷、反击雷的架空线路。架空线路的消雷器一般安装在杆塔顶部，与杆塔体、避雷线接地装置连接在一起，安装高一般在 45m 以上，作用是削弱雷击强度和消减雷击概率。

消雷器分导体型消雷器和半导体型消雷器。

导体型消雷器，分多短针消雷器和少长针消雷器。多短针消雷器由较多的金属棒组装在金属板上，少长针消雷器由 5~13 根长为 5m 的金属棒组装在金属上，针头 30cm 处装 4 分叉金属针，并安装于塔顶，靠塔体和引下线接地。它们的工作原理是利用尖端在雷云电场中产生电晕电流和空间电荷，使雷云电荷被部分中和或在向下放电时被电荷部分中和。空间电荷还对被保护物有一定的屏蔽，起到扩大消雷器保护范围的作用。

半导体型消雷器（见图 7-11）利用半导体的限流上行先导的产生和发展来消灭上行雷，以及利用半导体的限流作用大幅度削弱下行雷的主放电电流，使之不能造成危害，同时还兼有导体型消雷器的部分中和作用及屏蔽作用。这种消雷器使用的半导体棒（电阻为 35Ω）根数及长度与导体型消雷器相同，棒端装 4 分叉金属针，针座经塔体或引下线接地。

**7. 装设接地装置和降低接地电阻**

（1）装设接地装置。装设接地装置是防止架空输电线路雷害事故的有效措施之一。接地装置由接地体（又称接地极）和接地线组成。接地极是埋入地中直接与大地接触的金属体。

接地线指电力设备与接地体相连接的金属导线。

（2）降低接地电阻值。在电力系统中，以尽量降低接地电阻来提高线路的耐雷水平，比单纯地增加绝缘效果更好。降低接地电阻的措施是加长接地体，更换土壤电阻率小的土壤。采用外形接地装置或延伸式接地装置（即把各杆塔的接地体互相连在一起），对土壤电阻率较高的岩石地带可采用降阻剂来降低接地电阻。

8. 架空输电线路交叉部分的保护

架空输电线路交叉处空气间隙不足可能导致两条线路同时跳闸，并将引起电力系统继电保护的非选择性动作，从而可能扩大为系统事故。为了防止线路在交叉处发生闪络，保证线路的安全运行，防雷要求为：

（1）两条交叉线路导线间或上方线路导线与下方线路避雷线间的垂直距离，在导线温度 40℃时，应符合或满足下列规定：①10kV 以下线路互相交叉时，不得小于 2m；②20~110kV 线路互相交叉和与较低电压线路交叉时，不得小于 3m；③154~220kV 线路互相交叉和与较低电压线路交叉时，不得小于 4m；④330kV 线路互相交叉和与

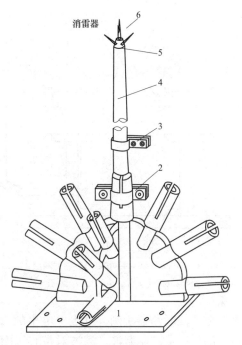

消雷器

图 7-11　半导体消雷器结构示意图
1—底座；2—紧固线夹（13 或 19 对）；
3—电器紧固卡（13 或 19 个）；4—针杆；
5—针头；6—铜针（52 或 76 个）

较低电压线路交叉时，不得小于 5m；⑤ 500kV 线路互相交叉和与较低电压线路交叉时，不得小于 6m。

（2）对交叉档的两端杆塔应采取下述保护措施：①铁塔或钢筋混凝土电杆，不论线路有无避雷线，均可靠接地；②无避雷线的 110kV 钢筋混凝土电杆木横担，应装设排气式避雷器；③无避雷线的 3~60kV 木杆，也应装设排气式避雷器或保护间隙。排气式避雷器和保护间隙的接地电阻应尽量低，不得超过杆塔的 2 倍，其值可参照表 7-11 数值；④高压线路与低压线路或通信线路交叉时，低压线路或通信线路交叉档两端木杆上，应设保护间隙。

在某些情况下，上述有关交叉距离可以适当的降低要求，保护措施也可简化。

表 7-11　　　　　　　　　　　各种防雷装置接地电阻的具体规定

| 防雷保护装置名称 | 独立避雷针 | 阀型避雷器 | 排式避雷器 | 放电间隙 | 木间隙 | 配合式保护间隙 | 低压绝缘子铁脚接地 |
|---|---|---|---|---|---|---|---|
| 接地电阻（Ω） | 10 | 10 | 10 | 30 | 20 | 30 |

9. 保护间隙

保护间隙是一种最原始的避雷装置，由两个电极组成，通常有棒型和角形两种，图 7-12 所示为角形保护间隙。

组成保护间隙的两个电极材料，通常用直径 6~22mm 的镀锌圆钢。电极固定在专用的支柱绝缘子上，或固定在被保护的设备（如变压器）的出线套管上，并与被保护的电力设备并联。

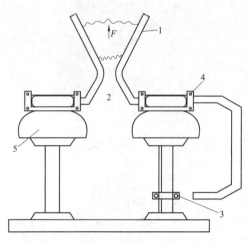

图 7-12 　角形保护间隙

1—间隙棒；2—主间隙；3—辅助间隙；
4—固定夹件；5—针式绝缘子

在正常工作电压下，间隙是不放电的，而当系统遭受雷击，出现雷击过电压时，保护间隙首先放电，使雷电过电压降低，电力设备的绝缘得到保护。当间隙放电后，原来绝缘的空气，变成了导电的通道，导线上的工频电流将紧接雷电流之后沿着这个通道流入大地（系统发生短路），在间隙两端之间形成电弧。因此，还要求保护间隙有迅速自动熄灭的性能。否则，只能切断电源（断路器跳闸），让间隙电弧熄灭之后，才能恢复送电。就这方面的性能而言，角形保护间隙比棒型间隙要提高一步。

保护间隙的优点是结构简单、价格低廉、容易维护，缺点是灭弧时间长，灭弧能力差。尽管角形保护间隙有自动熄弧的性能，但需要一定的时间，如果不能及时自动熄弧，可能烧毁间隙，使断路器跳闸，发生停电事故（这一缺点一般可采用自动重合闸来弥补）。另外，间隙动作后会产生载波，载波对带有线圈的电力设备很不利，往往损坏它的匝间绝缘。

保护间隙的主间隙应保证雷电冲击放电电压小于被保护设备的雷电冲击强度，工频放电电压大于系统的过电压。主间隙的最小值应符合表 7-12 的规定。

表 7-12　　　　　　　　　　　保护间隙主间隙的最小距离

| 额定电压（kV） | 3 | 6 | 10 | 20 | 35 | 60 | 110 | |
| --- | --- | --- | --- | --- | --- | --- | --- | --- |
| | | | | | | | 中性点直接接地 | 中性点非直接接地 |
| 最小距离（mm） | 8 | 15 | 25 | 100 | 210 | 400 | 700 | 750 |

60kV 及以下的保护间隙距离小，为了防止小动物使间隙短路，发生误动作，还应增设一个辅助间隙、与主间隙串联。辅助间隙的距离可按表 7-13 选用。

保护间隙的接地引下线，在门型木杆上由横担与主杆固定处沿杆身敷设；单杆针式绝缘子的保护间隙，可在距绝缘子固定点 750mm 处绑扎接地引下线；通信线路的保护间隙，可由杆顶沿杆身敷设接地引下线。

60~110kV 线路保护间隙可装设在耐张绝缘子串上，多用球型棒间隙，35kV 线路装在横担上，多用角钢间隙。

表 7-13　　　　　　　　　　　辅　助　间　隙　的　距　离

| 额定电压（kV） | 3 | 6~10 | 20 | 35 |
| --- | --- | --- | --- | --- |
| 间隙距离（mm） | 5 | 10 | 15 | 5 |

## 7.3　绝缘子污闪故障及预防

绝缘子在运行中发生故障的类型很多，但当前对电力系统影响较大，且比较频繁的事故是在运行电压下输变电设备瓷绝缘子的污秽闪络事故、变电站户外高压套管和绝缘预防的雨闪事故及悬式绝缘子的"零值"所引起的高压导线落地事故。本节着重对绝缘子污闪的原理、发生事故的过程加以分析，并对其故障的检测方法和防止故障发生的技术措施加以论述。

### 7.3.1　绝缘子的污闪过程及污闪物理模型

污闪是污秽闪络的简称，污秽闪络是指线路上的绝缘子表面积聚有大量污秽物，在受潮及泄漏比距不足的情况下，在正常运行电压下发生的闪络现象。这种闪络不是由于作用电压的升高，而是由于绝缘子表面绝缘能力降低、表面泄漏电流增加的结果。污闪与绝缘子表面积污的性质、表面污层的污湿特性及绝缘子本身的状态等诸多因素有关，具有独特的放电原理。

1. 污闪原理

（1）绝缘子表面的积污过程。绝缘子表面沉积的污秽来源于大气环境的污染，也受气象条件的作用（如风吹和雨淋），还与绝缘子本身的结构、表面光洁度有着密切的关系。

大气环境中污秽物质按来源和形状可分为：

1）自然污秽。包括在空中飘浮的微尘，海风带来的盐雾，盐碱严重地区大风刮起的尘土以及鸟粪等。

2）工业污秽。火力发电厂、化工厂、玻璃厂、水泥厂、冶金厂和蒸汽机车等工业设备排出的烟尘和废气。

3）颗粒性污秽。这种污秽物一般呈各种形式的颗粒，如灰尘、烟尘和金属粉尘等。

4）气体性污秽。这种污秽物呈气态，弥漫在空气中，具有很强的覆盖性能。例如各种化工厂排出的气体，海风带来的盐雾等。

微粒在绝缘子表面上的沉积，受风力、重力、电场力的作用，其中风力是最主要的。空气流动的速度和绝缘子的外表决定了绝缘子表面附近的气流特性，在不形成涡流的光滑表面附近（如 XWP2 双层伞形和 XMP 草帽形），微粒运动速度快，从而减少了它们降落在绝缘子表面的可能性。反之，下表面具有高棱和深槽的绝缘子表面附近则易形成涡流，使气流速度下降，创造了积污的有利条件。

由于风力对绝缘子表面积污起主要作用，因此有风、无风、风小均对微粒的沉积影响较大，直接影响绝缘子上下表面积污的差别及带电与否对积污的影响。重力只对直径较大的微粒起作用，且主要影响污染源附近的绝缘表面。微粒在交流电场中作振荡作用，作用在中性微粒上的电场力指向电力线密集的一端。

另外，绝缘子表面的光洁度等也影响微粒在其表面的附着。因此新的、光洁度良好的绝缘子与留有残余污秽的或表面粗糙的绝缘子相比，其沉积污秽的程度是不同的。

（2）污层的潮解。绝缘子表面的大多数污秽物在干燥状态下是不导电的，该状态下绝缘子放电电压和洁净干燥时非常接近，且有的固体污秽物可以被雨水冲刷掉。只有当这些污秽物吸水受潮时，其中的电解质电离，在绝缘子表面形成一层导电膜时，绝缘子表面的闪络电压才会降低，降低的程度与污层的电导率有关。如煤粉中的主要成分是氧化硅、氧化铝和硫，水泥厂喷出的飞尘主要是氧化钙和氧化硅，盐雾中主要含有氯化钠，这些污秽物在干燥时呈盐状，导电能力低，但其水溶液呈离子状态，因而有较高的导电系数。

运行经验表明，雾、露、毛毛雨最容易引起绝缘子的污秽闪络，其中雾的威胁性最大。露是空气中水分在温度低于周围空气时绝缘子上的冷凝物，和雾一样，也能使绝缘子上下表面都湿润而造成绝缘子的污秽闪络。

（3）局部的电流产生和发展。当绝缘子处于潮湿条件下，表面污层逐渐受潮，泄漏电流逐渐增大。在电流密度比较大的部位，如盘形悬式绝缘子的钢脚、铁帽处，棒形支柱绝缘子的杆径处，污层被烘干并形成干燥带。此时绝缘子承受电压将重新分布，干燥带承受很高的电压，以至出现辉光放电。随着泄漏电流的增大，辉光放电有可能转变为局部电弧。这时绝缘子表面相当于局部电弧和一串剩余的污层电阻相串联。此时的电弧可能熄灭，也可能发展，完全是随机的。

（4）闪络。局部电弧的热效应会使干区扩大，局部电弧会沿干区旋转，不断适应自己的长度。当干区扩大到电弧无法维持时，电弧就会熄灭；当周围湿润条件继续使污层电阻不断减小，泄漏电流不断增大，局部电弧的压降不断减小时，局部电弧将不断向两极发展，直至闪络。

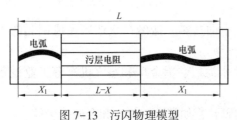

图 7-13 污闪物理模型

$X$—总弧长，为 $X_1 + X_2$；

$L$—泄漏距离；$L-X$—剩余污秽层长

## 2. 绝缘子污闪的物理模型

50 年代，F. 奥本诺斯（F. Obenuns）最先提出了绝缘子污闪的物理模型，如图 7-13 所示。设想污秽放电是一段局部电弧和剩余污秽电阻的串联，若外加电压为 $U$，则此电压由两部分承担：一部分是局部电弧的压降 $AXI^{-n}$，另一部分是剩余污秽层电阻的压降 $IR(X)$。其电压维持方程为

$$U = AXI^{-n} + IR(X) \tag{7-11}$$

式中：$X$ 为电弧长度；$I$ 为流过表面的电流；$R(X)$ 为弧长为 $X$ 时的剩余污层电阻；$A$、$n$ 为静电弧特性常数。

式（7-11）中的局部电弧压降，应包括电弧的阴极区压降 $U_k$、阳极区压降 $U_a$ 和弧柱压降 $AXI^{-n}$。由于瓷和玻璃是亲水性材料，所产生的局部电弧长度较大，所以电弧压降主要是弧柱压降。这时剩余污秽层电阻 $R(X)$ 为

$$R(X) = \rho \int_0^L \frac{dX}{\pi D(X)} \tag{7-12}$$

$R(X)$ 计算比较复杂，它既是局部电弧长度 $X$ 的函数，也是绝缘子形状的函数，还与绝缘子表面的积污状况和受潮有关。局部电弧压降 $AXI^{-n}$ 是负特性的，随电流 $I$ 的增大而减小。污层电阻的压降 $IR(X)$ 为正特性，随电流的增大而增大。两者的合成电压为 $U$，如图 7-14 所示。对某一电弧长度 $X$，必定有一外加电压的最小值 $U_{min}$。

当外施电压 $U < U_{min}$ 时，电弧不能维持。当外施电压 $U \geq U_{min}$ 时，电弧得以维持并获得发展，使电弧伸长。当局部电弧长度 $X$ 达到或超过一定长度（临界弧长 $X_c$）时，局部电弧失去稳定，则会自动迅速发展，直至贯穿两极。

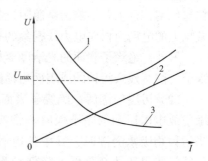

图 7-14 污染放电电压分量关系

1—合成电压；2—污层电阻压降；

3—局部电弧压降

经过对式（7-11）的数学处理，用求 $X \sim I$ 关系极值点的方法求取局部电弧失去稳定的判据。于是得出临界弧长

$$X_c = \frac{L}{(n+1)} \tag{7-13}$$

临界电流

$$I_c = \frac{n}{(n+1)} \frac{AL}{r_c(L-X)} \tag{7-14}$$

临界电压

$$U_c = A^{\frac{1}{n+1}} L r_c^{\frac{n}{n+1}} \tag{7-15}$$

图 7-15 所示为最小维持电压 $U_{min}$ 和弧长 $X$ 的关系图，$X_c$ 表示临界弧长。当 $X < X_c$ 时，要使电弧发展，必须增加电压；当弧长 $X > X_c$ 时，不增加电压，电弧也会自动发展。也就是说，在运行电网的恒定系统电压下，当局部电弧发展到临界长度 $X_c$ 时，必将出现闪络。

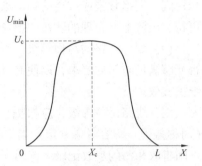

图 7-15　最小维持电压 $U_{min}$
与弧长 $X$ 的关系

### 7.3.2　绝缘子污闪事故的特点及危害

（1）污闪事故易发生在气温低、湿度大的天气。运行中的线路绝缘子污秽闪络（污闪）事故，往往发生在潮湿天气里，如大雾、毛毛雨和雨夹雪等。因为在这种情况下，整个绝缘子表面是潮湿的，绝缘子的绝缘水平大为降低。在倾盆大雨时，绝缘子发生闪络的情况并不多，因为此时雨水能把绝缘子表面的污秽物、尘土等冲洗掉，绝缘子的底部往往是干燥的，所以不容易发生闪络。从事故发生的时间看，一般污闪大部分出现在后半夜和清晨，因为这时候的气温较低而湿度较大。因此有的地区把污闪事故称为"日出事故"。

（2）严重的闪络将造成木杆燃烧，绝缘子闪络烧伤及导线烧伤断股等，会引起长时间的停电。运行中的绝缘子受到污秽之后，泄漏电流增大，有时即使尚未达到引起绝缘子闪络或木质杆燃烧的程度，但对线路的安全运行也是十分不利的。有些污秽地区的绝缘子表面，在天气不良时会发生局部放电或产生较稳定的电弧和火花，对无线电台产生干扰。经常发生局部放电，对绝缘子本身也十分不利。如果是铁塔和水泥杆，会使绝缘子严重闪络而损坏，甚至造成烧断导线，引起长时间的停电事故。

（3）事故发生后受影响的面积大、范围广。在电力系统中，特别是中性点不直接接地系统，一相首先闪络接地，其余两相电压随即升高，从而增加了污闪的概率。因此污秽闪络事故往往是多条线路多处发生，受影响的面积广。

（4）污闪一旦发生，线路绝缘子损坏比较严重，而故障维持时间可能较长，往往不能依靠自动重合闸迅速恢复送电，而必须经过检修才能送电。

（5）污闪事故的发生还会造成整个电网的故障。一个大中型变电站，对地的绝缘设备大约有几百支至上千支；而变电站的进线出线也有几条至十几条，在周围几十或上百平方千米的地区，大气的污染几乎是相近的，雾、雪、毛毛雨等潮湿的气象条件也几乎是相同的。一旦一处污闪跳闸，则表明这个地区近乎相同的几百个或上千个绝缘子均处于污闪临界跳闸的状态。一处跳闸，重合闸动作，还会造成电网的振荡，使临近闪络设备又多承受一个操作过电压的作用，从而处于更加不利的状态。特别是当较多设备的外绝缘抗污闪能力远低于实际污秽度要求时，往往会造成区域性的大面积污闪事故。

### 7.3.3 防止污闪事故的措施

污闪事故是架空线路频发性事故之一，尤其是污秽严重的地区更是这样。随着工业的发展、电网容量的增大和额定电压等级的提高，电力系统输变电设备的绝缘污闪事故日益突出，给国民经济带来的损失越来越大，给人民生活也带来诸多不便。线路管理部门要根据所管辖线路的特点及空气污秽物质的性质，采取有效可行的措施，积极地预防污闪事故的发生。

一般来说，对于局部的小概率污闪，通常可根据具体分析采取局部措施解决。对于大面积污闪、闪络频繁或重要的输电线路和变电站，通常要经过技术经济比较，选取技术上切实可行、经济上又合理的防污闪措施。

（1）划分线路的污秽等级。线路污秽等级划分的目的是为了便于核实绝缘子泄漏比距是否能够满足防污的要求，以便有计划地采取有针对性的防污技术措施，消除薄弱环节，提高维护实效。

划分线路污秽等级，应根据污湿特征、运行经验和绝缘子表面污秽物的等值附盐密度（简称盐密）综合考虑确定。当二者不一致时，按运行经验确定。运行经验主要指线路污闪跳闸事故和污闪事故记录、绝缘子形式、片数、泄漏比距和老化率，地理和气候的特点，采取的防污措施及清扫周期等。我国电力部门早期对污秽等级的划分，只给出定性的描述，现行的污秽等级标准已采用等值附盐密度来划分污秽等级，见表7-14。

表 7-14　　　　　　　　　　　　　　　　污秽等级和泄漏比距

| 污秽等级 | 污秽条件 | | 有效泄漏比距（cm/kV） | |
|---|---|---|---|---|
| | 污秽特征 | 盐密值（mg/cm$^2$） | 中性点直接接地 | 中性点不直接接地 |
| 0 | 空气无明显污染地区 | <0.03 | 1.6~1.8 | 2.0~2.4 |
| 1 | 空气污染中等的地区，如有工业区但不会产生特别污染的烟或人口密度中等的有采暖装置的居民区；轻度盐碱地区，炉烟污秽地区等 | >0.04~0.10 | 2.0~2.5 | 2.6~3.3 |
| 2 | 空气污染较重地区或空气污染且又有重雾的地区，沿海及盐场，重盐碱地区，距化学污染源300~1500m的污染较重地区 | >0.10~0.25 | 2.5~3.2 | 3.5~4.4 |
| 3 | 导电率很高的空气污染地区，大冶金或化工厂附近，火电厂烟囱附近且有冷水塔，重盐雾侵袭区，距化学工业100m以下的地区 | >0.25~0.5 | 3.2~3.8 | 4.4~5.2 |

根据历年线路发生污闪的时期和绝缘子的等值盐密测量结果，确定本地区电力线路的污秽季节或月份和污秽等级（或允许的绝缘子串单位泄漏比距），并在污秽季节到来之前完成防污工作，同时对新建或大修改建的线路提供防污闪数据。

（2）清扫绝缘子。定期或不定期清扫绝缘子是恢复外绝缘抗污闪能力，防止设备外绝缘闪络的重要手段，对于外绝缘爬距已经调整到位的输电线路，强调适时的清扫尤为重要。对于运行在一定地区的输变电设备，要结合盐密测量和运行经验，合理安排清扫周期。在盐密（或其他污秽度参数）测量比较好的地区，可以通过统计分析，逐步从盐密值控制，过渡到状态清扫。

绝缘子的清扫周期可根据本地区的气候特点、积污情况、污秽程度及污闪规律来制定。按《电力系统电瓷外绝缘防污闪技术管理规定》，凡是按污秽等级配置外绝缘爬距的设备，原则上一年清扫一次。这是因为划分污级标准时，规定的是一年累积的污秽盐密的最大值。清扫时间应安排在污闪来临之前，一般在污闪季节前 1~2 个月内进行。在清扫顺序上，通常先安排一般输电线路和变电站，后安排比较重要的输电线路和变电站。在绝缘子形式方面。一般先清扫防尘绝缘子、后清扫普通绝缘子，其目的是保证重要线路和普通绝缘子最大可能的安然渡过污闪季节。此外，要提高清扫的有效性和可靠性。

根据盐密指导清扫，能够最有效地利用原设备外绝缘的抗污闪能力，避免不必要的清扫。利用盐密值控制清扫在技术上应做到：①确定一定耐受水平下的盐密控制值；②所测取的绝缘子表面的盐密值应具有代表性；③掌握清扫绝缘子在运行地区盐密的累积速度。

对于变电站设备，可装设泄漏电流记录器，根据泄漏电流的幅值和脉冲数来监督污秽绝缘子的运行状况，发出预警信号，以便运行人员及时对绝缘子进行清扫。在绝缘子设计时，则应使污秽地区绝缘子表面在风雨作用下，易将脏物冲洗掉，即应有较好的自清扫性能。

清扫除了人力揩擦之外还有一些自动清扫工具，如自动清洗机，旋动毛刷等。绝缘子清扫有停电清扫与带电清扫之分。

停电清扫绝缘子，一般用于污秽较轻线路。停电后人工逐基杆塔进行清扫绝缘子，可用干布、湿布、蘸汽油或浸肥皂水的布将绝缘子擦干净。最后用干净的抹布再擦一遍。以免有碱性物质等附在绝缘子上。如果绝缘子表面污秽物质属于黏性的而且比较牢固，可用金属刷子刷干净或用清洗剂清洗。有时为了减少停电时间和减轻杆上的劳动强度，对污秽严重面污秽层粘结牢固的绝缘子，可利用停电之机更换新的绝缘子，将换回的被污绝缘子在室内进行净化。

带电清扫，一般用于停电困难的架空电力线路。带电清扫利用装有毛刷或棉纱的绝缘杆，在运行线路上擦拭绝缘子，所用绝缘杆的长短取决于线路电压的高低。在清扫时，工作人员与带电部分之间必须保持足够的安全距离，并有监护人监护操作。带电水冲洗清洗绝缘子与其他方法比较，具有设备简单、效果良好、工作效率高、改善了工人的工作条件等优点，但因需要进行各种设备检测，且用水量较多，对一些特殊积污绝缘子的清洗效果较差，故使用受一定的限制。对于运行多年或污秽比较严重地段的线路绝缘子，如果杆上不能清扫干净时，可采用落地式清扫，即将绝缘子串拆下放落在地面上进行清扫和擦洗。

（3）定期测试和及时更换不良绝缘子。对绝缘子串进行定期测量、可及时发现并更换不良（零值）绝缘子，使线路保持正常的绝缘水平。特别是污秽严重的重要电力线路，更要有计划地更换绝缘子。

（4）增加绝缘子串的单位泄漏比距。运行中的电力线路在确定污秽等级后，若泄漏比距不能满足安全运行的要求，就应按规定调整泄漏比距。调整方法是增加绝缘子片数或更换为防污型绝缘子。增加绝缘子片数，即使空气间隙略有减小，通常仍能明显提高线路运行的可靠性。如果所加绝缘子的片数较多，不能保证正常运行的空气间隙，应更换为防污绝缘子。这样既能提高绝缘水平，增大了泄漏比距，仍能保持空气间隙不变。

增加绝缘子的泄漏比距时，要按 G-DGW179-2008《110~750kV 架空输电线路设计规定》验算线路空气间隙是否符合要求。运行经验证明，防污绝缘子的积污速度比普通绝缘子低，且防污绝缘子的爬距比普通绝缘子大 40%~50%，所以对于严重污秽地区，宜采用防污绝缘子。对于针式绝缘子，可改用高一级电压产品，以提高线路绝缘水平。

绝缘子串的泄漏比距可按下式计算

$$L = \frac{nL_0}{U_n} \tag{7-16}$$

式中：$L_0$ 为每片绝缘子表面的泄漏距离，cm；$U_n$ 为线路额定线电压，kV；$n$ 为每串绝缘子片数。

运行经验证明，当 $L$ 值小于表 7-14 所列数值时，在露天、毛毛雨或雨雪交加的情况下容易发生闪络。

（5）采用憎水性涂料。从绝缘子的材料来看，瓷绝缘子和玻璃绝缘子都具有亲水性能。污秽物本身吸收水分，因此当水降落到这些材料表面时，污层中的电解质易于电离并在其表面形成导电水膜，如图 7-16（a）所示，这样增大了外绝缘的表面电导，最后导致放电。

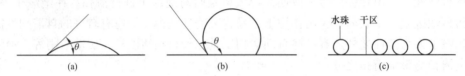

图 7-16　水落到有无憎水性涂料绝缘子表面的情况
(a) 浸润；(b) 圆水珠；(c) 多个圆水珠

采用憎水性涂料，主要利用憎水性的迁移作用及对污秽物的吞噬作用，使亲水性的瓷表面具有一定的憎水性能。水落在这些材料上，不会像落到瓷表面那样浸润一片形成水膜，而是被涂料包围形成一个个孤立的细小水珠，如图 7-16（b）所示，其结果使绝缘子表面构成许多水珠和高电阻带相串联的放电模型，如图 7-16（c）。这些污物微粒的外面包裹了一层憎水性涂料，使得里面的污秽物质不易吸潮，即使吸潮后也是一个个孤立的水珠，而不能形成片状水膜的导电通路，限制了泄漏电流的发展。

憎水性涂料由地蜡、凡士林、油和硅等组成，有干性、湿性和干湿两性兼有之分。干性涂料是指涂料涂敷于绝缘子表面后，使其形成一定厚度的干薄膜，如 RTV 涂料，污秽物落至表面后能通过材料中小分子的挥发和大分子链的运动，使憎水性能迁移至污层表面，吞噬污秽层形成憎水性能。湿性涂料如硅油、硅脂，涂于绝缘子表面后仍呈现粘手的湿状态，它不仅本身具有憎水性能，而且对于落至表面的污秽物还具有吞噬的作用。地蜡涂料是干湿两性兼有的涂料，在环境温度较低时呈凝固状，属于干性材料；高温时或局部电弧发生时，蜡涂料熔化，具有湿性涂料的性能。

1）硅油。硅油是一种无色透明的液体高分子化合物，当其涂在绝缘子表面上时，可形成一层保护膜，当水分附着在硅油的表面时，由于甲基的憎水性，水分被聚合成接触角很小的水珠，水珠与水珠之间仍保持干燥区，因此绝缘子瓷表面仍保持很高的绝缘水平，阻止了造成污闪事故的泄漏电流增长，起到了防止污闪事故发生的作用。该产品型号有 880 型、808 型和 9 号乙基硅油，也可使用 201 甲基硅油。硅油的优点是具有良好的电气性能；不溶于水和酒精，但可溶于某些有机溶剂，如芳烃、二氧甲烷、酒精与苯的混合物等；可用毛刷停电涂敷，也可利用工具带电喷涂。根据华北地区的使用经验，涂敷使用的硅油黏度多为 2000~2500mm$^2$/s，一片普通悬式绝缘子 XP-70 面积约 1500cm$^2$，1kg 硅油大约可涂敷 70~

80 片，有效使用期为 6 个月；甲基硅油，黏度为 $880mm^2/s$。喷涂有效使用期为 3~4 个月。喷涂时可以带电作业，甚至在设备表面产生局部电弧时，也可进行紧急处理，以阻止局部电弧的发展，防止设备的污闪。不管使用哪种喷涂方法，要求涂层均匀并有一定的厚度，且表面完整，涂料在表面不能堆积。也不能流挂。涂层太薄，硅油在污秽作用下很快失去憎水性，从而缩短涂料的有效使用周期，涂油太厚则易造成流挂。

硅油涂层的失效期判断主要依靠运行观察。根据有关运行经验，有效或失效的依据是：①干燥天气，绝缘子外表面积污多，但污秽外表呈污垢状，说明硅油尚未失效；②干燥天气，绝缘表面积污很多，但污秽外表油性不大，说明硅油对污秽的能力已达到饱和状态，硅油开始失效；③干燥天气，绝缘表面积污秽呈现灰白色或绝缘子表面积污很多，无油性，并有块状污秽剥落痕迹，说明硅油完全失效；④雾雨天气，绝缘子外表面有很多小水珠，无明显的局部放电，说明硅油有效；⑤雾雨天气。绝缘子外表面小水珠不明显，或局部区域无小水珠，此时有可能出现飞弧，说明硅油开始失效；⑥雾雨天气，绝缘子外表面潮湿而无小水珠，且局部放电比较严重，说明硅油完全失效。

2）硅脂。硅脂为膏状物，物理及化学特性与硅油相似，绝缘性能良好。涂敷方法多为手工涂刷，稀释后也可喷涂。这种憎水性涂料的优点是可以使表面涂层涂得更厚些，涂得越厚有效使用期越长。若涂层厚度为 1mm，一般 1kg 涂料可涂刷普通悬式绝缘子 8~10 片。

3）RTV 涂料。RTV 涂料的基本物化特性与硅油、硅脂类似，显著优点是憎水性的迁移。因此可以使涂层表面沉积的污秽物也具有憎水性，但迁移的速度与绝缘子表面的污秽密度和温度有关。污秽密度高时，憎水性的迁移也比较慢；一般温度低时，迁移速度慢。

RTV 涂料的使用要严格按使用说明书操作。涂前，一般应将被涂表面清理干净、擦干水分，以免涂层起泡龟裂或影响涂料的附着能力。涂层厚度一般为 0.25~0.5mm。涂刷要均匀、完整，涂料在表面不堆积、不流挂、不缺损。RTV 的有效使用期除了与涂料本身的制造质量有关外，还与涂敷质量、运行环境、污秽量的积累及被涂设备的基础绝缘水平有关。

4）蜡涂料主要原料为蜡和凡士林，配比为 1:2~1:8。带冷喷的蜡涂料，其中还有相当量的机油并用溶剂汽油稀释，以便喷涂。喷到绝缘子上面后，汽油很快发挥，只剩下地蜡和机油，涂料的具体配方见表 7-15。

表 7-15　　　　　　　　　地蜡、机油喷涂料配方（按质量此）

| 名称 | 配方质量比 | 说明 |
| --- | --- | --- |
| 地蜡 | 1.0 | 使用 75 号或 75 号以上 |
| 机油 | 1.2~1.5 | 用 30 号机油 |
| 汽油 | 3 或 6 | 用无毒性的 120 号溶剂汽油或直馏汽油 |

配制时，按质量比把地蜡和机油称好，放在容器中加热到完全熔化。当温度在 75℃~90℃时，再缓缓加入汽油并轻轻搅拌趋匀就成。冷却后的涂料较稠，如果不进行喷涂可就地保存，待喷涂时再加入 3 倍地蜡质量的汽油稀释后，就可以喷涂。

从施工角度来讲，蜡涂料绝缘子分热浸蜡涂料绝缘子和冷喷蜡涂料绝缘子。施工时注意：

热浸蜡涂料应按比例配制蜡涂料，并投入容器烧熔搅拌均匀；浸蜡前，绝缘子及待使用工具必须干燥清洁，避免潮湿和污垢；施工时的环境温应在 10℃以上，绝缘子与蜡溶液温度差不应超过 30℃；要一次浸好，避免二次再浸。

冷喷蜡涂料尽可能均匀地、多次喷涂料于整个瓷表面，要避免将一个部位一次喷到其要求的厚度；喷涂液体的方向与瓷表面尽量接近垂直，喷嘴的压力以不破坏涂料表面光滑为宜；涂层要尽可能厚一些，一次喷涂厚度不够，可停一段时间，再喷第二次。

（6）采用新型绝缘子。新型绝缘子具有防污性能强，泄漏距离长等特点，是架空线路防

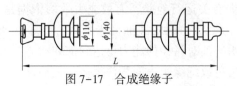

图 7-17 合成绝缘子

污措施中最有效的方法之一。目前运行线路上采用的新型绝缘子主要有硅橡胶绝缘子（又称棒形悬式合成绝缘子）（见图 7-17）、大盘径绝缘子等。硅橡胶绝缘子由高分子聚合物制成，具有良好的憎水性，可以大大提高抗污闪能力和污闪电压。例如 110kV 硅橡胶绝缘子在等值盐密 $0.6mg/cm^2$ 和灰密 $2mg/cm^2$（远大于最严重的污秽）的情况下，其最低污闪电压能达到 140kV，是普通绝缘子的 3~4 倍。即使其表面积满污秽，由于分子间的作用，污秽表面也有很好的憎水性。硅橡胶绝缘子安装并投入运行后，不需要进行人工清扫，减少清扫量，节约部分维护的人力、物力。硅橡胶绝缘伞裙具有良好的耐污闪性能，常用型号有 XSH-70/110、XSH-100/110 等。合成绝缘子由环氧玻璃纤维棒制成芯棒和以硅橡胶为基本绝缘体构成，环氧玻璃纤维抗张强度相当高，为普通钢材抗张强度的 1.6~2.0 倍，是高强度瓷的 3~5 倍。

已运行的架空线路，在污秽较为严重的区域内，普通型绝缘子和防污型绝缘子不能达到污秽等级的要求，又由于种种原因不能使用硅橡胶绝缘子（如资金不足）时，还可采用大盘径绝缘子。这种绝缘子比普通型绝缘子和防污型绝缘子的盘径大一些，因此其泄漏比距也相应较长，从而可满足防污的要求。

（7）采用各种防污罩。对已投入运行的输变电设备，当运行环境变差时，或设计和选择外绝缘和爬电距离不能满足污秽等级的要求时，采取加装辅助伞裙的方法也可取得较好的防污效果。

辅助伞裙有活动型（俗称防护罩）和固定型（又称增爬裙）两种。

1）防护罩。防护罩是加装在绝缘子外绝缘伞裙间的、可活动的、形状和瓷绝缘子伞相似的绝缘隔板。一般做成开口的环状，为便于安装、拆卸，采用尼龙螺丝连接。

防护罩的作用是：①使绝缘子表面的受潮条件得以改善；②起绝缘隔板的作用，并阻止局部电弧的发展；③在雨水稍大时，可防止污水桥接瓷裙；④部分盐密测试结果表明其具有改善绝缘子的染坊状况，运行经验证实其具有较高的防污闪和防雨闪的能力。

防护罩大多使用在 110kV 及以下电压等级的支柱绝缘子上，使用在 Ⅱ 级及以下的污秽区内。目前在 110kV 支柱绝缘子上，大多加 6 片防护罩，即每隔一瓷裙，装一个罩伞。

防护罩的材质多为聚乙烯、聚丙烯，并在其中加入了一些防老化的添加剂，制成类似于绝缘伞裙的样子，如图 7-18 所示。目前主要采用厚度为 1~2mm 的聚氯乙烯板材制作，罩的伞裙伸出比瓷伞的伸出大些，具体尺寸规格要视被防护的绝缘子而定，通常罩的外径比被罩瓷绝缘子的外径大 100mm 左右。罩的伞伸出过长反而会影响瓷绝缘子的自洁性及伞的强度，易变形。为便于套装且可自由活动，罩的内径一般略大于被保护伞根部套管（或棒）的直径。为了使罩与瓷表面间一定的距离，以利于局部电弧的熄灭，在罩的下表面通常还装有一定数量的绝缘垫块，垫块高约为 2mm。垫块过高在有雾的天气下可能失去防瓷表面潮

湿的性能，过低将会出现罩面与瓷面相贴，局部电弧的出现有可能把罩面和瓷裙烧坏。

安装防护罩时应注意以下几点：①为防止因防护罩安装不均匀，在潮湿天气下引起的电场过分集中而产生局部电弧，防护罩要均匀分布；②由于在两端法兰的第一个瓷裙处场强较大，容易产生局部电弧致使瓷件和防护罩烧伤，故一般不装防护罩。另外防护罩在运行中要加强巡视和维护，发现有损坏或局部放电者，应及时更换。同时应进行污秽参数测量，当积污太重时，也应及时清除。

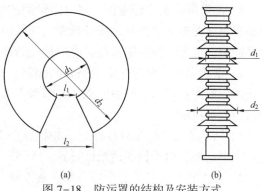

图 7-18　防污罩的结构及安装方式

(a) 防污罩结构；(b) 安装方式

$d_1$—防污闪盘内径；$d_2$—防污闪盘外径；$l_1$、$l_2$—开口尺寸

2）固定型伞裙。伞裙紧缩或通过粘合剂紧密粘结在瓷绝缘子的伞裙上，构成绝缘，共同承担设备所应承担的各种电压。它的伞裙兼有防护罩的多重作用，由于增爬裙的直径大，又和瓷质部分密粘成一体，对于原绝缘子来说有明显增加爬电距离的作用。固定型伞裙对材质、粘合剂的性能以及粘接质量的要求都较高，只要有一项控制不严，就有可能降低污闪性能。例如当伞裙粘接不牢或留有气隙，不但失去增加爬电距离的作用，而且会由于局部电弧而灼伤瓷裙表面。

从实际运行经验来看，注意伞裙不应搭接不平整及两层胶皮叠加在一起形成很厚的接缝，否则会导致藏污积水形成污水流，造成伞间的桥接。增爬裙的材料，目前多为高硫化硅橡胶，也有在其中增加热型材料的。

做好固定型伞裙的运行维护是极其重要的工作。通常应作好以下工作：①加强雾、雨天对固定型伞裙运行情况的巡视和监测，如有伞下局部放电，应及时检查并处理；②作好憎水性能的测试。若固定型伞裙表面憎水性丧失，应及时处理；③因瓷伞、固定型伞裙的抗污闪能力都均随盐密值的增大而降低，当污秽积聚到污闪电压低于运行电压时，就会发生闪络。因此，必须坚持并做好盐密测试工作。

## 7.4　大风故障及预防

### 7.4.1　大风故障的类型

在架空线路设计中，一般都按线路经过地区的最大风速进行验算，并采取适当的措施。因而线路从杆塔结构、导线、避雷线到各元件都应具有抗最大风速的能力。但是自然界的情况是多变的，气象情况有时可能超过设计条件，或者由于设计时的考虑不周，日常维护工作的疏忽等而导致大风故障。通常由大风造成的故障有两类：风力超过杆塔的机械强度而发生的杆塔倾斜或歪倒所引起的事故；风力过大使寻线承受过大风压、产生导线摆动及在空气紊流作用下导致的导线不同期摆动，从而引起导线之间相互碰撞而造成相间短路、闪络放电以至引起停电事故。

（1）杆塔倾倒。当风压力超过杆塔机械强度，会发生杆塔倾倒。杆塔倾倒多数是在投入运行不久或几年的线路，在暴风雨且类似龙卷风的恶劣条件下发生杆塔倾倒。大风引起杆塔倾倒事故主要有如下几种形式：

1）钢筋混凝土单杆垂直线路方向倾倒的情况较顺线路方向多。垂直线路方向倾倒现象是多根钢筋混凝土单杆自地面处折断，迎风侧的拉线处断裂，等径杆的拉线抱箍下滑或拉线金具断裂，也有的拉线抱箍自挂点焊接处断开或拉线棒断裂。

2）钢筋混凝土双杆垂直线路方向倾倒，即处于背风侧的一根杆是从地面处断裂，而迎风侧的一根则被拔出；倾倒的双杆，多为有叉梁而无拉线或仅有"V"形拉线的双杆，背风侧的拉线被拉断。

3）钢筋混凝土转角杆往往是首先抱箍下滑或拉线基础埋设较浅而引起的倾倒；带拉线的八字形铁塔，由于拉线过松或过紧，大风时使塔身局部弯曲而后倾倒。

4）自立式塔大多数是在塔身和塔头连接处弯曲或扭曲后再倾倒。

5）大风引起杆塔顺线路倾倒，多发生在平原地带、杆塔较高的线路中，其特点是一次倾倒一个耐张段或更长线路的全部杆塔，而且杆塔倾倒后整齐的平行于线路方向。

（2）导线对地或导线之间的闪络放电。导线对地或导线之间的闪络放电主要有以下形式：

1）耐张杆塔引流线或直线杆塔的悬垂线夹、重锤等对杆身、拉线、脚钉或横担等放电。

2）由于导线风偏对树枝、山坡和建筑物放电。

3）由于导线换位、弧垂变化或不同期摆动，引起导线间或导线与耦合地线之间放电。

4）在运行中出现混线事故。这主要是导线排列方式改变后，使导线在档距中接近或交叉，或由于杆塔周围地形复杂，形成局部风向紊乱，风速忽大忽小引起导线不同步摆动造成混线；也有因风向沿着山坡向上刮，引起导线舞动造成的混线。

（3）外物短路。在大风情况下，线路附近的天线、铁皮、树木、竹子、简易草屋顶、地面的草席、箔纸、塑料薄膜等物，被大风刮起，挂在导线上致使相间短路。

### 7.4.2　大风故障预防

由于各个地区的具体地形不同，各个地区的风力大小、风速不一样，对线路造成故障的影响程度也将不同。当风速为0.5~4m/s（相当1~3级风）时，容易引起导线或避雷线振动而发生断股甚至断线；中等风速5~20m/s（相当4~8级风）时，导线有时会发生跳跃现象，容易引起线间碰撞及线间放电闪络故障；阵风时各导线摆动不一致，不仅导线线间碰撞，还可能对附近障碍物放电。因此必须掌握风的规律，如最大风速、常年风向，大风出现的季节和日数等，以便作好大风到来前的预防准备。

（1）木杆虽已不采用了，但有的线路仍还保留有木电杆。为了节约线路维护费用，对已腐朽的木杆视其强度和腐朽程度，更换为钢筋混凝土电杆。如仅是杆根部腐朽，可将木杆根部锯掉，绑接钢筋混凝土帮桩。

（2）紧好松弛的拉线，并尽量使各条拉线松紧一致，以避免受力不均匀引起杆塔倾斜。拧紧拉线抱箍，防止下滑。对腐蚀的拉线应及时更换，并用沥青油煮麻带包缠防腐。如腐蚀严重可在拉线周围浇注混凝土。

（3）杆塔基础和拉线基础的回填土下沉时，应填土夯实。对倾斜的电杆可将基础挖开后调正，再回填土夯实，并视情况可加装拉线补强，防止杆塔倾斜。

（4）对耐张杆塔的跳线，可加装跳线绝缘子串或加长横担，防止大风或阵风使跳线摆动过大，引起对杆塔闪络放电。

（5）对于大山区的线路，处于山顶、风口、大档距、大高差或相邻档距差过大的杆塔，可视运行情况加强横线路方向或顺线路方向的拉线。对于较长的耐张段，也可每隔适当距离加装拉线，以防大风吹倒杆塔和减少大风故障的扩大范围。

（6）更换转动横担使用被磨损的剪切螺栓，以防大风时横担误动作。如遇有相邻档距差过大，高差过大的地段，将转动横担的电杆更换为固定横担。避免顺线路方向导线拉力差过大，使横担误动。

（7）清除线路附近的杂草垃圾，加固农田使用的覆地塑料薄膜，以免大风时吹起，挂在导线上造成相间短路。

（8）砍伐、剪切线路两侧的不符合安全距离要求的树木、竹子，防止大风时导线、树木、竹子摆动引起闪络放电和砸坏用电设备。

## 7.5　导线防振及故障处理

扫二维码获取 7.5 节内容。

## 7.6　导线覆冰故障及处理

空气中过冷却水滴降落在温度 0℃ 以下的导线（或绝缘子上）上则形成冰，称为线路覆冰。

线路覆冰是一种分布相当广泛的自然现象。覆冰种类大致有雾凇、雨凇（雨冰或冰凌）及两者混合而成的粗冰或冻雪等。当气温在 $-2℃ \sim -10℃$、风速 $4 \sim 15 m/s$、相对湿度在 90% 以上并有过冷却水滴的大雾或毛毛细雨时，导线上往往形成雾凇。雾凇比较松散，覆在导线上并不密实，稍加振动即可脱落，对线路的危害并不大。雨凇一般发生在气温 $-1℃ \sim -5℃$、风速 $5 m/s$ 或无风情况，呈透明状，其容重力 $0.5 \sim 0.9 g/cm^3$，对线路的危害最大。雪凇的容重为 $0.5 \sim 0.6 g/cm^3$，对线路的危害较大，应予以重视。

导线覆冰具有以下特征：

（1）覆冰首先出现在导线的迎风面上，开始呈翼状而后向迎风面扩展，冰在导线的一侧增厚。当冰达到一定的厚度时，由于导线两侧质量的不平衡，产生一个使导线扭转的扭矩。该扭矩随着冰厚的增长而加大，在扭矩的作用下，使导线表面更多地暴露在迎风面的气流和小水滴之下，使覆冰进一步发展扩大。最后在导线上形成断面为椭圆或近似圆形的覆冰层。一般小直径导线的覆冰多呈圆形，而大直径导线的覆冰多呈椭圆形。这可能是由于导线刚度不同、扭转不同引起的。

（2）覆冰最严重时，绝缘子串可能形成一个圆形冰柱，而导线覆冰厚度可达 280mm 左右。因此，在寒潮期间应当加强巡视，注意导线覆冰变化。

（3）在同一地点，导线悬挂点越高，则覆冰越严重。此外，在风速较小或无风时容易形成晶状雾凇，风速较大时，容易形成粒状雾凇。

（4）覆冰在导线或绝缘子串上停留的时间是不同的，这主要决定于气温的高低和风力的大小，短则几个小时；长则 10～20 天，且往往出现大面积覆冰。

（5）导线、避雷线在档距内的覆冰并不是均匀的，在同一档内，有的覆冰严重，有的覆冰厚度较小。分裂导线安装间隔棒时，其覆冰较不安装间隔棒时严重。

（6）覆冰与线路的走向也有关，在冷热空气的交汇处经过的线路，覆冰就严重。如在山顶、风口、山脉的分水岭和迎风坡等地段经过时，受风的作用，导线容易覆冰而且覆冰比较严重。线路通过山坡又迎向水库、湖泊、江河时，由于地形高使大量水汽凝聚在线路附近，也容易使导线覆冰。所以线路应尽量在远离水源而向阳的山坡附近通过。

### 7.6.1　覆冰对线路的危害

线路覆冰一般发生在初冬粘雪或雨雪交加的天气。我国云贵高原、川陕地区、湘赣一带及湖北鄂西的小部分地区的线路，往往发生极为严重的覆冰。如云南的高寒山区 35～110kV 线路覆冰厚达 30mm，最大者可达 280mm，对线路安全运行威胁极大。运行线路遇到严重覆冰时，往往会发生电气间隙不能保证，导线覆冰超载及因导线脱冰跳跃舞动而造成的事故。线路覆冰引起的故障大致分为两类，即覆冰超载引起的故障和不均匀覆冰或不同期脱冰所引起的故障。

**1. 覆冰超载引起的故障**

导线、避雷线的覆冰厚度超过设计值，称为覆冰超载。由于覆冰超载引起的故障概括如下：

（1）导线弧垂显著增加，使导线对地距离、交叉跨越距离等减少，引起导线对地及交叉跨越物放电短路接地。

（2）引起导线断线，导线处接头处抽出。特别是 35kV 线路，其导线截面较小，一旦遇有严重覆冰就会引起断线故障。

（3）导线发生严重断股现象。

（4）导线、避雷线的连接金具裂断或变形、悬垂线夹断裂，防振锤滑动、歪扭变形，拉线楔形装夹断裂，造成倒杆故障。

（5）由于导线断线，使有覆冰的导线在杆塔的另一侧形成较大的张力，引起杆塔头部折断、横担变形、杆塔倾斜等故障。覆冰严重时还会引起横担吊杆拉断。

（6）绝缘子串覆冰后会大大降低其绝缘水平，往往引起绝缘子串闪络而造成线路停电故障。特别是悬式绝缘子串，由于所积有的冰雪融化，可能形成冰柱，使绝缘子串短路，造成接地事故。

**2. 不均匀覆冰或不同期脱冰引起的故障**

（1）不均匀覆冰使上下导线弧垂不一致，容易引起相间短路，或引起导线与避雷线之间闪络短路。不同期脱冰引起导线跳跃，也会造成相间闪络。

（2）顺线路方向的不平衡张力较大，往往使杆塔横担或避雷线支架损坏，水泥杆发生变形、裂纹等故障。

（3）对于直线杆塔，其导线的不均匀覆冰会形成很大的不平衡张力或断线张力，当超过杆塔的设计条件时，将造成杆塔损坏或倾倒。此外，不平衡张力的作用将使导线、避雷线在线夹内滑动而受到磨损。特别是高差较大，相邻档距差过大的杆塔，其不平衡张力更大，因而使悬垂绝缘子串沿线路方向产生很大的冲击性偏移，使靠近横担的绝缘子碰到横担而破碎，球头挂环弯曲变形或断裂。

　　如果导线、避雷线覆冰且还伴有强风时，其荷载将进一步增加，故障将更严重。尤其是扇（翼）状覆冰，因能使导线发生扭转，所以对金具和绝缘子串威胁很大。

　　此外，寒冷的冬季会使钢筋混凝土电杆或铁塔基础冻裂，造成杆塔结构的破坏。尤其是环形钢筋混凝土电杆部分因杆内积水结冰而冻裂。杆内积水的原因有两种：由钢筋混凝土电杆上部漏进的雨和密封程度不高使地下水由根部直接渗入杆内。当渗水有一定压力且水量较多时，就可能在杆内形成高出地面的水柱，在严寒结冰时冻裂电杆。另外钢筋混凝土电杆出现裂纹，水侵入溶解杆壁内部的氢氧化钙，钢筋混凝土电杆即开始被腐蚀，同时钢筋因此面生锈，截面必定减小，如此长时间反复作用，致使电杆强度不断降低，从而出现倒杆事故。

　　在寒冷的冬季，导线应力因气温下降而增大，尤其在小的孤立档距中，情况更为严重。由于导线应力的增加会使耐张塔的不平衡张力增加，因而会造成断线或拉坏杆塔事故。对于那些处于低谷的直线杆塔，由于导线弧垂减小，垂直档距可能出现负值，造成悬垂绝缘子串"上扬"，导线对杆塔距离不足而放电。以上这些事故，在线路运行与检修中都必须引起足够重视。

　　由上可见，在寒冷的冬季，一定要做好架空线路、避雷线、绝缘子、杆塔及杆塔基础的防寒防冻工作。

### 7.6.2　覆冰厚度的换算

　　导线覆冰融化后，称其质量为 $G$，则可换算为标准状态覆冰厚度

$$b = \sqrt{R^2 + \frac{G \times 1000}{\pi \rho l}} - R \qquad (7-27)$$

式中：$b$ 为换算后的标准覆冰厚度，mm；$R$ 为导线半径，mm；$G$ 为覆冰质量，kg；$\rho$ 为冰的标准容量，取 $\rho = 0.9 \text{g/cm}^3$；$l$ 为导线取冰长度，mm。

　　如果所测得的导线覆冰面周长为 $s$，则实际覆冰可按下式计算

$$b = \frac{1}{2}\left(\frac{s}{\pi} - d\right) \qquad (7-28)$$

式中：$b$ 为实际覆冰的大厚度，mm；$s$ 为覆冰周长，mm；$d$ 为导线直径，mm。

　　如果导线上的覆冰外形是椭圆断面，椭圆的长径为 $a$，短径为 $c$，则实际覆冰厚度 $b$ 为

$$b = \frac{\sqrt{ac} - d}{2} \qquad (7-29)$$

　　对于不同架设高度的导线，其覆冰厚度可按下式换算

$$b_2 = b_1\left(\frac{h_2}{h_1}\right)^a \qquad (7-30)$$

式中：$b_1$ 为高度为 $h_1$ 时的覆冰厚度，mm；$b_2$ 为高度为 $h_2$ 时的覆冰厚度，mm；$a$ 为经验系数，一般取 $a = 0.3 \sim 0.34$。

### 7.6.3 导线覆冰的防止和清除措施

1. 从设计角度考虑防止覆冰故障的措施

按照 G-DGW 179—2008，重冰区线路设计应根据线路的具体情况采用避冰、抗冰、融冰、防冰等措施，达到安全适用和经济合理的要求。

(1) 路径选择时，力求避开严重覆冰地段，如沿起伏不大的路径走线；避开横跨坝口、风口和通过湖泊、水库等容易发生覆冰的地带；沿山岭通过时，宜沿覆冰时的背风坡走线，翻山越岭时应避免大档距、大高差及转角角度过大等。

(2) 导线不宜采用单股钢芯铝绞线，以增加耐受覆冰荷载的张力。在重冰区宜采用钢芯铝绞线。

(3) 根据具体情况适当增大导线、避雷线、金具等的安全系数。

(4) 缩小档距和耐张段长度，相邻档距差不宜过大。

(5) 采用导线水平排列的杆塔，并适当加大线间距离及导线与避雷线的水平位移。在重冰区的 220kV 线路宜采用铁塔。

(6) 避雷线宜采用横担，以减少对主杆的扭力。导线不得采用转动横担或变形横担。

(7) 对于悬垂角较大的直线杆，可采用双线夹。

(8) 导线对地和交叉物的距离要留有足够的裕度。

(9) 提高电杆的刚度，以减少电杆在运行中产生裂纹的可能性。

(10) 将悬垂绝缘子串改用 V 形串。

2. 从施工角度考虑防止覆冰故障的措施

(1) 加强施工质量检查，导线连接采用压接时，如采用爆压连接，则应加强压接质量的检查。

(2) 加强线路的巡视维护工作，对杆塔、金具、拉线等存在的缺陷应及时处理，消除隐患。

在覆冰特别严重的地区，上述措施还是不够的，覆冰仍可能引起破坏线路的事故。因此在运行中必须观察导线产生覆冰的情况，并采取适当的措施予以消除。

3. 导线覆冰的消除方法

消除导线上的覆冰、有电流融解法和机械打落法。

(1) 电流融解法。主要是加大负荷电流或用短路电流来加热导线使覆冰融解落地，达到除冰的目的。

1) 用改变电网的运行方式来增大线路负荷电流。

2) 将线路与系统断开，并将线路的一端三相短路，另一端用特设的变压器或发电机供给短路电流。

采用增大线路负荷电流除冰时，应在覆冰开始形成的初期，即采取预防措施。但是这种办法会使线路的电压降低，增大电能损耗，所以不能长期使用。

当用短路法融化覆冰时，则应根据线路长度和导线的截面和材料，准备好必要的设备，其容量应事先算好，使之能够满足融冰的要求。对于铜线和钢芯铝线，在周围气温为−5℃、风速为 5m/s 时，融冰所需时间和电流的关系曲线如图 7-24 所示（图中虚线为周围气温低于−5℃时的曲线）。短路融冰法的接线如图 7-25 所示。

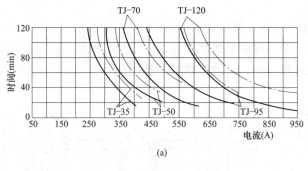

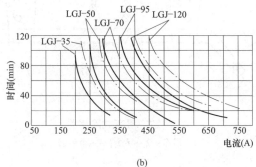

图 7-24　融冰时所需时间和电流的关系曲线

（a）TJ 型导线融冰所需时间电流的关系曲线；（b）LGJ 型导线融冰所需时间电流的关系曲线

短路电流近似计算公式为

$$I_d = \frac{U_{xg}}{l\sqrt{r_0^2 + X_0^2}} \qquad (7\text{-}31)$$

式中：$I_d$ 为短路电流，A；$U_{xg}$ 为系统所加相电压，V；$l$ 为短路线段的长度，km；$r_0$ 为导线的电阻，$\Omega/\mathrm{km}$；$X_0$ 为导线的感抗，$\Omega/\mathrm{km}$。

在进行融冰以前，应注意检查长时间通过短路电流的系统结构和设备。用短路电流融冰时最好不要使用发电厂和变

图 7-25　短路融冰法的接线图

电站的接地网，而采用单独的接地装置，以免发生危险。

用短路电流融冰时，还应派人到线路上观察覆冰的融化过程，当覆冰开始从导线上脱落时，应立即切断融冰电流，否则时间一长，会使导线过热，特别应注意导线的连接处。

在一般的设备条件下，电流熔解法是很难实现的，因此除了重冰区外，其实用价值不大。

（2）机械打落法。可在线路停电或带电情况下进行。使用机械除冰时，应注意不要损伤导线、避雷线和绝缘子。常用的机械除冰的具体方法有以下几种：

1）从地面上向导线或避雷线抛短木棍、打碎覆冰，使之脱落；也可用木杆或竹竿进行敲打，使覆冰脱落。如果线路停电困难也可用绝缘杆来敲打覆冰。

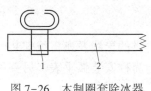

图 7-26　木制圈套除冰器

1—套圈；2—牵引杆

2）用木制套圈套在导线上（见图 7-26），并用绳子顺着导

线拉，便可消除覆冰。

3）用滑车式除冰器除冰。滑车式除冰器如图 7-27 所示。

采用机械除冰时，必须保证导线和避雷线不发生任何机械损坏。因机械打落法是比较原始的，除冰器的样式多种多样，各地区也都不相同。

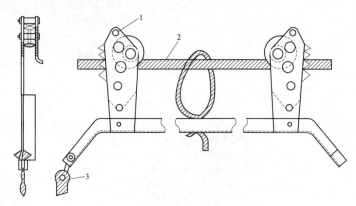

图 7-27　滑车式除冰器
1—滑车；2—导线；3—牵引器

## 7.7　架空线路限距和弧垂的测试

### 7.7.1　限距及其影响因素

限距是指导线间及导线对地面、对建筑物等之间的最小允许距离。架空线路的各种限距及导线弧垂是按设计要求确定的。运行中的限距及交叉跨越距离应符合 DL/T 5092—1999《110～500kV 架空送电线路设计技术规程》及 DL/T 5220—2005《10kV 以下架空配电线路设计技术规程》的规定。实际运行中的导线、避雷线限距及弧垂发生改变的原因主要有以下几方面：

（1）在电力线路下面或附近修建和改造建筑物，如电力线路、通信线、公路或铁路、堤坝等。

（2）由于检修或改进工程，杆塔移位，改变了杆塔高度或改变了绝缘子串的长度。

（3）杆塔地基发生沉降或其他原因，使得杆塔出现倾斜、导线伸长而未及时调正。

（4）过线杆塔相邻两档内荷载产生不均匀现象，致使导线拉向一侧或悬垂线夹内压线螺栓松动，导线滑向一侧。

为了保证线路正常运行，必须经常性的观测各种限距，以便发现问题能及时处理，使其符合 DL/T 5092—1999 及 DL/T 5220—2005 的规定。

### 7.7.2　弧垂测试

1. 弧垂的计算及观测

（1）弧垂的计算。架空线路安装弧垂调整的依据为设计单位提供的导线及避雷线安装弧垂表。安装弧垂表有两种，一种是对应于代表档距的安装弧垂表，简称安装弧垂表。另一种是对应于 100m 档距的安装弧垂表，简称百米弧垂表。

由安装弧垂表计算观测的安装弧垂的计算式为

$$f = f_\mathrm{D} \left( \frac{l}{l_\mathrm{D}} \right)^2 \left[ 1 + 0.5 \left( \frac{h}{l} \right)^2 \right] \tag{7-32}$$

式中：$f$ 为观测档安装弧垂，m；$f_\mathrm{D}$ 为由代表档距从安装弧垂表上查出的对应于安装气温（应考虑降温）的弧垂，m；$l$ 为观测档距，m；$l_\mathrm{D}$ 为代表档距，m；$h$ 为导线或避雷线悬点高差，m。

由百米弧垂表计算安装弧垂的计算为

$$f = f_{100} \left( \frac{l}{100} \right)^2 \left[ 1 + 0.5 \left( \frac{h}{l} \right)^2 \right] \tag{7-33}$$

式中：$f_{100}$ 为由代表档距从百米弧垂表上查出的对应于安装气温下的百米弧垂，m。

（2）弧垂的观测方法。观测弧垂的方法很多，一般常用的观测方法有四种：等长法、异长法、角度法和平视法。在弧垂观测之前，应参阅送电线路平断面图及导线弧垂曲线等技术资料，了解地形、地物及弧垂等的情况，结合具体情况，选择适当的弧垂观测方法，并按降温法计入初伸长，计算出相应的观测数据，然后进行弧垂观测。

1）等长法。等长法是施工中常用的观测弧垂的方法，精确度较高。如图 7-28 所示，在 $A$、$B$ 观测档杆塔上，从 $A$、$B$ 杆导线悬挂点往下量出需测弧垂值，即在 $A$、$B$ 下方 $A_0$、$B_0$ 处各装一块弧垂悬板，使 $AA_0 = BB_0 = f$。观测人员站在任一基杆塔上，一面从电杆上的弧垂板看对面电杆上的弧垂板，一面指挥紧线人员调整导线的张力，当导线最低点与两块弧垂板成一直线时，此时导线的弧垂即为要求的弧垂。此法对两杆塔导线悬挂点高差不大的情况下，其观测值比较精确。为保证视线 $A_0 B_0$ 与导线最低点相切，观测弧垂板必须移动一定距离。

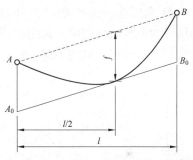

图 7-28　等长法弧垂观测示意图

当气温上升时，弧垂板向下移动距离为

$$\Delta a = 4f \left[ (1 + p) - \sqrt{1 + p} \right] \tag{7-34}$$

当气温下降时，弧垂板向上移动距离为

$$\Delta a = 4f \left[ \sqrt{1 + p} - (1 + p) \right] \tag{7-35}$$

$$p = \frac{\Delta f}{f} \tag{7-36}$$

式中：$p$ 为气温变化后的弧垂变化率；$\Delta a$ 为气温发生变化时弧垂板移动距离，m；$f$ 为气温变化前的观测弧垂，m；$\Delta f$ 为气温发生变化时用插入法求出的弧垂变化值，m。

2）异长法（不等长法）。异长法观测弧垂示意如图 7-29 所示。观测时，根据弧垂 $f$ 值选定 $a$、$b$ 后，分别放置弧垂板使 $AA_0 = a$，$BB_0 = b$，收紧架空线使之与视线

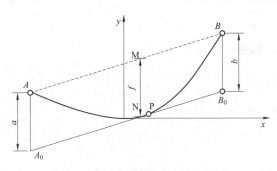

图 7-29　异长法观测弧垂示意图

$AA_0$ 相切，这时的弧垂值即为设计要求的弧垂。$a$、$b$ 与弧垂 $f$ 的关系为

$$\sqrt{a} + \sqrt{b} = 2\sqrt{f} \tag{7-37}$$

式中：$a$、$b$ 为档距两端杆塔装弧垂板位置与架空线悬点的高差值，m。

　　异长法适用于观测档内两杆塔高度不等，且弧垂最低点不低于两杆塔基部连线的情况。在选用 $a$、$b$ 值时，应注意两数值相差不能过大。通常推荐 $b$ 值为 $a$ 值的 2~3 倍为宜，切点 M 的水平位置选在档 $1/4l$~$1/3l$ 的范围内。根据观测经验，在选用 $a$、$b$ 值过程中，应注意两值不能相差太大，$a$ 值一般取 $1/4l$~$3/4l$。当观测环境的气温发生变化引起弧垂变化时，为使被测弧垂及时调整到变化后的要求，应将近方的弧垂板移动一段距离 $\Delta a$，计算式为

$$\Delta a = 2\Delta f \sqrt{\frac{a}{f}} \tag{7-38}$$

　　或

$$\frac{\Delta a}{\Delta f} = 2\sqrt{\frac{a}{f}} \tag{7-39}$$

式中：$\Delta a$ 为弧垂板移动的垂直距离，m。

　　3）角度法。角度法测定、控制架空线的水平应力和最大弧垂，实质上是异长法。当在山区及沟壑地段施工时，采用前两种方法无法观测弧垂的情况下，可考虑采用角度法进行弧垂观测。按仪器设置的不同，角度法可分为档端角度法、档外档内角度法、平视法和档侧角度法等。

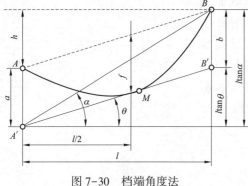

图 7-30　档端角度法

　　a. 档端角度法，如图 7-30 所示，其中 A、B 悬点，A 为低悬点，$A'$ 为 A 在地面的垂直投影；$a$ 为仪器中心至点 A 的垂直距离；$f$ 为观测气温下计算出的档距中点弧垂；$\theta$ 为仪器视线与导线相切的垂直角，即观测角；$\alpha$ 为在 $A'$ 点瞄准 B 点时的垂直角；$l$ 为档距；$h$ 为高差。观测方法如下。

　　（a）由线路纵断面图和杆塔组装图中查出 $a$、$h$ 值，并到现场复测核实。

　　（b）经纬仪置于档端悬挂点 A 垂直下方 $A'$ 点，调整观测角 $\theta$，瞄准并使其视线 $A'B'$ 与架空线最低点 M 相切。由图 7-30 可知

$$b = l\tan\alpha - l\tan\theta = 4f - 4\sqrt{af} + a \tag{7-40}$$

　　因

$$\tan\alpha = (a \pm h)/l, \ \tan\theta = \tan\alpha - \frac{b}{l}$$

　　故观测角 $\theta$ 为

$$\theta = \arctan\left(\frac{\pm h - 4f + 4\sqrt{af}}{l}\right) \tag{7-41}$$

　　（c）计算弧垂 $f$ 为

$$f = \frac{1}{4}\left(\sqrt{a} + \sqrt{a - l\tan\theta \pm h}\right)^2 \tag{7-42}$$

其中仪器距低悬点较近时，$h$ 取 "+"，否则取 "-"。

b. 档外、档内观测法，如图 7-31 所示。

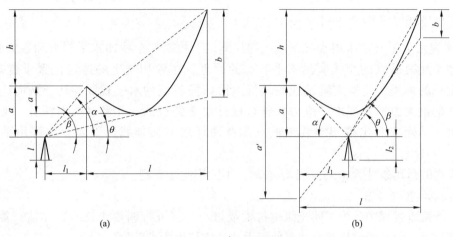

(a)　　　　　　　　　　　　(b)

图 7-31　档外、档内观测法
（a）档外观测；（b）档内观测

弧垂观测角 $\theta$ 的计算公式为

$$\theta = \arctan\left(\frac{h + a - b}{l + l_1}\right) \tag{7-43}$$

导线悬挂点的 $a$、$h$ 计算式为

$$a = l_1\tan\alpha \tag{7-44}$$
$$h = (l_1 + l)\tan\beta - a \tag{7-45}$$

式中：$\alpha$、$\beta$ 分别为观测导线悬挂点 $A$、$B$ 的垂直角。

由 $l$、$l_1$、$f$、$a$ 及 $h$ 各已知数据，利用式（7-42）、式（7-43）及式（7-44）得

$$A = \frac{2}{l}\left(4f - h + \frac{8fl_1}{l}\right) \tag{7-46}$$

$$B = \frac{(4f - h)^2 - 16af}{l^2} \tag{7-47}$$

$$\theta = \arctan\left[-\frac{A}{2} + \sqrt{\left(\frac{A}{2}\right)^2 - B^2}\right] \tag{7-48}$$

式中：$A$、$B$ 为观测档导线、避雷线悬挂点高度，m；$l$、$l_1$ 为观测点距导线两悬挂点的距离，m。

档内观测法与档端观测法相同，但因仪器正处于导线、避雷线下方，紧线时应采取措施防止导线避雷线起落时碰撞观测人员和仪器。

档内观测法的仰角计算公式为

$$\tan\theta = \frac{h + a - b}{l - l_1} \tag{7-49}$$

式中：$\theta$ 为仰角；$l_1$ 为观测点到悬挂点水平距离。

　　档外、档内观测法在档端无法架设经纬仪或档端观测 $b$ 值太小时才使用，为提高准确度，观测点选择应使 $\theta = \arctan\left(\dfrac{h}{l}\right)$。

　　c. 平视法。平视法采用水准仪或经纬仪测定、控制架空线的水平应力和最大弧垂时，是根据架空线最低点的切线应呈水平状态的原理，在该切线上的适当位置设置观测仪，调整架空线的弧垂，使架空线轴线的最低点恰好同目镜的水平视线相切，从而达到观测档架空线的最大弧垂（或水平应力）符合设计要求的目的。凡经过高山深谷，架空线悬点高差大、档距大和出现架空线最低点落在两杆塔基面连线以下者，均可用平视法来实现。

　　平视法的适用条件为 $4f>h$。当 $4f<h$ 时，不能用此法观测。

　　2. 弧垂调整与检查

　　在观测弧垂过程中，为了防止弧垂过大或过小，需进行调整线长的计（估）算，以便根据计算结果，收紧或放松架空线，使弧垂达到或接近所求数值。

　　（1）对于孤立档，线长调整量和弧垂变化量的关系可按下式计算

$$\Delta L = \frac{16}{3}\frac{f\Delta f}{l} \tag{7-50}$$

式中：$\Delta L$ 为线长调整量（正值为线长减量，负值为线长增量），m；$f$ 为要求的弧垂值，m；$\Delta f$ 为弧垂变量（紧线弧垂比 $f$ 值大时取正，反之取负），m；$l$ 为孤立档档距，m。

　　（2）对连续档的弧垂调整计算。调整弧垂值，可按下式进行计算

$$\Delta L = \frac{16 l_D^2 f_1}{3 l_2^4}\Delta f_1 \sum l \tag{7-51}$$

式中：$\Delta L$ 为线长调整量，m；$l_D$ 为耐张段的代表档距，m；$f_1$ 为观察档要求的弧垂值，m；$l_2$ 为观察档的档距，m；$\Delta f_1$ 为观察档的弧垂变量，m；$\sum l$ 为连续档档距之和，m。

## 7.8　导线的振动测量

### 7.8.1　导线振动测量地点的选择

　　（1）选择在导线、避雷线的使用应力大、档距大的地点及电压等级高及新建的线路。

　　（2）对风向垂直于线路的大跨越和处于平原开阔地区的线路应优先测量。

　　（3）测量季节以冬春季节最好，这时导线张力大，均匀风出现的频率高，是最容易引起振动的季节。

　　（4）巡视中发现导线振动或已发生振动断股的线路，要优先测量。

　　（5）在悬垂线夹处，发生振动断股较多，振动仪宜安装在至少连续三基或以上的直线杆塔正当中的一基杆塔上。

### 7.8.2　振动测量仪表及仪表的安装

1. 振动测量仪表

目前测量导线振动的仪表很多，主要有 424 型钟表式测振仪、LY-9 型电子机械式测振仪、HJN-2 型无线电遥测测振仪、超声波遥测式仪、微波遥测式仪等。这些仪器主要用于对线路振动的参数如振动角、微应变、振幅、频率、振动延续时间、振动次数和振动波形的测试。

（1）424 型钟表式测振仪如图 7-32 所示，可装在带电或不带电的线路上，用来测量导线的振幅和振动延续时间，但不能测量振动频率和波形。424 型钟表式测振仪的圆柱形铝壳内安装有质量摆块、弹簧、记录纸、划针和钟表传动机构等零件。当测振仪随导线振动时，摆块绕固定轴摆动。摆块的振幅与导线振幅成正比，固定在摆块上的金属针便在记录纸上划出与振幅变化成线性比例的轨迹。记录纸随驱动机构 24h 回转一周，到达 24h 后，驱动装量自行停止，以防重复记录。

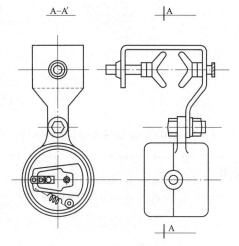

图 7-32　424 型钟表式测振仪

该仪器的优点是结构简单，使用方便，价格低。其缺点是把 0.6kg 的仪器挂在导线上，将对导线的实际振动情况产生影响；由于生产厂家提供的振幅比例系数不是一个常数（随振动频率和振动加速度的变化而变化），所以按仪表安装处的振幅换算为线夹出口处的振动角时，误差较大。此外需 24h 换一次记录纸，比较麻烦。该仪表的主要技术特性是：①固有谐振频率约为 50Hz；②单振幅 0~4mm；③振幅读数的换算可用下式表示

$$A = \frac{K(A_0 - a)}{2} \tag{7-52}$$

式中：$A$ 为导线振动的实际振幅，mm；$K$ 为振幅比例系数（由制造厂提供平均值）；$A_0$ 为记录纸的振幅读数，mm；$a$ 为划针笔的宽度，mm。

（2）LY-9 型电子机械式测振仪见图 7-33，整个仪表用一圆筒形铝材屏蔽罩壳罩住。仪器结构密封好，能够防水防磁。仪表的一端为电池、电动机及电子控制回路，另一端为记录机构。导线的振动情况通过传振杆，以机械方式放大 5 倍后，用划针将波形直接记录在 16mm 电影胶片（胶卷盘最大容量为 10m）上，每隔 15min 自动记录一次。记录时电子控制回路开动电动机使胶片移动（划针平时不接触胶片），胶片移动时间为 0.2s 后，电磁铁动作使划针接触胶片，每次记录 0.1s 后；随即划针脱开、胶片同时停止移动。记录仪的记录纸更换周期长，能够连续测量。利用这种仪器测振时，仪器不直接挂在导线上，而用专用支架将测振仪安装在悬垂线夹上，使传振杆接触导线的测振点距线夹出口 80~90mm 处）。由于该距离比导线振动的最小波腹还要短，故可看作弯曲振幅与导线的应变成正比而与频率、导线张力及邻档振动等无关。但这种仪器的传动机构弹簧和划针容易出毛病，修理困难。

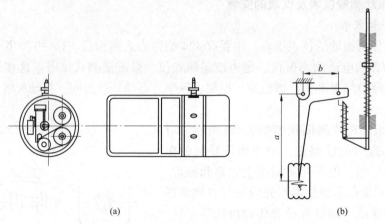

图 7-33　LY-9 型电子机械式测振仪

LY-9 型电子机械式测振仪的性能：①电源电压为直流 7.5V；长期工作电流小于 2mA，记录时电流小于 300mA。记录方式为间断记录，每次记录 0.1s，误差≤+6%；②频率响应为 0~100Hz，记录误差≤+10%，振动范围为 0~1.3mm（峰-峰值）；③划针臂放大倍数为 5 倍，误差≤+5%；④最小适用导线和避雷线的单位长度质量不小于 0.134kg/m，最大适用导线规格不限；⑤环境湿度应不大于 95%±3%。环境温度为（-35℃~50℃）±5℃；⑥外形尺寸为 φ140×190mm，仪表本身质量（包括电池）小于 4kg，夹具质量小于 3kg。

（3）HJN-2 型无线电遥测测振仪，该装置采用无线电遥测方式，无论线路带电与否均可遥测振幅、频率、加速度和振动波形。放置在地面上的接收机，能够同时记录到全部测量数据。有效遥测距离在平原可达 5km，发射系统采用银锌蓄电池供电，可连续半个月自动测量。该测振仪的整套遥测系统是由测振头、发射机和接受器三个部分组成，其中测振头直接固定在导线的测振点上，发射机固定在悬垂线夹上，两者之间用双层屏蔽线连接，手提式接收机放在地面。当测振头随着导线振动时，传感器把振动加速度变换为对应的电压，输进测量回路，经调频放大后由发射天线发出遥测信号。发出的集中信号由继电器控制，每隔15min 接通 15s，实现定时取样。接收机接到信号后，经过鉴频、运算、放大、最后由发射天线发出遥测信号。该仪器的主要技术性能可在使用时参看产品说明书。

2. 仪表的安装及技术要求

确定测量地点、选择好测量仪表，即可进行仪表的安装。仪表的安装应注意以下方面：

（1）安装仪表之前应检查各部件的主要功能是否完好。

（2）424 型钟表式测振仪，应安装在靠近线夹（即接近于防振锤安装处）的第一个最大振幅处。CJ-7P 电子机械式测振仪和 HJN-2 型无线电遥测测振仪都应悬挂在悬垂线夹上，测头装在距线夹出口第一个 U 形卡子中心的 89mm 处。如该处有护线条等，可将测振仪的测头外移，但所得结果应按比例关系折算到 89mm 时的数值。

（3）需对同一测点进行多次测量，而且每次测量不少于 20 天。此外还应测量该处的风速、风向、气温及线路的导线型号、档距、弧垂和杆高。有条件时，最好在同一处采用两种以上的测振仪测量，以便互相比较。

导线测振是一项具有科研意义的工作，参加测量的人员应有一定的专业水平。测振一般都是在线路带电情况下用等电位方式进行装卸和更换记录纸的，因此操作时一定要注意安全，测量所得记录应及时整理并妥善保存。

## 7.9　导线连接器的测试

### 7.9.1　导线连接器的故障原因

导线连接器即导线接头，包括档距中导线的连接接头，跳线连接接头和线路分歧点连接接头等。导线连接器和导线一样，在线路正常运行时流过负荷电流，在发生短路时流过短路电流。如果连接器连接不好，接触电阻就要增大，在电流的长期作用下，有可能被烧坏，甚至造成断线事故。特别是不同金属的连接器，还会发生电腐蚀，加速损坏过程。导线连接器是线路中最薄弱的地方，很容易发生故障。导线连接器故障的主要原因有：

（1）施工时未将带油导线的防腐油彻底清除掉，压接时连接不紧密而使导线接头拉断、强度降低。

（2）连接导线接头所用的连接管内壁表面氧化，接触电阻增大，引起导线接头处温度升高。

（3）跳线连接接头的引流板或并沟线夹表面接触不良或被氧化腐蚀，使电阻增大而引起发热，严重时能够把连接器烧红，导线个别线股烧断，甚至烧坏该连接器，造成断线事故。

因此，必须对运行中的导线连接器的电阻和温度进行检查和测试，以保证线路的安全运行。根据规定，铜导线连接器每五年至少检验一次；铝线及钢芯铝绞线连接器每两年至少检验一次。

### 7.9.2　导线连接器电阻的测量

1. 带电测量连接器的电阻

（1）电压降法。用特制的检验杆检测连接器的电阻。检验杆由几根电木管组成，其中杆上端的一根横电木管的两端有接触钩（用钢制作），另外还有一只带整流器的直流毫伏表（见图 7-34）。为了便于在各种不同大小的工作电流下进行测量、在仪器中还接有切换开关 HK 和附加电阻 $R_1$、$R_2$ 检测时将接触钩压在运行中的导线上，此时毫伏表指针指示出两钩之间导线上的电压降 $U_c$。如果把接触钩压在连接器的两端，毫伏表上的指示值就是连接器两端的电压降 $U_1$。

$$U_1 = IR_1 \tag{7-53}$$

$$U_c = IR_c \tag{7-54}$$

$$\frac{R_c}{R_1} = \frac{U_c/I}{U_1/I} = \frac{U_c}{U_1} \tag{7-55}$$

式中：$R_c$ 为两钩之间导线的电阻；$R_1$ 为两钩之间连接器的电阻；$I$ 为通过的负荷电流。

由式（7-55）可以看出，如果测出连接器和同样长导线的电压降，就可以求得连接器和导线电阻的比值。根据 DL/T 741—2016《架空送电线路运行规程》的规定，$U_c$ 与 $U_1$ 的比值大于 2.0 时，接头为不合格，应立即更换。

用检验杆带电测量连接器电阻时，导线中必须有负荷电流通过。为了使毫伏表有较大的指示，应在线路负荷较大时进行测量。

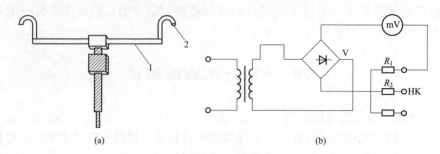

图 7-34　带电测量用检测杆及仪器接线图
（a）检验杆；（b）带电测量用的仪器接线图
1—电木管；2—接触钩

图 7-35 为带电测量耐张压接管示意图，适用于水平排列的连接器。如果是三角形排列，只可测量下面一相或两相导线上的连接器。

为了避免误差，在测量导线的电压降时，应在距离连接器 1m 以外的地方进行。这是因为连接器的接触劣化时，电流在连接器的附近是集中在外层导线上，所以越靠近连接器，电压降就越大。而在 1m 以外的地方，电流在导线中的分布已均匀，可测出准确的结果。

测量档距内导线连接器的方法，如图 7-36 所示。可把开口滑车卡在导线上，用绝缘绳把试验器拽起贴在导线上，用望远镜查看毫伏表。

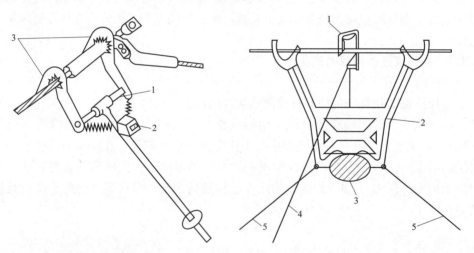

图 7-35　带电测量耐张压接管示意图
1—电木管；2—钢制接触钩；
3—带整流器的直流毫伏表

图 7-36　带电测量直线压管示意图
1—开口滑车；2—引线；3—毫伏表；
4—牵引绳；5—控制绳

（2）注意事项。检验杆的接触钩用钢制成，可与铝线和钢芯铝绞线有良好的接触。测量时如果表针不动，只需将检验杆来回摇动数次，就可以把铝线上的氧化层擦掉，得到良好的接触。由于铜导线上的氧化层很难刮掉，不能保证良好接触，因此铜导线连接器不宜用检验杆带电测量，一般在停电后进行。

带电测量时，应该遵守带电作业有关规程，在雷电、降雪、下雾和潮湿的天气，以及风速超过 5m/s 时，均不能进行。

由于导线表面有一层氧化层，挂钩与导线表面接触电阻较大，会影响测量接头电阻的准确度；测量跳线引流板电阻时、难以控制金属钩与杆塔的空气间隙；导线距地面较高，金属挂钩难以挂在导线上，而且读数也较困难；当导线非水平排列时，测量上导线比较困难，测量工作劳动强度大，效率低。鉴于上述缺点，虽然运用这种方法已有几十年的历史，有不少的使用经验，随着新技术、新设备的出现，目前已不多用。

2. 停电测量连接器的电阻

线路停电后，用蓄电池或变电站的直流电源供给主流电流进行测量，测量原理同带电测量相同。

测量工具为一根试杆，如图 7-37 所示，杆上装有接触钩 3。接触钩挂在导线上，接触钩之间的距离约为 4m。使用时调节可变电阻器，使回路中的电流大约为 6~12A，再将连好的毫伏表的接触钩用试杆先后挂到连接器和离开连接器 1m 处的导线上，从毫伏表分别读出电压降 $U_1$ 和 $U_c$ 的值，并计算出电阻比。

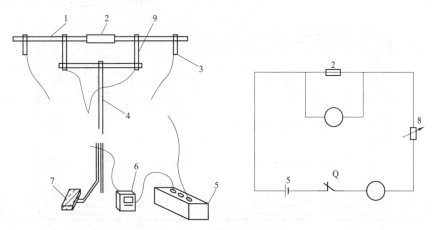

图 7-37　停电测量连接器示意图

1—导线；2—连接器；3、9—接触钩；4—试杆；5—蓄电池；

6—电流表；7—毫伏表；8—可调电阻器

若测量跨过山谷等特殊情况下，导线上的连接器连接有困难时，可把导线落地测量。

### 7.9.3　导线连接器的温度检测、其他测量方法

1. 导线连接器的温度检测

（1）用红外线测温仪检测连接器温度。红外线测温仪是根据红外线的物理原理制造的。任何物体，不论它是否发光，只要温度高于绝对零度（-273℃）都会一刻不停地辐射红外线。温度高的物体，辐射红外线较强；反之，辐射的红外线较弱。因此，只要测定某物体辐射的红外线的多少，就能测定该物体的温度。

红外线测温仪是一种远距离和非接触带电设备的测温装置，如图 7-38 所示。它由两部分组成：一是光学接收部分，用于接收连接器发射出来的红外能量，并反射到感温元件上；二是电子放大部分，即将感温元件上由热能转换为电能后的电流放大，并由仪表指示出来。目前用于输变电工程上的 HW-2 型和 HW-4 型两种，二者内部结构基本相同。但前者是小型手提式，测温距离在 1~5m 以内，而后者为中型手提式的，测温距离在 50m 左右。

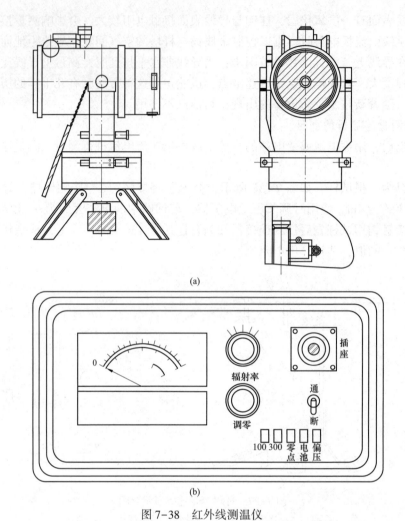

图 7-38　红外线测温仪

（a）红外线测温仪的侧视图、正视图及半剖视图；（b）红外线测温仪机盒

图 7-39 为 HW-2 型红外测温仪电路原理图。

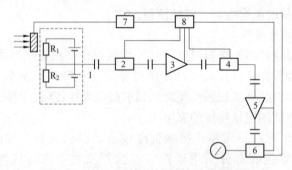

图 7-39　HW-2 型红外测温仪电路原理图

1—输入桥；2—前置级；3—选频级；4—移相级；5—输出级；6—相敏整流；7—调制级；8—电源

（2）用红外热像仪测量。红外热像仪与红外线测温仪的基本原理相同。它是一种利用现

代红外线技术、光电技术、计算机技术对温度场进行探测的仪器。红外热像仪的镜头视野范围大，可以对范围内的许多被测目标同时测量。并可将被测目标的热像呈现在屏幕上。目标温度不同，在屏幕上的颜色也不同，屏幕边沿有以颜色显示的标尺（即用不同颜色标明不同的温度），将被测目标在屏幕上呈现的颜色和标尺上的颜色相对照，则可知被测目标的温度范围。较高级的红外热像仪，不但可通过颜色了解被测目标的温度，同时还备有数字处理功能，可精确地读出屏幕上被测目标的实际表面温度，还可以将现场中的热像录制在磁带上。

测量导线接头温升，在线路负荷最大，阴天或日出前、日落后进行，效果较好。

2. 其他测量方法

（1）触蜡测试。蜡一般在 60℃～70℃时即开始融化，70℃～75℃时一触即化，90℃时立即气化。因此用触蜡方法检测连接器是否过热简便易行的方法，但测试的温度不够准确，可以说只有在不得已的情况下才使用它，另外用触蜡法测试连接器的温度时地面需有人监护，触蜡测试有两种方式：

1）在容易发热的部件表面贴试温蜡片。巡视中如发现试温蜡片熔化，说明该处元件的温度已超过试温蜡片的熔点温度。试温蜡片的成分配比及熔点见表 7-20。

表 7-20　　　　　　　　　　　　　试温蜡片的成分配比及熔点

| 原料名称 | 成分配比（按质量） | | | | |
|---|---|---|---|---|---|
| 烛蜡 | 9 | 6.5 | 5 | 2 | 1 |
| 黄蜡 | 1 | 3.5 | 5 | 8 | 9 |
| 油酸 | — | 5 | 5 | 5 | |
| 熔点（℃） | 80 | 72 | 67 | 60 | 57 |

2）按表 7-20 中原料和配比制成蜡笔，固定在绝缘杆上，采用间接带电作业方法，使蜡笔接触被测元件也可测量其温度是否超过规定值。这种方法一般用来检测耐张压接管、跳线联板、并钩线夹和其他接头。当需要检测档距中的连接器时，应先用射绳枪把绝缘绳打到导线上，或登杆将带有绝缘绳的翻斗滑车挂在被试连接器的导线上，将翻斗滑车拽到连接器，然后把蜡笔绑在绝缘上，由地面上的人牵引绝缘，使蜡笔触到被测连接器上。

（2）点温计法。在线路运行中，可采用常电作业法用点温计直接测量被测元件的温度。

如果被测元件需要较长时间连续观察其温度时，可将普通棒型温度计用铝色带或胶布绑在被测量元件上，用望远镜随时观察其温度。

## 7.10　绝 缘 子 的 测 试

### 7.10.1　绝缘子劣化的原因及测试目的

瓷绝缘子是由瓷、金具和水泥等多种材料组合而成，其劣化受多方面因素的影响，既与制造厂家选用的材料配方、工艺流程有关，也与运行环境以及运行中承受的电负荷甚至外力的作用有关。若瓷件在制作过程中，配方不当、工艺流程中原料混合不均匀、焙烧火力不足，则瓷件易形成吸湿性气孔。结构不合理或成型时失误，受力不均等，也会使瓷件内部存在内应力，导致瓷件产生裂纹、缝隙，使其劣化。制作绝缘子时一般用水泥作为胶合剂，水泥本身吸收水分和$CO_2$后，体积会变大，也会反复冻结和融解、促使瓷件劣化。水泥干燥、凝结，不但会形成吸湿性气孔，而且会产生很多的裂缝。

　　瓷、水泥、金具紧密粘接在一起、组成绝缘子，三种材料的线性膨胀系数和导热系数则不同。当环境温度发生骤变时，瓷绝缘子将面临着很大的考验。例如夏季烈日时，突降暴雨，绝缘子的各部分来不及同时胀缩，其局部位置（如头部）将承受很大的机械应力，甚至瓷件开裂。

　　此时，如果瓷件的体积较大，结构较复杂，则开裂的可能性和严重性越大。运行经验表明，质量不好的绝缘子，在夏季，特别是烈日暴晒后又降大雨的天气下，绝缘子的劣化率往往比冬季高数倍。同样，直接受日照，且受到淋雨的多层针式绝缘子的上层瓷裙和头部及绝缘子的胶装部位都是劣化率较高的部位。

　　运行中的绝缘子，因长期承受运行电压的作用和短时过电压的作用，在潮湿污秽的地区，常常出现电晕甚至引起局部电弧，造成瓷件局部发热、龟裂以至击穿等故障。

　　另外，绝缘子在运行中承受长期机械负荷的作用，同一吨位的绝缘子承受机械负荷越大，劣化率越高，耐张串绝缘子的劣化率明显高于直线串就是例证。用于 V 型串的绝缘子，也由于受到机械振动较大，劣化率也往往高于直线串。此外，绝缘子在运输、施工过程中，如果没有妥善的措施，受到的外力冲击较大，也会造成劣化率的增加。因此，为避免劣化绝缘子在电网中继续运行而导致恶性事故，架空线路在运行中要定期进行绝缘子测试，发现绝缘严重降低或完全失去绝缘性能的绝缘子（又称零值绝缘子或低值绝缘子）要及时更换，以确保线路有足够的绝缘水平。

### 7.10.2　绝缘子串上的电压分布

　　悬式绝缘子主要由铁帽、铁脚和瓷件三部分组成，理论上，可将这三部分看成一个电容器，铁帽和铁脚分别为其两极，瓷件可视为介质。绝缘子串的电压分布不但取决于绝缘子本身的导纳，而且还取决于它们对带电导线及对地间的杂散电容。图 7-40（a）是考虑杂散电容的绝缘子串的等值电路。$C_0$ 为绝缘子本身电容，其值约为 $40 \sim 55 \mathrm{pF}$；$C_1$ 为绝缘子与地之间的部分电容，其值约为 $4 \sim 5 \mathrm{pF}$；$C_2$ 为绝缘子与导线之间的部分电容，其值约为 $0.5 \sim 1 \mathrm{pF}$。当 $C_1$、$C_2$ 对 $C_0$ 的相对值增大，或绝缘子串中元件个数增加时，杂散电容对电压分布的影响就会增大。

　　在 50Hz 工频电压的作用下，干燥绝缘子的绝缘电阻 R 比其容抗约大一个数量级，故干燥状态下绝缘电阻对其电压分布的影响可略去不计。

　　若从横担侧开始排序，则第（$m+1$）号绝缘子上的分布电压为

$$\Delta U_{m+1} = \frac{(U_m - U_{m-1})\,\omega C_0 + U_m \omega C_1 - (U_0 - U_m)\,\omega C_2}{\omega C_0} \tag{7-56}$$

式中：$U_m$、$U_{m-1}$ 为第 $m$ 号、$m-1$ 号绝缘子靠近导线端的对地电位；$\omega$ 为交变电流的圆周率；$U_m$ 为导线对地电位。

　　第（$m+1$）号绝缘子靠近导线端的对地电位为

$$U_{m+1} = \Delta U_{m+1} + U_m \tag{7-57}$$

　　令

$$C_1/C_0 = K_1 ;\ C_2/C_0 = K_2 ;\ K = 1 + K_1 + K_2$$

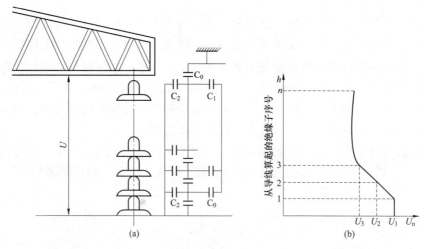

图 7-40　悬式绝缘子串示意图

（a）等值电路；（b）电压分布

则式（7-56）和式（7-57）可分别改写为

$$\Delta U_{m+1} = KU_m - K_2U_0 - U_{m-1} \tag{7-58}$$

$$\Delta U_{m+1} = (K + 1)U_m - K_2U_0 - U_{m-1} \tag{7-59}$$

若已知 $C_0$、$C_1$ 和 $C_2$ 的值，由式（7-58）、式（7-59）可算出电压分布。

当串联绝缘子的片数为 $n$ 时，串联总电容为 $C_0/n$。如果 $C_0/n \gg C_1$ 和 $C_2$，则绝缘子串电压只由 $C_0$ 决定，电压分布是均匀的。事实上只要 $n \geqslant 2$，$C_1$、$C_2$ 的影响就不可忽略，就存在着电压分布不均匀的问题。例如，当 $n = 3$，$C_0 = 50\text{pF}$，$C_1 = 5\text{pF}$，$C_2 = 0.5\text{pF}$ 时，则由式（7-29）可算得 $\Delta U_1$、$\Delta U_2$ 和 $\Delta U_3$ 分别为 $30\%U_0$、$32\%U_0$ 和 $38\%U_0$。可见 $C_1$、$C_2$ 的存在已显著影响绝缘子串的电压分布。

如果只考虑 $C_1$，则由于 $C_1$ 的分流将使靠近导线的绝缘子流过的电流最大，故其承受的电压也最高，而使靠近横担的绝缘子承受的电压最低。如果只考虑 $C_2$ 的影响，则情况正好与 $C_1$ 相反。在 $C_1 > C_2$ 的情况中，靠近导线的绝缘子承受的电压最高，随着绝缘子离开导线的距离增加，其承受的电压逐渐减小；但当接近于横担时，由于 $C_2$ 的影响。绝缘子上的电压又会略有升高。图 7-40（b）图中曲线表示 110kV 线路中各绝缘子的电压降 $\Delta U$，横坐标序号由横担起算。现场实测表明，线路的电压等级越高、绝缘子片数越多时，其电压分布越不均匀。若以 $\Delta U_{max}$ 表示绝缘子串中分布电压的最高值（通常总是出现在靠近导线的那一片上），以 $\Delta U_{min}$ 表示绝缘子串中分布电压的最低值（曲线在第 3 片上），令 $a = U_{max}/U_{min}$，定义为电压分布不均匀系数，则随电压等级的升高而增加。

### 7.10.3　劣质绝缘子的检测

若某一绝缘子串上有损坏的绝缘子，则损坏绝缘子上无电压降或压降小于规定值，原应由其承受的电压将分配在其他良好绝缘子上，造成良好绝缘子上的分布电压增高。

判定零值（低值）绝缘子的标准是其分布电压低于 2.5kV 或绝缘电阻小于 30MΩ。

检测劣化绝缘子的方法主要有测分布电压，测绝缘子的绝缘电阻，测绝缘子的表面温度等。

1. 绝缘子串分布电压测量法

劣质绝缘子的特征是绝缘降低，分布电压低，甚至为零。利用这一特征测量绝缘子串上的电压分布，可判别运行中的绝缘子是否保持良好状态。将绝缘子的实测电压值与良好绝缘子串的标准分布电压相比较，可以检测出劣质绝缘子。当某一元件空气间隙承受的电压低于标准分布电压值的 1/2 时，可以认为该元件已经损坏。该方法需带电测量，35~220kV 输电线路上常用的工具有短路叉、电阻分压杆、电容分压杆和火花间隙操作杆等，均属接触式测量。该方法同测量绝缘电阻一样，需在良好的天气下进行。

火花间隙法测杆有两种类型：固定测杆（又称短路叉）（见图 7-41）和可调间隙测杆（见图 7-42）。二者结构相似，均由绝缘杆及金属叉组成，所不同的是间隙的可调与不可调。

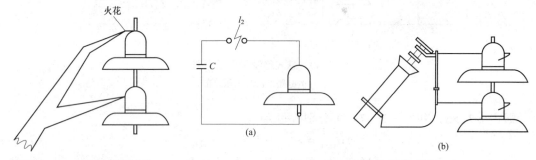

图 7-41　火花间隙试验　　　　　　　图 7-42　可调放电间隙试验

固定火花间隙检测杆是检测劣化绝缘子最简单的工具，其为一个长 3~5m 的绝缘杆，末端有一个金属叉头。当测试绝缘子串上的每一个绝缘子时，叉的一端与被试绝缘子的铁帽相接触，而另一端逐渐靠近被测绝缘子的铁脚。在叉与绝缘子两端相碰之前，所形成的间隙上作用的电压就是被测绝缘子的分布电压。若该绝缘子完好，则在间隙比较大的时候，就开始产生火花放电；如果绝缘子有缺陷，分布电压降低，则只有在金属叉靠近绝缘子时，才会产生火花放电；若金属叉和铁脚相碰也不产生火花放电，则表明此绝缘子已被击穿，为零值绝缘子。因此可以根据火花声音的大小，判断绝缘子的好坏。由于是通过火花放电检出零值绝缘子，其金属叉头又是固定的，故称为固定式火花间隙测杆。这种检测方法简单，使用工具轻便，操作灵活。

当某一绝缘子串中的零值绝缘子片数达到表 7-21 中的数值时，应立即停止检测；针式绝缘子及少于 3 片的悬式绝缘子串不准使用这一方法。

表 7-21　　　　　　　　　　　运行中零值绝缘子的允许片数

| 电压等级（kV） | 35 | 63（66） | 110 | 220 | 330 | 500 |
|---|---|---|---|---|---|---|
| 串中绝缘子数（片） | 3 | 5 | 7 | 13 | 19 | 28 |
| 零值数（片） | 1 | 2 | 3 | 5 | 5 | 6 |

可调式火花间隙测杆（见图 7-43），其工具简单。调整一对小球间隙达到某一固定距离，使间隙放电电压等于被测量绝缘子最低分布电压的一半。检测时根据间隙是否发生放电来判断绝缘子是否损坏。这种检测方法操作简便，效率高，工具制造容易，便于携带。但它只能检出零值绝缘子，不易检出低值绝缘子。当操作人员经验丰富，并能根据绝缘子在串中

的位置调节间隙时，可以测得一部分低值绝缘子。由于绝缘子串的电压分布基本上是靠近导线侧电压高，当中的绝缘子电压低，而靠近横担侧电压稍高。因此，在测量长串中间的绝缘子时，需将可调间隙缩小，若测量绝缘子串两端绝缘子时，需将可调间隙放大。

当被检测绝缘子串零值绝缘子超过被测绝缘子总数 70% 时，应当更换全部绝缘子。

2. 自爬式零值绝缘子检测仪

自爬式零值绝缘子检测仪（见图 7-44）专用于 330~500kV 线路绝缘子的检测。它将绝缘子的分布电压转变为光声信号，当测到某片绝缘子时检测器发出声和光，则说明该片绝缘子完好，若无声无光，则说明该片绝缘子为零值绝缘子。该检测试的使用方法如下：

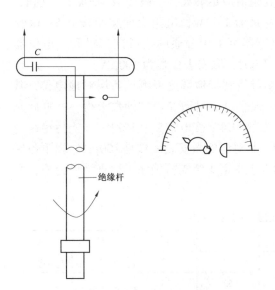

图 7-43　可调式火花间隙测杆

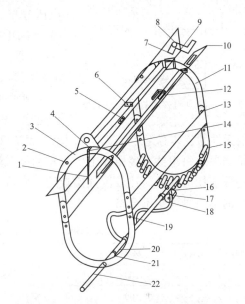

图 7-44　自爬式零值绝缘子检测仪的构造

1—绝缘绳；2—回转轴；3—滑板控制板；4—滑板控制销；
5—球头手柄；6—指示灯；7—垫块；8—触爪；9—喇叭；
10—滑板；11—框架；12—垫块；13—螺栓；14—双头弹簧销；
15—电池；16—电动机；17—螺旋轮；18—齿轮；
19—预留孔；20—主轴；21—调距螺母；22—电源开关

（1）首先握紧两球头手柄，使双头弹簧销脱离框架销紧孔，检测器即可打开，将其套在耐张绝缘子串上，然后松开球头手柄，双头弹簧销自动将框架关闭。

（2）拉开滑板控制销，使左右滑板控制杆固定孔对正，松开滑板控制销，将其固定，此时滑板呈工作状态，两触爪分别搭在第一、二片绝缘子的钢帽上。

（3）启动电源开关，检测器便开始工作。此时操作者要集中精力密切注意光声信号。在逐个检测绝缘子中，若光、声信号消失则认为该片绝缘子为零值绝缘子，并作记录。当前部触爪进行到最后一个绝缘子的连接金具上时，立即拉动绝缘绳，使滑板控制销脱开，在控制销的作用下，两滑板自动向中心翻转呈水平状态。此时电源被切断，并使螺旋轮与绝缘子串脱离。

利用电动螺旋装置实现自爬功能，可大大减轻操作人员的劳动强度；其检测速度也较快，检测一串 28 片的耐张绝缘子串仅需 90s，是超高压线路上颇为适用的检测工具。

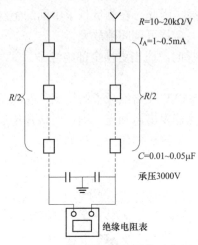

图 7-45　高电阻式测杆结构示意图

### 3. 高电阻绝缘测量法

良好绝缘子的绝缘电阻一般在数千兆欧以上，劣质绝缘子的绝缘电阻降低，甚至为零。用高电阻杆配合微安表直接测量绝缘子的对地电压时，可停电，也可带电测量，属接触式。测量时，空气相对湿度不能太大，否则易误判。另外，输电线路的大量检测不易进行。

图 7-45是用于测量 35~110kV 变电站的多元件支柱绝缘子某点对地电位的电阻杆的结构示意图。为了不影响原电压分布，其阻值应足够大，一般按 10~20kΩ/V 选取，每个电阻的容量为 1~2W，电阻表面爬距按 0.5~1kV/cm 考虑；整流器可采用普通的锗或硅二极管；电位器的阻值为 2~15kΩ，微安表量程为 100μA。

测量时从母线到接地端逐级测试各层对地电位，其值是递减的，大小可通过微安表的读数求得，并据此判断某层元件的瓷体有无开裂或击穿现象。表 7-22 为某 110kV 变电站 2 组 3×ZB-35 支持绝缘子的测量结果。每组共有瓷裙 6 个，首先测母线端、其对应的微安表读数是 100μA，以下各层测得的数值相应递减。比较读数递减的速率可知，表中第 1 组支持绝缘子检查结果合格，而第 2 组的第 3 号瓷裙不合格。

表 7-22　　　　　　　　　　　　　　某 110kV 变电站支持绝缘子的测试数据

| 电裙组号（μA） | 母线 | 1 | 2 | 3 | 4 | 5 | 地 |
|---|---|---|---|---|---|---|---|
| 1 | 100 | 77 | 58 | 37 | 23 | 11 | 0 |
| 2 | 100 | 73 | 52 | 52 | 33 | 15 | 0 |

测量时，应注意探针必须可靠地与瓷裙胶面接触，以免测试值不准造成误判断。如果要得到各层对地电位的数值，应事先将电阻杆电压—电流关系曲线校准好，也可将微安表表盘直接刻成电压值。

当用电阻杆测量悬式绝缘子串各个绝缘子的电压时，电阻杆两端要跨接到被测绝缘子的上、下金具上，此时电阻杆两端均处于高电位。因为微安表处于电阻杆的中部位置，所以它的对地电位是 $(U_1+U_2)/2$。

用高电阻杆测量绝缘子的对地电压如图 7-46 所示。检查绝缘子的顺序是从靠近横担绝缘子开始，直至把这一串绝缘子测完为止。测量时必须作好记录，在测量过程中，需要特别注意一些电压分布较低和火花间隙小（1~2mm）的绝缘子。

### 4. 超声波劣质绝缘子检测仪

超声波劣质绝缘子检测仪主要由高压探头、接收传感器和接收器及数字式电压显示仪、绝缘操作杆等几部分组成，如图 7-47 所示。高压探头接触被测绝缘子，高压传感器进行信号采样；经超声波换流器将交流信号转换为超声信号，经绝缘操作杆传至接收传感器，将超声信号还原为电信号送给接收器，接收器内的识别电路、计算电路将交流信号数字化，由数字电压表显示出被测绝缘子的分布电压。

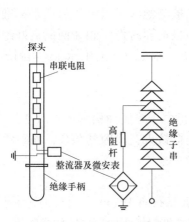 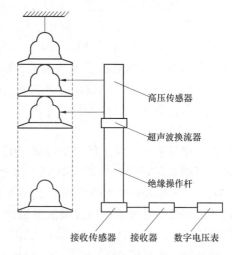

　图 7-46　用高阻杆测量绝缘子的对地电压示意图　　图 7-47　超声波劣质绝缘子检测仪原理

由于该装置的抗干扰能力较强，且输入电容量较小（实测为 $1\sim2pF$），因此可在 500kV 线路上进行测量，并能保证测量的精确度。

　5. 红外热像仪检测劣化绝缘子

红外热像仪检测劣化绝缘子是根据绝缘子串的分布电压在各片绝缘子上反映出来的热分布，进行成像处理来检测绝缘子的，该方法采用非接触式检测，可在距绝缘子相当远的地面上进行，也可航空检测，并探头不受高压电磁场的干扰。近年来，我国华北电力科学研究院及华东、河南等地已经开展了这方面的工作，取得了可喜的成绩。红外热像随着红外热像技术的进步，空间分辨率和温度分辨率高，质量轻、体积小的便携式热像仪的使用，为绝缘子检测的准确、方便及安全提供了必备的条件。

### 7.10.4　绝缘子测试注意事项

　1. 测量时的安全要求

（1）在一串绝缘子中，若发现不良绝缘子接近半数，则应停止测量，不能继续向电压分布高的绝缘子测试，以免造成事故。

（2）在雨、雾、潮湿天气或大风时，禁止进行绝缘子电压分布的测定。

（3）操作人员在操作时，应对带电部分保持足够的安全距离。

（4）当用约 300MΩ 的高电阻经过一个桥式整流电路与一端接地的微安表串联进行测量时，必须手执测杆接地端，并用高电阻杆从高压端开始逐个去碰绝缘子的金属帽。

（5）使用高电阻测杆时，应严格检查串联电阻的完好状况，以防止因沿面放电或击穿而造成电网接地故障，甚至危及测量人员安全。

　2. 绝缘子电压分布的检测周期规定

按我国 GB/T 4585—2004 交流系统用高压绝缘子的人工污秽试验规定，悬式绝缘子串的检测周期为 $1\sim3$ 年。可根据情况和条件，如所用绝缘子的质量、线路的重要性、是否双回路和劳动力等，来确定具体的检测周期。

　3. 判断绝缘子是否劣化的方法

当绝缘子串中或支柱绝缘子具有劣化件时，沿绝缘子串（柱）各元件的电压分布与正常分布不同。根据试验，劣化绝缘子分布的电压大多在正常值的 50% 以下。此外劣化绝缘子还有一个显著的特点，即其电压降明显低于两侧良好绝缘子的电压降。因此，当用分布电压法来判定零（低）值绝缘子就应有两个标准：①当被测绝缘子上电压值低于标准规定值的 50% 时；②分布电压虽然高于标准值的 50%，但明显地同时低于相邻两侧良好绝缘子自身电压值时，均可判定为零值或低值绝缘子。由此可见，根据分布电压标准及实测的电压分布曲线，即可以直观判断绝缘子是否劣化。

4. 检测零值绝缘子

在使用短路叉检测线路上的零值绝缘子时，要防止由于检测而引起的相对地闪络事故。当使用带有可调火花间隙的检零工具时，作业前还应校核火花间隙的距离，间隙距离为 1、2、3mm 时，放电电压的参考值分别为 2、3、4kV。

### 7.10.5 等值附盐密度的定义及测量目的

等值附盐密度［简称盐密（ESDD），Equivalent Salt Deposit Density］是衡量绝缘子表面污秽物导电性能的一个重要指标，它是用一定量的蒸馏水清洗绝缘于瓷表面的污秽物质，然后测量该清洗液的电导，并以在相同水量产生相同电导值的氯化钠作为该绝缘子的等值盐量 $W$，将 $W$ 除以被清洗绝缘子的瓷表面积 $A$，其结果即为等值盐密 $W_0$。等值盐密可用下式表示

$$W_0 = \frac{W}{A} \tag{7-60}$$

式中：$W_0$ 为等值盐密，$mg/cm^2$；$W$ 为绝缘子等值盐量，$mg$；$A$ 为绝缘子的瓷表面积，$cm^2$。

各种绝缘子的瓷表面积，可参考表 7-23 选用。

表 7-23 各种悬式绝缘子的表面积（$cm^2$）

| 绝缘子形式 | 表面积 | 绝缘子形式 | 表面积 |
| --- | --- | --- | --- |
| X-4.5 | 1450 | XP-21 | 1858 |
| XP-6 | 1290 | XP3-16（大爬距） | 2075 |
| XP-10 | 1450 | XWP-16 | 2265 |
| XP-16 | 1548 | | |

测量绝缘子等值盐密的目的是掌握绝缘子的污秽程度，划分线路的污秽范围和等级，以便采取相应的措施提高绝缘子的耐污特性；决定是否对绝缘子进行清扫和确定清扫周期，同时也为今后设计线路提供可靠资料。

### 7.10.6 等值附盐密度的测量方法

1. 等值盐量测量

等值附盐密度的测量应在实际使用的绝缘子上进行。为了比较不同地区的污秽程度，一般都采用标准盘形绝缘子（254mm×146mm）的悬垂串，并规定测量用水量为 300mL。

（1）测试点的选择要求。根据污源调查的结果，结合线路路径的情况和测试点的选择要求，以线路单元确定测试点。确定的测点要有一定的代表性和准确性，测试周期一般按年度进行，每年雨季来临之前要完成测试。选择测试点应满足下列要求：

1）在污源点附近每一条线路应选择 2~3 个测试点。一般选择直线杆型，特别是发生过污闪故障的杆型。

2）在污源范围内每条线路至少选择两个测试点。

3）交叉污源附近应以污源性能选择适当数量的测试点。

4）在污秽最严重的地段内，应选具有代表性的杆型作为测量试点。

5）一般地区应每 5km 左右选一直线悬垂绝缘子的杆型作为一个测试点。

（2）等值盐量的测试方法。测试所用的器具有 YLB-2 型直读式盐量表，操作程序如下：

1）先将 300mL 蒸馏水倒入洗污盘，再将污秽的绝缘子放在洗污盘内，用毛刷清洗绝缘子的全部瓷表面，包括钢脚周围及不易清扫的最里一圈表面。

2）将洗污盘中的污水搅和均匀后装满 100mL 的量管，并把盐量表上的测量棒与量管的两端进行牢靠连接。

3）启动盐量表开关，表针旋转，待表针不动时，指针所指的数值即为该绝缘子的等值盐量值。

4）将所测量的盐量值记录在测试表格内，保存备查。

（3）测量要求及注意事项。

1）等值盐量的测试应取电力线路停电检修时现场拆下的绝缘子或带电更换下进行现场测量，时间最好选择在污秽严重的季节，以确保测量数据的准确性。

2）测试绝缘子串的等值盐密时，应取上、中、下绝缘子的混合液，取其平均值。

3）测试样品应以当地污秽季节所达到最大积污量为准。

4）被测试的绝缘子（也称为样品），在拆、装、运输等环节中要尽量保持绝缘子瓷表面的完整性，并注意样品在拆取前认真记录线路名称及杆号，样品绝缘子在三相中的位置，绝缘子的规格和拆取日期（含试验日期）数据等。

防污型绝缘子也可按上述方法测试，测出的盐密值乘以 2 即为普通绝缘子的等值盐密。

（4）盐密值的测量计算。

1）单片绝缘子等值盐密测量。从盐量表上读出 100mL 的盐量，查表直接得出单片绝缘子的等值盐密。但应注意表 7-24 中污秽 0 级中：①盐量读数 0～14.5 对应的盐密值为 0～0.03（弱电解质）；②盐量读数 0～29 对应的盐密值为 0～0.06（弱电解质）。

**表 7-24　　　　　　　　　　　　　　盐量与等值盐密换算表**

| 污秽等级 | 0 | I | II | III | IV |
|---|---|---|---|---|---|
| 直读式盐量表读数（mg/1000mL） | 0～14.5 | 14.5～24.2 | 24.2～48.3 | 48.3～120.8 | >120.8 |
| | 0～29 | | | | |
| 盐密值（mg/cm²） | 0～0.03 | 0.03～0.06 | 0.06～0.10 | 0.10～0.25 | >0.25 |
| | 0～0.06 | | | | |

2）三片绝缘子等值盐密测量。使用 YLB-2 型互读式等值盐量表读取的 100mL 水中的盐量 $W$ 乘以水量倍数即可求得等值盐量，计算公式为

$$W = 3W' \tag{7-61}$$

$$W_0 = \frac{W}{A} \tag{7-62}$$

式中：$W$ 为 300mL 水中的盐量，mg；$W'$ 为 100mL 水中氯化钠的含量，mg；$W_0$ 为单片或平均盐密值，$mg/cm^2$；$A$ 为一片 X-4.5 型绝缘子的瓷表面积 $1450cm^2$。

一片绝缘子用蒸馏水 300mL 的盐量，取上、中、下三片绝缘子，需用水 900mL，水量倍数 = 900÷100 = 9。以三片 X-4.5 型绝缘子混合液平均盐量为例，单片或平均 ESDD 可按下

式计算

$$W_0 = \frac{W'K}{1450B} = \frac{3W'}{3 \times 1450} = \frac{W'}{1450} \qquad (7\text{-}63)$$

式中：$K$ 为水量倍数；$B$ 为绝缘子片数。

　　在污秽季节中，用一段时间内的等值盐密来推算全年的等值盐密，可按下式考虑

年归算盐密值＝（120~200）天×实测盐密值/实际运行天数 　　　(7-64)

　　若要确定被测试绝缘子的污秽等级，可将所测得的盐量与表 7-24 中数值进行比较，即可确定出相应污秽等级。如所测等值盐量为 56.6mg/100mL，该值包括在污秽等级中Ⅲ级中规定数 48.3~120.8mg/100mL，对应的等值盐密为 0.10~0.25mg/cm²，故可确定为Ⅲ级。如所测等值盐量为 139.6mg/100mL，此时它大于表中所列值，对应的盐密>0.25mg/cm²，同样可确定为Ⅳ级。

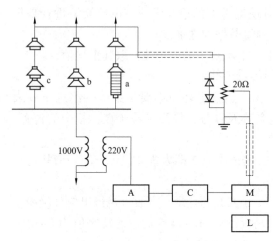

图 7-48　绝缘子试品表面电导率测量用回路框图
A—开关控制；C—序列控制；
L—数据获得；M—模拟存储器

**2. 电导法**

　　污层的电导率是反映绝缘子表面综合状态（污层的积污量和湿润程度）的一个重要参数，绝缘子表面综合状态决定了绝缘子的性能。因此可认为，测量污层电导率是确定现场污秽等级的一个适宜的办法。电导法是指用 DDS-11 型和 DDS114 型电导仪来测量出污层的电导率，经过计算来确定污秽等级的办法。

　　电导率测试方法的要求及注意事项与等值盐密的测量方法基本相同。要求样品在拆、装、运输等工艺环节中装在特制的木盒内，以便保证测试结果的准确可靠。

　　现场污层电导率测量可按图 7-48 试验测量回路框图进行。10kV（有效值）的电压仅施加两个周波。通过模拟峰值存储器检出 50Hz 泄漏电流。一般每隔 15min 重复一次测量，测量结果，记录在磁带上。

　　1）清洗绝缘子注意事项。

　　a. 清洗一片普通型（X-4.5）悬式绝缘子，用 300mL 蒸馏水（导电率不超过 10μs），盛入盆中，水量可分两次使用。用干净的毛刷将瓷件上的污秽物全部在水中清洗，将洗下的污液全部收集在干净的容器内，毛刷仍浸在污液内，以免毛刷带走污液。将污液充分搅拌，待污液充分溶解后，用电导仪测量污液的电导率，并同时测量污液的温度。

　　b. 清洗一片防污悬式绝缘子所用的蒸馏水量 $Q_A$（单位：mL），可按下式计算

$$Q_A = \frac{S_F}{X_P} \times 300 \qquad (7\text{-}65)$$

式中：$Q_A$ 为防污悬式绝缘子用蒸馏水量，mL；$S_F$ 为防污悬式绝缘子的瓷表面积，cm²；$X_P$ 为清洗普通（X-4.5）悬式绝缘子的表面积，cm²。

2）测量的时间要求。

a. 若为了划分架空线路的污秽等级，应测量全年最大积污量，一般需根据各地的气候特点来确定。

b. 若为了决定污闪季节以指导线路清扫，应按等值盐密的增长速度进行推算来决定测量等值盐密的时间。

c. 如果为了探索线路清扫周期以掌握积污规律，测试时间可按具体规定全年进行。

3）温度换算。

a. 将在温度 $t℃$ 下测得的污层电导率换算 $20℃$ 时的值，其换算式为

$$\sigma_{20} = \sigma_t K_t \tag{7-66}$$

式中：$\sigma_{20}$ 为 $20℃$ 时污层的电导率，$\mu s/cm$；$\sigma_t$ 为 $t℃$ 时污层的电导率，$\mu s/cm$；$K_t$ 为温度换算系数，见表 7-25。

表 7-25　　　　　　　　　　　　清洗液电导率温度换算系数（$K_t$）

| 温度（℃） | 换算系数 $K_t$ | 温度（℃） | 换算系数 $K_t$ | 温度（℃） | 换算系数 $K_t$ |
|---|---|---|---|---|---|
| 1 | 1.6819 | 11 | 1.2487 | 21 | 0.9776 |
| 2 | 1.6306 | 12 | 1.2167 | 22 | 0.9559 |
| 3 | 1.5810 | 13 | 1.1858 | 23 | 0.9149 |
| 4 | 1.5331 | 14 | 1.1561 | 24 | 0.8954 |
| 5 | 1.4869 | 15 | 1.1274 | 25 | 0.8768 |
| 6 | 1.4224 | 16 | 1.0997 | 26 | 0.8588 |
| 7 | 1.3997 | 17 | 1.0732 | 27 | 0.8416 |
| 8 | 1.3586 | 18 | 1.0477 | 28 | 0.8252 |
| 9 | 1.3193 | 19 | 1.0233 | 29 | 0.8095 |
| 10 | 1.2817 | 20 | 1 | | |

换算后的电导率，由图 7-49 查出与 $20℃$ 标准温度时 300mL 蒸馏水清洗液电导率相对应的含盐量 $W$，再按式（7-67）算出被测瓷件表面的等值盐密

$$W_0 = \frac{W}{A} \tag{7-67}$$

式中：$W_0$ 为被测瓷件表面的等值盐密，$mg/cm^2$；$W$ 为由图 7-49 查得 300mL 蒸馏水时全部瓷件上总含盐量，$mg$；$A$ 为被测瓷件表面积，$cm^2$。

关于被测瓷件表面积，可根据金具手册或由厂家提供的产品说明书确定，也可按实际情况自行计算得出。

若被测瓷件的蒸馏水量是由式（7-65）计算出的，在计算等值盐密时，应按下式计算总盐量

$$W_z = \frac{WQ}{300} \tag{7-68}$$

式中：$W_z$ 为被测瓷件总盐量，$mg$；$W$ 为由图 7-49 查得的总盐量，$mg$；$Q$ 为实际用蒸馏水量，$mL$。

按式（7-68）计算出总盐量值后，再按式（7-67）计算出瓷件上的盐密值。当按图 7-

49 中的关系曲线查出其等值盐量时，如果误差较大，仍以表 7-24 所列数值为准。根据等值盐量除以悬式绝缘子表面积，就得出其等值盐密值，用等值盐密值与表 7-24 所列数值对比，即可初步确定该线路的污秽等级。

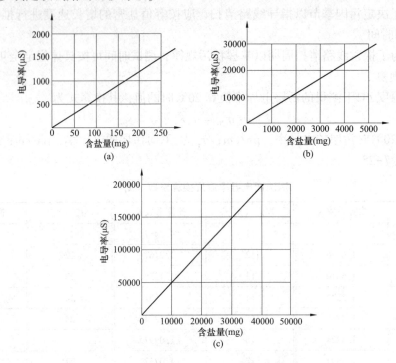

图 7-49　电导率——含盐量曲线图

（a）20℃蒸馏水电导率 112~516μS 之间污液电导率与盐量的关系曲线；

（b）20℃蒸馏水电导率 1658~15190μS 之间污液电导率与盐量的关系曲线；

（c）20℃蒸馏水电导率 21690~130000μS 之间污液电导率与盐量的关系曲线

b. 污层电导率 $K_f$（单位：μS）可按下式计算

$$K_f = \frac{I}{U}f[1 - b(t - 20)]　　　　　　　　(7-69)$$

式中：$I$ 为经湿污流过的电流有效值，mA；$U$ 为施加电压有效值，kV；$f$ 为绝缘子形状因素，计算方法见 GB/T 458—2004 交流系统用高压绝缘子的人工污秽试验；$b$ 为取决于温度 $t$ 的因素，根据表 7-26 确定；$t$ 为绝缘子湿污层表面温度，℃。

表 7-26　　　　　　　　　　　　　　　　　因素 $b$ 的值

| $t$（℃） | 5 | 10 | 20 | 30 |
|---|---|---|---|---|
| $b$ | 0.03156 | 0.02817 | 0.02277 | 0.01905 |

注　5℃~30℃范围内的其他温度 $t$ 的因数 $b$，可用内插法得出。

悬浮液的体积电导率 $\sigma_\theta$（S/m）和悬浮液温度 $\theta$（℃）的关系，可按式（7-70）计算，将 $\sigma_\theta$ 校正到20℃时值 $\sigma_{20}$ 为

$$\sigma_{20} = \sigma_\theta[1 - b(\theta - 20)]　　　　　　　　(7-70)$$

再按式（7-71）算出等值附盐密度

$$W = \frac{W_d V}{A} \tag{7-71}$$

式中：$W_d$ 为根据悬浮液电导率查得的悬浮液盐度，$mg/cm^3$，根据 GB/T 4585-2 或 IEC 60-1—1989 高压试验技术确定；$V$ 为悬浮液的体积，$cm^3$；$A$ 为清洗表面的面积，$cm^2$。

3. 最大泄漏电流法

（1）泄漏电流的特性。沿绝缘子表面流过的泄漏电流是随绝缘子的污秽程度及湿度的增大而增加的，其值可以是几毫安至几百毫安。研究表明，泄漏电流不仅能够全面反映作用电压、气候条件、绝缘子表面污染程度等综合因素的影响，而且临界闪络电流（临闪电流）$I_c$ 与闪络电压梯度 $E_c$ 有着十分确定的关系。其 $E_c$-$I_c$ 关系曲线在绝缘子表面污秽成分不同，污秽分布均匀、甚至绝缘子串长不等，都能够较好的吻合。即使绝缘子的结构形式不同，$E_c$-$I_c$ 关系也无多大差别，其表达式可用幂函数表示。即

$$E_c = A I_c^{-b} \tag{7-72}$$

式中：$E_c$ 为闪络电压梯度；$I_c$ 为临界闪络电流；$A$、$b$ 为常数。

此处 $I_c$ 是临闪前的最大泄漏电流，代表着将要闪络的临界污秽度，所对应的电压就是运行电压。如果利用泄漏电流作为监测手段，必须选取一个比临闪电流低得多的电流 $I_p$ 来代表当地必须报警的污秽度，以便及时采取措施，防止污闪。$I_p$ 应该远小于临闪电流 $I_c$，$I_p$ 同时应该是最大值，但泄漏电流是脉冲值，是一个忽大忽小的统计量。只好在规定的时间内，在测得的许多电流脉冲中，取其中的最大值来代表当时当地的污秽度。以此来作为报警电流。

（2）泄漏电流的测量方法。测量泄漏电流用的测试仪器有以下几种：

1）磁钢棒。这是结构最简单的测量仪器，它是将磁钢棒插入线圈中测量运行期间流过绝缘子的最大电流。磁钢棒磁化后，取下来用磁针偏转仪测量其磁化程度，然后查有关曲线确定渡过磁钢棒的电流值。所以测试结果不直观。

2）纸带记录仪。这种仪器理论上可记录泄漏电流连续变化规律，但灵敏度和精确度偏低且由于记录不能连续供给，在运行中若无人监视很难应用。

3）磁带记录仪。这种仪器对纸带记录仪的缺点进行了改进，使其在无人监视的情况下能连续记录电流的变化，并可存储及回放，但成本较高。

4）示波器。它是试验室中长期使用的记录设备，灵敏度及测量范围都很适宜。

5）智能型记录仪。这是最新推出的记录仪，它将微电脑技术应用于绝缘子污秽监测中，其重要特点是数字化记录泄漏电流的变化，自动打印、存储输出泄漏电流的波形及最大值数据，操作简单，根据需要可随时整定报警值。

智能型记录仪原理如图 7-50 所示。

（3）等值附盐密度、表面电导率、局部表面电导率及运行电压下最大泄漏电流之间的关系。由于表征绝缘子污秽程度的参数有等值附盐密度、表面电导率、局部表面电导率、运行电压下最大泄漏电流等，了解其之间的关系，以便准确掌握绝缘子的污秽程度，作出正确的判断。

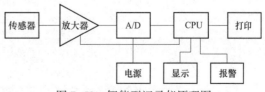

图 7-50　智能型记录仪原理图

局部表面电导率 $\gamma$ 和运行电压下的最大泄漏电流 $I_{max}$ 之间的关系为

$$\gamma = \frac{2I_{max}}{\pi U} \frac{L}{\sqrt{2I_{max}/1.45\pi}} \qquad (7-73)$$

式中：$\gamma$ 为局部表面电导率，$\mu s$；$I_{max}$ 为运行电压下最大泄漏脉冲电流，mA；$L$ 为绝缘子公称爬电距离，m；$U$ 为系统工作线电压，kV。

局部表面电导率 $\gamma$ 和等值盐密 $W_0$（单位：$mg/cm^2$）之间的关系为

$$\gamma = 800W_0 \qquad (7-74)$$

式（7-73）和式（7-74）说明，通过局部表面电导率，可建立起在正常运行电压下，离污闪发生较远时，最大泄漏脉冲电流值 $I_{max}$，即在一定污秽程度且适宜于污闪发生的气象条件下，流过绝缘子的最大泄漏脉冲电流 $I_{max}$ 与等值盐密之间的对应关系。此时测量等值盐密，可避免因大量溶解污物的测量方法所造成的缺陷。由于它是溶液接近饱和程度下测得的，测得的 $S_d$ 代表了真实的污秽程度。

采用闪络电压梯度 $E_c$ 和闪络前一个周波的泄漏电流 $I_c$ 的关系式为 $E_c = KI_c^{-b}$。由此推出闪络最小梯度 $E_{c,min}$ 和污闪前一周波最小临界电流值 $I_{c,min}$ 计算公式如下。

最小闪络梯度 $E_{c,min}$ [单位：kV（off）/m] 计算式为

$$E_{c,min} = k\frac{U_m}{\sqrt{3}L} \qquad (7-75)$$

式中：$k$ 为多串并联总体闪络概率增加的因素，$k$ 可取 1 或 1.33；$U_m$ 为系统最高工作线电压，kV；$L$ 为绝缘子公称爬电距离，m。

最小临闪电流值 $I_{c,min}$（单位：mA）计算式为

$$I_{c,min} = \frac{1476L^2}{U_m^2} \qquad (7-76)$$

采用上述两式计算 110kV 各种标准绝缘子（X-4.5）的结果时，其近似公式为

$$I_s = 32\lambda^2 \qquad (7-77)$$

式中：$I_s$ 为近似信号电流值，信号电流值取最小临闪电流值的一半；$\lambda$ 为泄漏比距离，cm/kV。

应用于 XW2-4.5 型防污绝缘子，其计算式为

$$I_s = 23\lambda^2 \qquad (7-78)$$

# 第 8 章　输电线路检修

## 8.1　概　　述

### 8.1.1　架空输电线路检修及抢修的概念

检修也称维修，指对线路在正常巡视及各种检查中所发现的缺陷进行的处理，如更换老化、损坏的元件，修理破损的和有缺陷的零部件，使其恢复其正常水平的正规预防性维修（以下称检修）。其目的是消除事故隐患和异常情况，保证设备处于完好的状态，从而实现安全运行的工作。

事故抢修是指由于发生了自然灾害（如地震、洪水、风暴及外力的袭击），使输电线路发生倒杆、断线、金具或绝缘子脱扣等事故，为保证线路尽快恢复供电，不能坚持到下一次检修而被迫停电抢修的工作。这种抢修工作，也被称为"临修"。

### 8.1.2　架空输电线路检修分类

输电线路的检修，即输电线路的维护。它是在有关运行规程规定的要求和周期原则指导下进行的维护检修工作。一般包括常规检修、带电检修两大类。常规检修和带电检修，统称架空输电线路检修。

1. 常规检修

架空输电线路的常规检修包括小修（也称日常维修）、大修、事故抢修和改进工程。检修工作的项目和内容由定期巡视检测（或预防性试验）的结果确定。

（1）小修为了维持输、配电线路及附属设备的安全运行和必须的供电可靠性而进行的工作，也即除大修、改建工程、事故抢修以外的一切维护工作。如定期清扫绝缘子和并沟线、夹紧螺栓、铁塔刷漆、杆塔螺栓紧固、金属基础防腐处理、木杆根削腐涂油、钢筋混凝土电杆内排水、钢圈除锈、杆塔倾斜扶正及防护区伐树砍竹、巡线道桥的修补等。大部分的小修作业都不需停电进行。

（2）大修主要任务是对现有运行线路进行修复或保证线路原有的机械性能或电气性能和标准，并延长使用寿命，而进行的检修工作。其主要包括：①更换或补强杆塔；②更换或补修导线、架空地线并调整其弧垂；③为了加强绝缘水平而增加绝缘子或更换防型绝缘子；④改善接地装置；⑤加固杆塔基础；⑥更换或增设导线、地线防振装置；⑦处理不合格的交叉跨越段及根据防汛等反事故措施要求调整杆塔位置等。

架空线路大修参考项目见表 8-1。

**表 8-1　架空线路大修参考项目**

| 单元名称 | 一般项目 | | 特殊项目 |
|---|---|---|---|
| | 常修项目 | 不常修项目 | |
| 杆塔和横担 | （1）检查、修理木杆杆根；<br>（2）检查、修理钢筋混凝土电杆缺陷（如杆身裂缝、露筋、孔洞等）；<br>（3）检查整杆和杆根的土； | （1）更换不合格的拉线；<br>（2）更换不合格的横担及杆塔附件；<br>（3）横担刷漆 | （1）更换不合格的杆塔；<br>（2）铁塔刷漆；<br>（3）补装丢失的杆塔附件 |

| 单元名称 | 一般项目 | | 特殊项目 |
|---|---|---|---|
| | 常修项目 | 不常修项目 | |
| 杆塔和横担 | (4) 紧固铁塔螺母；<br>(5) 检查、调整、修理拉线和拉杆；<br>(6) 检查铁塔金属基础和拉线地下部分锈蚀 | (1) 更换不合格的拉线；<br>(2) 更换不合格的横担及杆塔附件；<br>(3) 横担刷漆 | (1) 更换不合格的杆塔；<br>(2) 铁塔刷漆；<br>(3) 补装丢失的杆塔附件 |
| 导线、避雷线及绝缘子 | (1) 清扫、测试、更换绝缘子；<br>(2) 检查、修理导线连接器；<br>(3) 补修导线、避雷线；<br>(4) 检查和更换金具；<br>(5) 根据需要调整导线 | (1) 打开检查、修理防振锤和线夹；<br>(2) 检查、修理导线和避雷线 | 更换导线和避雷线 |
| 交叉跨越 | 处理不符合规程要求的交叉跨越距离 | | 增加杆塔或调整杆塔塔位 |
| 接地装置 | (1) 测量、检查杆塔接地装置的接地电阻和接地体的腐蚀情况；<br>(2) 处理接地电阻不合格的接地装置 | 修理损坏的接地装置 | 补装丢失的接地装置 |
| 其他 | (1) 完善防洪、防火、防冻设施；<br>(2) 清除沿线不符合规程要求的障碍物 | | |

（3）改进工程凡属提高线路安全运行性能，提高线路输送容量，改善劳动条件，而对线路进行改进或拆除的检修工作，均属这类工作。改进工程包括：①更换大容导线及进行升降、压降损改造；②增建或改建部分线路等。

事故抢修也属于维修工作，但事故抢修考虑的关键是想尽一切办法迅速恢复供电，但一定要注意抢修质量必须符合标准。

（4）事故抢修计划外的检修工作。抢修工作通常由组织好的事故抢修队伍接收命令后期完成。

2. 带电检修

带电检修是为减少因检修造成用户停电，而进行的检修作业。带电检修作业有间接作业法、等电位作业法和中间电位作业法三种方法。带电检修作业项目包括：带电水冲洗及更换绝缘子，绝缘子等值盐密度测试验，补修导线，接入或拆除空载线路，调整导线弧垂，更换腐蚀架空地线，带电加高杆塔、更换杆塔、更换导线等。

### 8.1.3 电力线路检修及抢修工作的组织措施

线路检修工作的组织措施包括制定计划、检修设计、准备材料及工器具、组织施工及竣工验收等。

1. 制定计划

检修计划一般在每年的第三季度进行编制。编制的依据除按上级有关指示及按大修周期确定的工程外，主要依靠运行人员提供的资料来编制计划，并根据检修工作量的大小、轻重缓急、检修能力、运输条件、检修材料及工具等因素综合考虑，制订出切实可行的检修计划，报主管部门审批。

2. 检修设计

（1）检修设计的主要内容有：①杆塔结构变动情况的图纸。②杆塔及导线限距的计算数字。③杆塔及导线受力校验。④检修施工方案的比较。⑤需要加工的器材及工具的加工图纸。⑥检修施工达到的预期目的及效果。

（2）检修设计依据。线路检修工作是一项复杂而仔细的工作，必须进行检修设计。即使是事故抢修，在时间允许的条件下，也要进行检修设计。只有当现场情况不明的事故抢修，而时间又极其紧迫需马上到现场处理的检修工作，才可不进行检修设计，但也应由有经验的、工作多年的检修人员到现场决定抢修方案，指挥检修工作。检修工作完成后，还应补画有关的图纸资料，转交运行单位。

每年的检修工作计划，经上级批准后，设计人员即按检修项目进行检修设计。进行检修设计的依据是：①缺陷记录资料；②运行测试结果；③反事故技术措施；④采用的新技术和新方法；⑤上级颁发的有关技术指示。

3. 准备材料及工器具

线路检修前，应根据检修工作计划的检修项目和材料工器具计划表准备必要的材料和备品。此外，还应作好检修工作的现场准备。

4. 组织施工

根据施工现场情况及工作需要组织好施工队伍，明确施工检修项目、检修内容。制定检修工作的技术组织措施，采用成熟的先进施工方法，施工中在保证质量的基础上提高施工效率，节约原材料并努力缩短工期或工时。制定安全施工措施，并应明确现场施工中各项工作的安全注意事项，以确保施工安全。

5. 竣工验收

线路的检修或施工，在竣工后或部分竣工后，要进行总的质量检查和验收，然后将有关竣工后的图纸转交运行单位。验收时，要由施工负责人会同有关人员进行竣工验收。对不符合施工质量要求的项目要及时返修，以保证其检修质量。

检修工程的竣工验收工作是一项确保检修工程质量的关键性工作。检修部门或施工单位应贯彻执行三级检查验收制度，即自我检查验收、班组检查验收、部门检查验收。根据线路施工、检修的特点，一般验收可分下面三个程序检查：

（1）隐蔽部分验收检查是指竣工后难以检查的工程项目完成后所进行的验收，即称为隐蔽工程验收。

（2）中间验收检查是指施工和检修中完成一个或数个施工部分后进行的检查验收。

（3）竣工验收检查是指工程全部或其中一部分施工工序已全部结束而进行的验收检查。

## 8.2　检修周期及安全技术

### 8.2.1　电力线路的维护项目、运行标准和周期

电力线路的维护项目、运行标准和周期应按照线路元件的运行状态及巡视和测量的结果确定。其标准项目及周期见表 8-2。

表 8-2　　　　　　　　　　　　输电线路预防性检查、维护周期表

| 序号 | 项目 | | 周期 | 备注 |
|---|---|---|---|---|
| 1 | 登杆检查 1~10kV 线路 | | 五年至少一次 | 木杆、木横担线路每年一次 |
| 2 | 绝缘子清扫或水冲洗 | 定期清扫 | 每年一次 | 根据线路的污染情况、采取的防污措施，可适当延长或缩短周期 |
| | | 污秽区清扫 | 每年两次 | |
| 3 | 木杆根检查、刷防腐油 | | 每年一次 | |
| 4 | 铁塔金属基础检查 | | 五年一次 | 发现问题后每年一次 |
| 5 | 盐、碱、低洼地区钢筋混凝土电杆根部检查 | | 一般五年一次 | |
| 6 | 导线连接线夹检查 | | 五年至少一次 | 锈后每年一次 |
| 7 | 拉线根部检查、镀锌铁线镀锌拉线棒 | | 三年一次<br>五年一次 | 锈后每年一次 |
| 8 | 铁塔和钢筋混凝土电杆钢圈刷油漆 | | 每 3~5 年一次 | 根据油漆脱落情况决定 |
| 9 | 铁塔紧螺栓 | | 五年二次 | 新线路投入运行一年后须紧一次 |
| 10 | 悬式绝缘子绝缘电阻测试 | | 根据需要 | |
| 11 | 导线弧垂（弛度）、限距及交叉跨越距离测量 | | 根据巡视结果 | |

### 8.2.2　输电线路检修安全要求

线路的检修工作大多在运行线路已经停电情况下进行，多为高空作业。高空作业往往因作业人员的失误，而造成高空坠落及触电事故。另外，输电线路在检修过程中会因线路杆塔强度降低及导线磨损等而导致人身伤害事故。所以，线路检修的安全措施是一个不可忽视的极其重要的内容。在进行线路各项检修工作中应注意以下安全要求，以便保证检修工作顺利进行和人身及设备的安全。

#### 1. 断开电源和验电

对于停电检修的电力线路，首先必须断开电源。对于配电系统还要注意防止环形供电、低压侧用户备用电源的反送电和高压线路对低压线路的感应电压。为此，对检修的线路必须用合格的验电器，在停电线路上进行验电，以确保待检修线路确实是停电线路。

检验电气设备、导线上是否有电的专用安全用具是验电器，这种验电器分高压、低压两种。高压验电器 GHY 型，是利用带电导体尖端放电产生的电风驱动指示叶片旋转来确定是否有电。GHY 型验电器，具有直观、明显和易于识别、判断的优点。除 GHY 型验电器外，常用的还有发光型高压验电器和声光型高压验电器。

GHY 型验电器共有三种型号，适用于不同的电压等级，该验电器的有关数据见表 8-3。低压验电器，又称验电笔，是用于检验低压电气设备和低压线路是否带电的一种安全用具，只能在 100~500V 范围内的设备上使用。

表 8-3　　　　　　　　　　　　GHY 型验电器有关数据表

| 型号 | 使用电压（kV） | 指示器颜色 | 配用绝缘棒 |
|---|---|---|---|
| GHY-10 | 6~10 | 绿色 | 0.9m，2 节 |
| GHY-35 | 35 | 黄色 | 0.9m，2 节 |
| GHY-110 | 110 | 红色 | 1.2m，4 节 |

对于 330kV 以上的线路，在没有相应电压等级的专用验电器的情况下，可用合格的绝缘杆或专用绝缘绳验电。验电时，绝缘棒的验电部分逐渐接近导线，听其有无放电声。有放电声，则表明线路有电，反之线路无电。验电时应注意逐相进行，并戴绝缘手套操作，同时派专人监护。

对同杆塔架设的多层电力线路进行验电时，应先验低压线，后验高压线，先验下层导线，后验上层导线。

输电线路停电检修，必须严格执行有关输电线路停电工作的规定。

2. 挂接地线

经过验电器证明线路上无电压时，即可在工作地段的两端或有可能来电的分支线上，使用具有足够截面积（不小于 $25mm^2$）的专用接地线将线路三相导线短路接地。若有感应电压反映在停电线路上时，则应加挂地线，以确保检修人员的安全。

携带型接地线由专用线夹、多股软铜线、绝缘棒和接地棒组成。专用线夹用于接地线与导线连接，并要求接触良好。为了保证在短路电流的短时作用下不至烧断，接地线必须使用软铜线，而接地线的接地端则要用金属棒做临时接地，金属棒直径应小不于 10mm，打入深度不小于 0.6m。

挂接地线的构成和悬挂方法如图 8-1 所示。

挂接地线和拆地线的步骤：挂接地线时，先接好接地端，然后再接导线端。接地线的连接要可靠，不得缠绕。同时注意以下两点：①若在同一杆塔的低压线和高压线均应接地时，则先接低压线，后接高压线；②若同杆塔的两层高压线均须接地时，应先接下层，后接上层。拆接地线的顺序与挂接地线的顺序相反。

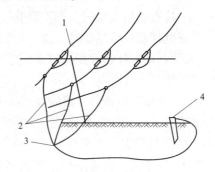

图 8-1　挂接地线的构成和悬挂方法图
1—已停电线路；2—各相接地线；
3—三相接地线短路点；4—临时接地用金属棒

用铁塔或钢筋混凝土电杆塔横担接地时，允许各相分别接地，但必须保证铁塔与接地线连接部分接触良好。

挂、拆接地线时，应有专人监护，且工作人员应使用绝缘棒或绝缘手套，人体不得触碰接地线。恢复送电之前（检修完毕后）必须查明所有工作人员及材料工具等，确定已全部从杆塔、导线及绝缘子上撤下，并拆除接地线后，检修人员不得再登杆进行任何工作。在清点接地线组数无误并按有关交接规定作好交接后，可向调度汇报，联系恢复送电，严禁约时送电。

对有绝缘避雷线的线路，也必须挂接地线。

3. 登杆检修及注意事项

（1）在双回路并架的线路或变电站、发电厂进出线走廊及多回线路地段内检修时，最容易出现误登杆塔的情况。要求在检修线路每一基杆塔时，要有专人监护，每次登杆之前必须判定线路名称和杆塔号，并确认线路已停电并挂好接地线后，在专人监护下才能登杆塔。当绕过河流或树林离开线路较远再回到线路上时，更应仔细辨认线路名称和杆塔号。

（2）对导线特殊排列的杆塔，进行每一相检修工作时，都必须与杆下监护人相呼应，取得联系。

（3）登杆之前先检查杆根牢固情况，新换的电杆应待基础及拉线安装牢固后方可登杆。

（4）如检修工作是松开导线、避雷线或更换拉线时，应将电杆打好临时拉线。

（5）登带有脚钉的杆塔时，应注意脚钉固定是否牢固，可先用手搬动脚钉，证实牢固后再登塔。

（6）更换绝缘子金具等需将导线、避雷线脱离线夹时，宜在杆塔上绑挂放线滑车，将导线暂时放在放线滑车内，避免导线拖地或与杆塔相碰磨损导线。

（7）拆除导线、避雷线之前，应先将其划印，以便线夹握住原位置，避免邻档导线弧垂改变，造成导线对地距离过小。

（8）用火花间隙法检测零值或劣质绝缘子时，应自横担侧开始逐片检测。如果发现零值和劣质绝缘子总和接近每串绝缘子数的1/3时，应停止检测，以免绝缘子串闪络放电。

（9）检查铁塔基础时，在不影响铁塔稳定的情况下，可在对角线的两个基础同时挖开检查，检查电杆和拉线基础时，应安装临时拉线后方可挖土检查。

（10）利用旧杆起立新杆时或拆除导线和避雷线之前，应检查杆根是否牢固，否则应安装临时拉线。

（11）利用飞车检修导线间隔或接头时，应先验算飞车与交叉跨越物和对地的安全距离是否满足要求。一般飞车与通信线的距离不小于1.0m；与电力线路的最小垂直距离不小于表8-4的危险距离。飞车与地的距离不宜低于3.0m。

（12）在市区、交通路口、居民来往频繁的地区进行线路检修工作时，应设专人监护。除工作人员外，所有人员应远离电杆1.2倍杆高的距离。

（13）在砍伐树木和剪枝工作中，应用绳索或撑杆将树枝脱离导线和配电设备，不得砸撞导线和配电设备。

（14）当需在带电杆塔上刷油漆、除鸟窝、紧杆塔螺丝、检查避雷线、查看金具绝缘子时，则检修人员活动范围及其所携带工具、材料等与带电导线的最小距离不小于表8-4的规定。

（15）停电检修的线路与另一线路邻近或交叉的安全距离，应符合表8-5的规定。

表8-4　　　　　　　　　　　在带电线路杆塔上工作的安全距离

| 电压等级（kV） | ≤10 | 20~35 | 44 | 60~110 | 154 | 220 | 330 | 500 |
|---|---|---|---|---|---|---|---|---|
| 安全距离（m） | 0.70 | 1.00 | 1.20 | 1.50 | 2.00 | 3.00 | 4.00 | 6.2<br>8.5（低压线） |

表8-5　　　　　　　　　　　邻近或交叉其他电力线工作的安全距离

| 电压等级（kV） | ≤10 | 35 | 60~110 | 220 | 330 | 500 |
|---|---|---|---|---|---|---|
| 安全距离（m） | 1.0 | 2.5 | 3.0 | 4.0 | 5.0 | 6.0<br>8.5（低压线） |

（16）双回路杆上吊物体的应使用无极绳，并不使其飘荡或用绝缘绳索。

（17）停电登杆检查项目有：①检查导线、避雷线悬挂点、各部螺栓是否松扣或脱落；②绝缘子串开口销子、弹簧销子是否齐全完好；③绝缘子有无歪斜、裂纹或硬伤等痕迹，针式绝缘子的芯棒有无弯曲；④防振锤有无歪斜、移位或磨损导线；⑤护线条卡有无松动或磨损导线；⑥检查绝缘子串的连接金具有无锈蚀、是否完好；⑦瓷横担、针式绝缘子及用绑线固定的导线是否完好可靠。

### 8.2.3 电力线路检修规定

1. 铁塔和铁塔横担检修

（1）铁塔的检修。在铁塔大修及刷油漆时，须将铁塔全部螺栓检查并复紧一次。当铁塔构件锈蚀超过其剖面面积 30% 以上，或因其他原因损坏降低了机械强度，应更换或用镶接板补强。在不影响构件运行的情况下补强一般采用焊接，当不能焊接时，则可用螺栓连接。所有未镀锌的零部件及油漆脱落和锈蚀处都应清除铁锈，补刷油漆。所刷油漆应符合下列要求：①刷漆前，铁件上铁锈及旧油漆应彻底清除；②涂刷的油漆要均匀，不起泡、不堆起；③刷油漆应在白天进行，受潮未干部分不得刷油漆；④ 0℃ 以下及 35℃ 以上天气不得进行刷油漆工作。

（2）铁塔的横担检修。对已锈蚀的横担，应除锈后涂油漆。固定横担的螺栓必须拧紧，以防止横担倾斜或落下等故障。

2. 水泥杆的检修

对于用钢圈连接的水泥杆，焊接时应遵守下列规定：①钢圈焊口上的油脂、铁锈、泥垢等污物应清除干净；②钢圈应对齐，中间留有 2~5mm 的焊开间隙，如钢圈有偏心现象时，应将钢圈找正；③焊口符合要求后，先点焊 3~4 处，点焊长度为 20~50cm，然后再行施焊，所用焊条应与正式焊接用焊条相同；④电杆焊接必须由持有合格证的焊工操作；⑤雨、雪、大风天气中只有采取妥善防护措施后方可施焊，如在气温低于 -20℃ 时焊接，应采取预热措施（预热温度为 100℃~120℃），焊后应使温度缓慢下降；⑥焊接后的焊缝应符合表 8-6 规定，当钢圈厚度为 6mm 及以上时应采用多层焊接，焊缝中严禁堵塞焊条或其他金属，且不得有严重的气孔咬边等缺陷；⑦焊完的水泥杆其弯曲度不得超过杆长的 2/1000。如弯曲度超过此规定时，必须割断调直后重焊；⑧接头焊好后，应根据天气情况，加以遮盖，以免接头未冷却时突然受雨淋而变形；⑨钢圈焊接完毕须将熔渣去掉，并在整个钢箍外露部分，涂以防锈漆；⑩施焊完成并检查后，应在规定的位置打上有焊工代号的钢印。

表 8-6           钢圈焊接焊缝尺寸（单位：mm）

| 钢圈厚度 | 焊缝高度 | 焊缝宽度 |
| --- | --- | --- |
| 6 | 1.5 | 11~13 |
| 8 | 2.0 | 14~18 |
| 10 | 2.5 | 18~21 |

## 8.3 导线、避雷线检修

### 8.3.1 导线、避雷线损伤的处理标准

1. 导线在同一处的损伤处理标准

导线在同一处的损伤同时符合以下情况时可不作补修，只将损伤处棱角与毛刺用 0 号砂纸磨光即可。

（1）铝或铝合金单股损伤深度小于直径的 1/2。

（2）钢芯铝绞线及钢芯铝合金绞线损伤截面积为导电部分截面积的 5% 及以下，且强度损失小于 4%。

（3）单金属绞线损伤截面积为 4% 及以下。

2. 导线在同一处损伤需要补修的标准

导线在同一处损伤需要补修标准，见相应的规定。

3. 导线损伤采用缠绕处理标准

采用缠绕处理时应符合下列规定：①将受伤处处理平整；②缠绕材料应为铝单丝，缠绕应紧密，其中心应位于损伤最严重处，并应将受伤部分全部覆盖，其长度不得小于 100mm。

4. 采用补修预绞丝处理的标准

采用补修预绞丝处理时应符合以下规定：①将受伤处线股处理平整；②补修预绞丝长度不得小于 3 个节距，或符合现行国家标准 GB 2314—2008《电力金具通用技术条件》预绞丝中的规定；③补修预绞丝应与导线接触紧密，其中心应位于损伤最严重处，并应将损伤部位全部覆盖。

5. 采用补修管补修的标准

采用补修管补修时应符合下列规定：①将损伤处的线股先恢复原绞制状态；②补修管的中心应位于损伤最严重处，需补修的范围应位于管内 20mm 内；③补修管可采用液压或爆压，其操作必须符合 GBJ 233—1990《110～500kV 架空电力线路施工及验收规范》中的有关规定。

6. 导线在同一处损伤需采用割断重接处理标准

导线在同一处损伤符合下述情况之一时，必须将损伤部分全部割去，重新以接续管连接：①导线损失的强度或损伤的截面积超过 GB 233—1990 中的采用补修管补修的规定时；②导线损伤的截面积或损失的强度都没有超过 GB 233—1990 中以补修管补修的规定，但其损伤长度已超过补修管的补修范围；③复合材料的导线钢芯有断股；④金钩、破股已使钢芯或内护层铝股形成无法修复的永久变形。

7. 镀锌钢绞线（避雷线）处理标准

作为避雷线的镀锌钢绞线，其损伤处理标准，见相应的规定。

### 8.3.2　导线、避雷线的连接方法

导线通过直线管的连接、导线与耐张线夹的连接及导线和跳线连接管的连接等，均称为导线的连接。此外，导线损伤、修补（没有断开），所进行的连接处理，也称为导线连接。

导线的连接按其所用的工具和作业方式分为钳压连接、爆压连接和液压连接。避雷线（钢绞线）的连接，一般采用液压连接或爆压连接两种方法。

（1）钳压连接是指用钳压型连接管用钳压设备与导线、避雷线进行直接接续的压接操作。适用于 LJ-16～LJ-185 型铝线和 LGJ-10～LGJ-185 型钢芯铝绞线的连接。

钳压连接的压口位置及操作顺序按图 8-2 进行，钳压时每模压下后应停 20～30s 后才能松去压力，钳压最后一模必须位于导线切端的一侧，以免线股松散。钳压管口数及压后尺寸的数值必须符合 GBJ 233—1990 中的规定。压后尺寸允许偏差应为 ±0.5mm。

（2）液压连接是指使用液压机和钢模将导线的接续管或耐张线夹进行压接的一种方法。

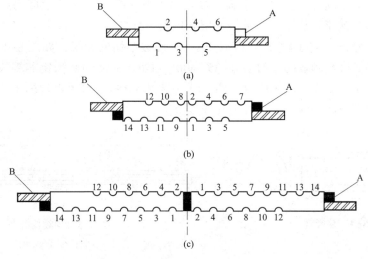

图 8-2　钳压连接的压口位置及操作顺序
A—绑线；B—垫片；
1、2、3…—表示压顺序

压接工序为：用汽油清洗导线、避雷线和接续管，划印割线和穿管等工作。液压连接与钳压连接一样适用于镀锌钢绞线和 LGJ-240 型以上的钢芯铝绞线。采用液压导线、避雷线的接续管、耐张线夹及补管修等连接时，必须符合国家现行标准 SDJ 266—1987《架空送电线路导线及避雷线液压施工工艺规程》规定。各种液压管压接后的对边距尺寸，如图 8-3 所示，其对边距 $S$ 的允许最大值可根据式（8-1）计算

$$S = 0.866 \times 0.993D + 0.2 \tag{8-1}$$

式中：$D$ 为管外径，mm。

但三个对边距只允许一个达到最大值，超过规定时应查明原因，割断重接。

（3）爆压连接，简称爆压法。其原理是在直线接续管、耐张线夹、补修管的外壁沿其轴线方向敷（缠）炸药，利用炸药爆炸反应的瞬间所产生的巨大爆炸压强（数万大气压），在数十毫秒的时间内，迫使压接产生塑性变形，将管内的架空线握紧。爆炸反应结束时，全管表面压接随之完成，达到连接的目的。爆压常用太乳炸药或普通导爆索作传压媒介，这种压接方式适用于所有钢芯铝线和钢绞线。

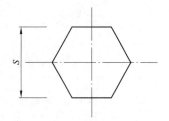

图 8-3　对边距尺寸

为了保证导线、避雷线干燥，避免由于导线、避雷线潮湿或积水使爆压后出现鼓包，降低连接处的机械强度，雨天不得进行爆压连接操作。

采用爆压连接所用的接续管、耐张线夹及补修管，必须与所连接的导线或避雷线相适应、爆压后的质量必须符合国家现行标准的规定。

### 8.3.3　导线的修补

根据 GBJ 233—1990 的规定，在一个捻距内钢芯铝绞线断股、损伤总截面积占铝股总面积的 7%~25% 时，可用补修管补修。修补管是由铝制的大半圆管组成，如图 8-4 所示。补

修时将导线套入大半圆管中，再把小圆管插入，用液压机（所用钢模即为相同规格的导线连接的导线连接管钢模）压紧，或缠绕一层导爆索进行爆压。

用预绞式补修条（或称补修预绞丝）也可补修被损伤的导线，如图 8-5 所示。预绞式补修条是由铝镁硅合金制成的，对 LGJ-35~400、LGJQ-300~500 型钢芯铝绞线均适用。方法是将导线清洗干净后涂一层 801 电力脂（或中性凡士林），再用钢丝刷子清除氧化膜，用手沿着导线的扭绞方向一根一根地缠绕在导线上。

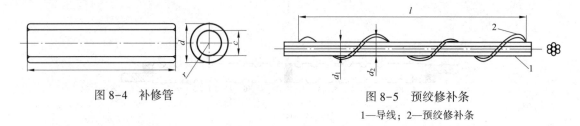

图 8-4 补修管                 图 8-5 预绞修补条

1—导线；2—预绞修补条

### 8.3.4 局部换线

局部换线是指当导线的损伤长度超过一个补修管的长度或损伤严重，已不可能采用补修管补修时，将导线损伤部位锯断后重接的方法。按照导线的损伤部位不同，可分为更换耐张杆侧的导线及更换直线档中的导线两种不同的施工方案。

1. 耐张塔上导线的局部换线方法

如果操作部位靠近耐张杆塔，可将旧导线锯去一段，再接一段新导线，这种换线方式即为局部换线，其施工程序为：

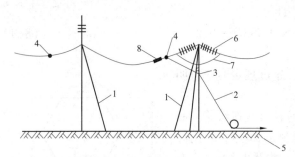

图 8-6 更换耐张杆塔侧导线

1—临时拉线；2—牵引绳；3—紧线滑车；4—卡线器；
5—地锚；6—耐张绝缘子串；7—导线引流线；8—导线接头

（1）打临时拉线。如图 8-6 所示，首先把相邻耐张杆塔的直线杆塔上打临时拉线。再在耐张杆塔上挂一紧线滑车，牵引绳通过紧线滑车将导线卡住，并在耐张杆塔上打好临时拉线。紧接着塔上操作人员在塔上将导线引流线拆开。

（2）松落导线。用牵引绳将导线拉紧，使得耐张绝缘子串承松弛状态，摘下横担悬挂处的连接销子，从横担上拆下绝缘子串并绑在牵引绳上，慢慢放松牵引绳使耐张绝缘子串连同导线缓缓落地。

（3）换接新导线。锯断损伤导线并将一段新导线的一端与旧导线连接好，新导线的长度应等于换去的旧导线长度（注意留有一定的连接用的长度）。再将新导线的另一端与耐张线夹连接好后，拉紧牵引绳将导线连同耐张绝缘子串一起吊上杆塔；当耐张绝缘子串接近横担时，再稍微拉紧牵引绳，以便杆塔上的安装人员在杆塔上较顺利地将耐张绝缘子串挂在杆塔横担上，同时接好导线引流线。

（4）完成上述工作后，就可拆除临时拉线和牵引绳等设备，换线工作结束。

2. 更换直线杆塔档距中导线

当导线损伤部位在直线杆塔的档距中，导线切断后需要换一段新导线，这时将出现两个导线接头，根据规程规定，一档内只允许有一个接头。此时的换线施工方法可按以下程序进行：

（1）首先在损伤导线位置两侧的 1 号直线杆、3 号直线杆上将拟换线的导线打好临时拉线，如图 8-7 所示。

（2）将 2 号杆塔上的导线从悬垂线夹中拆除，并回落到地面上。再从导线损伤处 A 和距离 2 号杆塔 15m 左右 B 处将导线分别切断，换上与所切导线等长的新导线，并应考虑两端连接时所需要的长度，连接好新旧导线。

（3）做好导线升空准备。

（4）提升导线并挂在 2 号杆塔的悬垂线夹（注意控制绝缘子串保持垂直状态）内。最后拆除临时拉线完成局部换线作业。

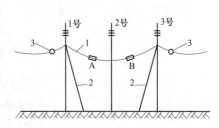

图 8-7　更换直线杆档中导线
1—导线；2—临时拉线；3—卡线器

### 8.3.5　运行线路更换新线的检修施工

运行线路更换新线的检修与上述局部换线差别较大。它是线路检修工作中的改建工程。

有两大类施工程序：拆除旧导线和更换新导线。

1. 拆除旧导线

拆除旧导线的施工程序为：搭设跨越架→悬挂放线滑车→在耐张杆塔上打临时拉线→拆卸旧导线放入放线滑车回收→回收旧导线。

（1）搭设跨越架。当运行线路通过公路、铁路、输电线路、通信线路等交叉跨越时，当需对其运行线路进行换线时，为了不影响被交叉跨越线路的正常运行，必须在被跨越处搭设各种不同形式的跨越架，以便导线、避雷线从其上面通过，防止电力线触及被跨越物、行人、车辆及带电线路等。

1）跨越架的基本形式。跨越架也称越线架，有如下一些基本形式：

a. 单面单片，见图 8-8（a），只在被跨越物的一侧搭设一片单架，常用于要求宽度不大，高度较低的被跨线路，如广播线路、一般通信线路、低压配电线路或乡村公路等。

b. 双面单片，见图 8-8（b），主要用于跨越一般公路、通信线路、低压电力线路等，在被跨越物的两侧各搭设一片单架，并在架顶作封顶的跨越架。

c. 双面双片，见图 8-8（c），多用于被跨物为铁路、主要公路、高压电力线、重要通信线路等重要目标；为了提高跨越架在搭设及使用过程中的稳定性和承载能力，在被跨越物两侧各搭设两片单架，并联而成的立体结构，称为双面双片跨越架。

跨越架可用杉篙、毛竹等材料搭设，大型跨越架可采用钢或角钢桁架结构。跨越架应有足够的安全强度，一般来说跨越架的两侧都应装有拉线或撑杆补强。

中国电力科学研究院为满足带电线路跨越施工的需要，还专门研制了用于 220kV 及以下带电线路的跨越架，如图 8-9 所示。该跨越架的主要技术参数为允许水平荷载为 20kN，垂直荷载为 15kN，跨越距离为 30~60m，封顶高度为 8~30m，封顶宽度为 5m，自重为 6.5T。

2）搭设跨越架的要求。

a. 跨越架的宽度。对于施工线路相间距离较小时，可将三相连成一体搭设跨越架。但

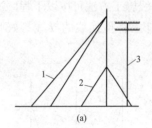 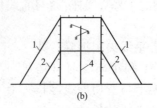 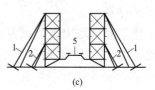

(a)　　　　　　　　　(b)　　　　　　　　　(c)

图 8-8　跨越架的布置方式

（a）单面单片；（b）双面单片；（c）双面双片

1—拉线；2—撑杆；3、4—带电线路；5—铁路

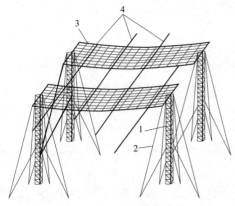

图 8-9　用于 220kV 及以下带电线路的跨越架

（图中仅画出两相的跨越架）

1—钢柱；2—拉线；3—尼龙网；4—被跨越线路

500kV 线路，因相间距离较大，宜分相搭设，两边相的跨越架中心定在边相与地线的等分线上。

500kV 线路的中相跨越架的宽度 $L_1$ 为

$$L_1 = \frac{4}{\sin\theta} \qquad (8-2)$$

500kV 线路的边相跨越架的宽度 $L_2$ 为

$$L_2 = \frac{A + 4}{\sin\theta} \qquad (8-3)$$

式中：$\theta$ 为施工线路与被跨越物的交叉角，°；$A$ 为边相与地线横线路方向的水平距离，m。

式（8-3）也适用于 500kV 以下线路搭设跨越架的跨越宽度计算，这时式中的 $A$ 为输电线路两边相导线间的距离。

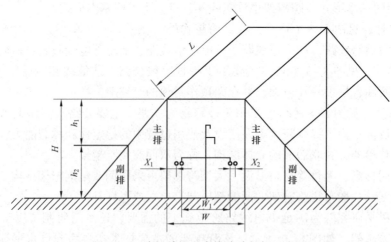

图 8-10　跨越单杆电力线路跨越架示意图

500kV 线路跨越架的阔度（前后两主排架之间的水平距离，见图 8-10）$W$ 为

$$W = W_1 + 2(X_1 + X_2) \qquad (8-4)$$

式中：$W_1$ 为铁路、公路的宽度，电力线、通信线两边线距离，m；$X_1$ 为跨越架与被跨越物

之间的最小距离（见表 8-7 和表 8-8），m；$X_2$ 为通信线、电力线风偏距离，对一般档距的 110kV 线路取 0.5m，对大档距的 110kV 线路及 220kV 线路取 1m。

表 8-7 跨越架与被跨越物的最小安全距离（m）

| 被跨越物的名称 | 铁路 | 公路 | 通信线 |
|---|---|---|---|
| 架面与被跨越物的水平距离 | 至路中心 3.0 | 至路中心 0.6 | 0.6 |
| 封顶杆与被跨越物的垂直距离 | 至轨顶 7.0 | 至路面 6.0 | 1.5 |

注 跨越电气化铁路时，应按铁路部门的要求执行。

表 8-8 跨越架与电力线路的最小安全距离（m）

| 距离 | 被跨越电力线路的电压等级（kV） | | | | |
|---|---|---|---|---|---|
| | ≤10 | 20~35 | 60~110 | 154~220 | 330 |
| 架面与导线的水平距离 | 1.5 | 1.5 | 2.0 | 2.5 | 3.5 |
| 被跨电力线无避雷线时，封顶杆与导线的垂直距离 | 2.0 | 2.0 | 2.5 | 3.0 | 3.5 |
| 被跨电力线有避雷线时，封顶杆与避雷线的垂直距离 | 1.0 | 1.0 | 1.5 | 2.0 | 2.5 |

500kV 线路跨越架的高度 $H$ 为

$$H = h + h_1 + h_2 \tag{8-5}$$

式中：$h$ 为被跨越物的高度，m；$h_1$ 为跨越架顶最低点与被跨越物之间的最小垂直距离（见表 8-7 和表 8-8），m；$h_2$ 为同度裕度，m；对没封顶的跨越架当跨越架阔度小于 5m 时取 0.5m；当阔度大于 5m 时取阔度的 10%。

b. 跨越架与被跨越铁路、公路、通信线或低压线的最小安全距离应不小于表 8-7 规定值，与电力线路的最小安全距离不应小于表 8-8 的规定。

c. 当跨越架高于 15m，原则上由设计部门提出设计方案后方可施工。

综上所述，搭设跨越架时除严格执行上述规定外，还必须做到：①保证被跨越物不被破坏，不降低使用寿命和使用性能，不增加检修、维护工作量；②保证架线施工安全（包括人身、设备、器材等）；③保证施工质量一次合格，其施工质量应高于一般施工段；④综合考虑跨越施工方法，以便不受或少受被跨越物的限制，不影响或少影响施工综合进度和综合经济指标等。

（2）悬挂放线滑车。放线滑车是为输电线路展放导线、避雷线而制造的，导线、避雷线放在滑轮上不仅可避免其磨损，也可减少放线阻力。它按滑轮数分为单轮、三轮和多轮放线滑车（见图 8-11）。按制造的材质分钢质、铝质和胶滑车及 Mc 尼龙放线滑车几种。一般情况下，钢质滑车用于避雷线放线，铝质滑车和胶滑车及 Mc 尼龙放线滑车用于悬放导线。

展放导线、避雷线时，选择放线滑车应注意以下事项：放线滑车的滑轮数应与展放导线的方法及导线根数相适应，即展放单导线用单轮放线滑车；展放两根导线用三轮放线滑车，其中一个轮用于牵引绳通过，另两个轮（一般都挂胶）用于导线通过；展放四分裂导线，则要用五轮放线滑车，其中一个轮用于牵引绳通过，另四个轮用于导线通过。滑轮槽宽度应能顺利通过导线、避雷线的接续管和保护接续管的钢套、牵引绳、导引绳的连接金具和牵引板（也称走板）、平衡锤（抗扭锤）等，而轮槽的底直径应大于导线直径的 10 倍，以防导线附加弯矩过大，损伤导线。

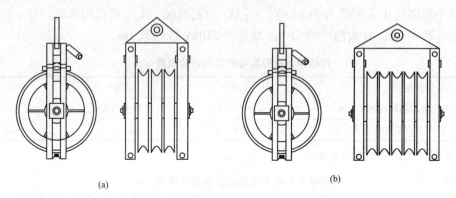

图 8-11　放线滑车

（a）三轮；（b）五轮

悬挂放线滑车的方法与架设新线路施工挂滑车相同，此处不再重复。

旧导线的拆除施工与架设新线路放线的施工工序相反。即在直线杆塔上，先松卸悬垂线夹的 U 形螺丝，然后用双钩紧线器或其他提升工具将导线稍稍提起，使导线离开线夹并拆除悬垂线夹、防振锤等。在耐张杆塔上，可用牵引绳将导线拉紧，使耐张绝缘子串呈松弛状态，拆除绝缘子串或耐张线夹，然后慢慢放松牵引绳使导线落地，同样，在换线区段内的另一端的耐张杆塔上，用同样的方法拆下绝缘子串或耐张线夹。完成上述工作后，就可用人力或机械设备回收导线并将其绕在线轴上。

2. 运行线路更换新导线

运行线路更换新导线可借助旧导线的拆除来牵引新导线到位。具体施工程序与架线施工相同。

（1）布线。将导线、避雷线的线轴，每隔一定距离沿换线区段放置在线路上，以便顺利展放。布线的目的是实现经济合理地使用导线材料，施工方便，施工质量优良、降低工程的投资，导线接头最少，不剩线或少剩线。常用的布线施工方法分逐相布线法和连续布线法。逐相布线法选出累计长度等于或基本接近施工段所需线长的线轴（盘），以使其每相线放完时线轴（盘）的导线都正好够，即用完或剩余量极少。

（2）导线展放。把线轴上的导线沿线路方向展开的工作，与新建线路架设导线基本一样。采用地面拖放线法，利用人力、畜力或机械等沿线路直接将导线展放在地上的施工。人力拖地展放线可按平地人均负重约 30kg，山地人均负重 20kg 考虑；也可利用旧线换新线，即将要展放的新导线接在旧导线上，利用旧导线将新导线沿滑车展放在滑车内进行展放。

拖地放线的牵引力与档距、地形、地貌、悬挂点高差、架空线自重、放线长度及滑车等诸多因素有关，很难做出精确计算。通常是进行估算，以便调配人员选用机械设备时参考。放线牵引力估算时，假设开始展放的 1500m 架空线是拖地的（也可试验确定拖地长度），而后导线才开始离地，紧接着随放线距离的增长及通过滑车次数的递增，牵引力逐渐增大。拖地放线的牵引力可按式（8-6）计算

$$T = T_0\varepsilon^n + \gamma \sum h \frac{\varepsilon (\varepsilon^n - 1)}{n (\varepsilon - 1)} \tag{8-6}$$

$$T_0 = \frac{\gamma l^2}{8f} \qquad\qquad (8-7)$$

式中：$T$ 为放线牵引力，kN；$T_0$ 为导线开始离地面时的张力，kN；$\varepsilon$ 为单个放线滑车的摩阻系数，对滚珠型滑车，取 $\varepsilon = 1.02 \sim 1.03$，对滚柱型滑车，取 $\varepsilon = 1.05$，一般取 $\varepsilon = 1.01 \sim 1.015$；$n$ 为从 1500m 后导线通过放线滑车个数；$\gamma$ 为导线单位长度重力，N/m；$\sum h$ 为放线起点到终点的高差累计值，当终点较高时为"正值"，否则为"负值"，m；$l$ 为放线档内最大档的档距，计算档距可近似取代表档距，m；$f$ 为导线离地面时的弧度（可近似取放线滑车的悬挂高度值），m。

当放线区段不太长时，将 $T_0$ 值乘以一个系数作为牵引力的最大值，通常取该系数为 1.1。

**【例 8-1】** 某 110kV 线路，导线为 LGJ-120 型，其单位长的重力约为 3.79N/m，代表档距 $l_{db} = 300$m，耐张段长 5.0km，起点到终点高差 60m，导线悬挂高度 19m，采用滚柱型滑车，试估算导线离开地面时的张力是多少？放线牵引力为多少？

**解**　根据式（8-7）有

$$T_0 = \frac{3.79 \times 300^2}{8 \times 19} = 2244.1 \ (\text{N})$$

当假定 1500m 以内的导线是拖地的，代表档距 $l_{db}$ 为 300m 时，通过滑车数目 $n$ 为

$$n = (5000 - 1500)/300 = 12(\text{个})$$

放线牵引力为

$$T = T_0 \varepsilon^n + \gamma \sum \frac{\varepsilon(\varepsilon^n - 1)}{n(\varepsilon - 1)}$$

$$= 2244.1 \times 1.05^{12} + 3.79 \times 60 \times \frac{1.05 \ (1.05^{12} - 1)}{12 \ (1.05 - 1)} = 4378.9 \ (\text{N})$$

则需要 $T/300 = 4378.9/300 \approx 14$ （人）。

（3）紧线。

1）紧线准备。在耐张段的耐张杆塔上紧线，均需用钢丝绳（或钢绞线）在横担及地线顶架挂线处进行临时补强，临时补强线的下端通过拉线调节装置与拉线地锚相连，如图 8-12 所示。为了安全起见，必须计算临时拉线的受力，即

$$Q = \frac{KT_0}{\cos\gamma\cos\beta} \qquad (8-8)$$

式中：$Q$ 为临时拉线受力，N；$K$ 为临时拉线安全系数，一般取不小于 0.3；$T_0$ 为紧线时导线的张力，N；$\gamma$ 为拉线与导线在水平方向夹角，°；$\beta$ 为临时拉线对地的夹角，°。

若杆塔已有永久拉线，当拉线点不在相应接线处时，则在横担端的挂线处仍应安装临时

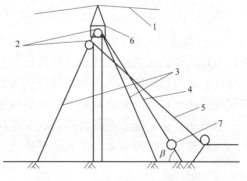

图 8-12　耐张塔临时拉线布置图

1—已紧地线；2—导线；3—永久拉线；4—临时拉线；
5—紧线牵引绳；6—导线横担；7—拉线调节装置

拉线补强，当架空地线与拉线点在同一位置时，可不加补强拉线。

对于耐张杆塔来说，另一端架空线是已紧好的架空线时，可以不再补强。对已放好的寻地线应做全面检查，如果有损伤，应全部按规定处理，直到合格为止。

紧线施工准备除上述要求外，还应有完好的通信设备。

2）紧线方式的选择及紧线张力计算。运行线路换线后的紧线工作与架设新线路的导线紧线方法基本类似。换线施工紧线一般采用单线紧线法和双线紧线法，也有采用三线紧线方式，如图 8-13 所示。

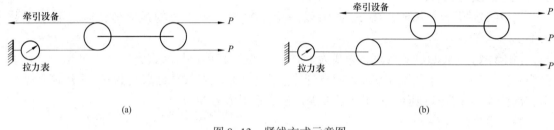

(a)　　　　　　　　　　　　　　　　　　(b)

图 8-13　紧线方式示意图
(a) 二线紧线法；(b) 三线紧线法

a. 单线法是最普通最常用的紧线方式。尤其在线路检修中使用最广泛。其施工特点是钢绳布置简单清楚，不会发生混乱，所需绳索工器具少，适用于较大截面导线的施工。但紧线时间长，三相之间的弧垂不易协调控制。这种紧线方法，在施工术语中称为"一牵一"紧线法。

单线收紧时的紧线张力的大小可按式（8-9）计算

$$P = \varepsilon\varepsilon_1(\varepsilon^{n-1}\sigma + \gamma f_{\mathrm{m}})S \tag{8-9}$$

式中：$\varepsilon$ 为放线滑车的摩阻系数，$\varepsilon = 1.02 \sim 1.05$；$\varepsilon_1$ 为起重滑车的摩阻系数，$\varepsilon = 2.057$；$\sigma$ 为导地线挂线过牵引时，最末一档的水平应力，MPa；$\gamma$ 为导地线的自重比载，$\mathrm{N/m \cdot mm^2}$，即 $\mathrm{MPa/m}$；$f_{\mathrm{m}}$ 为操作杆塔处相邻档导地线的弧垂，m；$S$ 为架空导地线的计算面积，$\mathrm{mm^2}$。

b. 双线法是一次同时收紧两根架空线的紧线操作方法。施工中用于收紧两根架空线或两根边导线及双分裂导线。双线收紧时的紧线张力的大小可按式（8-10）计算

$$P = \frac{1}{2}\varepsilon\varepsilon_1(\varepsilon^{n-1}\sigma + \gamma f_{\mathrm{m}})S \tag{8-10}$$

c. 三线法是一次同时收紧三根导线。一般线路的三相导线同时进行紧线、三分裂导线的同紧即采用此种紧线方法。这种方法首先将其余导线抽完，并使导线处于悬空状态，为保证导线一次收紧可靠，在选择临锚地点及临锚与滑车之间的距离时应留有余地。三线法施工不仅施工速度快，同时也减小了三相导地线弧垂的不平衡度。但这种紧线方式要求施工场地大，紧线工具多，施工准备时间长，紧线所用劳力多。

三线收紧时的紧线张力的大小可按式（8-11）计算

$$P = \varepsilon\varepsilon_1^2(\varepsilon^{n-1}\sigma + \gamma f_{\mathrm{m}})S \tag{8-11}$$

式（8-9）、式（8-10）、式（8-11）中，均未考虑高度对牵引力的影响，如果高差较大，则需在上述各牵引力的计算式的括弧中加一项附加牵引力，即

$$P = \frac{r \sum h(\varepsilon^{n-1} - 1)}{n(\varepsilon - 1)} \tag{8-12}$$

式中：$\sum h$ 为前端耐张塔与紧线杆塔挂线点间累计高差，m。当紧线塔悬点高时取"+"，反之取"−"。

（4）紧线操作步骤。紧线顺序是先紧避雷线后紧导线，先紧边导线后紧中相导线。紧线器握住导线时，应防止导线损伤或滑动；当导线离开地面时，如有杂草等应停止紧线，待清除后紧线；紧线时发现耐张杆塔有倾斜变形现象时，应立即停止紧线，查出原因并进行处理后再行紧线。

1）收紧导线。将导线用人力收紧离地 2~3m 后，再用牵引设备（如人力绞磨或机动绞磨），当导线截面较大、较长时可用拖拉机带绞盘等动力大的机械牵引钢绳将导线收紧，如图 8-14 所示。

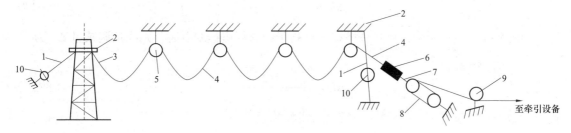

图 8-14 普通放线紧线示意图

1—临时拉线；2—耐张杆塔；3—耐张杆塔绝缘子串；4—导线；5—放线滑车；6—卡线器；
7—紧线牵引绳；8—复滑车组；9—转向滑车；10—手搬葫芦

2）观测各档的弧垂。由于导线受拉时易产生跳动，应在导线收紧并处于稳定后进行弧垂观测。观测弧垂应注意几点：①当换线区段的另一端导线及耐张绝缘子串挂在杆塔的横担上时，则一边收紧导线，一边观测弧垂，待弧垂快要接近规定数值时，慢慢收紧导线并观测弧垂；②观测一档弧垂时，在紧线中应控制该弧垂值略小于规定值，再放松使其略大于规定值，反复一、二次，让导线的弧垂稳定在规定值，以便能保证前后各档弧垂的控制要求；③观测几档弧垂时，首先使离紧线杆塔最远的一个观测档的弧垂达到规定值，然后放松导线，再使其他各观测档的弧垂达到规定值。

3）划印。当弧垂达到规定值，且待 1min 后无变化时，可在紧线杆塔上划印，即在杆塔上标出耐张绝缘子串的挂点在导线上的位置。划印方法如图 8-15 所示。即由绝缘子的挂点悬挂一根垂线，用一直角三角板一边贴紧导线一边与垂线相接触，则三角板的直角与导线接触点 A 即为绝缘子串接线点在导线上的位置，然后在导线 A 处用红铅笔划印作标记。

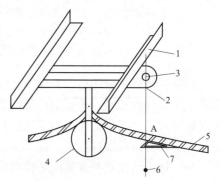

图 8-15 导线划印示意图

1—横担；2—绝缘子串挂线板；
3—绝缘子串挂线点；4—紧线滑车；
5—导线；6—垂球；7—三角板

划印后将导线放松落到地面上，并根据绝缘子串长度 $\lambda$ 和导线长度调长 $\Delta L$，自划印点 A 沿箭头方向量取 $\lambda + \Delta L$ 距离，即可得出耐张线夹卡导线的位置。

将耐张线夹卡住导线并组装好绝缘子串，最后留出引流线的长度，将余线剪去。

4）挂绝缘子串。耐张绝缘子串与导线连接好后，用挂线钩或其他工具钩住绝缘子串的 U 形环或联板。挂线钩连接牵引绳，用牵引绳将绝缘子串同导线牵引至横担，把绝缘子串挂在横担上。

假定紧线杆塔的绝缘子串挂点与相邻直线杆塔的导线在滑车上的悬挂点高差为 $h$，紧线滑车与耐张绝缘子串挂线点的高差为 $\Delta h$。如图 8-16（a）所示，当紧线档悬挂点无高差时，则线长调减量 $\Delta L$ 为

$$\Delta L = \frac{\Delta h^2}{2l} \tag{8-13}$$

如图 8-16（b）所示，耐张杆塔挂线点低于相邻杆塔挂线点时，则线长调减量 $\Delta L$ 为

$$\Delta L = \frac{h\Delta h + \frac{1}{2}\Delta h^2}{l} \tag{8-14}$$

如图 8-16（c）所示，耐张杆塔挂线点高于相邻杆塔挂线点时，则线长调减量 $\Delta L$ 为

$$\Delta L = \frac{h\Delta h - \frac{1}{2}\Delta h^2}{l} \tag{8-15}$$

式中：$\Delta L$ 为正值时，为线长增量，反之为线长减量。

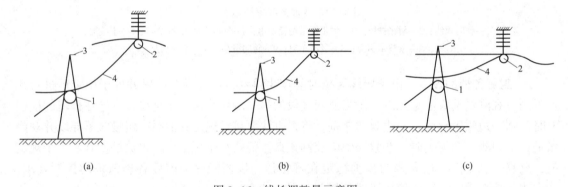

图 8-16　线长调整量示意图

（a）无高差时；（b）低于相邻杆塔挂线点；（c）高于相邻杆塔挂线点

1—紧线滑车；2—放线滑车；3—耐张杆塔绝缘子串挂点；4—导线

导线在杆塔上划印后，若绝缘子串较轻，可不将导线落至地面，而直接在杆塔上将耐张绝缘子串与导线连接。若必须将导线落地连接绝缘子串时，为了避免整个紧线段导线松弛，可在耐张杆塔处用手搬葫芦将导线拉住，仅使一段导线落地。待一段导线落地后与耐张绝缘子串连接好，再挂在横担上，如图 8-17 所示。

（5）运行线路更换新线施工注意事项。

1）当换线区段两端是耐张杆塔时，换线前除应在耐张杆塔上打好临时拉线外，还应在其上悬挂一个紧线滑车，以便牵引绳通过放线滑车拉住导线，如图 8-18 所示。临时拉线对地夹角不宜小于 45°，并且在拉线下端串接双钩紧线器来调节拉线的松紧程度，如图 8-19 所示。

2）当换线区段两端为直线杆塔时，一般先在两端直线杆塔上将不换的导线用临时拉线拉住，然后将所换的旧导线由放线滑车取出放在地上，把旧导线剪断回收绕在线轴上。

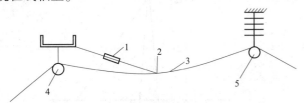

图 8-17　在耐张杆塔上拉住导线

1—手搬葫芦；2—卡线器；3—导线；4—紧线滑车；5—放线滑车

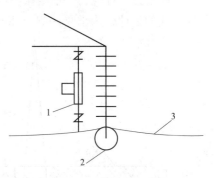

图 8-18　悬挂放线滑车

1—双钩紧线器；2—放线滑车；3—导线

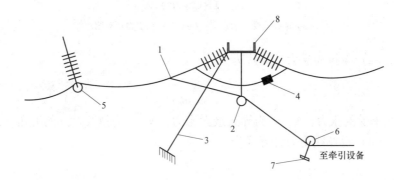

图 8-19　耐张杆塔安装临时拉线和牵引设备

1—卡线器；2—紧线器；3—临时拉线；4—引流线夹；5—放线滑车；6—转向滑车；7—地锚；8—耐张横担

## 8.4　拉线、叉梁和横担更换

### 8.4.1　拉线的检修和更换

1. 拉线的检修和更换要求

输电线路杆塔的拉线连接形式，如图 8-20 所示。拉线的上端用楔形线夹（简称上把），拉线下端用 UT 形线夹与拉线棒连接（称下把）。

拉线的更换方法比较简单，但在更换时应注意：

（1）拉线棒应按设计要求进行防腐，拉线与拉线盘的连接必须牢固。采用楔形线夹连接拉线的两端，在安装时应符合有关规程的规定。

（2）拉线断端应以铁丝绑扎。

（3）拉线弯曲部分不应有松股或各股受力不均现象。

（4）换拉线时，上下杆塔应注意高空作业及施工安全。

2. 强度计算

拉线材料均采用镀锌钢绞线，拉线棒采用 Q235A 圆钢。一般拉线对地夹角取 45°或 60°，这是因为角度过大则拉线受力大，需要较大的拉线材料；反之角度过小，虽能节约材料，但拉线占地面积过大，不仅增加征地费用，也不利于耕作。

拉线强度计算，一般耐张杆拉线的设计为考虑一侧导线时承受另一侧导线的张力，终端杆拉线的设计则为承受一侧全部导线的张力。图 8-20 所示是拉线受力示意图。

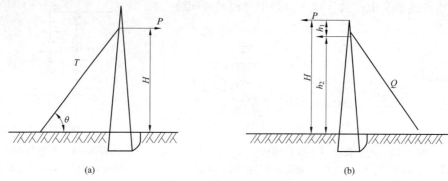

图 8-20　拉线受力示意图

（a）单拉线受力示意图；（b）双拉线受力示意图

由图 8-20（a）得拉线受力计算式为

$$T = \frac{F}{\cos\theta} \tag{8-16}$$

式中：$T$ 为拉线承受的张力，N；$F$ 为导线最大张力，N；$\theta$ 为拉线对地的夹角，°。

由图 8-20（b）得拉线受力计算式为

$$T = \frac{FH}{h_2 \cos\theta} \tag{8-17}$$

式中：$T$ 为拉线的张力，N；$F$ 为导线最大张力，N；$H$ 为拉线最大张力作用点的高度，m；$h_2$ 为拉线力点（拉线悬挂点）的高度，m；$\theta$ 为拉线对地的夹角，°。

拉线（或拉线棒）的截面的强度按式（8-18）计算

$$S = \frac{T}{[\sigma]} \tag{8-18}$$

式中：$S$ 为拉线或拉线棒的截面积，$cm^2$；$T$ 为拉线的拉力，N；$[\sigma]$ 为拉线或拉线棒材料的容许应力，对于 Q235 钢取 157MPa。

### 8.4.2　叉梁的更换与安装

**1. 安装滑轮**

如图 8-21 所示，在电杆上安装单滑轮 1 和 4，在地面上合适位置处安装转向滑轮 2、平衡滑轮 3，同时在地面上组装好新叉梁。

**2. 拆除旧叉梁**

用吊绳 5 和牵引绳 6 拉住上叉梁 7 和下叉梁 8，拆除旧叉梁与叉梁抱箍连接的螺栓；放松牵引绳 6，使下叉梁 8 靠拢并保持垂直状态；放松吊绳 5 使叉梁慢慢落至地面。

**3. 安装新叉梁**

将吊绳绑在已组装好的新叉梁 7 的上端，牵引绳

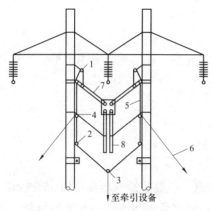

图 8-21　叉梁的更换与安装

绑在新组装叉梁的下叉梁 8 上。启动牵引设备将新叉梁吊上，并将其上叉梁安装在上叉梁抱箍上，再拉紧牵引绳 6；并将其下叉梁安装在下叉梁抱箍上。

4. 拆除设备

一切安装完毕后，拆除所有起吊设备。

更换叉梁的工作，可带电进行工作，但应注意带电作业安全，并设专人监护。

### 8.4.3　横担的更换和检修

铁质横担必须热镀锌或涂防锈漆，对已锈蚀的横担应除锈后涂漆。固定横担的螺栓必须拧紧，以防止横担倾斜或落下等故障。

横担的更换分直线横担的更换和耐张横担的更换两种。

1. 直线杆横担更换

（1）直线杆横担更换（见图 8-22）前的准备。首先在把导线放到地面或通过放线滑车暂时挂在电杆上。同时在电杆顶部安装一个起吊滑车 1，起吊钢丝绳 3 通过转向滑车 2 和起吊滑车后，绑扎在拟拆除的边导线横担 5 上。

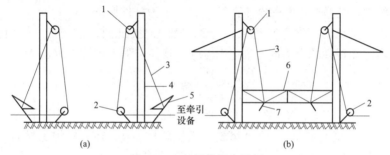

图 8-22　起吊横担布置图

（a）起吊边导线横担；（b）起吊中导线横担

（2）拆除直线杆横担和安装直线杆新横担。利用起吊钢绳慢慢将边导线从横担上拆除并放到地面上；起吊（先两边导线的横担、再中间导线的横担，或先中间导线的横担、再两边导线的横担）新横担。在安装中间导线横担 6 时，横担抱箍的孔眼与横担的连接孔可能对不正，这时可在杆顶绑大绳，在地面拉动大绳 7 使连接孔对正。

（3）最后拆除所有安装设备。

2. 耐张杆塔上的横担更换

更换耐张杆塔横担时，应尽量不拆除导线放至地面上，以减少检修施工的工作量。施工方法如下：

（1）用双钩紧线器（或手扳葫芦），临时将横担吊住，然后拆除横担吊杆。拆除横担抱箍（可用小锤轻轻敲打抱箍）与电杆的螺栓，则横担与抱箍就会慢慢向上滑动；对转角杆，为了便于拆除横担向上移，可在外角侧的横担上加装临时拉线，以抵消角度合力，拉线随横担上移缓缓放松。

（2）待所拆除的横担移动 200mm 左右时，在杆顶部安装起吊绳，将新横担和横担抱箍吊起并安装在电杆上。

（3）图 8-23 为双钩紧线器拉紧导线的布置图。利用双钩紧线器将两边导线 2 拉紧，这时可从旧横担上拆下耐张绝缘子串 3，并把它挂在新横担上。

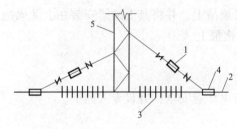

图 8-23　双钩紧线器拉紧导线
1—双钩紧线器；2—导线；3—耐张绝缘子串；
4—卡线器；5—横担

（4）一切安装完毕后，利用起吊钢绳将旧横担等吊放到地面，并拆除临时拉线，施工结束。

3. 横担更换的材料选择设计

轴心受拉杆件的应力计算。

圆钢受拉时的应力为

$$\sigma = \frac{P}{A} \leqslant [\sigma] \tag{8-19}$$

角钢受拉时的应力为

$$\sigma = \frac{P}{m(A - ndt)} \leqslant [\sigma] \tag{8-20}$$

式中：$\sigma$ 为杆件受拉力作用时的应力，$\text{N/mm}^2$；$P$ 为杆件所受的轴心拉力，N；$A$ 为杆件横截面积，$\text{mm}^2$；$[\sigma]$ 为杆件材料的容许应力，$\text{N/mm}^2$；$m$ 为工作条件系数，$m = 0.75$；$n$ 为同一横截面处的螺栓孔数；$d$ 为螺栓孔直径，mm；$t$ 为杆件厚度，mm。

杆塔的横担（含铁塔杆件等）绝大部分都是轴心受压的长直杆件，其杆件越长则受压稳定性越差。当已知杆件的受力时（轴心压力），其稳定强度可按式（8-21）计算

$$\sigma = \frac{P}{m\varphi A} \leqslant [\sigma] \tag{8-21}$$

式中：$\sigma$ 为杆件轴心压应力，N；$P$ 为杆件所受的轴心压力，N；$m$ 为工作条件系数，校验塔身主材时 $m = 1.0$，塔身斜材 $m = 0.9$ 塔腿及横担斜材 $m = 0.75$，横担主材 $m = 0.8$；$\varphi$ 为纵向弯曲系数；$A$ 为杆件截面积，$\text{mm}^2$；$[\sigma]$ 为容许压应力，$\text{N/mm}^2$。

在进行横担更换和检修时，为安全起见，应对横担主材、斜材及吊杆的材料规格作选择性校验计算。

## 8.5　绝缘子、金具更换

### 8.5.1　更换不良绝缘子

更换输电线路的不良绝缘子和金具的关键是如何转移导线荷重及导线张力，使绝缘子串、金具不承受荷载。

（1）用绳索或滑车组更换不良绝缘子。对于 LGJ-98 及以下导线，垂直档距不超过 300m 的线路，可用绳索或滑车组更换。即把导线荷重转移到绳索或滑车上，然后取下绝缘子串与线夹间的连接销子，使绝缘子串脱离导线。再用另外一套单滑轮绳索将旧绝缘子串落下，新绝缘子串递上。用绳索或滑车组更换不良绝缘子和金具的施工如图 8-24（a）所示。直接用滑车组也可更换导线 LGJ-95 及以下的耐张绝缘子串，如图 8-24（b）所示。

（2）用双钩紧线器或手扳葫芦更换绝缘子与金具方法与上述相同。

（3）使用换瓶卡具更换单片绝缘子。在大截面导线的线路上，绝缘子受拉力较大，如仍用双钩紧线器更换单片绝缘子就会觉得很笨重，劳动强度大。这时使用换瓶卡具更换单片绝缘子就较为方便，如图 8-25 所示，即把换瓶卡具的两个下夹具分别装在绝缘子串的上下侧，使其承受的荷载转移到夹具上，取出上、下的销子，摘下不良绝缘子并换上新的绝缘

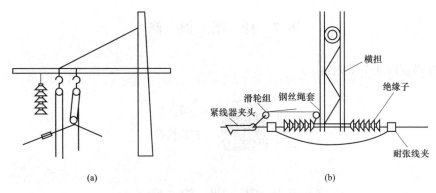

图 8-24 更换不良绝缘子和金具施工示意图

（a）用滑车组更换悬垂绝缘子串；（b）用滑车组更换耐张绝缘子串

子。换瓶卡具不仅能用于更换悬垂绝缘子串，也能用于更换耐张绝缘子串；但当需要更换端部第一片绝缘子时，则需换上一个专用卡具。

### 8.5.2 更换金具

金具在线路上与其他设备一样要经受设备张力、荷重以及风、雨、雷电的袭击，也会出现各种缺陷。这些缺陷主要表现是锈蚀、脱落（漏装）、开裂、变形，这些缺陷要视具体情况考虑，有计划、有组织、有秩序地停电检修，更换有缺陷的线路金具。更换检修金具的具体要求是：

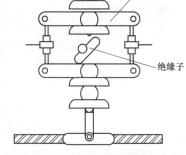

图 8-25 用换瓶卡具更换绝缘子

（1）金具有镀锌剥落者应补刷红丹及油漆。

（2）固定旁钉的开口销子，每个都必须开口 $60° \sim 90°$，并不得有折断、裂纹等现象。

（3）禁止用线材代替开口销子。由旁钉呈水平方向安装时，开口销子的开口侧应向下。

（4）金具上各种连接螺栓均应有防止因振动而自行松扣的措施，如加弹簧垫，用双螺母或在露出丝扣部分涂以铅油。

## 8.6 接地装置检修

扫二维码获取 8.6 节内容。

## 8.7　杆　塔　检　修

扫二维码获取 8.7 节内容。

## 8.8　基　础　检　修

扫二维码获取 8.8 节内容。

# 第 9 章  架空输电线路带电作业

## 9.1  概  述

### 9.1.1  带电作业的意义

带电作业是指在一定的条件下在特定的电力设备带运行电压的情况下进行的一种特殊作业。带电作业是一种安全、可靠的检修技术，在电网安全经济运行中起重要作用，带电作业具有如下意义：

（1）保证不间断供电。电力生产的特点是发、供、用同步完成，因此保证电力系统的持续运行非常重要，采用带电作业可达到不间断供电的目的。

（2）加强了检修的计划性。停电检修是一种集中的、不均衡的、突击进行的工作。而且，每次停电检修的工作量大，集中劳动力多，易造成检修混乱，检修质量不易保证。实行带电作业，可合理安排检修计划，一旦发现缺陷可及时处理，有利于保证检修质量及检修人员与设备的安全。

（3）可节省检修时间。通常停电处理一个故障需要较长时间，如果包括停、送电联系的时间，最少需 4h。电压等级越高，停电带来的损失就越大。例如 500kV 线路停电 4h，则少送电 400 万度。而带电作业是一种高组织性的半机械化生产，只要平时有针对性地进行一些检修训练及配备相应的工器具，即可迅速完成检修任务。一般带电更换 220kV 直线绝缘子串仅 30~50min，更换耐张串绝缘子不超过 1h，更换 220kV 直线 V 形单片绝缘子则只需几分钟。

（4）能简化设备。带电作业可在运行设备上进行，可保证不间断供电，因而可不考虑备用设备，某些线路可以不用架设双回路。这样不仅可节约基建投资，也避免了因停电造成的倒闸操作和不合理的电网运行方式。

目前，带电作业已成为电气设备检修的主要方式之一，线路的抢修工作有 80% 采用带电作业，开展带电综合检修及实现带电作业管理的标准化已成为我国带电作业技术的发展方向。

### 9.1.2  带电作业方式

目前，我国主要有以下几种带电作业方式：间接作业、等电位作业、沿绝缘子进入强电场作业、分相作业及全绝缘作业等。

1. 按作业人员是否接触带电体分类

（1）直接作业指作业人员直接与带电体接触而进行的各种作业，包括：

1）等电位作业（也称同电位作业或徒手作业）。带电作业人员通过绝缘物（包括绝缘子和绝缘工具）对大地绝缘后，进入高压电场，作业人员与带电体处于同一电位下直接对带电体进行的作业。

2）沿绝缘子串进入强电场作业。以往称为自由作业。它是指作业人员身穿屏蔽服沿绝缘子串进入强电场对带电体进行的作业。

3）分相作业。它是将中性点不直接接地的 35kV 及以下电力系统的电气设备中的一相人为接地、另两相升高$\sqrt{3}$倍相电压运行，作业人员对接地相进行检修作业。

4）全绝缘作业。它是对作业相的邻近带电体或接地部分进行妥善的绝缘遮盖，或将作业人员自身进行全绝缘，然后对带电体进行检修作业。

（2）间接作业指作业人员不接触带电体，而相隔一定的距离，用各种绝缘工具对带电设备进行检修作业。国外称其为"距离作业"。

2. 按作业人员作业时自电位的高低分类

（1）等电位作业：如前所述。

（2）中间电位作业：利用绝缘工具将人置于带电体与接地体之间，作业人员在低于带电体电位而高于地电位的情况下，用绝缘工具对带电体进行作业。

（3）地电位作业：作业人员处于地电位，用绝缘工具对带电体进行作业。

按部颁 GB 26860—2011《电力安全工作规程》，现已将直接作业和间接作业改称为等电位作业、中间电位作业和地电位作业。

### 9.1.3　带电作业安全的一般要求

（1）作业人员必须经过专门培训，不仅能熟练进行工作，而且还应具备一定的技术理论水平，并经考试取得合格证，才能从事带电作业工作。

（2）带电作业的负责人必须多年从事带电作业，有一定基础知识和工作经验，并具有一定的组织能力和对事故处理的应变能力。

（3）带电作业应由专门的带电作业班（队）担任。带电作业班（队）不宜长期从事非本专业的工作，以便树立牢固的带电作业习惯和带电感，避免分散精力，导致对带电作业生疏。

（4）在带电作业过程中，带电作业负责人（或安全专职）应集中精力监护杆塔上操作人员的每个动作和意图，发现不安全现象时，要及时向工作人员提出。当出现不安全情况时，要冷静及时作出正确判断和采取相应的处理方法，以免故障扩大。

（5）带电作业前，参与作业的人员及负责人应在一起详细讨论工作任务和操作方法，制定切实可行的安全措施，并进行技术交底。

（6）掌握各种绝缘工具的特点和使用方法。对绝缘工具要经常检测和维护，妥善保管。

（7）杆塔形式和线间距离应满足带电作业的需要。

（8）带电作业前必须有工作票，并得到调度部门的同意。必要时将接地保护改为瞬时跳闸，退出重合闸装置，且不得强行送电，以便一旦发生接地或短路故障，能及时切断电源，避免人员连续触电。

（9）夜间带电作业只能在发电厂或变电站内进行，并必须有足够的照明。

（10）带电作业班的绝缘工具不得沾有污秽油泥，不得用汽油、棉纱、酒精等擦拭绝缘体，以防因泄漏电流而起火。

（11）带电作业人员不得穿用合成纤维材料制作的工作服和内衣，以免触电时烧伤身体。

（12）遇下雨天、大雾及风力为 5 级以上的天气时，应停止工作。

（13）在杆塔上作业，安全带与各部位的连接必须牢固可靠，以免断裂造成人员坠落。对复杂的操作或在高杆上作业，地面监护有困难时，应增设杆塔上的监护。

（14）带电作业的工作现场应设围栏防护，严禁非工作人员进入防护区。

（15）在使用转动横担或释放线夹的线路上进行带电作业时，应在作业前采取加固措施。

## 9.2　带电作业安全原理

带电作业是一项特殊的技术，直接涉及人的生命安全。由于其受现场环境、检修设备的布局、作业方式的多样性及作业过程中检修人员的流动性等的影响，如何保证带电作业过程中不发生设备及人身事故，一直是高电压技术研究人员关注的课题。以下从分析造成带电作业人身事故的原因着手，介绍带电作业安全的基本原理和预防措施。

### 9.2.1　电对人体的伤害形式

电对人体的伤害有两种形式：电击和电伤。电击是指电流通过人体内部，造成人体内部组织的破坏，以致死亡。电伤主要是由电弧的热效应所造成，使人体外部局部受到伤害，包括电弧烧伤、熔化的金属渗入人体皮肤和火焰烧伤等。如在低压系统中，带负荷拉开裸露骨的刀闸时，可能造成人手和面部的烧伤；线路短路或跌落式熔断器的熔丝熔断时，炽热的金属微粒溅出而至的烫伤；误操作引起的短路等导致的电弧烧伤等。在高压系统中，误操作会产生强烈的电弧而致人烧伤；人体过分接近带电体，当其间距小于放电距离时，将产生强烈的电弧，同时对人放电而致人死亡。此外，人体长期接触带电体时，由于电流的化学效应和机械效应的作用，在人体皮肤的接触部位会变质，产生形如烙印的肿块（电烙印）；金属微粒因某种化学原因渗入皮肤，可使皮肤变得粗糙而坚硬，导致皮肤金属化，即形成所谓的"皮肤金属"，从而造成局部伤害。在带电作业过程中，不慎接地或短路时，往往伴随着强大的电弧，因此对作业人员来说，两类伤害同时出现。不过，绝大部分触电伤亡事故都是由电击而造成的，通常所说的"触电"基本上都是指电击。

### 9.2.2　决定电击伤害程度的因素

电击伤害的严重程度与通过人体电流的大小、持续时间、流过人体的途径、电流频率及人体的健康状况等因素有关。

1. 电流大小对人体的影响

试验表明，工频交流 1mA 或直流 5mA 的电流通过人体时就能引起麻痛的感觉，但人能够摆脱电源；当通过人体的工频交流超过 20～25mA 或直流超过 80mA 时，会使人感觉麻痹和剧痛，并且呼吸困难，自己不能摆脱电源，有生命危险；100mA 的工频电流通过人体，只要很短的时间就会使人呼吸窒息，心脏停止跳动，失去知觉而死亡。

一般来说，10mA 以下的工频交流电流或 50mA 以下的直流电流可以看作是安全电流。但即使是安全电流，长时间通过人体也将对人造成危害。

2. 电压对人体的影响

通过人体的电流与作用于人体的电压和人体自身的电阻有着直接的关系。

当人体的电阻一定时，电压越高，通过人体的电流就越大，且随着作用于人体的电压升高，人体的电阻将急剧下降，从而使通过人体的电流迅速增加，对人体造成的伤害更为严重。例如，220～1000V 的电压（工频）作用于人体时，通过人体的电流可同时影响心脏和呼吸中枢，引起中枢麻痹，使呼吸和心脏跳动停止。更高的电压更危险。

3. 人体电阻对触电的影响

人触电时，接触电压一定，流过人体的电流决定于人体自身的电阻大小。人体电阻包括皮肤电阻和体内电阻。体内电阻基本不受外界因素的影响，其值较为稳定，约为 500Ω 左右。皮肤电阻随外界条件的不同而变化。影响人体表面电阻的因素有：

（1）皮肤的干燥及完整程度。皮肤干燥时电阻大，皮肤潮湿时电阻小；皮肤完整时电阻大，皮肤破损时电阻小。

（2）电极与皮肤的接触面积。电极与皮肤的接触面积越大，人体的电阻越小，电击的伤害程度就越严重，有时增加接触压力也会使人体的电阻减小，因为加压往往导致接触面积加大和皮肤与接触物之间的接触电阻减小。

（3）接触电压的高低。所加电压越高，人体电阻越小。

不同类型的人，皮肤电阻的差异很大，因而人体的电阻差异也很大，一般人体电阻按 $1 \sim 2k\Omega$ 考虑，通常取 $1500\Omega$。

**4. 电流持续时间对人体的影响**

电流通过人体的时间越长，对人体组织的破坏程度越严重，后果不堪设想。人体心脏每收缩一次，中间约有 0.1s 的间隙，此时心脏对电流最为敏感，若电流在此瞬间通过心脏，即使电流很小，也会引起心室的颤动，因此电流通过心脏的时间超过 1s，则必然与心脏的最敏感时间重合，使触电的危险性增加。

**5. 电流频率对人体的影响**

统计表明，常用的工频交流电（50～60Hz）对人体的伤害最为严重，不同频率电流所造成的死亡率见表 9-1。

表 9-1　　　　　　　　　　　　　不同频率电流所造成的死亡率

| 频率（Hz） | 10 | 25 | 50 | 60 | 80 | 100 | 120 | 200 | 500 | 1000 |
|---|---|---|---|---|---|---|---|---|---|---|
| 死亡率（%） | 21 | 70 | 95 | 91 | 43 | 34 | 31 | 22 | 14 | 11 |

**6. 电流途径对人体的影响**

当电流通过人的头部时，会使人立即昏迷；电流通过人的脊髓时，会造成半身瘫痪；通过中枢神经则会引起中枢神经强烈失调而死亡；电流通过心脏，会引起心室颤动，心脏停跳而死亡。

研究表明，最危险的途径是通过中枢神经、心脏和呼吸系统的途径，即左手——脚；其次是右手——脚；再次是脚——脚。

电流途径与通过心脏的比率见表 9-2。

表 9-2　　　　　　　　　　　　　电流途径与通过心脏的比率

| 电流途径 | 右手至双脚 | 左手至双脚 | 右手至左手 | 左脚至右脚 |
|---|---|---|---|---|
| 通过心脏率 | 6.7 | 3.7 | 3.3 | 0.4 |

### 9.2.3　人体触电的方式

**1. 人体与带电体直接接触触电**

人体与带电体直接接触触电主要有两种形式：单相触电和两相触电。

（1）单相触电。单相触电是指人体处于地电位的情况下，接触三相导线中的任何一相所引起的触电。其危险程度与电压的高低、与地的接触情况、电网中性点是否接地和每相对地电容的大小有关。

1）中性点直接接地系统的单相触电，触电情形如图 9-1 所示。当人体接触一相导线时，承受相电压，电流经过人体、横担、接地引下线、大地和变压器中性点接地装置、线圈及导线形成回路，电流大小取决于相电压和回路的阻抗。

$$I = \frac{U_e}{\sqrt{3}\,Z} \qquad\qquad (9-1)$$

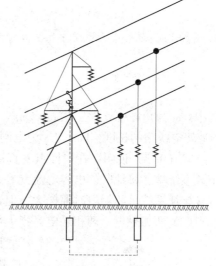

式中：$I$ 为流过人体的电流，A；$U_e$ 为额定线电压，V；$Z$ 为电流回路中的阻抗（忽略了杆塔接地电阻，可以认为就是人体电阻，取 $1500\Omega$）。

当人在 500kV 线路中单相接地时，有

$$I = \frac{500000}{\sqrt{3}\times 1500} = 192.45\,（A）$$

110kV 单相触电时，有

$$I = \frac{110000}{\sqrt{3}\times 1500} = 42.34\,（A）$$

这样大的电流会使触电者立即死亡。

2）中性点不直接接地系统的单相触电。触电情形如图 9-2 所示。由于中性点不直接接地，单相触电时电流经过人体、电杆、大地与其他两相对地绝缘阻

图 9-1　中性点直接接地系统的单相触电示意图

抗形成回路。就是说，当人体不慎触及 A 相导线后，电流依次流经 A 相、人体、电杆、大地、线路对地绝缘阻抗 Z、B 相、C 相，又经变压器线圈后回到 A 相。因此流经人体电流取决于线电压和回路阻抗。其计算式为

$$I = \frac{U_e}{Z} = \frac{U_e}{\sqrt{\left(\sqrt{3}\,R_人\right)^2 + \left(\dfrac{X_{c0}}{\sqrt{3}}\right)^2}} \qquad\qquad (9-2)$$

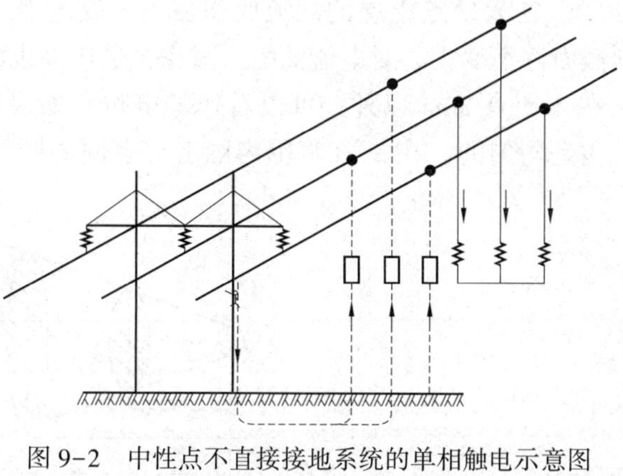

图 9-2　中性点不直接接地系统的单相触电示意图

式中：$U_e$ 为额定线电压，V；$Z$ 为触电回路阻抗，$\Omega$；$R_人$ 为人体电阻，$\Omega$；$X_{c0}$ 为每根导线对地容抗，$\Omega$。

由于人体电阻与导线容抗相比小得多，故可忽略不计。因此限制回路中电流的阻抗就是

导线对地容抗。由于 $U_e$ 等于 $\sqrt{3} U_\varphi$（相电压）, $X_{c0} = \dfrac{1}{\omega C_0 L}$, 式（9-2）可化简为

$$I = \frac{U_e}{Z} = \frac{\sqrt{3} U_\varphi}{\dfrac{1}{\omega C_0 L}} = (\sqrt{3})^2 \omega C_0 L U_\varphi = 3\omega C_0 L U_\varphi \tag{9-3}$$

式中：$\omega$ 为角频率（对工频 $\omega = 2\pi f = 314\mathrm{rad/s}$）；$C_0$ 为架空线路每相对地平均电容，F/km；$L$ 为架空线路的长度，km；$U_\varphi$ 为电网运行相电压，V。

式（9-3）说明：在中性点不直接接地的电网中发生单相触电时，流过人体的电流约等于该系统单相接地时的电容电流（在忽略人体电阻影响时）。计算可知，其电流值尽管不如直接接地系统单相触电时那样大，但也能致触电者死亡。

（2）两相触电。两相触电是指人体同时接触带电的任何两相，不管中性点是否接地，人体均处于线电压下（见图9-3），这是非常危险的。

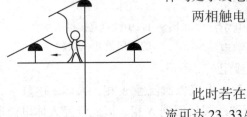

两相触电时通过人体的电流的计算式为

$$I = \frac{U_e}{R_人} \tag{9-4}$$

此时若在 35kV 输电线路上发生两相触电，通过人体的电流可达 23.33A，较单相触电时大 10 倍。这样大的电流对人体的危害可想而知。

图9-3　两相触电示意图

2. 跨步电压触电

当带电导体断脱后落地，或采取一相人为接地另二相运行（即分相作业）时，接地电流就会从导线落地点（或人为接地点）流入大地。这样就会在入地点的附近地面上出现不同的电位，如图9-4所示。在入地点土层的载流面积最小，故电阻最大，电压降也大。距入地点较远，导电的地截面逐渐变大，对电流的阻力减小，电压降也减小。距离电流入地点越远，地面电位越小。在入地点 20m 以外，可以看作零电位。如果以电流入地点为圆心，假设入地点及附近的土质是均匀的，在 20m 范围内画上许多同心圆，那么这些同心圆上的

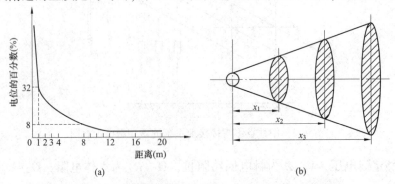

图9-4　电流入地处附近地面各点间电位的分布简化图

(a) 电位与距离的关系；(b) 同电位圆与距离的关系

电位是彼此不相同的，而同一圆周上的电位则是相同的，如果人的双足分开站立在不同的同心圆上，就会受到地面不同点之间的电位，即跨步电压的作用。距接地体或入地点越近，跨步电压越大；距接地体或入地点越远，跨步电压越小。跨步电压所产生的电流从人的一脚到另一脚，由此引起的触电称为跨步电压触电。

跨步电压触电时通过人体的电流 $I$ 可用下式计算

$$I = \frac{\Delta U}{R_人} \tag{9-5}$$

式中：$\Delta U$ 为跨步电压，V。

如果人的电阻取 $1500\Omega$，安全电流取 $10mA$，那么跨步电压 $\Delta U = IR_人 = 10 \times 1500 \times 10^{-3} = 15V$ 及以上时，就会对人体带来危险。

3. 接触电压触电

接触电压触电是指人站在发生短路或接地故障的设备或杆塔旁边时，人手触及设备外壳或带电杆塔，由于人手与人脚之间承受电位差（接触电压）所导致的触电。距接地体或入地点越远，接触电压越大。距接地体或入地点 20m 以外，接触电压最大，可达设备的对地电压。

综上所述，电击致死的因素尽管很多，但关键是电流通过了人体，因此防止触电，首先必须采取一切措施防止电流通过人体，以保证人身安全。

### 9.2.4　带电作业中的电场及对人体的生态效应

带电作业中的高压电场十分复杂且变化多端。各种间隙在不同电压下的放电特性也各不相同。研究带电作业中的电场，可掌握其放电特性和间隙放电规律，有助于分析和改进作业方式，为保障作业人员的人身安全提供可靠依据。

1. 带电作业中的电场

当带电作业人员在攀登杆塔、变电设备、构架由地电位进入强电场时，其中主要电极结构有：［导线—人与构架］、［导线—人与横担］、［引线与人—构架］、［导线与人—构架］、［导线与人—横担］等。

图 9-5 是带电作业人员检测绝缘子时，沿耐绝缘子串进入电场时与沿绝缘硬梯进入直线串电场时的情况。

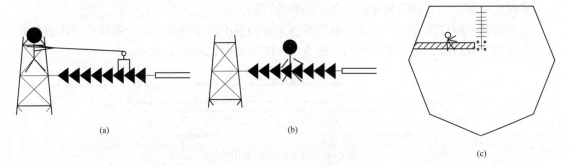

图 9-5　带电作业中的电场
（a）绝缘子检测；（b）沿耐绝缘子串进入电场；（c）沿水平耐绝缘硬梯进入悬垂绝缘子串电场

大量的试验研究表明，带电作业人员在开始进入高压电场中时，将造成电场分布的不均匀，人与带电体之间的等位线会发生严重的畸变，并被压缩向带电导体方向；当作业人员用手或短接线与导体短接成等电位时，则电场的所有等位线都被抛向作业人员后背与接地体之间；当作业人员到达导线上并与之等电位时，人体表面的电场强度相当高，特别是曲率半径小的部位，如指尖、脚尖等处，电场尤为集中。电场强度的大小及分布的均匀性，直接影响空气间隙的击穿。

带电作业中遇到的电场通常是极不均匀电场，以［棒—板］间隙为例，当在棒极上施加电压，极板接地时，由于棒极的曲率半径较小，因此其附近的电场较强，而其他大部分区域内电场很弱。当间隙上的电压达到一定值时，首先会在棒端局部强电场内发生电离，形成电子崩并发展成流注。但由于其他区域内电场很弱，所以局部范围内的流注不会发展到贯穿整个间隙，即间隙不会很快被击穿。局部的流注，只是使棒极尖端处出现电晕放电。随着电压的升高，电晕层逐渐扩大。当电压升高到一定程度时，棒极将出现不规则的刷状细火花，称为刷状放电，最终导致整个间隙的完全击穿。

2. 电场对人体的生态效应

人在工频电场中，随着电场强度由低逐渐增高，人的体表有微风吹拂般的感觉，继而毛发颤动，乃至耳朵与两鬓处有刺痛感。人体对直流电流的忍受力高于对交流电流的忍受力。

试验与医学检查表明，电场对人的效应除上述不适外，没有迹象说明强电场对人类健康有什么影响。

## 9.3 带电作业中的绝缘配合及带电作业的安全性

### 9.3.1 带电作业中的绝缘配合

1. 绝缘配合的基本概念

运行电气设备的绝缘是否安全，主要取决于绝缘耐受各种作用电压的能力。绝缘能够耐受的试验电压值（耐受电压）称为绝缘水平。为了协调设备造价、维护费用和因绝缘故障所引起的损失三者的关系，必须综合考虑电气设备在系统中可能承受到的各种电压，保护装置的特性和设备绝缘对各种电压的耐受特性，合理地确定设备的绝缘水平，实现绝缘配合。

2. 实现绝缘配合的方法

实现绝缘配合主要有两种方法：惯用法和统计法。

惯用法是一种传统方法，是基于电气设备绝缘的最小击穿电压值高于系统可能出现的最大过电压值，并留有一定安全裕度的一种方法，图解说明如图9-6所示。

图9-6 绝缘配合的惯用法

在绝缘配合的惯用法中，系统最大过电压、绝缘耐受电压与安全裕度三者之间的关系为

$$A = \frac{U_W}{U_{0,\,max}} = \frac{U_W}{U_n K_r K_0} \tag{9-6}$$

式中：$A$ 为安全裕度；$U_w$ 为绝缘的耐受电压，kV；$U_n$ 为系统最大过电压（有效值），kV；$K_r$ 为电压升高系数；$K_0$ 为系统过电压倍数。

惯用法适用于非自恢复绝缘和 220kV 及以下电压等级的系统。

统计法是因超高压系统的出现，使用惯用法有困难，而研究出的一种方法。统计法假设过电压和绝缘耐受电压都是服从正态分布的随机变量，根据操作过电压与绝缘放电电压的统计分布规律，将绝缘受到一次操作过电压作用时发生放电的概率（即绝缘故障率）限制到可以接受的微小程度（如 $10^{-6}$），以此来选择绝缘的尺寸。也就是说，绝缘可能损坏，但绝缘损坏的危险率限制在能够接受的微小程度。统计法的计算较复杂，为便于使用，工程上采用简化统计法，即以统计过电压和统计规律耐受电压为基础设计绝缘配合。从操作过电压分布找出某一电压值，使电压幅值超过该电压的概率为 2%，该电压值称为统计过电压 $U_s$；从绝缘操作冲击放电电压的分布规律找出某一电压值，使绝缘放电低于该电压的概率为 10%，即能耐受该电压的概率为 90%，该电压称为统计耐受电压 $U_{s.w}$；定义 $U_{s.w}$ 与 $U_s$ 的比值为统计安全因数 $r$，即

$$r = \frac{U_{s.w}}{U_s} \tag{9-7}$$

### 9.3.2　带电作业的安全性

1. 绝缘损坏危险率

在带电作业中，通常将绝缘损坏危险率简称为危险率。现设 $P_0(U)$ 为操作过电压幅值的概率密度分布函数，即

$$P_0(U) = \frac{1}{\sigma_0\sqrt{2\pi}}e^{-\frac{1}{2}\left(\frac{U-U_m}{\sigma_0}\right)^2} \tag{9-8}$$

式中：$U_m$ 为过电压平均值，kV；$\sigma_0$ 为过电压的标准偏差%。

绝缘在操作冲击下放电的累积概率分布函数，即

$$P_d(U) = \int_{U_{ph.m}}^{U} \frac{1}{\sigma_d\sqrt{2\pi}}e^{-\frac{1}{2}\left(\frac{U-U_{50}}{\sigma_d}\right)^2} dU \tag{9-9}$$

危险率的数学含义如图 9-7 所示，数学计算式为

$$R_0 = \int_{U_{ph.m}}^{U} P_0(U)P_d(U)dU \tag{9-10}$$

式中：$\sigma_d$ 为绝缘放电电压的标准偏差，%；$U_{ph.m}$ 为最大相电压。

2. 带电作业的安全性

输电线路的电压等级、塔型及塔高是不相同的，因此对其实施带电作业的方式也不相同，所要求的安全程度也不一样，需要逐一检验认定。国内通行的检验方法是：首先用真塔试验，然后根据试验结果计算出危险率。公认的可接受的危险率为小于 $10^{-5}$，即每出现一次最大过电压，带电作业间隙的放电概率低于十万分之一。

如果带电作业间隙偏小，危险率不小于 $10^{-5}$，可加挂（并接）保护间隙。合适的保护间隙会使带电作业的危险率大大降低。

当加挂保护间隙后，带电作业危险率需要重新计算。以 $P_d(U)$ 表示保护间隙在操作冲

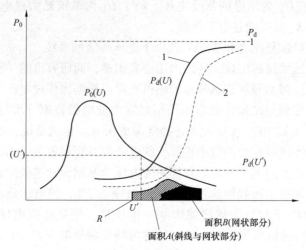

图 9-7　危险率的数学含义

击电压下的放电概率分布函数，$P_d(U)$ 表示保护间隙在操作冲击电压下的放电概率，则放电的概率为 $1-P_d(U)$，此时有保护间隙时带电作业的危险率为

$$R_1 = \int_{U_{Ph.m}}^{U} P_0(U)\,[1 - P_d(U)]\,P_d(U)\,\mathrm{d}U \tag{9-11}$$

3. 带电作业的事故率

带电作业的事故率与带电作业的危险率有着密切的联系，危险率大，事故率必然高，但它们是两个完全不同的概念。

危险率是指带电作业间隙在每发生一次操作过电压时该间隙发生放电的概率。如危险率 $R_0 = 10^{-5}$，意味着带电作业间隙每遇到一次操作过电压，就有十万分之一的放电可能性；也就是说系统操作过电压在相同条件下连续出现十万次中，带电作业间隙有一次发生放电。危险率是一个无量纲的数值。

带电作业事故率是指开展带电作业工作时，作业间隙因操作过电压而放电所造成事故的概率。事故率习惯采用每百千米线路在一年中发生故障的次数进行统计，故以"1/百千米·年"为单位。事故率的大小取决于许多因素，如一年中进行带电作业的天数，作业人员处于"危险状态"的实际工作时间，一年中线路操作与跳闸次数，系统操作过电压极性及作业间隙的危险率等。带电作业的事故率可用式（9-12）计算

$$R_n = \frac{N}{360}\frac{t}{24 \times 60}nP_PR_0 \tag{9-12}$$

式中：$R_n$ 为对于危险率 $R_0$ 条件下的事故率；$N$ 为一年中进行带电作业工作日数，天；$t$ 为进行带电作业的工作日中作业人员处于危险率为 $R_0$ 的间隙中的平均时间，min；$n$ 为每百千米线路在一年内产生操作过电压的正常操作与事故跳闸总次数；$P_P$ 为出现正极性操作过电压的概率（根据正、负极性出现的概率，一般取 $P_P = 0.5$）；$R_0$ 为带电作业的危险率。

当部分使用保护间隙时，应分别统计 $N$、$t$、$n$，并按式（9-13）计算事故率 $R_n$

$$R_n = \frac{N_0}{360}\frac{t_0}{24 \times 60}nP_{P0}R_0 + \frac{N_1}{360}\frac{t_1}{24 \times 60}n_1P_{P1}R_1 \tag{9-13}$$

式中：$N_1$ 为有保护间隙时一年中进行带电作业工作日数，天；$t_1$ 为有保护间隙时进行带电作业的工作日中作业人员处于危险率为 $R_1$ 的间隙中的平均时间，min；$n_1$ 为有保护间隙时每百公里线路在一年内产生操作过电压的正常操作与事故跳闸总次数；$P_{P1}$ 为有保护间隙时出现正极性操作过电压的概率；$R_1$ 为有保护间隙时带电作业的危险率。

# 9.4　带电作业方法及安全规定

### 9.4.1　带电作业方法

1. 地电位作业的基本原理

地电位作业是指作业人员站在接地物体（铁塔、横担）上，在处于地电位的情况下，利用绝缘工具间接接触带电体进行检修作业。此时通过人体的电流回路。如带电体—绝缘工具—人体—大地的泄漏电流回路如图 9-8 所示。在此交流回路中电流、电压和阻抗之间的关系为

$$I = \frac{U}{Z} \tag{9-14}$$

式中：$I$ 为交流电流，A；$U$ 为交流电压，V；$Z$ 为交流回路阻抗，$\Omega$。

阻抗 $Z$ 包括电阻 $R$ 和电抗 $X$，而电抗又是感抗 $X_L$ 与容抗 $X_C$ 的差值，其阻抗三角形如图 9-9 所示，有

$$Z = \sqrt{(R^2 + X^2)} = \sqrt{(R^2 + X_L^2 - X_C^2)} \tag{9-15}$$

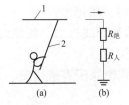

图 9-8　地电位作业及其等效电路图
1—导体；2—绝缘操作杆

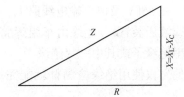

图 9-9　$R$、$L$、$C$ 串联电路的阻抗三角形

式（9-14）说明，地电位作业时，沿绝缘工具流经人体的泄漏电流与设备的最高电压成正比，与绝缘工具、人体串联回路的阻抗成反比。如果忽略串联回路的电抗，人体与绝缘工具的电阻相比，是相当小的，因此流经人体的泄漏电流主要取决于绝缘工具的绝缘电阻。

绝缘工具的绝缘电阻包括表面电阻和体积电阻。对细长的绝缘操作杆、测试杆、支拉吊杆和绝缘绳而言，其泄漏电流大小取决于其表面电阻（平行层绝缘电阻）。显然绝缘工具越长，表面电阻越大。保持绝缘操作杆的有效安全长度及人身与带电体的安全距离，可使流过人体的泄漏电流及电容电流极其微小，以至人体毫无感觉。

需要注意的是，绝缘工具的表面电阻并不随工具增长而成比例地增加，而与绝缘工具的表面状况有关。当其表面脏污，特别是有盐分的污物，在潮湿的条件下使用时，绝缘电阻将降低很多，很容易造成沿表面放电。因此在制作绝缘工具时，表面要作良好的绝缘处理；使用绝缘工具前，必须用毛巾擦干净，以提高绝缘工具的表面绝缘电阻，防止沿面放电。

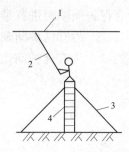

图9-10　中间电位作业示意图
1—导体；2—绝缘操作；
3—拉绳；4—绝缘梯

**2. 中间电位作业**

中间电位作业也属于地电位作业的范围。其特点是作业人员站在绝缘梯（台）上，手持绝缘工具对带电导体进行的作业。简单地说，就是地—绝缘梯（台）—人—绝缘工具—带电导体，是将绝缘工具的长度 $l$ 变成 $l_1+l_2$ 及将空气间隙 $L_1$ 变成 $l_3+l_4$ 的组合，如图9-10所示。在这种作业方式中，作业人员处于带电体与绝缘梯（台）之间，人体对带电体及地分别存在一个电容。由于该电容的耦合作用，人体具有一个比地电位高而比带电体电位低的电位，因此在作业过程中必须遵守中间电位作业的有关规定。

**3. 地电位作业的基本形式**

（1）升。在 10~35kV 针式绝缘子或瓷横担的线路作业时，将顶相导线或三相导线同时升高，使其脱离绝缘子，以便更换绝缘子、横担或电杆。在变电站内，将设备短接退出后，引线和短接线也用升高的方法使其与人体间保持足够的安全距离。

（2）降。在 35kV 及以上输电线路的直线杆塔上，往往用绝缘滑车缰将导线悬挂后降低，使其完全脱离绝缘子串，以便整串清扫或更换绝缘子、横担和电杆。

（3）吊。更换 35kV 及以上输电线路的直线悬式绝缘子时，将导线用吊线杆吊住后不降低，用取瓶器更换单片或整串绝缘子。

（4）拉。将导线、引线或跳线用绝缘绳或滑车组向外拉开。以增大相间距离，或加大对作业人员的安全距离。

（5）紧。在 35kV 及以上输电线路上，更换耐张绝缘子时，用绝缘拉板（或拉杆，但需配紧线丝杆或液压装置）、绝缘滑车组等将导线收紧，以承受导线拉力，使绝缘子串松弛，以便更换整串绝缘子或其中一片绝缘子。

（6）其他。仅使用绝缘检测杆就能完成的作业。如悬式绝缘子零值检测、对带电水冲清等。

**4. 安全距离**

安全距离是为了保证人身安全，作业人员与不同电位（和相位）的物体之间所应保持的各种最小空气间隙距离的总称。具体地说，安全距离包含下列五种间隙距离：最小安全距离、最小对地安全距离、最小相间安全距离、最小安全作业距离和最小组合间隙。

保证人身安全是指在这些安全间隙下，带电体上即使产生了可能出现的最高操作过电压，该间隙可能发生击穿的概率总是低于预先规定的一个十分微小的可接受值。

（1）最小安全距离和最小对地安全距离。最小安全距离是指为了保证人身安全，地电位作业人员与带电导体之间应保持的最小距离。最小对地安全距离是指为了保证人身安全，等电位作业人员与周围接地体之间应保持的最小距离。地电位作业时人身与带电体及等电位作业人员等电位后与接地体的最小距离不得小于表9-3的规定。

表9-3　　　　　　　　　　　　　人身与带电体的最小安全距离

| 电压等级（kV） | 安全距离（m） | 电压等级（kV） | 安全距离（m） |
| --- | --- | --- | --- |
| 10 及以下 | 0.40 | 154 | 1.40 |

续表

| 电压等级（kV） | 安全距离（m） | 电压等级（kV） | 安全距离（m） |
|---|---|---|---|
| 35（20~44） | 0.60 | 220 | 1.80 |
| 60 | 0.70 | 330 | 2.60 |
| 110 | 1.00 | 500<br>500（DC） | 3.6<br>2.9 |

（2）最小相间安全距离。最小相间安全距离是指为了保证人身安全，等电位作业人员与相邻带电体之间应保持的最小距离。最小相间安全距离的规定见表9-4。

表9-4　　　　　最 小 相 间 安 全 距 离

| 电压等级（kV） | 10 | 35 | 110 | 220 | 330 | 500 |
|---|---|---|---|---|---|---|
| 最小相间安全距离（m） | 0.6 | 0.8 | 1.4 | 2.5 | 3.5 | 5.0 |

（3）最小作业安全距离。最小作业安全距离是指为了保证人身安全，考虑到工作中必要的活动，地电位作业人员在作业过程中与带电体之间应保持的最小距离。

确定最小作业安全距离时，应在最小安全距离的基础上增加一个合理的人体活动增量，一般可取0.5m，见表9-5。

表9-5　　　　　最 小 作 业 安 全 距 离

| 电压等级（kV） | ≤10 | 35 | 110 | 220 | 330 | 500 |
|---|---|---|---|---|---|---|
| 最小安全作业距离（m） | 0.7 | 1.0 | 2.0 | 3.0 | 4.0 | 5.0 |

（4）最小组合间隙。最小组合间隙是指为了保证人身安全，在组合间隙中的作业人员处于最低50%操作冲击放电电压位置时，人体对接地体与对带电体两者之间应保持的最小距离之和。最小组合间隙的规定值见表9-6。

应该说明的是，组合间隙与最小组合间隙的概念只有在220kV及以上电压等级的高压，特别是超高压系统才有实际意义。

表9-6　　　　　最 小 组 合 间 隙

| 电压等级（kV） | 220 | 330 | 500 |
|---|---|---|---|
| 最小组合间隙（m） | 2.1 | 3.1 | 4.0 |

### 9.4.2　等电位作业原理及方法

1. 等电位作业的原理

等电位作业是作业人员借助各种绝缘工具对地绝缘后，直接接触带电体进行的作业。

理论上，电场中两点之间如果没有电位差，就不会产生电流。等电位作业就是应用这个原理，使人体各部位的电位与带电体电位相同，使其不存在电位差，这样便不会有电流通过人体，从而使作业人员的安全得以保证。但在实际实施过程中，并不是完全如此。以下就等电位作业人员不穿屏蔽服，也不用电位转移杆攀登绝缘梯进行等电位作业的过程来说明这个问题。

作业人员攀登绝缘梯进入等电位示意图如图9-11所示。

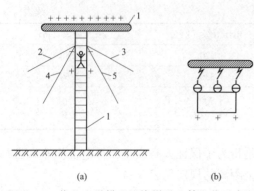

图 9-11　作业人员攀登绝缘梯进入等电位示意图
(a) 攀登时人体电荷重新分配；
(b) 人体是电荷与导体异性电荷中和
1—导体；2、3、4、5—拉绳

人体虽有一定的电阻，但与绝缘梯电阻和空气绝缘电阻相比则是很小的，加上人体处于高压电场下，故可将人体看成良导体。当人沿绝缘梯向上攀登时，可以看成一个等效的导体向上移动。

绝缘梯从大地至靠近或接触高压带电导体之间的各梯级上的电位是不相等的，因为越靠近高压带电导体电场强度越大，反之则越小，因此绝缘梯从上到下的电位是逐渐增高的。

当等电位人员沿绝缘梯向上移动时，随着人与高压带电导体间的距离缩小，人体对地电位也逐渐增高，与导体间的电位差逐渐减小。根据静电感应原理，人体上的电荷将重新分配，即接近导体一端带与导体异性的电荷〔见图 9-11 (a)〕。随着距离的缩小，感应作用会逐渐增大，当距高压线很近时，感应电场强大致使空气产生游离时，导体对人体开始放电，放电加剧，直到产生蓝色的放电电弧光并发出噼噼啪啪的放电响声。这实际上是人体（头或手）上的异性电荷与导体上的电荷迅速中和的结果〔见图 9-11 (b)〕。试验证明，人体与导体正负电荷中和（即放电）距离对 35kV 线路为 100mm，220kV 为 180mm，330kV 为 200mm，500kV 为 300mm。中和时的暂态冲击电流，在 220kV 线路上实测为 940mA。当人体用手握紧导体后，中和放电完成，感应电荷完全消失，如果人体脱离电位即人体与导线分开，人体与导体电容又出现了，这样又会出现静电感应现象，人体被充电。当人体再次与导体等电位时，又会出现中和放电现象（图 9-12）。这是等电位前的电位转移过程，也称为过渡过程。

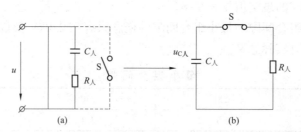

图 9-12　电位转移时人体充放电等效电路
(a) 电容电流；(b) 电容放电

当人体与导体等电位后，感应电荷消失，中和停止，此时，人体电位处于稳定状态。原则上应无电流通过人体，但由于人体对地和邻相存在着电容，因此还有电容电流通过人体。另外人的两手与导线两接触点严格来说存在电位差，所以还有负荷龟流的微小分流流过人体，称其为稳态电流。

电容电流和稳态电流的数值均很小。电容电流一般为微安级，负荷电流是指人体等电位后当人的两手接触同一导线的两点形成的分流（仅接触地点无分流；而两接触点距离越大，分流也越大）。在两接触点距离为 1500mm（导线为 LGJQ-400，负荷电流为 800A；导线电阻每米为 0.0000744Ω），则人体接触导体两点的压降为 0.089V 时，取人体的电阻为 1500Ω，则通过人体的稳定负荷电流分流为 0.000059A，即 59μA。

在等电位作业中，人体各部位还会出现大小不同的场强，它随距离导体的远近和人体的外形不同而异。实测和试验室模拟测量表明，人在 220kV 电压等级的电气设备上工作时，头顶上的场强为 4.4～4.58kV/cm，大于人体感觉场强 2.4kV/cm，因此作业人员有不舒服的感觉。

在中性点不直接接地的 35kV 及以下的系统中进行等电位作业时，由于对地距离较小，尽管采取了有效措施，仍有可能造成单相接地。按规程规定接地后允许运行 2h，且其接地相的电容电流尽管不大（在 30A 以内），但如果通过人体则危险性是很大的，重则死亡，轻则因接地产生电弧造成烧伤。因此为保证带电作业人员的作业安全，在输电设备上，特别是在超高压的电气设备上作业，必须解决电场屏蔽、分流暂态及稳态电流及事故情况下的防护等问题。这是等电位作业的关键。

2. 等电位作业的基本形式

（1）沿耐张绝缘子串进入电场等电位作业。沿耐张绝缘子串进入强电场的作业属于等电位作业的一种特殊方法，其具体操作过程如下。作业人员身穿全套屏蔽服在 220kV 及以上电压等级的耐张双串或多串绝缘子上，按照人体移动，每次短接绝缘子不超过三片的方式，从横担侧进入导线侧的强电场，在绝缘子串上用卡具更换任何位置上的单片不良绝缘子。此作业方式从原理上说属于等电位作业，但因为绝缘子串上每片绝缘子的电位不同，作业人员沿绝缘子串移动时，人体的电位是变化的。同时这种作业方式利用绝缘子串作为等电位对地绝缘的工具，所以它是等电位作业的一种特殊方式。由于作业人员在绝缘子串上移动或作业，必然要短接一部分绝缘子并占去一定的空间，这样将带来两个问题：一是被作业人员短接的绝缘子两端的电容电流必然流经人体。据实测，在短接三片绝缘子的情况下，其电容电流最大可达 13.6μA；其次是作业人员在绝缘子串上，既短接了部分良好绝缘子，减少了整个良好绝缘子的片数，又占据了一部分空间，使从导体到接地体的净空距离 $l$ 变为 $l_1+l_2$ 的组合间隙（如图 9-13）。尽管短接三片绝缘子的电容电流大于 10μA，但作业人员穿了合格的屏蔽服，其电阻远远小于人体的电阻，因为屏蔽服的分流，所以不会对人体产生任何的影响。

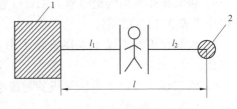

图 9-13 组合间隙示意图
1—横担；2—导体

（2）立式绝缘硬梯（包括人字梯、独脚梯）等电位作业。这种方法由于受到绝缘硬梯高度的限制，多用于变电设备的带电作业。如套管加油、断路器短接、接头处理、解接引下线等作业。

（3）挂硬梯等电位作业。将绝缘硬梯垂直悬挂在母线、横担或构架上进行等电位作业，这种方法大多用于变电一次设备解接搭头的带电作业。

（4）软梯等电位作业。方法简单方便，允许作业高度相对于其他作业方式来说高些，而且软梯易于携带，是常用的一种等电位工具，经常用来处理防振锤、修补导线（当导线损伤严重或规格不符合要求时，则不能挂软梯）等作业。

（5）杆塔上水平梯等电位作业。将绝缘硬梯水平组装在杆塔上进行杆塔附近的等电位作业，如压接跳线、调整弧垂等。

（6）绝缘斗臂车等电位作业，绝缘斗臂车是在汽车活动臂上端装有良好绝缘性能的绝缘臂和绝缘斗的一种专用带电作业汽车。作业时人员站在绝缘斗内，由液压升降、传动装置将臂展开，将作业人员送到作业高度进行作业。

3. 等电位作业人员沿耐张绝缘子串进入电场作业的规定

沿耐张绝缘子串进入强电场作业，在与导线接触前，不管所在位置如何，作业人员的电位均低于带电体而高于地电位。从这个意义上讲，可将其划归中间电位作业。但其作业方法不是通过绝缘工具，而是用手、脚直接进行的，而且作业者始终保持与所在绝缘子上的电位相等，一旦进入导线，其电位则完全与带电体相等。从这个意义上讲，它又是等电位作业。

（1）适用范围。

沿耐张绝缘子串进入强电场作业，仅适用于电压等级在 220kV 及以上电压等级的耐张绝缘子串，不适宜在 110kV 及以下电压等级的绝缘子串上进行。因为 110kV 及以下电压等级的绝缘子串片数少，长度短，如 XP-7×8 的 110kV 耐张串，全长仅 1.168m，扣除人体 0.6m 宽度后，其组合间隙只有 0.568m，根本满足不了 3 倍操作过电压的要求，如果用加挂保护间隙来保护人身安全，其间隙距离将整定得更小，必将过多地降低设备绝缘水平，增加设备跳闸率，对系统安全运行不利。至于 35kV 的耐张绝缘子串就更短了，扣除人体宽度，几乎无组合间隙距离，有可能在额定电压下击穿闪络。

（2）作业条件及要求。

1）等电位作业人员等电位后对邻相导线最小距离不得小于表 9-3 的规定。

2）沿耐张绝缘子串进入电场时，其组合间隙不得小于表 9-5 的规定。扣除人体短接和零值绝缘子片数后，良好绝缘子片数不得少于表 9-7 的规定。

3）等电位作业人员转移电位前，应得到工作负责人的许可，并系好安全带。转移电位时，人体裸露部分与带电体最小距离不得小于表 9-5 的规定。

4）带电作业所用的绝缘承力工具（包括绝缘绳索）和绝缘操作杆的最短有效绝缘长度不得小于表 9-11 的规定。

5）检测和更换绝缘子或在绝缘子串上作业时，其良好绝缘子片数不得少于表 9-7 的规定。

6）沿 220kV 及以上电压等级的耐张绝缘子串进入强电场时，一般只能跨二短三，而且不得大挥手、大摆动。

表 9-7　　　　　　　　　　　　　　　　　良 好 绝 缘 子 片 数

| 电压等级（kV） | 35 | 110 | 220 | 330 | 500 |
|---|---|---|---|---|---|
| 最少良好绝缘子片数 | 2 | 5 | 9 | 16 | 23 |

7）等电位人员在 500kV 直线串下作业时，只能坐在下导线上，而且头部只许短接一片绝缘子。等电位作业人员与塔上作业人员不得同时在同一串绝缘子上作业。

8）带电作业人员必须采取屏蔽措施。

9）等电位作业人员穿全套屏蔽服（包括衣、裤、手套、袜、鞋和帽），500kV 线路登塔电工还应穿静电防护服，且各部均应连接可靠。

10）绝缘架空地线直视为带电体。作业人员与绝缘架空地线之间的距离不应小于 0.4m。

如需在绝缘架空地线上作业，必须用有绝缘手柄的接地软铜线先行接地或用等电位方式进行。

11）用绝缘绳索传送大件金属物品（包括工具、材料等）时，杆塔或地面上作业人员应将金属物品接地后再接触，以防电击。

12）严禁地电位工作人员在未采取任何措施情况下短接靠横担侧的绝缘子。

（3）对带电作业工器具的要求。

1）工器具的机械强度和电气性能必须经试验合格。

2）送入电场的工器具和绝缘承力工具必须组装牢固，经检查合格才能送入电场和脱离绝缘子串。

3）更换单片绝缘子组装闭式卡具时，如遇绝缘子钢帽椭圆度过大、卡具两半圆无法就位时，不得凑合使用。

4）如用液压紧线器收紧绝缘子串，应定期更换液压油和油封，保持性能良好；作业前应在地面多次试操作，确认行程返回正常才能使用。

此外，等电位作业人员在进入电场和作业过程中，必须自始至终系有保险绳。

### 9.4.3　雨天作业

在雨季和高湿度的气候中，电力系统的绝缘是比较薄弱的，也是设备缺陷和故障最为集中的时候，因此在雨天进行带电作业难度很大。

在雨天实现高压线路上的带电作业，最为重要的环节是选择的带电作业工具必须能满足湿弧的要求，一般选用聚乙烯制成的雨罩和两端密封的环氧树脂管制成的操作杆。根据电压等级分别套入不同数量的雨罩，即可提高总的湿弧放电电压（淋雨条件下沿绝缘表面放电的电压）水平，见表9-8。

表 9-8　　　　　　　　　操作杆的雨罩数量、有效长度及湿弧放电电压值

| 使用电压（kV） | 雨罩数量（个） | 有效长度（mm） | 湿弧放电电压（kV） |
| --- | --- | --- | --- |
| 6~10 | 3 | 400 | 45 |
| 35 | 5 | 600 | 90 |
| 110 | 9 | 1200 | 220 |

雨罩套入绝缘杆后可用聚氨酯粘合成一体，也可在雨罩顶部另加装固定的绝缘小帽，再用环氧树脂粘合，但绝缘小帽的材质必须与绝缘操作杆相同。用绝缘小帽加在雨罩顶部的结构如图9-14所示。

### 9.4.4　带电水冲洗作业

带电水冲洗是指使用专门的装置，利用其产生的高速水柱对运行中的输电线路的绝缘子或变电站中的外绝缘设备进行清洗的工作。带电水冲洗是防止绝缘子污闪的一种最彻底、最有效的手段。带电水冲洗主要是利用水柱的冲击力和绝缘性能两个特征。

1. 带电水冲洗装置

带电水冲洗设备有多种多样的形式，可分为移动式与固定长式，水枪、短水枪及车载型冲洗装置等，冲洗方式按用水量多少分为小水、中水和大小三种。

水冲洗设备由水枪、水泵和水箱三个主要部件组成。其中水枪是最关键的部件，其作用是将由水泵加压后引入的水聚集成一股具有很大流速的射流（或称高压水柱，又可简称为

"水柱")。

　　根据水枪喷咀直径的大小，一般分为小型（喷咀内径 2.5mm 以下）、中型（喷咀内径 3~7mm）和大型（喷咀内径 8~12mm）三种。目前广泛使用短水枪长柱的小型冲洗，冲洗工具如图 9-15 所示。短水枪活动范围小，既便于操作，又不容易碰到带电体，使用比较安全。

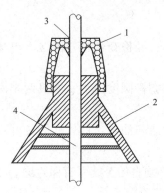

图 9-14　雨罩加绝缘小帽示意图
1—绝缘小帽；2—雨罩；3—粘合处；4—绝缘操作杆

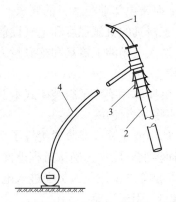

图 9-15　短水枪长水柱的小型冲洗工具示意图
1—喷嘴；2—绝缘操作杆；3—雨罩；4—导水管

　　喷咀的结构和形状、光洁度及锥度，应能保证喷出的水柱长度紧密而不散花。水泵的水压力以满足冲洗效果为准。

　　对中型、大型水冲洗的喷咀及水泵应可靠接地，其接地电阻不宜大于 10Ω。

　　2. 水柱的物理及电气特性

　　(1) 水柱的冲击力。水柱在离开水枪喷咀时具有足够的速度，当它射到绝缘子表面时仍具有足够的动能，并产生一定的冲击力，从而将沉积在绝缘子表面的污秽物质冲刷掉。但水柱在喷射过程中会因其与空气的相互摩擦，并卷吸周围一部分空气以小气泡的形式随着水柱一起向前流动，使得水柱自身的动能减少，从而使高压水柱逐渐疏松，形成散花。随着水柱截面的不断扩大，受到的空气阻力也不断增加，导致水柱动能丧失、流速迅速降低，对绝缘子污秽的冲清力也减弱。

　　因此，为了保证水柱到达绝缘子表面时仍有足够的清洗冲击力，必须保证冲洗过程中高压水柱具有一定的有效射程。当水柱喷咀直径一定时，增大喷咀的水压，水柱的有效射程就可以提高。除此以外，水枪喷咀的结构，加工粗糙度等，直接影响水柱的有效射程。

　　(2) 水柱的电气性能。水具有一定的绝缘性能，蒸馏水的电阻率为 $3×10^5 Ω \cdot cm$，自来水仅为 $(2~3)×10^3 Ω \cdot cm$，河水可低至 $1.5×10^3 Ω \cdot cm$。由此可见水的绝缘性能与一般固体绝缘材料和空气介质相比，并不优良。但是带电水冲洗时，水仍然可用来作为主绝缘，其原因在于高压水柱中的水含有大量空气泡，其物理状态和平常的水有所不同，因而绝缘性能也有所改变。

　　例如对于水枪喷咀直径 $\varphi = 2.0mm$，水柱长度 $= 1m$，水的电阻率 $\rho = 2500 Ω \cdot cm$，在外加电压 $U = 60kV$ 所测得泄漏电流 $I = 116\mu A$ 时，水柱中流水的等效电阻率可达 $16.2×10^4 Ω \cdot cm$（可假定水柱无散射的条件下，求出水柱的截面积，$S = \pi \left( \dfrac{1}{2} \varphi \right)^2$，再由欧姆定律 $R = \dfrac{U}{I}$ 可求

出水柱的等效电阻，并由 $\rho_e = R\dfrac{S}{L}$ 即可求得水柱中流水的等效电阻率。由此可见，水柱中流水的等效电阻率比原来的水电阻率增大了 65 倍。水阻率的大小直接影响水冲洗的安全性能，因此水冲洗过程中必须采取合理的技术措施，以确保带电水冲洗作业的安全和可靠。

3. 带电水冲洗技术条件要求

（1）带电水冲洗一般应在良好天气下进行。风力不大于 3 级（风速在 4~5m/s），湿度不大于 80%，气温不低于 3℃。

（2）冲洗用水的电阻率一般不宜低于 1500Ω·cm。当水电阻率为 1000Ω·cm 时，水柱长度应比表 9-9 中的数值增加 10%；当水电阻率低于 1000Ω·cm 时，不得使用，以免泄漏电流过大而危及人身安全。

（3）根据试验知，水柱越长其耐压越高，水的电阻率越高其耐压也随之增大。水柱长度和水耐压随喷咀内径的增大而降低。此外，水柱越长，水电阻率越高，泄漏电流也越小。一般要求在最高运行相电压下经水柱流经人体的泄漏电流不得超过 1.0mA。同时水柱、绝缘操作杆和导水管组合绝缘的湿闪耐压不应低于操作过电压。喷咀与带电体间的水柱长度应符合表 9-9 所列规定数据。

（4）绝缘子的临界盐密值，不得大于表 9-10 所规定值，以免发生闪络。

表 9-9　　　　　　　　　喷咀与带电体之间的水柱长度（m）

| 喷咀直径（mm） | | ≤3 | 4~8 | 9~12 | 13~18 |
|---|---|---|---|---|---|
| 电压等级（kV） | ≤63（66） | 0.8 | 2.0 | 4.0 | 6.0 |
| | 110 | 1.2 | 3.0 | 5.0 | 7.0 |
| | 220 | 1.8 | 4.0 | 6.0 | 8.0 |

表 9-10　　　带电水冲洗绝缘子的临界盐密值（仅适用于 220kV 及以下）

| 爬电比距（mm/kV） | 14.8~16（普通型绝缘子） | | | | 20~31（防污型绝缘子） | | | |
|---|---|---|---|---|---|---|---|---|
| 水电阻率（Ω·cm） | 1500 | 3000 | 10000 | 50000 | 1500 | 30000 | 10000 | 50000 及以上 |
| 临界盐密度（mg/cm²） | 0.05 | 0.07 | 0.12 | 0.15 | 0.12 | 0.15 | 0.2 | 0.22 |

（5）被冲洗的电力设备或绝缘子等，其绝缘应良好、无裂缝、漏油、渗油等缺陷。

（6）避雷器及密封不良的电力设备，不得进行水冲洗。

（7）对于伞间距离过小的绝缘套管，不宜进行水冲洗。

4. 冲洗时的安全操作要求

（1）操作人员应穿戴高压绝缘鞋和手套，设监护人并集中精力进行监护。

（2）水压达到正常时，方可将喷咀对准被冲洗的绝缘子或绝缘套管等电力设备。

（3）冲洗之前应测量水电阻率，并检查冲洗工具是否完整良好，接地是否可靠。

（4）对垂直悬挂的绝缘子串，棒式绝缘子等应由下（导线侧）向上（横担侧）逐片冲洗，对耐张绝缘子串，应由导线侧向横担侧逐片冲洗。

（5）在有风天气冲洗，应先冲洗耐张绝缘子串的下风侧。

（6）一般水柱长度已满足过电压的要求，故水枪的有效绝缘长度可取 1.0m 左右。

（7）水柱与绝缘子串中心的夹角，在冲洗下半截时尽量成 90°，冲洗上半截时不宜小于45°。

（8）冲洗时尽量避免水溅到邻近设备的绝缘子或套管上，以免引起污闪。

（9）冲洗双串绝缘子串时，相应位置的两片绝缘子应同时冲洗完成，不得冲洗完一串再冲洗另一串，对导线垂直排列的杆塔，应按下相、中相到上相的顺序冲洗绝缘子。

（10）在带电水冲洗作业时，导管上端静电分布电压较大，所在1.5m范围内不得触及接地体，以防发生设备和人身事故。

（11）进行小型冲洗时，水泵宜良好接地。

（12）在进行冲洗时，注意喷咀接地线不得摆动过大，以防接地线触碰导线引起短路故障。

## 9.5　带电作业安全技术

扫二维码获取9.5节内容。

## 9.6　带电作业常用绝缘材料

### 9.6.1　常用绝缘材料

国际电工委员会按电气设备正常运行所允许的最高工作温度将绝缘材料分为Y、A、E、B、F、H、C七个等级，其允许工作温度分别为90℃、105℃、120℃、130℃、155℃、180℃及180℃以上。绝缘材料可分为；漆、树脂和胶，浸渍纤维和薄膜，层压制品，压塑料，云母制品五大类。由于带电作业的特殊要求，使绝缘材料除有选择地使用上述五大类的部分品种外，还使用了工程塑料和绝缘绳索。我国目前带电作业使用的绝缘材料，大致有下列几种：

（1）绝缘板包括硬板和软板。其材质有层压制品类，如3240环氧酚酸玻璃布板和工程塑料中的聚氯乙烯板、聚乙烯板等。

（2）绝缘管包括硬管和软管。其材质有层压制品类，如3640环氧酚醛玻璃布管和工程塑料中的聚氯乙烯、聚苯乙烯、聚碳酸酯管等。

（3）薄膜，如聚丙烯、聚乙烯、聚氯乙烯、聚酯等塑料薄膜。

（4）绳索，如尼龙绳、蚕丝绳（分生蚕丝绳和熟蚕丝绳两种）。

（5）绝缘油和绝缘漆。

### 9.6.2　对带电作业绝缘材料的要求

绝缘材料的好坏直接关系到带电作业的安全，因此制作带电作业工具的绝缘材料必须电气性能优良、机械强度高、质量轻、吸水性低、耐老化，且易于加工。

1. 绝缘材料的电气性能

绝缘材料的电气性能主要指绝缘电阻、介质损耗和绝缘强度。

（1）绝缘电阻。绝缘材料在恒定电压作用下应没有任何电流通过，但实际上总会有一些泄漏电流通过。为使泄漏电流最小，绝缘材料应具有很大的绝缘电阻。

绝缘电阻由体积电阻和表面电阻两部分并联构成。体积电阻是对通过绝缘体内部的泄漏电流而言的电阻。表面电阻是对沿绝缘体表面流过的泄漏电流而言的电阻。图 9-18 表示泄漏电流（$i_s$）和体积泄漏电流（$i_v$）的路径。良好的绝缘材料体积电阻率 $\rho_v$ 和表面电阻率 $\rho_s$ 很大。例如 3240 环氧酚醛层压玻璃布板的 $\rho_s$ 值常态可达 $10^{13}\Omega \cdot cm$，$\rho_v$ 值常态时可达 $10^{13}\Omega \cdot cm$。但潮湿会使绝缘材料的绝缘电阻降低，因此在使用和保管时应特别注意不使其受潮。

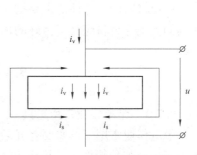

图 9-18　$i_s$ 和 $i_v$ 路径示意图

（2）介质损耗。在交流电压作用下的绝缘体，要消耗一些电能，这些电能转换成了热能。单位时间内绝缘体所消耗的电能称为介质损耗。介质损耗的大小，通常用 tanδ 来表示。在其他条件相同的情况下，tanδ 越大，则介质内功率损耗也越大，即介质的质量较差。此外 tanδ 的大小还与温度和受潮程度有关。在大多数情况下，温度升高，tanδ 随之增大；绝缘体受潮，tanδ 也要增大。带电作业绝缘工具的耐压试验，规定以不发热为检验合格。这个试验可较为粗略地检验 tanδ 值的大小。

（3）绝缘强度。任何绝缘体不可能耐受无限大的电压。当逐渐增大作用于绝缘体的电压至某一值时，绝缘体就会被击穿，绝缘电阻立即降到很小的数值，造成短路。使绝缘体发生击穿的电压称为绝缘击穿电压，它是绝缘体特别是带电作业所用绝缘材料的重要参数之一。

固体介质被击穿后，击穿处发生电弧，使绝缘体碳化和烧坏。如果击穿后重新对绝缘体施加电压，则原击穿处很容易重新发生击穿，且这时的击穿电压比第一次击穿时小得多。因此，固体绝缘的击穿造成了永久性的损坏，故带电作业使用的绝缘工具，在耐压试验时如被击穿则不能再用。

绝缘材料耐击穿电压的性能称为绝缘强度，也称击穿强度，单位为 kV/mm。在预防性试验中，规定对带电绝缘工具应做 1min 工频耐压试验。该试验用于检验绝缘工具能否在规定时间内耐受一定的工频电压，以判断其绝缘性能。

2. 绝缘材料的机械性能

固体绝缘材料在承受机械荷载作用时所表现出的抵抗能力，总称为机械性能。带电作业使用的各种绝缘工具工作时会受到各种力的作用，如受拉、压、弯曲、扭转、剪切等。各种外力都能使绝缘工具发生变形、磨损、断裂。因此用于带电作业工具的各种绝缘材料，必须具有足够的抗拉、抗压、抗弯、抗剪、抗冲击强度和一定的硬度和塑性，特别是抗拉和抗弯，在带电作业工具中要求很高。

3. 绝缘材料的密度和吸水性

（1）密度。带电作业工具使用的材料，应有较小的密度，以便尽可能减轻工具的质量，做到安全、可靠、轻巧灵活、便于携带。

（2）吸水性。材料放在温度为 20℃~50℃ 的蒸馏水中，经若干时间（一般为 24h）后材料质量增加的百分数称为吸水性。材料在吸收水分后绝缘电阻降低，介质损耗增大，绝缘强度降低。因此带电作业使用的绝缘材料，吸水性越低越好。

4. 绝缘材料的工艺性能

绝缘材料的工艺性能主要指机械加工性能，如锯割、钻孔、车丝、刨光等。带电作业使用的固体绝缘材料应具有良好的加工性能，以制作出合乎要求的各种绝缘工具。

# 9.7　带电作业常用工具

## 9.7.1　带电作业常用工具

带电作业常用工具主要有屏蔽服、静电防护服（巡视服）、绝缘梯架、绝缘杆、卡具、承力工具（如绝缘滑车、绝缘拉杆装置等）、绝缘遮盖工具、断引工具和清扫工具等。

1. 屏蔽服

屏蔽服又称为均压服，是带电作业不可缺少的重要工具。由各种纤维与单股、双股或多股金属丝拼捻织成的均压布缝制的，称金属丝屏蔽服，其纤维有防火和不防火之分，还有棉布经化学镀银的镀银屏蔽服。

防火金属丝屏蔽服与镀银屏蔽服相比，具有载流量大，遇电弧后无明火，不易燃，仅碳化的优点，但存在铜丝容易折断及夏天穿着较热的缺点。镀银屏蔽服具有屏蔽效果较好，柔软，夏天使用凉爽等优点；但防火性能差，载流量不大，作业过程中因汗水的腐蚀，容易发生化学作用，致使接触电阻加大。

成套的屏蔽服包括上衣、裤子、手套、短袜和鞋子及相应的连接线和连接头。按 GB 6568.1—1986《带电屏蔽服》的规定，屏蔽服可为 A、B、C 三种类型。A 型屏蔽服的衣料屏蔽性能高，载流量较小。B 型屏蔽服兼有 A、C 型的优点，载流量较大，适用的电压等级高。C 型屏蔽服屏蔽效率高，载流量也较大。从屏蔽效率看，A、C 型为 40dB，B 型为 30dB。A、C 型用于以屏蔽为主的高压和超高压的带电作业；B 型用于 35kV 及以下电压等级的带电作业。如具有 40dB 屏蔽效率的屏蔽服在 500kV 四分裂导线上等电位作业时，如果作业人员肩背部屏蔽服外的电场强度力 400kV/m，则穿透到屏蔽服内的电场强度只有 4kV/m，实测为 2kV/m。这说明电场大都被屏蔽掉了。

（1）屏蔽服的保护原理及其作用。

1）屏蔽服的保护原理。通过试验可知，把一个空心金属盒放在电场中，金属盒的表面场强很高，但盒内的场强则近于零，这种效应称为法拉第原理。屏蔽服保护人体的基本原理，就是利用金属导体在电场中的静电屏蔽效应。含有金属纤维的屏蔽服实质上是一个具有人体外形的法拉第笼，在强电场中，由于屏蔽效应，屏蔽服起到隔离外界强电场的作用，使屏蔽服内的电场趋近于零（可屏蔽 99.99% 的电场）。对 500kV 输电线路上等电位作业人员进行实测的结果表明，屏蔽服内部的电场强度仅为每米小于 7kV，远小于国际规定。

2）屏蔽服的作用。

a. 屏蔽作用。当穿戴屏蔽服在电场工作时，由于电场不能穿透屏蔽服，故屏蔽服内的电场很小，从而消除了静电感应影响，使工作人员不会产生不舒适的感觉。良好的屏蔽服的屏蔽系数（即衣服内的场强与衣服以外的场强之比的百分数）为 1.0%～1.5%，如外部场强为 30kV/m 时，屏蔽服内的场强仅仅为 0.3～0.45kV/m，远远低于人们感觉到的场强 2.4kV/m，因此良好的屏蔽服能起到屏蔽电场的作用，使作业人员不会产生任何不舒服的感觉。

b. 均压作用。如果作业人员不穿屏蔽服去接触带电体，由于人体存在一定的电阻，人体与带电体的接触点（如手指）与未接触点（如脚板）之间有电位差将导致放电，刺激皮肤，使作业人员有电击感。穿上屏蔽服后，由于衣服电阻很小（可视为导体），上述现象便可消除，从而起到了均压作用。

c. 分流作用。等电位作业时，作业人员在等电位之前，对导体和大地都存在电容，等电位之后，人体与大地和其他相导线也存在着电容，因此等电位作业人员无论是接触导线还是脱离导线的一瞬间，都有电容电流通过人体，所以在线路上进行等电位带电作业时，必须采取措施减少流过人体的电流，而穿屏蔽服则是一种最有效的分流措施。

当人体处于等电位状态时，由于人体对邻相导线和地之间有电容，将有一个与电压成正比的电容电流通过人体。一般人体承受的暂态电流不大于 0.45A，工频稳态电流不超过 1mA，屏蔽服是由导电材质（如钢丝、蒙代尔合金丝、不锈钢纤维与纺织纤维混纺）交织而成，又有相互连通的加筋线（铜线），因而，电阻小并有一定的载流能力，当其与人体并联时，屏蔽服便能起到分流暂态电流和稳态电流的作用。

由此可见，等电位作业人员穿上屏蔽服，不仅能屏蔽电场，而且能有效地分流暂态电容电流和稳态电容电流，减轻对人体的影响。人体和屏蔽服构成一并联电路，其等效电路如图 9-19 所示。在并联电路中，支路电流与支路电阻成反比，即电阻大的支路流过的电流小；电阻小的支路流过的电流大。其公式为

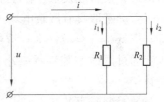

图 9-19　人穿屏蔽服后的等效电路

$$I_1 = \frac{IR_2}{R_1 + R_2}$$

$$I_2 = \frac{IR_1}{R_1 + R_2}$$

(9-19)

式中：$I_1$、$R_1$ 为流过人体的电流及其等值电阻；$I_2$、$R_2$ 为通过屏蔽服的电流及其等值电阻。

屏蔽服的另外一个作用是能方便地进行电位转移。以往等电位作业时，都使用等电位转移杆，不但麻烦，而且如果不慎，还会造成事故。作业人员穿上屏蔽服后，在进行等电位前（或后）便可直接用手去接触或脱离导体，既简单方便，又比较安全。总之，屏蔽服是等电位作业必备的防护装置。但在作业过程中即使穿着屏蔽服、还有可能出现以下情况。

"电风"现象。等电位时，未屏蔽的脸部，特别是眉毛感到一股很强的风在吹动，这实质上就是我们平常所说的"电风"。经实测，在 500kV 的电气设备上进行等电位作业时，如果将屏蔽帽脱掉，其所感觉到的"电风"相当于 5 级左右风的感觉。产生这一现象的原因是由于在很强的电场中的尖端放电现象所致。因为带电导体的电荷只分布在导体表面上，如果是球体，球体上的电荷分布将是均匀的。如果导体上有尖端部分，在尖端处，电荷密度最大，尖端处的电场强度为最强。空气中的残存离子在电场作用下，发生激烈的运动，与尖端上电荷异号的离子将趋近尖端，而与尖端同号的离子将背离尖端，即同性相斥，异性相吸，从而形成一股"电风"。它能将附近的火焰吹向一边。这种现象称尖端现象。

"麻电"现象。在等电位作业过程中，"麻电"现象是由如下几种原因所造成：①屏蔽服各部位连接不好，最常见的是手套与屏蔽服间连接不好，以致电位转移的电流通过手腕而

造成麻电；②作业人员的头部未屏蔽，当面部、颈部在电位转移过程中不慎先行接触带电体时，接触瞬间的暂态电流对人体产生电击；③屏蔽服使用时间长了后，局部金属丝折断时形成尖端，电阻增大或屏蔽性能变差，造成人体局部电位差或电场不均匀而使人产生不舒服的感觉；④当屏蔽服内穿有衬衣、衬裤，而袜子、手套又均有衬垫，人体与屏蔽服之间便被一层薄薄的绝缘物所隔开，这样，人体与屏蔽服之间就存在电位差，当人的外露部分如颈部接触屏蔽服衣领时，就会产生麻刺感；此外，等电位作业人员上下传递金属物体时，也存在一个电位转移问题，特别是金属物的体积较大或长度较长时，其暂态电流将较大。如果作业人员所穿的屏蔽服连接不良或金属丝断裂，在接触或脱离物体瞬间有可能产生麻电现象。

鞋底烧穿。作业人员身穿屏蔽服，脚穿橡胶鞋后，有时会出现橡胶鞋被烧穿一个小洞，有时还会嗅到一股橡胶气味，这种现象往往出现在作业人员沿绝缘子串进入电场的过程中。这是因为作业人员身穿屏蔽服后是一个良导体，绝缘子的钢帽也是一个导体，而作业人员所穿橡胶鞋又恰恰是一个绝缘体，这便构成了一个电容，在交流电的作用下，会有一定的电容电流流过，使橡胶发热，甚至烧穿。

尽管屏蔽服具有屏蔽电场，分流稳态及暂态电流等作用，但由于屏蔽服的衣料是由金属纤维与棉纤维（合成纤维）混纺而成，并具有经纬线纺织的网眼，因而外界电场的电力线多少会通过网眼空隙穿透一小部分进入屏蔽服内。穿透量的多少，通常可用"屏蔽效率"来衡量。

（2）对屏蔽服的基本要求。屏蔽服作为等电位作业必备的防护工具，必须满足以下基本要求：有较好的屏蔽性能（即较高的屏蔽效率）、较低的电阻、一定的载流量、良好的阻燃性及良好的服用性能与耐用性。

1）屏蔽效率。屏蔽效率是衡量屏蔽服性能的一项相对指标，是指没有屏蔽衣料试样与有屏蔽衣料试样时，分别在测量设备接收电极上测得电压之比的分贝值（dB），以式（9-20）表示

$$SE = 20\lg \frac{U_{\text{ret}}}{U} \qquad (9-20)$$

式中：$SE$ 为屏蔽衣料的屏蔽效率 dB；$U_{\text{ret}}$ 为没有屏蔽衣料试样时，测试设备接收电极上测得的电压值，V；$U$ 为有屏蔽衣料试样时测试设备接收电极上测得的电压值。

对于带电作业人员所穿的屏蔽服，屏蔽效率可以用式（9-21）计算

$$SE = 20\lg \frac{E_0}{E_i} \qquad (9-21)$$

式中：$E_0$ 为屏蔽服外面的场强，kV/m；$E_i$ 为屏蔽服内部的场强，kV/m。

由于用 dB 表示屏蔽效率使人感到不够直观，还可用百分率来表示

$$\eta = \left(1 - \frac{E_0}{E_i}\right) \times 100\% \qquad (9-22)$$

式中：$\eta$ 为以百分率表示的屏蔽效率。

式（9-22）的物理意义是相对外电场而言，屏蔽服内的电场强度被削弱的百分数。另外一种表示屏蔽服屏蔽性能的更直观的方法是采用穿透率 $\theta$，与百分率表示的屏蔽效率之间的关系为

$$\theta = (1 - \eta) \times 100\% \quad \text{或} \quad \theta = \frac{E_0}{E_i} \times 100\% \tag{9-23}$$

穿透率 $\theta$ 的物理意义是外电场强度能够穿透屏蔽服的百分数。

我国现行的 GB 6568.1—1986《带电作业用屏蔽服》标准和 IEC-TC-78 制定的《带电作业用导电服》标准中，均规定屏蔽效率的极限值为 40dB 以上。即高压磁场穿透屏蔽服后，其电场强度将衰减至 1/100。

2）屏蔽服的电阻。由屏蔽服的分流作用可知，由人体电阻分流的电流的大小取决于屏蔽服电阻及人体的电阻，当人体电阻一定时，屏蔽服的电阻越小，流经人体的电流就越小。即降低屏蔽服的电阻可以提高屏蔽服的分流作用，减少流经人体的电流。

我国对屏蔽服电阻上限值的规定为：整套衣服为 20Ω，上衣、裤子、手套、短袜等单件为 15Ω，鞋为 500Ω。

IEC 标准对屏蔽服电阻上限值规定为：整套衣服 60Ω，上衣、裤子为 40Ω，手套、短袜为 100Ω，鞋为 500Ω，人穿上屏蔽服后，流经人体的电流应小于 50μA，且帽内头顶、衣服内胸前、背后三处的场强不应超过 15kV/m。

3）阻燃性。屏蔽服在与明火接触时必须具有良好的阻燃性能，不允许有明火沿着衣服蔓延。并能使燃烧点限制到最小限度。

4）其他性能。屏蔽服经电火花试验 2min 以后，不应有烧损和明火发生，只允许局部碳化，且在规定的条件下、碳化的面积不得大于 300mm$^2$；屏蔽服应具有良好的穿着性、耐汗性、耐磨、透气性及较高的断裂强度和低断裂延伸率；整套屏蔽服在进行通流容量试验中，当通以规定的工频电流，并经一定时间的热稳定后，屏蔽服任何部位的最高温升均不得超过 50℃。

（3）屏蔽服使用注意事项。

1）屏蔽服必须指定专人保管。不管镀银屏蔽服还是金属丝屏蔽服，在使用一段时间后都不可避免地出现银粉脱落或银丝折断，导致电阻增大的情况。该电阻目前还没有准确可靠的方法进行检测。因此，使用前必须通过观察及手感来初步检查银粉脱落及铜丝折断情况。

2）屏蔽服各部（手套与衣袖，幅与衣，衣与裤，裤与袜）之间的连接必须牢固可靠，接触良好；冬季穿棉衣时，屏蔽服必须套在棉衣外面；穿用镀银屏蔽服接触绝缘绳索及绝缘工具时，必须采取一些措施防止银粉脱落在工具上。

3）屏蔽服并非"万能服"，作业中不允许造成对地和相间短路。

4）洗涤时用 50~100 倍于屏蔽服质量的水，在 50℃~60℃温度下浸泡 15min，以溶出衣服中的汗水，然后再用流动清水冲洗几次，晾干；洗涤时不应过分弯折、揉搓。

2. 静电防护服（巡视服）

静电防护服是采用镍纤维或不锈铜与纤维混纺织布后缝制而成，用于 500kV 及以下变电站内及输电线路巡视，防静电感应。

3. 绝缘梯架

绝缘梯架是等电位作业常用的工具，必须具有一定的绝缘强度和机械强度，且要求使用方便。常用的绝缘梯架可分为绝缘软梯和绝缘硬梯两大类。

（1）绝缘软梯。绝缘软梯由绝缘绳和绝缘管制成，可挂在导线、横担或构架上使用。挂在导线上使用时上部装有软梯架（用金属或绝缘材料制成），架上装有滑动轮，可使软梯在导线上移动。

绝缘软梯制作简单，携带方便，作业高度不受限制，绝缘绳和绝缘管容易更换，造价也不高，但攀登软梯时费劲。

（2）绝缘硬梯。绝缘硬梯一般用环氧酚醛玻璃布板或者管材（圆形或矩形）制成。为了携带方便，可做成活动式或折叠式。根据使用方式不同，绝缘硬梯又可分为直立硬梯、悬式硬梯及悬挂硬梯。

1）直立硬梯。主要用于变电设备等电位作业。按结构不同，直立硬梯又分为人字架梯、步梯式拉线梯、柱式拉线梯。

2）悬式硬梯。一端固定在横担、杆塔或构架上，另一端用绝缘绳将其悬吊成水平状态，通常做成步梯式，也可做成三角形桁架式，以提高其抗弯强度。还有一种将悬式硬梯固定在角钢上的活动固定器。它可以使悬式硬梯在水平方向旋转一定角度，以满足作业要求。

3）悬挂硬梯，具有短小轻便的特点。使用时梯子上端悬挂在母线、横担或构架上，下端系有绝缘拉绳以固定悬挂角度，并防止摆动。按其结构形式有步梯式和单柱式之分。

4. 绝缘杆

绝缘杆是指用空心绝缘管、泡沫填充绝缘管、环氧绝缘层压板（以下分别简称空心管、支杆、填充管、绝缘板）等绝缘材料制成的操作杆、支杆和拉（吊）杆。

绝缘杆是带电作业中地电位作业操作的主要工具。它的用途是取、递绝缘子，拔、递弹簧销子；解、绑扎线；绝缘支撑；传递工具材料。绝缘杆是由绝缘管和杯头工作部件组成，操作杆头部件根据用途不同可更换。常用的杆头部件有拔销器，递销器，多向拔销器，螺杆取瓶器，弹簧取瓶器，转瓶器，绑线绳子，带电线夹和夹线器。

绝缘杆的总长度由最短有效绝缘长度，端部金属接头长度和手持部分的长度决定，其各部分长度应符合表 9-12 的规定。

表 9-12                                   绝缘杆各部分长度（GBL 3398—1992）

| 额定电压<br>有效值（kV） | 最短有效绝缘<br>长度（m） | 部金属接头长度<br>不大于（m） | 手持部分长度<br>不小于（m） |
|---|---|---|---|
| 10 | 0.70 | 0.10 | 0.60 |
| 35 | 0.90 | 0.10 | 0.0 |
| 65 | 1.00 | 0.10 | 0.60 |
| 110 | 1.30 | 0.10 | 0.70 |
| 220 | 2.10 | 0.10 | 0.90 |
| 330 | 3.20 | 0.10 | 1.00 |
| 500 | 4.10 | 0.10 | 1.00 |

（1）电气性能。$10\sim220kV$ 电压等级绝缘杆电气性能应符合表 9-13 的规定。$330\sim500kV$ 电压等级绝缘杆电气性能应符合表 9-14 的规定。

表 9-13                    10~220kV 电压等级绝缘杆电气性能（GBJ 3398—1992）

| 额定电压<br>有效值（kV） | 试验电极间<br>距离（m） | 工频闪络击穿电压<br>不小于有效值（kV） | 1min 工频耐受电压<br>有效值（kV） |
|---|---|---|---|
| 10 | 0.40 | 120 | 100 |

续表

| 额定电压<br>有效值（kV） | 试验电极间<br>距离（m） | 工频闪络击穿电压<br>不小于有效值（kV） | 1min 工频耐受电压<br>有效值（kV） |
|---|---|---|---|
| 35 | 0.60 | 180 | 150 |
| 63 | 0.70 | 210 | 175 |
| 110 | 1.00 | 300 | 250 |
| 220 | 1.80 | 510 | 450 |

**表 9-14　　　330～500kV 电压等级操作杆电气能（GB 13398—1992）**

| 额定电压<br>有效值（kV） | 试验电极间<br>距离（m） | 5min 工频耐受电压<br>有效值（kV） | 1min 工频耐受电压<br>有效值（kV） |
|---|---|---|---|
| 330 | 2.80 | 420 | 900 |
| 500 | 3.70 | 640 | 1175 |

（2）机械性能。绝缘杆的机械性能应符合表 9-15 的规定。

**表 9-15　　　　　　　　绝缘杆的机械性能（GB 13398—1992）**

| 荷载类型 | 允许荷载值 | | 最小破坏荷载值 | |
|---|---|---|---|---|
| | 操作杆标称直径（mm） | | 操作杆标称直径（mm） | |
| | 28 及以下 | 28 以上 | 28 及以下 | 28 以上 |
| 弯曲力矩（N·m）不小于 | 90 | 110 | 270 | 330 |
| 拉伸力（N·m）不小于 | 600 | | 1800 | |
| 扭曲矩（N·m）不小于 | 30 | | 90 | |

绝缘杆的结构及制作工艺必须符合下述要求。

1）金属接头应尽量减少。试验表明 220kV 绝缘操作杆采用绝缘接头较采用金属接头的放电电压和击穿电压提高 10% 以上。这是由于金属接头形成节间电容，使得节间电压分布变得十分恶劣及绝缘杆前端电位差大，因此容易放电。金属接头周围造成电场集中，使在接头处出现一个电场强度特别强的点，促使绝缘杆放电，在接头附近发生层间击穿，造成内绝缘破坏。所以应尽量避免绝缘杆采用金属接头，若采用金属接头，其数量不得超过表 9-16 规定。

2）尽量避免电场集中。端部或中间接头应为圆弧形，将伸入管内的金属接头两端棱角改为圆弧形。

**表 9-16　　　　　　　　绝缘杆允许金属接头数量**

| 额定电压（kV） | 110 及以下 | 220 |
|---|---|---|
| 允许金属接头数 | 不得有接头 | 1 |

3）绝缘杆管内必须清洗并堵封。先用钢刷将管内脏物刷掉，再用丙酮洗净，最后用 1032 浸渍漆或环氧树脂配方进行绝缘处理，再在内孔两端加绝缘堵头（用环氧酚醛玻璃布板或管，车制而成）并用环氧树脂把墙头与管内壁粘车密封，或采用内充泡沫塑料的绝缘

管作绝缘操作杆。

5. 卡具

常用的卡具有绝缘子卡具、线夹卡具、横担卡具、导线卡具、联板卡具等，分别用来卡住绝缘子、导线、金具和横担等。在作业中，卡具必须与绝缘拉杆或其他形式的承力工具组合在一起发挥作用，用来更换耐张和直线绝缘子串、调整弧垂、处理导线缺陷等。因此，要求卡具必须满足：①足够的强度，以保证安全可靠；②结构简单，使用方便，质量轻；③制作卡具的材料应采用机械强度较高的优质工具钢。卡具在使用时受到多种不同外力作用，为防止卡具变形或断裂，必须对卡具进行分析计算，选择合理的尺寸和材料。

6. 承力工具

承力工具主要指承受导线质量和张力的带电作业工具。常用的承力工具有绝缘滑车组，绝缘拉杆装置（包括托瓶装置），绝缘支撑工具，紧线、吊线装置等。

（1）绝缘滑车组。绝缘滑车组由绝缘绳和滑轮组装而成。滑轮的个数根据载荷的大小确定，有单滑轮及双轮、三轮和四轮四种。绝缘滑车组使用灵活，在带电作业中应用较广泛。

滑轮一般用尼龙 6，尼龙 66 或尼龙 1010 经车制或压制成型，内装轴承，边板用环氧酚醛玻璃布板割锯成型，通过螺栓连接固定，并引出吊钩或其他传力连接部件构成。

（2）绝缘拉杆装置。绝缘拉杆装置是由绝缘拉杆、金属丝杆、卡具组成，常用于带电更换绝缘子作业时转移绝缘子串所受导线的重力或张力。

绝缘拉杆（或拉板）一般用环氧酚醛玻璃布管（或板）制成，两端分别与丝杆及卡具连接，丝杆一般用 45 号钢或合金钢制成。丝杆一端与绝缘拉杆相连，另一端与横担底座或卡具相连，摇动丝杆把手，即将丝杆旋进或旋出，使绝缘拉杆装置收紧或放松。有的已采用液压装置代替丝杆。常用的绝缘拉杆装置有如下几种：

1）更换 220kV 直线串绝缘子的绝缘拉杆装置。

2）更换 110kV 耐张单串绝缘子的绝缘拉杆装置。

3）更换耐张双串绝缘子的单臂绝缘拉杆装置。

（3）托瓶装置。常用的托瓶装置有托瓶架、吊瓶钩、抓瓶器。它们主要是用绝缘管（板）制作而成，在更换绝缘子时用来承担松弛绝缘子串的全部质量。托瓶架装在绝缘子串的下方，当耐张绝缘子串松弛，两端弹簧销子拔出后，由于绝缘子串不再承受张力，整串便落在托瓶架上，作业人员便可将其拖至横担，更换不良绝缘子。吊瓶钩是利用多个钩子勾住绝缘子串钢帽，当两端弹簧销子拔出后，绝缘子串松弛，吊瓶钩连同由其勾住的整串绝缘子用抱杆和绝缘滑车组吊到横担上，更换不良绝缘子。

抓瓶器与吊瓶钩相类似，是利用抓子抓住绝缘子串钢帽。当绝缘子串松弛，两端弹簧销子拔出后，操作人员用手握住抓瓶器的把手，将整串绝缘子提到横担上，更换不良绝缘子。它适用于更换 35kV 及以下线路绝缘子。

（4）绝缘支撑工具。绝缘支撑工具常用在带电更换直线杆横担或绝缘子作业中，用来作支撑固定导线。常用的支撑工具有绝缘横担，绝缘抱杆及蜗轮传动绝缘升降架等。

7. 绝缘遮盖工具

在 6~35kV 带电作业中，常因安全距离满足不了要求，需要用绝缘物体将带电体或带电体附件的横担、杆塔有效地遮盖，以保证作业人员和设备的安全。这些绝缘遮盖物体统称绝缘遮盖工具。常用的有绝缘防护罩（筒）、挡板、薄膜等。

8. 断接引工具

我国采用的断接引工具有断接引绳、断接引枪、消弧装置（包括消弧筒，消弧开关）断接和炸药断引等工具。

9. 清扫工具

带电作业清扫工具是由绝缘杆（或绝缘绳）和清扫刷子组成的带电清扫绝缘子的专用工具。主要用于地电位作业时，清扫绝缘子或瓷套上的污秽，分为干清扫工具和水冲洗工具两大类。

10. 其他

用来断开导线的断线工具，如绝缘断线剪、丝杆断线剪及液压断线剪。用来吊线、收紧用的工具，如蜗轮蜗杆吊线装置、蜗轮吊线器；液压绝缘斗臂车、通信工具等。

### 9.7.2　带电作业常用工具保管规定及要求

带电作业工具的保管是非常重要的，我国对带电作业工具的保管要求执行 DL 409—1991《电业安全工作规程（电力线路部分）》（以下简称 DL 409—1991《安全规程》）的规定。

（1）带电作业工具应置于通风良好，备有红外线灯泡或去湿清洁干燥的专用房间存放。

（2）高架绝缘斗臂车的绝缘部分应有防潮保护罩，并应存放在通风、干燥的车库内。

（3）在运输过程中，带电绝缘工具应装在专用工具袋、工具箱或专用工具车内以防受潮和损伤。

（4）不合格的带电作业工具应及时检修或报废，不得继续使用。

（5）发现绝缘工具受潮或表面损伤、脏污时，应及时处理并经试验合格方可使用。

（6）使用工具前，应仔细检查其是否损坏、变形、失灵。并使用 2500V 绝缘表或绝缘检测仪进行分段绝缘检测（电极宽 2cm、极间宽 2cm），阻值应不低于 $700\Omega \cdot m$。避免绝缘工具在使用中脏污和受潮。

（7）带电工具应设专人保管，登记造册，并建立每件工具的试验记录。

（8）带电作业工具应定期进行电气试验及机械试验。

### 9.7.3　带电作业工具试验

1. 带电作业工具试验要求

带电作业人员的安全，主要依靠所用工具的电气强度和机械强度来保证。为了使带电作业用工具经常保持良好的电气性能和机械性能，除了出厂的验收外，还必须定期进行预防性试验，以便及时掌握其绝缘水平、机械强度等性能，确保带电作业人员的检修施工安全。

根据 DL 409—1991 的规定，带电作业工具试验，应符合下列要求。

（1）带电作业工具应定期进行电气试验及机械试验，其试验周期为：

1）电气试验的预防性试验、检查性试验均每一年一次，两次试验间隔半年。

2）机械试验的绝缘工具每年一次，金属工具两年一次。

（2）绝缘工具的试验项目及标准见表 9–17。

**表 9-17** 绝缘工具的试验项目及标准

| 额定电压（kV） | 试验长度（m） | 1min 工频耐试验 | | 5min 工频耐试验 | | 15 次操作冲击电压（kV） | |
|---|---|---|---|---|---|---|---|
| | | 出厂及型式试验 | 预防试验 | 出厂及型式试验 | 预防试验 | 出厂及型式试验 | 预防试验 |
| 10 | 0.4 | 100 | 45 | | | | |
| 35 | 0.6 | 150 | 150 | | | | |
| 63 | 0.8 | 175 | 175 | | | | |
| 110 | 1.0 | 250 | 220 | | | | |
| 220 | 1.8 | 450 | 440 | | | | |
| 330 | 2.9 | | | 420 | 380 | 900 | 800 |
| 500 | 3.7 | | | 640 | 580 | 1175 | 1050 |

操作冲击耐压试验宜采用 250/2500μs 的标准波，以无一次击穿、闪络为合格。

高压电极应使用直径不小于 30mm 的金属管，被试品应垂直悬挂，接地极的对地距离为 1.0~1.2m。接地极及接高压的电极（无金属时）处，以 50mm 宽金属铂缠绕。试品间距不小于 200mm，均压球距试验 1.5m。

试品应整根进行试验，不得分段。

（3）绝缘工具的检查性试验条件是将绝缘工具分成若干段进行工频耐压试验，每 300mm 耐压 75kV，时间为 1min，以无击穿过热为合格。

（4）组合绝缘的水冲洗工具在工作状态下进行电气试验。除按表 9-17 外（指 220kV 及以下电压等级），还应增加工频泄漏试验，试验电压见表 9-18。泄漏电流以不超过 1mA 为合格，试验时间为 5min。试验时的水阻率为 1500Ω·cm（适用于 220kV 及以下电压等级）。

**表 9-18** 组合绝缘的水冲洗工具工频泄漏试验电压值

| 额定电压（kV） | 10 | 35 | 63（66） | 110 | 220 |
|---|---|---|---|---|---|
| 试验电压（kV） | 15 | 46 | 80 | 110 | 220 |

（5）带电作业工具的机械试验标准。

1）静负荷试验。将带电作业工具组装成工作状态，加 2.5 倍的使用荷重，持续时间为 5min，如果在这个时间内构件未发生永久变形和破坏、裂纹等情况时，则认为试验合格。

2）动负荷试验。试验时将带电作业工具组装成工作状态，加上 1.5 倍的使用荷重，然后按工作情况进行操作。连续动作三次，如果操作轻便灵活，连接部分未发生卡住现象，则认为试验合格。

（6）屏蔽服衣裤最远端点之间的电阻均不得大于 20Ω。

2. 带电作业工具的电气性能试验

对于用绝缘材料制成的工具（如吊线杆、拉线和操作），除经机械性能合格外，还应对各绝缘部分进行下列电气性能的试验。

（1）工频耐压试验。

1）绝缘杆。经现场模拟试验表明，将一根直径 20mm，高 2.5m 以上的金属杆水平悬挂以代替带电导线、再将绝缘杆接触地以模拟导线进行试验、其效果较好。同时在出厂试验和预防性试验时，在设备条件许可的情况下，最好采取整体试验（即整根一端加电压一端接地），如预防性试验设备条件允许时，可分段试验，但分段数目不可超过四段。

2）绝缘服。对绝缘服的试验，可在绝缘服的里边及外边各套屏蔽服作为电极，然后试验。

3）绝缘手套及绝缘鞋。对绝缘手套及绝缘鞋的试验，一般用自来水作电极进行试验。

此外，模拟淋雨时的状态进行试验可按以下条件进行。即在淋雨试验时，试品的安放位置与其工作状态一致。在试品上降下均匀的滴状雨，每分钟降雨量为 3mm，同时雨滴的作用区域超过试品外形尺寸范围。

淋雨方向与地面垂线成 45°，对绝缘杆和绝缘绳来说，将这些工具与地平面成 45° 夹角放置，这样淋雨方向与绝缘操作杆所在平面构成 90°；对吊线杆及绝缘梯来说，因为这些工具使用时是垂直地平面放置的，这时淋雨方向宜与工具成 45° 夹角；对绝缘梯来说，使用时是水平放置的，淋雨方向也与工具成 45° 夹角。

试验品在淋雨 10min 后才能湿透，因此，试品必须淋雨 10min 后才能加压。

4）绝缘梯和绝缘绳。绝缘梯和绝缘绳的电气性能试验可用锡箔纸包在试验品的表面，再用铜丝缠绕，作为电极，按表 9-3 的有效长度进行试验。

（2）试验电压的标准：①10kV 及以下线路上用的绝缘工具，其预防试验电压应不小于 44kV；②20~66kV 线路上用的绝缘工具，其预防试验电压为 4 倍相电压；③110~154kV 线路上用的绝缘工具，其预防试验电压为 3~3.5 倍相电压；④220kV 线路上用的绝缘工具，其预防试验电压为 3 倍相电压，出厂试验电压 3.7 倍相电压；⑤330kV 线路上用的绝缘工具，其预防试验电压为 2.75 倍相电压。工频耐压试验持续时间为 5min。

在全部试验过程中，被试工具能耐受所加电压，而当试验电压撤除后以手抚摸，如果无局部或全部过热现象，无放电烧伤、击穿等，则认为电气试验合格。

绝缘杆进行分段试验时，每段所加的电压应按全长所加的电压按长度成比例计算，并增加 20%。

小型水冲洗绝缘杆的绝缘试验，要求每三个月进行一次工作状态的耐压试验。耐压标准为中性点直接接地系统为 3 倍相电压，非中性点直接接地系统为 3 倍线电压，耐压 5min 不闪络，不发热者为合格。

（3）机电联合试验。绝缘工具在作用中经常受电气和机械负荷的共同作用，因而要同时施加 1.5 倍的工作荷重和两倍额定相电压，以试验其机电性能，试验持续时间为 5min。在试验过程中，如绝缘设备的表面没有开裂和放电声音，且当电压撤除后，立即用手摸，没有感觉及裂纹等现象时，则认为机电试验合格。

# 第10章  架空输电线路的运行管理

能否保证架空线路长年的安全经济运行，其因素是多方面的。从线路本体来说，其设计是否合理，施工质量是否优良，所用的材料及零部件是否合格是主要方面。从运行条件来说，线路所经过地区的气候条件、路径的地质情况、交叉跨越的复杂与否，空气的污染程度等也是至关重要的。更重要的是看管理工作做得如何。一条架空线路从安装完毕、验收合格送电到移交给生产运行单位后，要长年累月地保证其安全运行，就要经常不断地进行大量的运行维护、日常保养和检修等。这些工作的内容广泛且繁杂。要想使这些繁杂的工作能有规律、按秩序、合理地进行，必须进行合理地计划管理。

## 10.1  架空线路运行标准

线路运行管理工作是依据 DL/T 741—2016《架空送电线路运行规程》对架空线路进行经常性地巡视和检查，对有关部件进行周期性的测试，以便发现缺陷和问题能及时进行检修和处理，确保线路的正常运行和不间断供电。

### 10.1.1  杆塔

（1）杆塔倾斜、横担歪斜不得超过表 10-1 的规定。

表 10-1　　　　　　　　　　杆塔倾斜、横担歪斜允许范围

| 类别 | 钢筋混凝土电杆塔 | 铁塔 |
|---|---|---|
| 杆塔倾斜度（包括挠度） | $15/1000H$ | $5/1000H$（适用于 50m 及以上高度铁塔）<br>$10/1000H$（适用于 50m 以下高度铁塔） |
| 横担歪斜度 | $10/1000l$（含木杆） | $10/1000l$ |

**注**　表中 $H$ 为杆塔高度，m；$l$ 为横担固定点间长度，m。

（2）铁塔主材弯曲度不得超过节间长度的 $5/1000$。

（3）普通钢筋混凝土电杆的保护层不得腐蚀脱落、钢筋不得外露，裂纹宽度不得超过 0.2mm。预应力钢筋混凝土电杆不得有裂纹。

（4）铁塔斜材交叉处的空隙应装有相应厚度的垫圈，以防斜材的变形弯曲。

### 10.1.2  导线及避雷线

1. 导线及避雷线处理标准

（1）导线及避雷线由于断股损伤减少截面的处理标准见表 10-2。

（2）钢质导线及避雷线由于腐蚀，其最大计算应力不得大于它的屈服强度。架空输电线路的运行标准除符合上述运行标准之外，还应满足有关规程，规范的要求。如 DL/T 5092—1999《架空送电线路设计技术规程》、SDJ 7—1979《电力设备保护设计技术规程》、SDJ 8—1979《电力设备接地设计技术规程》等。

| **表 10-2** | 导线、避雷线断股损伤减少截面处理标准 | | |
|---|---|---|---|
| 线别 | 处理方法 | | |
| | 缠绕 | 补修 | 切断重接 |
| （1）钢芯断股；（2）损伤截面超过铝股总面积的 25% | 钢芯铝绞线 5%~7% | 损伤截面不超过铝股总面积 7%~25% | 损伤截面占铝股总面积 >25% |
| 钢绞线 | 损伤截面不超过总面积 7% | 损伤截面占铝股总面积 7%~17% | 损伤截面超过铝股总面积的 17% |
| 单金属铰线 | 损伤截面不超过铝股总面积 7% | 损伤截面占铝股总面积 7%~17% | 损伤截面超过总面积 17% |

### 2. 弧垂要求

（1）导线、避雷线的弧垂误差不得超过 +6% 或 -2.5%。三相弧垂不平衡值在档距为 400m 及以下时，不得超过 0.2m；档距为 400m 以上时，不得超过 0.5m。

（2）相分裂导线水平排列的弧垂，不平衡值不宜超过 0.2m。垂直排列的间距误差不宜超过 +20% 或 -10%。

### 10.1.3　绝缘子运行标准

（1）单片绝缘子有下列情况之一者为不合格：①瓷裙裂纹、瓷釉烧坏、钢脚及钢帽有裂纹、弯曲、严重腐蚀和歪斜、浇装水泥有裂纹；②瓷绝缘电阻小于 300MΩ；③分布电压低值或零值。

（2）污秽地区绝缘子串的单位泄漏比距（单位爬距）应满足污秽等级的要求。

直线杆塔上的悬垂绝缘子串，顺线路方向偏斜角不得大于 15°。

## 10.2　技　术　管　理

技术管理是线路生产管理的重要组成部分，是极其重要的工作。架空线路从安装完毕、验收合格、送电到移交给生产单位后，要保证它能长期安全运行，生产单位的主要任务是在不断提高企业管理水平的同时，建立、健全和完善基本的管理内容。

技术管理的内容主要有技术标准、技术规程、规范、条例、设计文本，施工组织设计的编制与贯彻，工艺措施的制定和管理，技术开发和新技术的引进与推广，技术培训、技术总结和技术经验交流，科技规划、科研和技术情报管理，技术资料、技术档案管理等。

（1）有关规程条例：①《电力工业技术管理法规》；②《电业安全工作规程（电力线路部分、热力和机械部分）》；③《架空送电线路运行规程》；④《电力设施保护条例》；⑤《架空送电线路设计技术规程》；⑥《电力设备过电压保护设计技术规程》；⑦《电力设备接地设计技术规程》；⑧《架空电力线路施工及验收规范》；⑨《架空送电线路现场运行规程》；⑩《电业生产人员培训制度》；⑪《电业生产事故调查规程》。

（2）设计、施工技术资料：①线路工程设计说明书（包括设计修改通知书及测试结果）；②线路路径平断面图；③杆塔明细表；④基础配置表；⑤杆塔及基础组装施工图；⑥挂线金具组装图；⑦导地线放线曲线表；⑧各项施工记录表；⑨未按原设计施工的明细表；⑩接地装置施工图及接地电阻测量值；⑪交叉跨越测量记录；⑫征（占）用地、交叉跨越、砍伐树木、通航河道桅高要求等涉及的单位、部门的协议书（复印件）。

（3）生产技术指示图表：①安全运行记录板（牌）；②送电线路地理位置图；③地区电力系统接线图和相位图；④线路设备一览表和设备评级指示表；⑤事故巡线、抢修组织表；⑥预防性检查、试验工作进度表；⑦年大修、更改、安全措施、反事故措施计划表；⑧全工区工作人员联络图表；⑨线路安全载流量表。

（4）送电线路运行技术资料专档（也称台账）：①技术参数摘要；②基本情况；③污秽情况；④交叉跨越情况；⑤工程竣工验收交接情况；⑥线路检修记录；⑦接地电阻测量记录；⑧设备重大缺陷；⑨设备定级；⑩安全运行日；⑪故障跳闸记录；⑫可用率 [可用率=可用小时/（8760-线路以外原因停用小时)×100%]。

（5）各种记录：①运行工作日志；②运行分析记录；③缺陷记录；④绝缘工具试验记录；⑤登高起重工具试验记录；⑥事故备品清册；⑦绝缘子测试记录；⑧导线、避雷弧垂测量记录；⑨导线连接器测试记录；⑩交叉跨越对被跨越物距离测量记录；⑪杆塔倾斜、挠度测量记录；⑫防护通知书；⑬反事故演习记录；⑭安全活动记录；⑮培训工作记录；⑯群众护线报告记录。

（6）应具备的制度：①电力部颁发的生产人员培训制度；②电力部颁发的备品备件管理制度；③本单位制定的缺陷管理制度；④本单位制定的岗位培训制度。

（7）安全教育及技术培训

安全教育及技术培训是架空线路管理工作的一个重要内容。实践经验证明，为了保证线路安全运行，线路运行人员除具有较高的思想觉悟、敬业精神、还应树立牢固、持久的安全思想和胜任本职工作的技术业务水平。这就需要经常进行安全教育和技术培训。

安全教育的主要任务是搞好安全日活动和认真学习好"安规"，同时结合剖析典型的事故进行教育或拍成图片和录像进行展览和播放，也可组织反事故演习，安全知识竞赛等多种形式教育，以此提高运行人员安全思想意识。

技术培训的目的是为了提高工人理论和实际操作水平，是一项相当重要的工作。目前认为行之有效方法是现场技术培训，包括技术问答、现场考问讲解、技术讲座、培训班、反事故演习、实际操作和基本功表演赛等。

## 10.3 生产计划管理

生产计划管理的目的与任务是根据电力线路的生产特点及其客观规律把全部生产工作纳入合理的计划之中，通过编制计划、组织执行计划、检查分析计划执行情况，以此达到组织、协调、指挥、监督生产全过程的目的。通过实施各项措施，以完成各项生产任务，保证运行安全，并以最小的劳动消耗，取得最大的经济效益。因此生产计划管理工作是十分重要的，必须做好。生产计划管理的内容包括季节性工作项目；年、季、月、周生产工作计划；安全运行技术措施计划；大修工程计划和改进工程等。

在一定期限内办好某些事及完成指定工作任务，必须事前制定出任务的具体内容、工作步骤和措施。就输电线路的计划管理来讲，必须根据其特点和客观规律把全部生产工作纳入合理的计划之中，通过编制计划、组织执行计划、检查分析计划的执行情况，以达到组织、协调、指挥、监督生产全过程的目的。通过实施各项措施，以完成各项生产任务，保证运行安全，并以最小的劳动消耗，取得最大的经济效益。

### 10.3.1　生产计划管理的内容

1. 季节性工作项目

输电线路的运行管理工作具有季节性，例如污秽管理工作、覆冰管理工作等，并不是全年都在进行这些工作。污秽和覆冰总是随季节的变化而出现，因此运行管理工作随着季节的变化而有所侧重。为了便于管理，可根据本单位管辖的线路所处的地理位置、气象特点、故障情况，列出运行管理工作项目，并将其绘制在一张图表中。表 10-3 和图 10-1 分别为某运行单位根据其季节性管理项目所编制的运行管理工作项目表和线路季节性运行管理年历图。

表 10-3　　　　　　　　　　　运行管理工作项目表

| 代号 | 工作项目 | 代号 | 工作项目 | 代号 | 工作项目 |
|------|----------|------|----------|------|----------|
| A | 防污秽 | F | 防雷 | L | 迎峰防寒 |
| B | 防覆冰、雪 | G | 防洪 | M | 设备定级 |
| C | 防大风、沙 | H | 防夏暑 | N | 放水 |
| D | 防振和防舞动 | J | 树竹清理 | | |
| E | 防鸟害 | K | 巡检 | | |

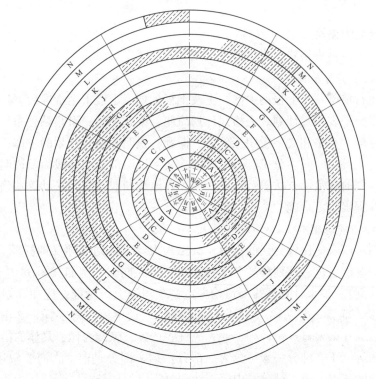

图 10-1　线路季节性运行管理年历图

2. 生产工作计划

年度计划，包括大修、更改工程、设备预防性检查试验与维修、反事故措施、安全组织措施、技术培训、假设事故抢修演习、班际之间评比等工作。

季度计划，在时间上只有年计划的 1/4，任务是年计划的一部分。主要是依据经批准落实的年计划及季节性特点，以及设备运行状态编制在本季度中应完成的任务计划。

月度计划，涉及开工日期、竣工日期，涉及申请停电期限，任务的人员组织、交通工具配置及工作技术、组织安全措施等具体工作。

上述计划一经制订和批准后要严格实施，不得随意变动。同时在计划制订中，对人力、财力、物质方面和时间上要留有余地，因为输电线路运行工作受天气、电网运行方式影响很大。

3. 安全运行技术措施计划

为保证线路安全运行，而制定的一套十分重要的技术措施计划。其内容有反事故措施计划，防雷、防污闪措施、降低事故率措施，安全管理措施等。这些都对安全运行起着重要的作用，必须引起足够的重视。

4. 大修工程计划

一般来说，35kV 以上线路每 10 年大修一次，每年检修线路总长的 1/10。10kV 线路每 15 年大修一次，每年检修线路总长的 1/15。

5. 改进工程计划

拟定改进工程计划。如更换导线、单杆改双杆，普通绝缘子改防污型绝缘子等实施方案。

### 10.3.2　计划的编写

计划的编写可以是表格式，也可是条文式。

1. 表格式计划编写格式

输电线路运行单位每年上报的大修、更改工程计划，上级审至批准后下达的大修、更改工程计划绝大多数是表格式计划。表格式计划简便，重点突出，可张贴公布。表格式计划编写格式要求有标题、表格和文字说明三部分。标题，说明表格式计划的主体；表格部分应标明指标、措施、人员、时间、分工等有关内容；文字说明部分，一般简要说明制订计划的客观依据，实现计划的政策、方法等；对于锈蚀、导地线断股、导线松动等缺陷要进行专题分析，找出原因，提出防范措施。

2. 条文式计划编写格式

条文式计划可以表达比较复杂的内容，其格式为：①计划名称（即标题）。名称中一般包括制订计划的单位名称、计划种类名称和计划适用的期限。例如《××送电工区××年度大修、更改工程计划》。如果计划还需要讨论再定稿或需经上级批准，应在计划的名称后面或下面用括号加注"草稿"、"初稿"、"征求意见稿"、"送审稿"等字样。②正文。这是计划的主体，它包括为什么要订这份计划，要完成哪些任务，怎样去做，具体的措施，达到什么目的，完成时间等。正文部分一般可分为三部分：第一部分是前言，简要叙述计划的目的，即制订这份计划的依据；第二部分是内容，计划要完成的任务，达到的指标和要求，对计划的内容要按主次、分条分项叙述清楚；第三部分是措施步骤，写清实施计划的措施，如主客观条件、人员配备、时间安排、所需费用等，措施要具体明确，办法要切实可行。如果有附表、附图等不便于放在正文中，可作为附件。

3. 日期

日期写在正文最后一行的右下方。如果标题中没有显示出单位名称，则在正文最后一行的右下方写上单位名称，而计划制订日期则写在单位名称的下一行。单位制订的计划要加盖公章。需上报、下达的计划，要在署名与日期之后写明抄报、抄送单位及个人名称。

## 10.4　缺陷管理及事故备品管理

### 10.4.1　缺陷管理标准的制订和缺陷组织管理细则

1. 线路缺陷管理标准的制订

运行中的线路设备及部件，凡不符合有关技术标准规定者，都称为线路缺陷。线路缺陷一般按其严重程度分为一般缺陷、重大缺陷和紧急缺陷（也称事故缺陷）三类。一般缺陷是指对线路运行影响不大的缺陷，如塔材生锈、绝缘子损伤、导线轻微磨损（不超过总面积的 5%）、电杆轻度裂纹等；重大缺陷指缺陷已超过运行标准，但在短期内仍可继续安全运行的缺陷。如绝缘子串闪络、铁塔倾斜超过 1% 等。这类缺陷应在短期内消除，在未消除之前应加强监视，以防缺陷加剧；紧急缺陷是指不能继续安全运行，随时可能发生事故的缺陷。如导线损伤面积超过总面积的 25%、绝缘子击穿、杆塔基础被洪水冲坏等。这类缺陷必须尽快地消除或采取临时措施。

缺陷管理标准一般按基础及拉盘、杆塔、导地线、绝缘子、金具及拉线、防雷接地装置等分别制订。为便于巡线员、护线员现场判断，所制定的标准应尽可能详细，能定量的应有数字标准，不能定量的定性上也要叙述详细明了。任何一条缺陷管理记录，必须同时具备下列要素：①发现缺陷时间；②缺陷的准确位置；③缺陷的严重性程度；④处理建议及需用材料；⑤记录上报人的签名。

缺陷管理标准的制订，除满足上述要求外，还应考虑设备评级标准，制定时应从其相对立的两个侧面来考虑标准的制定。

2. 缺陷管理

缺陷管理是管好、修好线路的重要环节。及时发现和消除缺陷是提高线路健康水平，保证线路安全运行的关键。缺陷管理包括缺陷信息传递、反馈、消除、验收等内容。

线路缺陷主要由四个方面发现：即巡线人员发现的缺陷、检修人员发现的缺陷、测试中发现的缺陷和其他人员发现的缺陷。巡线人员在巡线过程中发现的缺陷，应详细记入巡线手册上，并根据缺陷的严重程度划分缺陷类别。当发现重大、紧急缺陷时，应及时向线路运行班及有关领导汇报。有关领导听取汇报后，应亲临现场鉴定，必要时召集有关人员进行"会诊"，并采取相应措施，防止事故发生。每月底，巡线人员应把当月发现和消除的缺陷，填写在缺陷月报（一式两份）中，经班组负责人审查后记入缺陷记录簿，并向上一级单位填报缺陷月报表。检修人员在检修中发现的缺陷，不论处理与否，都应书面通知线路运行班。测试中发现的缺陷，由测试单位填写缺陷通知单，送交线路运行单位。其他人员报告的缺陷，线路运行班应派人到现场检查核实。所有缺陷经审查核实后都应记入缺陷记录本，并转告巡线人员。

缺陷管理中还应注意以下方面：

（1）缺陷记录分杆上和杆下分别记载，并要求各一式两份，分别存报班、站、生技科，以便安排处理。

（2）杆塔上差少量螺丝或个别螺栓松动，除已经构成重大缺陷者外，可不列入缺陷上报，而由巡线人员自己处理。对于重大缺陷，巡线班（运行班）应当天向输电线路工区汇报，工区应立即组织线路运行技术人员等到现场鉴定，确认是重大缺陷时，工区应向主管业务部门（生技部门）、输电线路责任人汇报。对于紧急缺陷，工区接到巡线班汇报后应在第一时间向生技部门及主管运行的总工程师汇报，由生产技术部门组织安全监督部门、工区等部门专业技术人员在总工程师主持下进行鉴定。

（3）地面维护班组工作票及停电检修班组工作票，要认真按格式填写，并特别注意使用工作票。

（4）缺陷的严重程度要与实际相符，不得夸大和缩小。重大和紧急缺陷要立即向巡视负责人汇报。一条线（或分管一段线）巡完后巡线班（运行班）把该线路发现的缺陷逐条登记到缺陷记录本上。巡线负责人将审查后的缺陷逐条填写好一式两份，一份自存，另一份报送电线路工区领导或工区专责（视单位分工而定）。

有关线路缺陷卡片及记录格式，见表 10-4、表 10-5。

表 10-4　　　　　　　　　　　　　缺陷卡片缺陷等级

| 电压（kV） | | 编号 | | 设计杆号 | | 现场记录 |
|---|---|---|---|---|---|---|
| 线路名称 | | | | 运行杆号 | | |
| 发现日期 | | | | 发现人 | | |
| 缺陷内容 | | | | 图示 | | |
| 处理方法 | | | | | | |
| 需用材料 | | | | | | |
| 工区意见 | | 年　月　日 | | | | |
| 站、队意见 | | 年　月　日 | | | | |
| 处理结果 | | 处理人：　年　月　日 | | | | |
| 备注 | | | | | | |

表 10-5　　　　　　　　　　　　　缺陷记录线路名称

| 缺陷编号 | 杆号 | 缺陷内容 | 处理意见 | 缺陷等级 | 发现日期 | 发现人 | 处理日期 | 处理人 | 注销日期 | 备注 |
|---|---|---|---|---|---|---|---|---|---|---|
| | | | | | | | | | | |

（5）为了准确表述有关缺陷的位置，规定如下：①按线路杆号数码增加的方向为前进方向，决定前后左右。②耐张串绝缘子，直杆 V 形绝缘子，在左边的一串叫左串，在右边的一串叫右串，并以从横担到导线的顺序确定绝缘子的序数。③以从下到上顺序确定铁塔包钢，水泥杆接头钢圈序数。④交叉跨越、对地距离、树木及其他导线限距，用一个杆号和一个距该杆塔的距离数来表示。缺陷位置在杆塔大号侧，距离数字前标"+"号，缺陷位置在杆塔小号侧，距离数字前标"-"号。

3. 线路运行分析

线路运行中，由于各种原因（如气象条件、外界影响、输送容量等），会发生这样那样的问题，危及线路的安全运行。为此，要经常地开展运行分析，以便掌握线路的运行状况及缺陷发展变化规律，制定针对性的措施，确保线路的安全运行。线路运行分析的内容有以下几方面：

（1）评估运行人员巡线维护工作的质量，研究分析提高巡线维护质量的技术措施和管理措施，检查巡线维护计划完成的情况等。

（2）设备缺陷分析。分析设备异常和重大缺陷发生、发展的原因及变化规律，制订切实可行的预防措施。

（3）事故及异常情况分析。分析线路事故及异常情况产生的原因，召开事故现场分析会、收集和保留事故实物，为事故分析和制定反事故措施提供依据。

（4）专题分析。如分析特殊气象下或线路过负荷时的运行状态；季节性特点对线路安全运行的威胁，事故预测；特殊运行方式应注意的问题；反事故措施执行情况等。

### 10.4.2　事故备品管理

运行单位储备事故备品的目的是为了及时消除线路缺陷，防止发生事故，加速事故抢修，缩短停电时间，提高线路健康水平，保证安全经济供电。

事故备品是指：①在正常运行情况下不易磨损，检修中一般也不需要更换，但在损坏后将造成线路不能正常运行，必须立即更换者；②部件一旦损坏不易修复和购买，或材料特殊而恢复生产又属急需者。

轮换性（如检修轮换部件）和正常检修需要更换的零部件；消耗性备品（如正常运行情况下容易磨损的零部件，在检修中所用的一般材料，工具、仪器等）；部件损坏后短时间内可以修复、购买、制造者；检修特殊项目需要的大量材料不属于事故备品。架空电力线路的事故备品要有各种不同规格的导线、各种不同规格的避雷线、绝缘子、金具等。事故备品应专人管理，不同类别的事故备品应有标记，应设专库、专架存放，妥善保管，保证其不受损伤、不出现变质和散失；要定期检查试验，建立清册，单独立账，分类存放。同时应根据颁布《电力工业生产设备备品管理试行办法》的规定建立有关验收、保管、定期检查、领用、退库存、修理补充等规定。保证事故备品的质量并做到随时可用。事故备品应注意其保存年限，定期更换补充。金属备品应定期做好涂油防腐工作。

具体实施时，各输电线路运行单位可根据自己具体情况，将规程、条例、图表、台账和各种记录等由资料室集中保存，有的规程（如《电业安全工作规程》、现场运行规程等）还可发至人手一册，可采用贴公告的形式将安全运行记录板、输电线路地理位置图、相位图、运行工作日志、安全活动记录、各种测量记录筹绘制或粘贴在班组内。

## 10.5　计算机在输电线路运行管理中的应用

随着经济的增长，电网建设向着高电压、大容量、长距离方向发展。地区负荷不断增加，新建和改建建线路越来越多，电网规模不断扩大，对电网运行的可靠性要求越来越高。因此，在输电网的规划设计、生产运行、档案管理等方面，传统的管理方法已难适应现代化电网建设和发展的需要，急需改变输电系统传统落后的技术和管理手段。MIS 系统的采用在改变这一状况中起了很大作用。然而，随着计算机应用领域的不断拓宽和应用技术的不断加深，人们对 MIS 系统中数据的管理和使用已不再局限于冗长的数据列表，正在设法摆脱数据堆积和改进数据应用方式，而越来越多地采用可视化（Visualization）技术。在电力系统中，输电网络是按地理分布的。对这些数据信息的管理和使用如果与地理环境相联系起来，则可加强对数据的分析处理和图形表现能力，大大提高对这些数据的直觉理解。这种将数据信息按地理形式表现和管理的系统，被称为地理信息系统 GIS（Geographic Information System）。地理信息系统是使电力系统数据信息管理达到可视化的一个重要手段，运用地理信息系统进行输电网运行管理已势在必行。输电网地理信息微机管理系统不仅使输电网的技术管理上升到一个新的水平，更重要的是改进输电质量，减少事故和检修时的停电时间，提高供电的可靠性，降低电网运行费用，为电力用户提供高质量的服务。

### 10.5.1　输电管理地理信息系统的特征

输电管理地理信息系统作为一种空间管理信息系统，它继承了 MIS 系统和 GIS 系统的一些特点，将 MIS 系统和 GIS 系统有机地结合起来，作为一种专业性很强的信息管理系统，特点如下。

1. 地理特征

由于输电网络的输电线路的走向，输电设备的分布，用户单位的分布等具有明显的地理特征，因此地理特征必将成为输电管理地理信息系统区别于传统意义上的管理信息系统（MIS）的主要特征。传统意义上的管理信息系统主要使用基于字符的信息（包括数字、字符等），它不包括描述空间位置和形状的坐标信息、描述物体的空间关系信息等。输电管理地理信息系统在传统的管理信息系统（MIS）上扩充了对空间信息（如山脉、道路、水域、建筑物、架空线路、地埋电缆等）的管理，将输电线路，电缆沟道，输电线路上各种设备，如杆塔、开关、接地开关、负荷开关、避雷器、跌落式熔丝器具，显示在人们熟悉的地图背景上，同时输电管理地理信息系统还需具备一定的空间分析能力，利用地理信息和电力系统信息进行叠加分析和邻域分析，比如输电线路和其他物体的交叉跨越，计算某一区域内负荷的分布等。这样，决策者可以在更高的层面上，直观、宏观地考察各种必要信息，并进行有效的控制。因此输电地理信息系统具有地理信息系统（GIS）的特点。

但是，输电管理地理信息系统又不是传统意义上的地理信息系统（GIS），它削弱了 GIS 专业性强的特点，比如它抛弃了一般用户难以接受的空间拓扑关系的概念，而采用了通过地理运算符和面向对象的图形结构，将 GIS 系统中的地理分析和图形处理功能以用户易于理解和接受的方式带到微机平台上。它的基本实现手段是在 MIS 软件中配合使用能对空间信息进行分析和管理的软件，以提供对企业或组织的地理分布特性及所处环境的描述能力，并能够进行一定的空间分析。

2. 信息形式多样性特征

在输电线路运行管理 GMIS 系统中涉及多种数据类型，如图形数据、图像数据、地形、输电设施的属性数据和统计数据。用户要查询的信息的形式也是多种多样的，包括有输电设施和用户的属性数据、矢量图形数据、位图图像数据、多媒体视频数据等。同时，属性数据的显示方式、图形数据文件格式、位图图像的文件格式也是多种多样的。因此，在输电线路运行管理系统中要采用多种方式来组织数据。

（1）属性数据。属性数据表示输电线路运行管理系统中的空间数据的非位置特征，它的每一个数值都与某个位置联系在一起，如输电线路的名称、长度、型号等。在一个区域内如果知道各个位置的属性，就可以编制该区域的专题图，例如，如果知道各个位置的高程，就可以生成等高线图，如果知道各个区域内用户的专变容量，就可以生成关于用户负荷的专题地图。此外，属性数据是对对象的数字化或表格化的描述，可以查询每个地图对象的属性，为决策者提供对象的定量信息。

（2）矢量图形数据。矢量数据结构是一种常见的图形数据结构，它通过记录坐标的方式尽可能地将点、线、面地理实体表现得精确无误。其坐标空间假定为连续空间，不必像栅格数据结构那样量化处理，因此矢量数据能更精确地定义位置、长度和大小。矢量数据主要用于表示线划地图中地图元素数字化后的数据和数据元素之间及其与属性数据之间的空间关系。除了数学上的精确坐标外，矢量图形数据存储是以隐式关系为最小的存储空间存储复杂的数据。因此，矢量图形数据的初画和刷新的速度要明显快于栅格数据。

输电线路运行管理系统的地形图和输电线路网图（包括架空线路、电缆线路、杆塔等）均为矢量图形数据，变电站接线图、平面布置图、输电线路断面图、杆形设计图以及各种工程图纸等也采用矢量图形数据。矢量图形可以用数字化仪录入，也可以使用扫描仪录入再使用矢量化软件对扫描的位图文件进行矢量化。矢量图形数据格式可以使用所选用的桌面地图系统（Desktop Mapping System）内部的矢量数据格式或者适于 CAD 软件 DXF 格式等。

（3）栅格图像数据。栅格结构又称格网结构，若将工作区域均匀地划分成网格，构成一个格网矩阵，该格网矩阵称栅格结构。网格的形式可以有三角形、六边形、正方形和矩形等，通常采用的是正方形网格，每个网格单元是最基本的信息存储单元和处理单元，它的大小可以根据不同的要求确定。栅格图像由一行行细小的像素点（Pixel Point）组成，有时候也称为位图（Bit Map Image），栅格图像是计算机化的图像。

输电线路运行管理系统可以显示色彩丰富、逼真的栅格图像，使用户更加直观地观察所关心的地形、交跨。设备外观图等。图像文件格式应该兼容主流图像处理软件的图像格式，例如：①BMP Windows 位图格式；②TIF 标记图像文件格式；③PCX Zsoft 画笔格式；④GIF 图像交换格式；⑤JPG JPEG 格式；⑥TGA Targa 格式；⑦BIL SPOT 卫星图像格式。

位图图像可以作为地图的背景和地图叠加起来进行显示，以增强地图的美观程度，位图图形的缺点是不能像矢量图形那样进行无级放大，当放大到一定倍数后，图形会严重失真。

（4）多媒体视频数据。结合电力系统原有的线路航拍的录像资料，经过视频编辑和输电线路关联起来后，提供给管理者查询线路和线路沿线情况。对于变电站出线情况比较复杂的情况，可以制作相应的三维动画，以提供给管理者更加直观明了的信息。

### 10.5.2　输电线路运行管理对象的地理分布特性

电网是连接发电厂和用户的中间环节，由输、配电线路和变电所组成，按其功能常分为输电网、配电网两大部分。输电网是由 35kV 及以上的输电线路和与之相连的变电站组成，其作用是将电能输送到各个地区的配电网或直接送给大型的工业企业用户实现联网。配电网是由 10kV 及以下的配电线路和配电变压器所组成，其作用是将电力分配到各类用户。

由于输电网的巡视线路复杂，杆塔分散，加上输电线路的地理特殊区域的特点，给输电网的管理带来很大难度。许多供电局（所）为了提高管理效率，易采用计算机进行管理。由于输电网中线路的走向及输电设施、特殊区域和用户的分布明显与地理因素有关，生产管理中的实际操作如线路改道、巡线、停电检修和新设施报装等也都会依赖长度距离、范围、街道分布和相对位置等地理因素，用传统的数据库系统来管理就显得力不从心。例如查询距离某杆塔 1km 范围内的情况，一般的数据库系统都很难实现。因为它在组织和存储数据时就没有考虑地理上的相互关系。很明显，输电网所管理的对象既具有空间属性（分布、相对位置等），又具有一般意义上的属性。这种依赖于空间地理因素的特点，使得将能同时管理属性数据和空间数据的 GMIS 引入输电网设施管理成为必要，输电线路运行管理的对象包括变电站、线路（包括电缆）、杆塔、电缆接头等，其相互关系如图 10-2 所示。它们在地理分布上各有特点，呈现典型的点、线、面的地理分布特征。

（1）点状分布。输电网中的变电站、杆塔、电缆接头设施都是点状分布与其他对象发生关系，在图上以一个点（$X$，$Y$）的形式存在。

（2）线状分布。输电网中的线路（包括主干线、分支线和电缆）和街道都属于线状分布。它们反映的是离散的点和点之间的一种连通关系。它们在地图上以两个点（直线）（$X_1$，$Y_1$）和（$X_2$，$Y_2$）或多个点（折线）（$X_1$，$Y_1$）、（$X_2$，$Y_2$）、…、（$X_n$，$Y_n$）的形式存在。

（3）面状分布。输电网中的特殊区域、用户单位和城市的行政区划等都是面状分布。这种分布的特点是要考虑占地面积，因为一个区域的内部可能包含有相对位置关系的多个其他对象，例如，变电站内部还有变压器和接线线路及一个单位内部有多栋建筑等。面状分布的对象在图上由首尾相连的折线围成，一个 $n$ 边的多边形以首尾相连的折线围成，一个 $n$ 边的多边形以首尾重合的 $n+1$ 个点（$X_1$，$Y_1$）、（$X_2$，$Y_2$）、…、（$X_n$，$Y_n$）和（$X_1$，$Y_1$）的形式存在。

输电线路运行管理的对象在地理上所呈现的点、线、面的分布并不是孤立存在的，它们之间存在着地理上和逻辑上的密切关系。例如，直与点之间有两个杆塔的杆距问题；点与线之间有变压器、开关的挂靠问题；点与面之间有变压器的落点与搬动问题，有主干线与分支线的分支问题和线与线之间的跨越问题；线与面之间有线路与单位建筑物之间的跨越问题和线路的供电区域和范围问题；面与面之间有需电范围内的各类负荷的分布问题以及线路出线走廊与单位建筑物之间的冲突问题等。

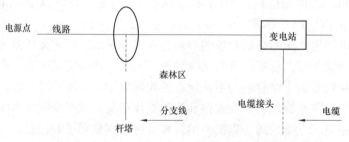

图 10-2 输电线路运行管理对象的相互关系

### 10.5.3 输电管理中的常用 GIS 操作

1. 点查询（POINTQUERY）

查询是管理系统中最常用的操作，查询系统的效率高低和方便程度也是衡量管理系统水平的重要标准。用传统的查询方式，为了找到一条记录，用户必须交互地输入已查询条件，尽管程序员绞尽脑汁地设计了尽可能方便用户的交互界面，但用户依然被操作数、关系符合逻辑符这样的术语弄得不知所措。另一种脱离键盘的查询方式就是通过图形进行查询。图形本身包含大量信息，各个物体的形状大小、颜色及相对位置都在图上一目了然。如果能解决图上物体和其属性的关联问题，就可以直接在图上进行查询了。

GIS 中的点查询技术，就是在图上将每一个对象看成是一个物体（OBJECT），它可以是点、线、面的任意几何形状或是专门的符号。例如，一条线路可以用直线或折线表示，用户单位可用多边形表示，而变压器和开关可用专门的符号表示。由于 GIS 中的地理数据库将对象的图形信息和属性信息有机地结合在一起，在图上找到了对象也就得到了对象的属性信息。点查询技术就是通过用鼠标在图上检取对象，从而对对象的属性信息进行查询。

其中，地理查询和其匹配就是根据一个地理点坐标与地理数据库中记录的地理编码进行匹配从而找到对应对象的记录。这种匹配包含下列情况：

（1）点与点匹配，即点与点重合。严格地说，考虑到鼠标检取点与数据库中实际点的坐标误差，应该是点与点的距离足够小，用 Distance（）函数可以计算图上任意两点的距离。

（2）点与线匹配，即点落在某一直线或折线上。一般常用 MBR（）函数（Minimum Bounding Rectangle）。

（3）点与面匹配，即点落在某一区域内（包括圆、多边形等），常用 Contain 操作来判断点与区域之间的包含关系。

这些匹配在查询时由系统自动进行。

在 Map Info 中对不同种类的对象采用分层管理，对应的图也有线路层、杆塔层等，每一层的对象可以用不同的颜色和专用符号表示。在进行综合查询时将多个图层进行叠加。在叠加时每一层都会是透明的，叠加的结果是所有层的对象都会呈现在屏幕上，形成了一幅完整的地理接线图。这样，查询就变得异常简单。只用鼠标对图上的对象检取一下就立即得到对象的属性信息。虽然图是由多个图层叠加而成，但鼠标的检取具有穿透图层的特性，图上的列象都能进行点查询，尽管不同图层的对象具有不同的属性结构。点查询是 GIS 中比较有特色的查询技术，它摆脱了依赖键盘输入文字条件的方式，查询对象都直观地显示在屏幕上，只用鼠标进行图形查询。如果辅以放大、缩小和图形漫游技术，则可以检索到所有对象的属性信息，从而实现了查询意义上的"所见即所得"。

2．区域查询（QUERYINREGION）

除了点查询外，多数 GIS 软件也都支持区域查询，即通过输入查询条件来寻找相应的记录。所不同的是 GIS 所提供的这种查询可以加上一个地理范围，即查找在某一地理区域内符合条件的记录。这个区域可以是规则的，如在图上定义的以某点为圆心，给定长为半径的圆，或是给定长度和宽度的矩形；也可以是不规则的，如临时用鼠标在屏幕上定义的多边形或任意区域。

在 GIS 中进行区域查询的过程是：

（1）首先用鼠标定义一个区域。

（2）根据给定区域和数据库中记录的地理编码进行匹配。

（3）将匹配成功的记录（所有落在该地理范围内的对象）过滤出来组成一个临时表。

（4）再在临时表中根据给定的查询条件进行常规查询。

给查询条件加上地理范围是 GIS 所特有的查询技术。它特别适合处理与地理分布和影响范围有关的问题，如在输电管理中各个区域的负荷密度，各种设备的分布情况，有安全要求的设备与周围易燃易爆对象的相互关系等。在传统的数据库系统中，这种与地理范围有关的问题非常难以表达，而在 GIS 中借助于地理数据库和地图，能够直观和方便地在图上定义地理范围，而且查询的结果除了以列表（BROWSER）的形式显示在屏幕上，还可以将查询到的对象在地图上表示出来（如用不同的颜色或反向显示），从而使查询具有双向性。这也是

GIS 优于一般管理系统的一大特点。

### 10.5.4　地理分析操作在输电管理中的应用

地理分析是 GIS 所特有的功能，是 GIS 系统的重要标志。它以图和图上的物体作势操作对象，依据对象之间的地理联系，从而得到新的派生信息。常用的地理分析有：叠加分析、邻近分析、缓冲区分析和网络分析等。

1. 叠加分析（OVEPLAY）

叠加分析就是将一幅或多幅图进行叠加，图上的对象（包括点、线、面）在叠加的过程中经过各种运算（算术叠加和逻辑叠加）从而得到包含有新信息的新图。其中，逻辑叠加包括有对象之间的交和并的运算。

（1）变电站选址。在变电站的选址方面可以用到叠加分析，根据选址的原则（如距负荷中最近、远离易燃易爆场所、便于走线等），将负荷分布图、易燃易爆场所分布图、线路网络、街道走向图等进行叠加，得到一张可能选址的区域分布图，然后，再在这些可能的区域内进行更详细的选择工作。

（2）跨越识别。在跨越的识别方面，可以将线路图与线路图进行叠加，生成跨越的分布图，如在线路属性中增加对地高程字段，则还可以自动生成跨越的相对跨越距离等信息。同样，如果用线路图和单位分布图叠加，就可以生成线路与建筑物之间的跨越分布图。

2. 缓冲区操作

缓冲区就是在图上对象的周围建立一个包含该对象的等距离的区域，然后在这个区域内进行各种分析操作。如点、线、面的缓冲区。

（1）出线走廊。在进行城网改造时，经常要考虑出线走廊的问题。在线路左右多少米内不能有建筑物或障碍物，这是典型的缓冲区分析。可以对落入缓冲区的各种对象进行统计，设计不同的成本模型，从而得到不同出线走廊的设计成本。

（2）线路间的干扰问题。在线路走线时，高压线、路灯线及通信线路之间必须保持一定距离，这也可以用建立线缓冲区分析来进行检测。

（3）设施的安全距离。许多电力设施，要求与建筑物或用户保持一定的安全距离。还有一些特殊区域、易燃易爆的场所也必须远离线路等设施，这些都可以通过建立点缓冲区来进行检测和控制。

## 10.6　无人机巡视输电线路

随着无人机相关技术的快速发展，它在实际应用中有了巨大突破，这些发展为无人机在电力系统中的应用提供了前提条件。由于我国电力系统涉及区域较广、地形变化复杂，采取传统的人工管理模式具有较大难度和工作量，而无人机的引入可以极大地降低电力系统的相关基础建设的难度，实现对相关地形区域的测绘、输电线路规划、输电线路策略、电力线路巡检、线路架设等。

### 10.6.1　输电线路巡检

随着电网规模的迅猛扩大，输电线路安全运行所面临的挑战和风险却与日俱增：极端自然灾害、动植物侵入、人为外力破坏等非传统因素造成的电网事故时有发生。电网的安全事故，通常由已存在的缺陷并在特定条件下引发。输电线路不仅存在着自然老化、劣化现象，更是一个巨大的环境灾害承载体,伴随着各种缺陷和隐患的滋生与累积。

输电线路的缺陷和隐患虽然类型多样、形式复杂、分布广泛,但绝大部分可以通过线路部件或通道的影像(可见光、红外、紫外等)进行观察判断。因此,以影像采集、分析和诊断为主要方式的输电线路巡检,对于掌握线路运行状态及周围环境的变化,及时发现设备缺陷和外部隐患以确保线路运行安全有着极其重要的作用和意义。

与人工巡检、机器人巡检相比,采用无人机搭载高清影像采集设备、红外测温仪的输电线路巡检技术,可全方位获得输电线路设备影像资料,真正实现输电线路缺陷巡视的"零死角",且具有快速高效、不与线路本体接触等优势,应用潜力巨大。

无人机技术的发展为架空电力线路的巡线提供了新的移动平台。利用无人机搭载巡检设备进行巡线,有着传统巡线方式无法比拟的优势:①无人驾驶,不会造成人员伤亡,安全性高;②不受地理条件的限制,即使遇到地震,洪涝等自然灾害,依然能够对受灾区域的电力线路进行巡检;③可全方位获得输电线路设备影像资料,真正实现输电线路缺陷巡视的"零死角";④巡线速度快,每小时可达几十千米。

通过巡视检查来掌握线路运行状况及周围环境的变化,及时发现设备缺陷和危及路线安全的因素,以便及时消除缺陷,预防事故的发生。巡视的分类主要有:①线路的定期巡视,主要是进行巡线管理。②线路的特殊巡视,特殊巡视是在发生冰冻、沙尘暴、暴雨、泥石流、洪水等灾害、外力影响、异常运行和其他特殊情况时及时发现线路异常现象及部件的变形损坏情况。特殊巡视一般不能一人单独巡视,而是依据情况随时进行的。③巡线的夜间、交叉和诊断性巡视,一般根据运行季节特点、线路健康情况和环境特点确定重点。④线路的故障巡视,查明线路上接地故障产生缘由,找出线路故障点,查明设备受损程度。⑤线路的登杆巡视,线路上有很多缺陷是不能从地面上发现的,甚至用望远镜也无济于事。所以每年必须进行人工登杆检查或是无人机近距离检测。

2009 年初,国家电网公司正式立项研制无人直升机巡检系统。无人机是一种有动力、可控制、能携带多种任务设备并能重复使用的无人驾驶飞行器,具有机动灵活、快速反应、无人飞行、操作要求低、搭载多类传感器、影像实时传输、高危地区探测、综合效益高等许多优点。它主要有六旋翼飞行器、无人直升机和固定翼无人机这几种类型。六旋翼飞行器属短距离飞行,优点在于能够近距离定点拍摄;无人直升机属中距离飞行,优点在于机动性强,飞行点易控制;固定翼无人机则属中、长距离飞行,优点在于能快速获知较长距离的线路整体情况。

2010 年 4 月 9 日,山东电力公司研制的油动单旋翼无人机在 500kV 川泰Ⅰ、Ⅱ线雪野湖段飞行 15min,巡检 1.6km 线路、6 基铁塔,实现了自主起飞、航线跟踪、轨迹展示、程控飞行等技术突破;其固定翼燃油动力飞机在 2011 年末进行了试飞作业,翼展 3m 以上,航速 108~120km/h,起飞时需火箭助推。青海省电力公司与青海电研院使用多旋翼油动遥控无人机于 2010 年 6 月 14~17 日,11 月 18~20 日,进行了无人机项目研究的高海拔飞行试验。

2012 年 2 月,国家电网福建省电力有限公司研制出了基于大型无人直升机的电力飞行巡检技术平台,实现了对输电线路的可见光、红外全过程高精度自主程控飞行巡检,并成功的应用于线路巡视和防灾减灾工作。

2013 年 9 月,国家电网山东电科院承办了国家电网无人机飞行验证试验,主要是针对输电线路巡检用油动固定翼无人机巡检系统进行现场飞行验证试验，并对中型无人直升机与任务吊舱的适配性开展验证工作。国家电网重庆市电力公司超高压局通过建设输电线路走廊三维可视化管理系统对输电线路进行三维重建，并利用了重庆超高压局6条500kV输电线路进行运行实验；国家电网湖南省电力公司检修分公司开展了四旋翼无人机在输电线路巡视中的应用，主要开展短距离巡检、设备定点检查等方面。

巡线用无人机主要分为固定翼无人机、多旋翼无人机、无人直升机三类机型。机型不同，其各自的巡线特点也不相同。

1）固定翼无人机。固定翼无人机的飞行速度比较快，达到100~200km/h，并且续航时间长，适合进行大面积、大范围、长距离巡检，用来巡检电力线路的总体状况。巡线的时候间隔拍照，反应快速，而且机动性强。手动或全自主飞行，过程无需人员干预。固定翼无人机不能悬停，沿线路进行单方向快速巡检。一般置于线路的正上方，以俯视的角度巡线拍摄，也可根据实际需要降低巡线速度和高度，沿线路做低空慢速巡检。另外，固定翼无人机机载质量大，能够搭载更多的巡检设备，这是其相对于其他类型巡线无人机的优势。

2）多旋翼无人机。多旋翼无人机由于携带方便、能垂直起降、可悬停凝视、安全性较好等优点，拟作为输电线路中短途精细化巡检的首选设备配备到班组，是目前工作的重点。多旋翼无人机机体较小，巡线时不会占用航道，因此无需进行航空线路申请。巡线的实时性高，实行高精度控制，并实时获取目标高清图像。设备易于检测、维修与训练，可快速更换易损件、备用动力电池组合；可快速充电，保障持续飞行；具有车载大范围机动和个人携带能力，并且使用方便，培训简单。多旋翼无人机巡检交流500kV线路如图10-3所示。

图10-3　多旋翼无人机巡检交流500kV线路

3）无人直升机。与固定翼无人机相比，无人直升机能够定点起飞、降落，空中悬停，但是飞行速度不如固定翼无人机，大多数在100km/h以内，且续航时间也较短，不适合用于长距离巡线。和小型旋翼机相比，其最大的优势是载重更大，巡线时可以搭载更多的检测设备，取得更全面的巡检效果，但是价格比小型旋翼机要高。一般用来进行中、短距离的巡线或者对已确定的故障段进行悬停式细节检测。无人直升机输电线路巡检交流220kV输电线路如图10-4所示。

4）无人机巡线组合。利用无人机进行架空输电线路的巡线，建议使用固定翼无人机搭配无人直升机的方式或固定翼无人机搭配多旋翼无人机的方式进行。固定翼无人机用于定期

图 10-4　无人直升机输电线路巡检交流 220kV 输电线路

的长距巡检电力线路的总体情况，无人直升机和多旋翼无人机在已确定故障段的情况下，进行更加接近线路的悬停式检测，仔细、全面地观察线路细节。这样的配置方式有利于合理利用无人机资源，实现机型的互补使用，同时也使巡线更加全面、精确，减少了巡线时的遗漏。

无人机的价格比较高，固定翼无人机和无人机直升机的价格都是百万以上，性能较好的甚至超过了千万。这样的成本对于一般的电力部门是难以承受的，而且现阶段超长距离的整体巡线频率也不高，因此价格便宜而且巡线方式灵活的多旋翼无人机是现阶段最容易得到推广的机型。

### 10.6.2　线路架设

无人机放线与传统的人工放线相比，能有效克服施工环境复杂等不利因素，能够降低劳动强度、提高施工效率、减少青苗赔偿、降低安全风险。

2011 年 1 月 23 日，江苏省送变电公司研制的旋翼油动无人机试飞展放初级导引绳，其识别感应、自动实时调整飞行轨迹的技术，比 20 世纪 90 年代北京送变电公司成功采用的人工遥控方式展放初级引绳技术有了新的突破。

2011 年 3 月，辽宁电力有限公司在本溪 220kV 程富线输电线路工程项目中第一次应用配装自动架设系统及相应引线装置的旋翼无人机，实现单次连续牵引 1500m 初级导引绳过塔，完成多座杆塔的初级导引绳牵引架设，连续跨越 3 条 10kV 线路和河流，成功地将初级导引绳连续布放在铁塔的横担上。

2014 年，浙江省宁波供电公司利用八旋翼小型无人机完成了 110kV 输电线路的架设。八旋翼小型无人机在近 50m 的两个基塔之间沿线路上空飞行，通过施放引绳逐步完成架设导线。通常架设 6km 的线路往往需要花费 20 天，在利用无人机架设后，工时缩短至 15 天，同时也减少了施工人员的人力输出，确保线路架设沿线树木、农作物不因线路架设而遭受经济损失。

2015 年 5 月 14 日，施工人员使用无人机进行牵引绳引渡放线。当日，在位于江苏昆山境内的淮南—南京—上海特高压 1000kV 交流输变电工程施工现场，施工人员使用八旋翼无人机 "穿针引线"，在两座高逾 144m、重达 570t 的特高压铁塔之间架设线路，大大缩短了施工时间，节约了施工成本。

### 10.6.3　小结

无人机在输电线路规划、测量、巡视及线路架设等领域得到了广泛的应用，这对于提升电力工程的基础设施建设、电力系统的维护水平起着至关重要的作用。当然，联系到相关实际经验，无人机技术在今后的应用中还需要克服自身的不足，主要表现为：①若使用电池续航，作业时间较短，一般是 30min 或者更少，不利于进行较大范围的巡检。②固定翼飞机起飞方式有滑跑、弹射、车载（可选），降落方式有滑跑、机腹擦地、伞降、撞网（可选），需要大场地及设备保证飞机的起降时关键设备不受损坏，航空领域申报工作困难较多。③无人机定位精确度多在水平位置控制 5m 左右，不利于作业效率及设备安全的保障。控制通信距离受地球曲率或地形影响视距测控通信设备测控距离一般 0～300km，更远的需要增加地面中继测控通信设备（100～400km）、空中中继测控通信设备（400～800km）、卫星中继测控通信设备（800～3000km）中的一种或几种。④无人机可控性相对较差，在经过密林或是居民生活区，机载燃油若发生泄燃或坠机事故，会引起大火，会发生较大的事故和造成较大损失。

# 参 考 文 献

[1] 甘凤林，李光辉 . 高压架空输电线路施工 ［M］. 北京：中国电力出版社，2008.

[2] 尚大伟 . 高压架空输电线路施工操作指南 ［M］. 北京：中国电力出版社，2007.

[3] 黄宵宁，吴玉贵，钱玉华，等 . 输配电线路施工技术 ［M］. 北京：中国电力出版社，2007.

[4] 陈景彦，白俊峰 . 输电线路运行维护理论与技术 ［M］. 北京：中国电力出版社，2009.

[5] 李搏之 . 高压架空输电线路施工技术手册 ［M］. 北京：中国电力出版社，2010.

[6] 曾昭桂 . 输配电线路运行和检修 ［M］. 北京：中国电力出版社，1982.

[7] 中华人民共和国电力行业标准 . DL/T 741—2010 架空输电线路运行规程.

[8] 中华人民共和国电力行业标准 . GB 50233—2014 110~750kV 架空输电线路施工及验收规范 . 2014.